中国质检工作手册

通关业务管理

国家质量监督检验检疫总局　编

中国质检出版社

北　京

图书在版编目(CIP)数据

中国质检工作手册．通关业务管理/国家质量监督检验检疫总局编．—北京：中国质检出版社，2012.12

ISBN 978-7-5026-3652-4

Ⅰ．①中…　Ⅱ．①国…　Ⅲ．①质量检验—中国—手册②海关手续—中国
Ⅳ．①F279.23-62②F752.52

中国版本图书馆 CIP 数据核字（2012）第 200615 号

中国质检出版社出版发行
北京市朝阳区和平里西街甲 2 号（100013）
北京市西城区三里河北街 16 号（100045）
网址：www.spc.net.cn
总编室：（010）64275323　发行中心：（010）51780235
读者服务部：（010）68523946
中国标准出版社秦皇岛印刷厂印刷
各地新华书店经销

*

开本 787×1092　1/16　印张 26.75　字数 628 千字
2012 年 12 月第一版　2012 年 12 月第一次印刷

*

定价 92.00 元

本卷编委会

主　　编　刘德平

副 主 编　潘　城　邱连柱　邢　力　王　冰

执行主编　张　东

编　　委　许书良　杜宏伟　康玉燕　章　涛

编写人员（按姓氏笔画为序）

于海亮　王　寅　王丽敏　王炜玮

齐志宇　李　刚　杨和琴　张玉堂

高　瑛　唐伯君　陶玉华

总 序

历经两年的艰辛编纂，长达1100万字的《中国质检工作手册》系列丛书即将出版。这是新中国成立以来特别是近10多年以来，中国质检事业发展理论和实践成果的集成。无疑，它将在中国特色质检工作体系的构建历程中，成为一个重要的标志。

中国质检事业的发展过程，是一个不断传承和创新的过程。华夏文明就包含着计量、标准、质量……千百年来，其基础性地位从未有所动摇。新中国成立以来，中国质检事业在党的正确领导下，得到了前所未有的长足发展——以2001年国家质检总局成立为标志，逐步走上了规范化、法制化、科学化的轨道。10多年来，已经形成了较为完善的法律法规体系、检验检测体系、标准计量和认证认可支撑体系。这10多年、60多年乃至千百年的积累和沉淀，都需要我们忠实地记录、认真地总结和不断地传承，以此来推动中国质检事业的更好发展。一定程度上，《中国质检工作手册》系列丛书就承担了这样的历史使命。

不仅如此，在质检事业稳定发展的关键时期，《中国质检工作手册》系列丛书的编纂，还具有十分重要的现实意义。党和国家对质检工作更加重视，社会各界对质检系统更加关注，既是机遇，更是考验。我们清醒地认识到，全系统质量安全保障能力与维护质量安全需要还有差距，履行职责不到位、工作程序不规范、技术不精能力不强、内部管理监督不严格等风险还客观存在。解决这些问题，同样是发展和完善中国特色质检工作体系的迫切需要。尤其是在建设发展质检文化的大背景下，《中国质检工作手册》系列丛书首次对质检业务进行了全领域、系统性规范，既有利于从制度层面根本解决问题，也有利于从文化层面提供思想保障。

编纂《中国质检工作手册》系列丛书，是总局党组的一项重要决策，也是一项浩大工程。工作启动以来，从总局机关到基层一线，从行政人员到技术专家，各方面力量积极参与，的确凝集了全系统干部职工包括老一辈质检工作者的聪明才智和心血汗水。我们真切希望，他们的付出能够得到极大尊重，他们的成果能够得到充分利用。我们更真切希望，《中国质检工作手册》系列丛书能够作为一部历史文献，成为弘扬质检文化的重要载体；能够作为一部百科全书，成为传播质检知识的重要渠道；能够作为一部制度汇编，成为提升质检工作水平的重要抓手；能够作为一部精品力作，成为展示质检形象的重要窗口。

由此，欣然作序。

国家质检总局局长
党组书记　支树平

2012年10月29日

总 前 言

质检工作是经济社会发展的基础性工作。它涵盖质量综合管理与监督、进出口商品检验、进出境动植物检疫、国境卫生检疫、标准、计量、认证认可、生产加工和进出口环节食品安全监管、特种设备安全监察、纤维检验等多项职能，具有技术性强、专业门类多、与经济社会发展和人民群众利益关系密切等突出特点。

新中国成立以来特别是近 10 多年来，在党中央、国务院的正确领导下，几代质检人不断改革创新发展，初步建立了具有中国特色的质检工作体系。为全面贯彻落实“抓质量、保安全、促发展、强质检”工作方针，帮助质检系统及相关领域人员全面了解质检工作，掌握质检知识，国家质检总局组织编纂出版了《中国质检工作手册》系列丛书（以下简称《手册》）。

《手册》根据质检工作主要职能，分为认证认可监管、标准化管理、质检法治建设、质量管理、计量管理、通关业务管理、卫生检疫管理、动植物检验检疫管理、进出口商品检验监管、进出口食品安全监管、特种设备安全监察、产品质量监督、食品安全监管、执法打假、质检科技和综合管理等 16 卷。主要介绍和阐述本专业领域所要掌握的相关基础知识；管理工作的方法及流程/程序、案例，工作中常见问题的解决办法；本专业涉及的法律法规、部门规章、标准与技术规范及相关释义，依法管理/监管的实际案例分析；从业人员的职业/执业要求、工作准则及道德修养；工作中经常用到的数据、表格、单证等资料。

《手册》具有3个鲜明特点：一是思想性和创新性。《手册》不是各专业领域文件资料的罗列拼凑，而是对质检工作理论与实践、理念和文化的认真总结。二是权威性和科学性。《手册》全部由各专业领域专家参与编写和审定，内容科学，叙述严谨，资料充实，数据可靠。三是实用性和指导性。《手册》遵循读者需要，恰当采用图表和实例解析等简明扼要的编写方法，体现了质检工作“靠技术执法，凭数据说话”的特点，具有较强的现实指导作用。

《手册》的编纂出版得到了总局党组的高度重视。总局各相关司局和标准委、认监委大力支持配合。执行编委会针对编写、审定、出版环节采取了一系列质量保障措施，力求将《手册》打造成为反映质检工作成果、体现质检工作水平的精品书和常版书。参与组织、编纂和出版工作的人员多达500余人，既有相关职能部门的负责同志，也有关键技术岗位的工作人员，还有重大科研项目的技术骨干。他们在完成本职工作的同时，不辞辛苦，承担了大量的组织、撰稿以及审定工作。特别是许多现已离开质检工作岗位的老领导、老同志，为此付出了艰辛的劳动。在此，谨一并表示衷心感谢。

总编委会

2012年11月16日

前　言

在壬辰龙年秋季，《中国质检工作手册　通关业务管理》结集出版。这是加强通关业务工作的一件大喜事、大好事。

编写《中国质检工作手册》是国家质检总局党组的重要部署，是宣传质检工作、推进质检事业的重要举措。按照出版规划，国家质检总局通关司承担通关业务管理卷的编写。通关司主要职责是综合协调出入境检验检疫工作，管理出入境检验检疫标志标识、证单和原产地证签证；拟订和调整出入境检验检疫商品目录；管理口岸及特殊监管区域出入境检验检疫业务；承担出入境检验检疫统计和业务信息工作；监督管理从事与检验检疫通关业务有关社会服务机构的资质资格等。手册编写过程，不仅是对通关业务工作实践的全面梳理，也是对通关业务工作面临新情况、新矛盾的积极探索。经过全司上下的共同努力，认真撰写，反复修改，终成其稿。在编写中，既考虑到全手册体例结构的一致性，又突出了通关业务特点，主要包括口岸业务工作、检务工作、原产地证管理工作、电子监管工作等。在内容编排方面，力求做到全面，既包括工作职责、业务流程、法律法规等基础知识，又包括了最近几年发布的、仍在执行的规范性文件，还精心设计、编录了一些在实际工作中应用的单据、报表样张等实例，突出了指导性，为推进通关业务工作的发展提供了一本实用工具书。

本卷编委会

2012年10月

目　录

基础知识篇

工作实务篇

法律法规篇

基础知识篇

第1章 出入境检验检疫概述

出入境检验检疫是指检验检疫机构依照法律、行政法规和国际惯例等的要求，对出入境货物、交通运输工具、人员等进行检验检疫、认证及签发官方检验检疫证明等监督管理工作。出入境检验检疫的目的是确保国家经济的顺利发展，保护人民的生命和生活环境的安全与健康。

1.1 出入境检验检疫的地位

出入境检验检疫是每个主权国家具有的一个重要的公共管理职能，依法设立的出入境检验检疫机关，或者经政府指定的检验检疫机构，或者经政府批准注册的检验机构，具有出入境检验检疫的社会公共职能。中国出入境检验检疫的地位由宪法、法律和最高国家行政机关的行政法规等赋予。实施出入境检验检疫为世界各国的通行做法，各国法律及国际规约（包括条约、公约、合约、协定、规则、声明）都赋予出入境检验检疫以公认的法律地位，其出入境检验检疫机构签发的检验检疫证书，具有相当的法律效力。

1.1.1 法律地位

由于出入境检验检疫在国家涉外贸易中的地位十分重要，全国人大常委会先后制定了《中华人民共和国进出口商品检验法》（以下简称《商检法》）、《中华人民共和国进出境动植物检疫法》（以下简称《动植物检疫法》）、《中华人民共和国国境卫生检疫法》（以下简称《卫生检疫法》）以及《中华人民共和国食品安全法》（以下简称《食品安全法》）等法律，分别规定了出入境检验检疫的宗旨、调整对象；机构设置及其职权、职责；申报和报检要求；出入境检验检疫范围、程序、内容；执法监督和法律责任等重要内容，从根本上确定了出入境检验检疫工作的法律地位。

《商检法》第四条规定："进出口商品检验应当根据保护人类健康和安全、保护动物或者植物的生命和健康、保护环境、防止欺诈行为、维护国家安全的原则，由国家商检部门制定、调整必须实施检验的进出口商品目录（以下简称目录）并公布实施。"第五条规定："列入目录的进出口商品，由商检机构实施检验。前款规定的进口商品未经检验的，不准销售、使用；前款规定的出口商品未经检验合格的，不准出口。"

《动植物检疫法》第二条规定："进出境的动植物、动植物产品和其他检疫物，装载动植物、动植物产品和其他检疫物的装载容器、包装物，以及来自动植物疫区的运输工具，依照本法规定实施检疫。"第三条规定："国务院设立动植物检疫机关（以下简称国家动植物检疫机关），统一管理全国进出境动植物检疫工作。国家动植物检疫机关在对外开放的口岸和进出境动植物检疫业务集中的地点设立的口岸动植物检疫机关，依照本法规定实施进出境动植物检疫。"

《卫生检疫法》第二条规定："在中华人民共和国国际通航的港口、机场以及陆地边境和国界江河的口岸（以下简称国境口岸），设立国境卫生检疫机关，依照本法规定实施传染病检疫、监测和卫生监督。国务院卫生行政部门主管全国国境卫生检疫工作。"第四条规定："入境、出境的人员、交通工具、运输设备以及可能传播检疫传染病的行李、货物、邮包等物品，都应当接受检疫，经国境卫生检疫机关许可，方准入境或者出境。”

《食品安全法》第六十二条规定：“进口的食品应当经出入境检验检疫机构检验合格后，海关凭出入境检验检疫机构签发的通关证明放行。”第六十八条规定：“出口的食品由出入境检验检疫机构进行监督、抽检，海关凭出入境检验检疫机构签发的通关证明放行。”第六十五条规定：“向我国境内出口食品的出口商或者代理商应当向国家出入境检验检疫部门备案。向我国境内出口食品的境外食品生产企业应当经国家出入境检验检疫部门注册。”

1.1.2 执法主体地位

国家法律赋予出入境检验检疫实行国家行政管理的地位。《商检法》第二条规定：“国务院设立进出口商品检验部门（以下简称国家商检部门），主管全国进出口商品检验工作。国家商检部门设在各地的进出口商品检验机构（以下简称商检机构）管理所辖地区的进出口商品检验工作。”《动植物检疫法》第三条规定：“国务院设立动植物检疫机关（以下简称国家动植物检疫机关），统一管理全国进出境动植物检疫工作。国家动植物检疫机关在对外开放的口岸和进出境动植物检疫业务集中的地点设立的口岸动植物检疫机关，依照本法规定实施进出境动植物检疫。”《卫生检疫法》第二条规定：“在中华人民共和国国际通航的港口、机场以及陆地边境和国界江河的口岸（以下简称国境口岸），设立国境卫生检疫机关，依照本法规定实施传染病检疫、监测和卫生监督。”法律明确规定了国家最高行政机关——国务院设立进出口商品检验部门、进出境动植物检疫机关和出入境卫生检疫机关，作为授权执行有关法律和主管各该方面工作的主管机关，确立了它们在法律上的国家行政机关的行政执法主体地位。

1998年国家出入境检验检疫体制改革，实行商检、动植检和卫检机构体制合一后，合并成立的出入境检验检疫机构，继承统一了原来商检、动植检和卫检机构的职权、职责、检验检疫技术规范、程序，成为上述法律共同的授权执法部门。

鉴于出入境检验检疫的涉外性质，必须强调执法的集中统一与国际接轨性，国务院批准检验检疫部门实行垂直领导体制。由于检验检疫的另一特点是技术性很强，法定职责的履行必须通过检测技术手段来实施，实行集中统一领导，有利于在建立健全法规体系的同时，加强检测设备和技术队伍的建设，以利于通过强化技术检测力量有效实施法律规定。

1.1.3 检验检疫机构是国家行政和出入境监督管理机关

我国的国家机关包括具有立法权的立法机关、具有司法权的司法机关和具有行政管理权的行政机关。检验检疫机构是国家的行政机关之一，是国务院的直属机构，从属于国家行政管理体制。检验检疫机构代表国家依法独立行使出入境检验检疫相关的行政管理权。

检验检疫机构履行国家行政制度的监督管理职能，是国家宏观管理的一个重要组成部分。检验检疫机构依照有关法律、行政法规并通过法律赋予的权力，制定具体的行政规章和行政措施，对特定区域的活动开展监督管理，以保证其按国家的法律规范进行。

检验检疫机构通过法律赋予的权力，对出入境的运输工具、货物、物品、人员等进行监督管理，并对违法行为依法实施行政处罚，以保证相关社会经济活动按照国家的法律规范进行。因此，检验检疫机构的监督管理是保证国家有关法律、法规实施的行政执法活动。检验检疫机构执法的依据是《商检法》《动植物检疫法》《卫生检疫法》《食品安全法》和其他有关法律、行政法规。

1.2　出入境检验检疫的作用

中华人民共和国成立后，党和政府非常重视出入境检验检疫工作，在建立独立自主的检验检疫机构的同时，及时制定了检验检疫法律法规和相关的部门规章。随着改革开放和经济的不断发展，以及对外贸易的不断扩大，出入境检验检疫对保证经济的顺利发展、进出口货物的质量、农林牧渔业的生产安全和人民健康、维护对外贸易有关各方的合法权益和正常的国际经济贸易秩序、促进对外贸易的发展都起到了积极的作用。中国出入境检验检疫的作用主要体现在以下几个方面。

1.2.1　国家主权的体现

出入境检验检疫机构作为执法机构，按照国家法律规定，对出入境货物、运输工具、人员等法定检验检疫对象进行检验、检疫、鉴定、认证及监督管理。不符合我国强制性要求的入境货物，一律不得销售、使用；对涉及安全卫生及检疫产品的国外生产企业的安全卫生和检疫条件进行注册登记；对不符合安全卫生条件的商品、物品、包装和运输工具，有权禁止进口，或视情况在进行消毒、灭菌、杀虫或其他排除安全隐患的措施等无害化处理，重验合格后方准进口；对于应经检验检疫机构实施注册登记的向中国输出有关产品的外国生产加工企业，必须取得注册登记证后方准向中国出口其产品；有权对进入中国的外国检验机构进行核准。

1.2.2　国家管理职能的体现

出入境检验检疫机构作为执法机构，依照法律授权，按照中国、进口国或国际性技术法规规定，对出入境人员、货物、运输工具实施检验检疫；对涉及安全、卫生和环保要求的出口产品生产加工企业实施生产许可、出口商品质量许可、卫生注册登记（备案）和分类管理；必要时帮助企业取得进口国主管机关的注册登记；经检验检疫发现质量与安全卫生条件不合格的出口商品，有权阻止出境；不符合安全条件的危险品包装容器，不准装运危险货物；不符合卫生条件或冷冻要求的船舱和集装箱，不准装载易腐易变的粮油食品或冷冻品；对属于需注册登记的生产企业，未经许可不得生产加工有关出口产品；对涉及人类健康和安全，动植物生命和健康，以及环境保护和公共安全的入境产品实行强制性认证制度；对成套设备和废旧物品进行装船前检验。

1.2.3　对外经济贸易顺利进行的保障

1.2.3.1　对进出口商品的检验检疫监管为对外贸易各方提供了公正权威的凭证

在国际贸易中，贸易、运输、保险各方往往要求由官方或权威的非当事人对进出口商品的质量、重量、包装、装运技术条件等提供检验合格证明，为出口商品交货、结算、计费、计税和进口商品质量、残短索赔等提供有效凭证。中国出入境检验检疫机构对进出口商品实施检验并出具的各种检验检疫鉴定证明，就是为对外贸易有关各方履行贸易、运输、保险契约和处理索赔争议提供了具有公正权威的凭证。

1.2.3.2　对进出口商品的检验检疫监管是建立国家技术保护屏障的重要手段

中国检验检疫机构加强对进口产品的检验检疫和对相关的国外生产企业的注册登记与监督管理，通过合理的技术规范和措施保护国内产业和国民经济的健康发展，保护消费者、生产者的合法权益，履行我国与外国签订的检疫协议的义务，突破进口国在动植物检疫中设置的贸易技术壁垒，促进我国农畜产品对外贸易的发展。

1.2.4 国家经济建设和社会发展的保障

1.2.4.1 保护农、林、牧、渔业生产安全

保护农、林、牧、渔业生产安全，使其免受国际上重大疫情灾害影响，是中国出入境检验检疫机构担负的重要使命。对动植物及其产品和其他检疫物品，以及装载动植物及其产品和其他检疫物品的容器、包装物和来自动植物疫区的运输工具(含集装箱)实施强制性检疫，对防止动物传染病、寄生虫和植物危险性病、虫、杂草及其他有害生物等检疫对象和危险疫情的传入传出，保护国家农、林、牧、渔业生产安全和人民身体健康。

1.2.4.2 保护我国人民健康

中国边境线长，对外开放的海、陆、空口岸有100多个，是开放口岸最多的国家之一。近年来，各种检疫传染病和监测传染病仍在一些国家地区发生和流行，甚至出现了一批新的传染病，特别是随着国际贸易、旅游和交通运输的发展，以及出入境人员迅速增加，鼠疫、霍乱、黄热病、艾滋病等一些烈性传染病及其传播媒介随时都有传入的危险，给我国人民的身体健康造成严重威胁。因此，对出入境人员、交通工具、运输设备以及可能传播传染病的行李、货物、邮包等物品实施强制性检疫，对防止检疫传染病的传入或传出，保护人民身体健康具有重要作用。

1.2.4.3 有效提高我国出口企业的管理水平和产品质量，不断开拓国际市场

世界各主权国家为保护国民身体健康、保障国民经济发展和消费者权益，相继制定了食品、药品、化妆品和医疗器械的卫生法规，机电与电子设备、交通运输工具和涉及安全的消费品的安全法规，动植物及其产品的检疫法规，检疫传染病的卫生检疫法规。我国出入境检验检疫机构依法履行检验检疫职能，能有效提高我国出口企业的管理水平和产品质量，不断开拓国际市场。

1.3 出入境检验检疫的管理体制

检验检疫机构是国务院根据国家改革开放的形势以及经济发展战略的需要，依照检验检疫法律而设定的。改革开放以来，随着我国对外经济贸易和科技文化交流合作的发展，检验检疫机构不断扩大，机构的设定从沿海沿边口岸扩大到内陆河沿江、沿边检验检疫业务集中的地点，并形成了集中统一管理的垂直领导体制。检验检疫机构作为国家进出境监督管理机关，为了履行其进出境监督管理职能，提高管理效率，维持正常的管理秩序，必须建立完善的管理体制。

新中国成立初期，检验检疫的管理体制几经变更。在1980年以前的30年间，除了在新中国成立初期，检验检疫作为国务院的一个职能部门和组成部分，在检验检疫系统实行集中统一的垂直领导体制外，其余大部分时间检验检疫都是归对外贸易部领导，各地方检验检疫受对外贸易部和所在省、自治区、直辖市人民政府的双重领导。1980年2月，国务院根据改革开放形势的需要做出了《国务院关于改革检验检疫管理体制的决定》。该决定指出："全国检验检疫建制归中央统一管理，成立中华人民共和国检验检疫局作为国务院直属机构，统一管理全国检验检疫机构和人员编制、财务及其业务。"从此检验检疫恢复了统一的垂直领导体制。

第 2 章 通关业务概述

2.1 概述

通关业务司是国家质量监督检验检疫总局(以下简称国家质检总局)检验检疫工作的综合协调部门,承担口岸、检务、原产地、信息化建设等管理工作,主要负责综合协调出入境检验检疫工作,管理口岸及特殊监管区域出入境检验检疫业务,参与相关对外谈判;管理出入境检验检疫标志标识、证单和原产地证签证;拟定出入境检验检疫口岸业务规章、制度;拟定和调整出入境检验检疫商品目录;负责出入境检验检疫系统业务信息化工作;承担出入境检验检疫统计和分析工作;监督管理从事与检验检疫通关业务有关的社会服务机构资质资格等。

2.2 机构设置

国家质检总局通关业务司内设 5 个处,分别是综合业务处、口岸业务与《法检目录》管理处、检务处、原产地管理处、电子业务处等。根据总局“三定”规定,各业务处主要职责分述如下。

2.2.1 综合业务处

负责司内工作计划、政务公开、文件运转、档案、网站、会议等综合管理工作;负责协助调查处理检验检疫业务工作质量重大责任案件;负责与相关部委及地方政府有关检验检疫业务工作的沟通与合作;承担司领导交办的其他工作和日常工作。

2.2.2 口岸业务处

拟定出入境检验检疫口岸业务规章、制度;监督管理出入境检验检疫口岸有关业务,承办国家口岸开放有关事宜,负责口岸查验部门、现场设施、查验程序协调工作;管理边境贸易、涉台港澳、出入境旅客携带物/邮寄物的检验检疫工作;负责出入境检验检疫口岸与内地业务关系协调工作;牵头协调重要国际活动检验检疫工作,并负责与活动组织方和有关部委的协调工作;承担口岸业务、跨境区域合作、涉台港澳、重要国际活动等检验检疫业务对外合作与交流;负责研究设置《法检目录》调整机制和商品检验检疫类别,研究拟定《法检目录》调整意见并组织实施;负责协调国务院税则委员会、食品安全委员会以及海关总署、商务部等部门,落实商品税则分类、《法检目录》调整等事宜。

2.2.3 检务处

拟定出入境检验检疫报检、签证管理等检务规章、制度,并组织实施;管理报检、签证、通关放行工作。负责检验检疫证单、签证印章管理工作;负责进出口收发货人报检备案、代理报检企业和出入境快件运营企业报检注册登记以及报检员资格全国统一考试和报检员从业注册管理工作;组织实施进出口企业、与检验检疫通关业务有关的社会服务机构的信用管理工作;承办海关特殊监管区域设立、审批、验收等相关工作,负责海关特殊监管区域检验检疫业务的协调与管理;负责非贸易性物品的免验管理;承办与检务相关的对外合作与交流。

2.2.4 原产地管理处

负责拟定原产地业务规章制度;负责普惠制、区域性、一般和专用原产地证签证管理,负责“未再加工证明”签证管理，负责原产地证单及签证印章管理；组织实施原产地标记管理、原产地核查等业务，负责原产地证签证分析通报，负责处理退证查询及通报；参与原产地规则等制修订，参与自贸区等双多边原产地规则谈判；负责金伯利进程工作；参与制修订政府采购“国产货”标准，组织实施并管理政府采购“国产货”认定；开展原产地国际合作与交流，注册备案原产地签证机构及人员；组织开展原产地理论政策研究；负责原产地证书签证人员和出口企业原产地证申报人员的管理工作。

2.2.5 电子业务管理处

负责出入境检验检疫系统业务信息化工作，拟定出入境检验检疫业务信息化工作规划、计划和管理办法；牵头协调检验检疫业务信息化建设的有关问题；负责提出检验检疫业务信息化建设项目的立项、评审、推广应用及验收等工作；负责审核检验检疫业务信息化项目资金使用计划；负责联络与协调国家电子口岸委、相关部委及地方政府的电子口岸建设，协调电子信息资源的互通共享；组织检验检疫业务信息技术的培训、交流与合作；承担出入境检验检疫业务统计工作，拟定出入境检验检疫业务统计指标体系，编制出入境检验检疫业务统计资料，定期发布业务统计公报和分析报告等工作。

工作实务篇

第3章　口岸业务和《法检目录》管理

3.1　检验检疫口岸工作概述

3.1.1　国家口岸定义

国家对外开放口岸是指供人员、货物、物品和交通运输工具直接出入国(关、边)境的港口、机场、车站、跨境通道等。口岸开放须经国务院批准,应具有基础设施和查验、监管机构,为人员、货物和交通工具合法进出国(关、边)境服务。

3.1.2　国家口岸开放情况

截至2009年年底,中国对外开放一类口岸已达270个。其中:

(1) 航空口岸60个

允许外籍飞机进出的48个,分别是:北京1个(北京),天津1个(天津),河北1个(石家庄),山西1个(太原),内蒙古2个(呼和浩特、海拉尔),辽宁2个(沈阳、大连),吉林2个(长春、延吉),黑龙江4个(哈尔滨、佳木斯、齐齐哈尔、牡丹江),上海1个(上海),江苏3个(南京、盐城、徐州),浙江2个(杭州、宁波),安徽1个(合肥),福建2个(福州、厦门),江西1个(南昌),山东4个(济南、青岛、烟台、威海),河南1个(郑州),湖北1个(武汉),湖南1个(长沙),广东2个(广州、深圳),海南2个(三亚、海口),广西2个(南宁、桂林),四川1个(成都),重庆1个(重庆),贵州1个(贵阳),云南2个(昆明、西双版纳),西藏1个(拉萨),陕西1个(西安),新疆2个(乌鲁木齐、喀什),宁夏1个(银川),青海1个(西宁)。

限制外籍飞机进出的12个,分别是:江苏1个(无锡),浙江1个(温州),安徽1个(黄山),福建1个(武夷山),河南1个(洛阳),湖北1个(宜昌),湖南1个(张家界),广东3个(汕头、湛江、梅州),广西1个(北海),甘肃1个(兰州)。

(2) 铁路口岸17个

分别是:内蒙古2个(二连浩特、满洲里),辽宁1个(丹东),吉林3个(吉安、图们、珲春),黑龙江2个(绥芬河、哈尔滨),河南1个(郑州),广东5个(广州、深圳、佛山、肇庆、东莞),广西1个(凭祥),云南1个(河口),新疆1个(阿拉山口)。

(3) 公路口岸55个

对第三国开放的23个,分别是:内蒙古1个(珠恩嘎达布其),吉林2个(珲春、圈河),黑龙江1个(绥芬河),广东9个(文锦渡、拱北、沙头角、皇岗、河源、横琴、深圳湾、珠澳、福田),广西2个(友谊关、东兴),云南2个(瑞丽、磨憨),新疆6个(红其拉甫、霍尔果斯、巴克图、伊尔克什坦、吉木乃、卡拉苏)。

(4) 双边口岸32个

分别是:内蒙古3个(阿日哈沙特、策克、甘其毛都),吉林7个(临江、开山屯、三合、南坪、长白、古城里、沙陀子),黑龙江2个(东宁、密山),广西2个(水口、龙邦),云南6个(天保、金水河、畹町、腾冲、孟定、打洛),西藏3个(普兰、樟木、吉隆),甘肃1个(马鬃山),新疆8个(吐尔尕特、老爷庙、红山嘴、塔克什肯、都拉塔、乌拉斯台、木扎尔特、阿黑土别克)。

(5) 海(河)运口岸138个(包括内河港58个)

允许外籍轮船进出的121个，分别是：天津2个（天津、渤中），河北3个（秦皇岛、唐山、黄骅），内蒙古2个（黑山头、室韦），辽宁7个（大连、营口、丹东、锦州、旅顺新港、庄河、葫芦岛），吉林1个（大安），黑龙江16个（哈尔滨、富锦、佳木斯、桦川、绥滨、同江、黑河、漠河、呼玛、逊克、抚远、虎林、孙吴、萝北、嘉荫、饶河），上海1个（上海），江苏13个（连云港、大丰、张家港、南通、南京、镇江、江阴、扬州、泰州、常熟、太仓、常州、如皋），浙江10个（温州、宁波、舟山、台州、绿华岛、黄兴岛、大陈岛、洞头、乍浦、红光），安徽5个（芜湖、铜陵、安庆、池州、马鞍山），福建8个（福州、厦门、泉州、漳州、城澳、松下、肖厝、秀屿），江西1个（九江），山东12个（青岛、烟台、威海、龙口、石臼、石岛、岚山、东营、蓬莱、莱州、龙眼、潍坊），湖北2个（武汉、黄石），湖南1个（城陵矶），广东24个（广州、湛江、汕头、汕尾、九州、广海、蛇口、莲花山、赤湾、惠州、妈湾、东角头、盐田、水东、阳江、大亚湾、南澳、珠海、潮州、万山、南沙、潮阳、虎门、新会），海南5个（海口、三亚、八所、洋浦、清澜），广西6个（防城、北海、钦州、江山、企沙、石头埠），云南2个（思茅、景洪）。

仅允许国轮进出的17个，分别是：广东13个（湾仔、梅沙、西冲、三埠、江门、肇庆、南海、斗门、鹤山、中山、容奇、高明、新塘），广西3个（梧州、柳州、贵港），重庆1个（重庆）。

3.1.3 检验检疫口岸业务管理工作内容

依据《中华人民共和国进出口商品检验法》《中华人民共和国进出境动植物检疫法》《中华人民共和国国境卫生检疫法》，出入境检验检疫机构对口岸进出境的人员及其携带物、交通工具、货物、动植物产品实施出入境检验检疫，因此口岸业务是检验检疫工作的重要组成部分，主要包括：口岸开放检验检疫基础设施的审理和验收、重大国际活动的检验检疫政策支持和服务、口岸便利和礼遇等特殊检验检疫程序工作、《出入境检验检疫机构实施进出境检验检疫的商品目录》（简称《法检目录》）的管理和调整工作、其他涉及口岸检验检疫相关工作。

3.2 对外开放口岸检验检疫设施的审理和验收

3.2.1 口岸检验检疫设施内容

包括检验检疫行政办公业务用房、专业技术用房、查验场所、检疫处理场所以及其他相关配套设施。

行政办公业务用房是指检验检疫机构行使管理职能所需的办公、会议、接待、文印、报检、值班、计算机管理、资料存放、档案存放、物品存储等用房。

专业技术用房是指检验检疫机构运用专业技术和设备，开展检验、检疫、测试、鉴定、医学留验、隔离、预防接种、检疫处理、媒介生物监测、本底媒介存放、实验室检测、样品预处理、样品存放、截留物品存放、药品器械存储、检疫犬圈养、驯养、信息化工程、视频监控等业务所需的用房和场所。

查验场所是指检验检疫机构对出入境人员、货物、物品、交通运输工具等受理申报以及开展咨询、检验、检疫、查验、监测、监管（含查封、扣押货物储存）等所需的工作场所。

检疫处理场所是指为消除疫情疫病风险或潜在危害，防止传染病传播、动植物病虫害传入传出，对检验检疫对象采取生物、物理、化学等处理措施的工作场所。

3.2.2 对外开放口岸检验检疫设施的审理和验收工作目标

按照国务院口岸开放计划安排和各地口岸建设要求，参与国家口岸办组织的口岸开放（包括扩大开放）的审理与验收工作和临时开放的审理工作，确保新开放（包括扩大开放）的口岸现场基础设施和人员编制满足检验检疫有关工作要求，临时开放口岸具备能够临时开展检验检疫工作的条件。

3.2.3　口岸检验检疫设施的规划、设计和建设

直属检验检疫局应当根据国家口岸（开放）发展规划和总局有关口岸检验检疫设施建设的规定，协调地方政府，参与做好辖区内口岸检验检疫设施的规划、设计、建设及协调管理工作，发现问题及时协商解决，并将口岸检验检疫设施规划、设计和建设进展情况及时上报国家质检总局。

口岸检验检疫设施的规划、设计和建设，应以口岸功能、设计规模为基础，以预测的检验检疫业务量及相应核算的检验检疫人员数量为依据，以满足检验检疫工作需要并与当地经济发展水平相适应、与口岸其他查验单位工作条件相协调为原则。

口岸功能、设计规模是指口岸规划管理部门公布的口岸出入境货物、集装箱设计吞吐能力及出入境交通工具、旅客最大设计流量。

口岸检验检疫业务量是指依照国家有关法律法规，需接受检验检疫监管的出入境人员、货物、交通运输工具数量及在口岸范围内需接受检疫监督的单位、人员数量。

口岸检验检疫设施中的检验检疫行政办公业务用房和专业技术用房面积的核定以口岸检验检疫机构工作人员人均所需用房面积量为基础，结合口岸检验检疫机构工作人员数量确定，并适度兼顾地方经济发展水平。

口岸检验检疫设施规划、设计和建设方案应当符合口岸检验检疫设施建设规范的要求，内容包括：检验检疫设施的名称、功能和建设要求等。

3.2.4　正式开放（或扩大开放）口岸的审理和验收

3.2.4.1　检验检疫审理工作流程

1）研究国家口岸办转来的口岸开放（或扩大开放）征求意见函。根据国务院口岸开放五年计划要求和有关领导指示，和检验检疫口岸查验工作的实际需要，对国家口岸办转来的地方政府报送国务院关于口岸开放（或扩大开放）的请示涉及检验检疫的内容进行研究。

2）征求直属检验检疫局意见。就地方政府报送国务院关于口岸开放（或扩大开放）的请示的有关内容（主要是口岸检验检疫基础设施建设和机构设置、人员编制等问题），征求相关直属检验检疫局意见。

3）审理直属局上报意见，并指导地方局开展相关工作。根据国务院有关要求和检验检疫工作需要，对地方局反馈意见进行审理，须由地方进一步协调的问题，指导直属局进行沟通，并按照总局要求予以落实；国务院有指示的，指导直属局按照国务院指示落实、执行。

4）会签总局人事司。根据审理和指导情况，拟定总局对口岸开放意见的初稿，报司领导审批后会签人事司。

5）将相关意见反馈国家口岸办公室。如口岸满足开放条件，反馈国家口岸办同意开放；如口岸不满足开放条件，将整改意见反馈口岸办，口岸办协调地方政府进行整改，直至满足开放条件后，再次征求总局意见。

3.2.4.2　检验检疫验收工作流程

1）研究国家口岸办转来的对相关口岸开放（或扩大开放）进行验收征求意见函。

2）征求直属检验检疫局的意见。向直属检验检疫局了解口岸建设及相关工作进展情况，软硬件建设是否达到正式开放的要求。

3）审理反馈意见。根据直属局反馈意见情况，结合总局工作安排，做出同意验收、推迟验收或继续整改完善的决定，报司领导审批。

4）将相关意见反馈国家口岸办公室。同意验收：按照国家口岸办确定时间进行验收；推迟验收：与国家口岸办协调，确定新的验收时间；继续整改完善：提出整改完善的具体意见与要求，请国家口岸办协调地方政府落实后，再次就验收时间征求总局意见。

5）派员参加验收。在能否满足检验检疫工作要求的基础上，结合口岸基础情况、自然条件、直属局与地方政府达成的协议和总局制定的检验检疫口岸建设标准等相关文件，对口岸的软硬件建设情况进行验收。

3.2.5 临时开放审理

3.2.5.1 临时开放概念

临时开放是指，中、外国籍的人员、交通工具从我国非开放区域临时进出境。根据实际工作，目前临时开放的主要情况包括：

1）针对特定国际合作项目的临时开放；

2）针对特定事件的人员、物资的临时开放；

3）针对临时包机（船、车）的临时开放；

4）有一定效益，但不属于常年过货的原二类口岸，作为临时开放口岸。

3.2.5.2 临时开放的审理部门

1）临时从我国非开放的港口或沿海域进出的中、外国籍船舶，由交通运输部牵头审理，征求军方和有关查验部门意见，并安排好检查检验工作。

2）临时从我国非开放机场起降的中、外国籍民用飞机，由国家口岸管理办公室牵头审理，征求军方和有关查验部门意见，并安排好检查检验工作。

3）临时从我国非开放的陆地边界区域进出境的中、外国籍车辆和人员，由国家口岸管理办公室牵头审理，征求军方和有关查验部门意见，并安排好检查检验工作。

3.2.5.3 临时开放检验检疫审理工作流程

1）研究相关部门转来的临时开放征求意见函。

2）征求直属检验检疫局意见。就临时开放检验检疫工作条件（主要是临时查验设施、人员交通等），征求相关直属检验检疫局意见。

3）审理直属局上报意见，并指导地方局开展相关工作。根据检验检疫工作需要，对地方局反馈意见进行审理，须由地方进一步协调的问题，指导直属局进行沟通，并按照总局要求予以落实；国务院有指示的，指导直属局按照国务院指示落实、执行。

4）将相关意见反馈相关部门。如满足临时开放条件，反馈同意临时开放；如不满足，将整改意见反馈，请相关部门协调整改，直至满足开放条件后，再次征求总局意见。

3.3 重大国际活动出入境检验检疫服务与保障

3.3.1 指导思想

以邓小平理论和“三个代表”重要思想为指导，全面贯彻落实科学发展观，努力推进社会主义和谐社会建设，坚持“高效、责任、服务”的政府工作原则，与重大国际活动的相关理念紧密结合，全面组织落实重大国际活动检验检疫的优惠政策和便利措施，简化通关手续，提高监管能力，加快通关速度，强化服务意识，为重大国际活动提供“安全监管、便利通关”的检验检疫支持和保障。

3.3.2 工作目标

1）建立高效、有序的重大国际活动检验检疫工作机制，确保重大国际活动检验检疫工作顺利进行。

2）做好重大国际活动期间入境重大国际活动物资的检验检疫通关工作，做到既保证质量安全又达到通关顺畅。

3）做好重大国际活动期间出入境人员、交通工具卫生检疫和口岸卫生监督工作，严防疫病传入传出，维护口岸公共卫生安全。

4）做好重大国际活动期间出入境动植物及其产品、出入境人员携带物的动植物检疫工作，严防动植物疫病传入传出。

5）做好重大国际活动期间进口食品的检验检疫工作，切实维护进口食品安全。

6）做好重大国际活动入境物资的检验与强制性产品验证工作，确保出入境重大国际活动物资质量安全。

7）做好重大国际活动检验检疫技术保障与后勤保障工作，确保各项检验检疫工作顺利开展。

8）做好重大国际活动检验检疫突发事件的应急响应、联动和处置工作。

9）做好重大国际活动检验检疫宣传工作。

10）做好相关法律、法规规定的其他检验检疫工作。

3.3.3 适用范围

在中国内地举办的重大国际性（区域性）的体育赛事、重大国际性（区域性）的展览展示、重大国际性（区域性）的会议论坛以及其他涉及大量进出境物资、人员和交通运输工具的重大国际性活动。

3.3.4 法律依据

1）《中华人民共和国进出口商品检验法》及其实施条例；

2）《中华人民共和国进出境动植物检疫法》及其实施条例；

3）《中华人民共和国国境卫生检疫法》及其实施细则；

4）《中华人民共和国食品安全法》及其实施条例；

5）与重大国际活动有关的各项检验检疫技术法规、技术规范、技术标准。

3.3.5 监管范围

依据法律法规的规定，检验检疫机构对重大国际活动期间的进出境货物、货物的包装物、交通运输工具、出入境人员及其携带物实施相应的口岸查验和商品检验、强制性产品认证验证、动植物检疫、卫生检疫、食品安全监督检验工作。为防止疫情疫病传播，检验检疫机构可以对施检对象实施检疫处理措施；对国境口岸实施卫生监督；对法定检验检疫物、染疫人员按照有关规定实施后续监管。

3.3.6 工作程序

1）重大国际活动的主管、主办、承办的中央部门，重大国际活动举办地所在的省、自治区、直辖市人民政府按照工作程序致函国家质检总局，商请国家质检总局给予重大国际活动的相应检验检疫政策支持；国家质检总局按照国务院统一部署或者依照职权，研究给予重大国际活动的相应检验检疫政策支持。

2）国家质检总局通过调研、会谈、致函等形式，就重大国际活动所需的检验检疫优惠政策、便利措施以及为保障工作正常开展所必需的检验检疫设施、设备、人员和经费保障等问题，征求重大国际活动的主管、主办、承办部门、举办地所在的省、自治区、直辖市人民政府以及相关直属检验检疫局意见建议。

3）根据重大国际活动有关情况，依照检验检疫现行法律法规并结合实际，国家质检总局组织研究草拟重大国际活动的检验检疫工作机制、工作安排、优惠政策和便利措施、突发事件应急预案以及相关工作要求；视情况与重大国际活动的主管、主办、承办部门、举办地所在的省、自治区、直辖市人民政府建立联络协调机制；视情况就优惠政策和便利措施以及为保障工作正常开展所必需的检验检疫设施、设备、人员和经费保障等问题征求重大国际活动的主管、主办、承办部门、举办地所在的省、自治区、直辖市人民政府以及相关直属检验检疫局意见建议，并作进一步修改完善；相关政策措施突破现行法律法规的，由国家质检总局依工作程序报国务院审批。

4）国家质检总局下发重大国际活动的检验检疫工作机制、工作安排、优惠政策和便利措施、突发事件应急预案以及相关工作要求，指导相关直属检验检疫局按照国家质检总局上述要求，制订辖区内具体的重大国际活动检验检疫工作方案，并组织实施；视情况指导相关直属检验检疫局组织开展重大国际活动检验检疫综合应急演练；视情况指导相关直属检验检疫局组织编写重大国际活动检验检疫工作宣传手册。

5）重大国际活动结束后，相关直属检验检疫局做好重大国际活动进境物资的检验检疫后续监管工作，总结重大国际活动检验检疫相关工作完成情况，形成工作报告，上报国家质检总局。

3.4　出入境检验检疫便利和礼遇工作

3.4.1　出入境检验检疫便利和礼遇工作基本概念

出入境检验检疫便利和礼遇工作是指口岸检验检疫机构给予具有一定身份的外宾或特殊事件在出入境时的特殊待遇。

3.4.2　工作目的

为加强口岸便利礼遇工作的监督管理，在保证检验检疫有效监管的前提下，提高通关效率，根据《中华人民共和国进出口商品检验法》及其实施条例、《中华人民共和国进出境动植物检疫法》及其实施条例、《中华人民共和国国境卫生检疫法》及其实施细则、《中华人民共和国食品安全法》及其实施条例等有关规定，制定本工作规范。

3.4.3　适用范围

国际政要来访、重大外事活动、重要会展活动、对外援助交流、联合军事演习、国际维和工作等，给予相关人员、携带物、物资、交通工具出入境检验检疫便利（或礼遇）。

3.4.4　工作程序

3.4.4.1　申请

有关部门应提前5～7天致函总局申请给予检验检疫便利（或礼遇）。申请函件上应注明申请事由、出入境的时间地点、乘坐交通工具的类型、主宾的姓名和职务、全部陪同人员、所携带的物品、物资等详细信息。

3.4.4.2　审理

研究有关部门关于商情给予检验检疫便利（或礼遇）的函件，核对相关信息，详细了解需要便利（或礼遇）的人员情况和物资清单，评估存在的检疫风险。

根据相关人员级别，任务性质，依据相关单位申请，结合国家有关规定，可给予检验检疫便利（或礼遇）。

对于入境物资，根据相关单位申请，结合国家有关规定，在风险分析基础上分类处置，确保对低风险物资快速通关、高风险物资有效监管。

3.4.4.3　征求意见

按照便利（或礼遇）涉及的对象不同，拟定具体的检验检疫措施，并征求总局有关主管业务司局的意见。

3.4.4.4　检验检疫措施分类

1）只受理申报不登机检疫，不对团组人员进行体温监测，不收取健康申明卡；

2）登机检疫，不对团组人员进行体温监测，不收取团组人员的健康申明卡；

3）登机检疫，对团组人员或进行体温监测或收取健康申明卡；

4）登机检疫，对团组人员进行体温监测并收取健康申明卡。

3.4.4.5　通知

经审理同意给予检验检疫便利（或礼遇）的，在就具体措施征求相关司局意见后，将给予便利（或礼遇）的意见及措施，通知相关的直属检验检疫局，要求其按照总局意见予以落实。

3.4.4.6　通知方式

1）正式文件通知；

2）电话通知；

3）直接转发的接待单位来函（无书面或电话指示）。

3.4.5　反馈

经审理不同意给予检验检疫便利（或礼遇）的，要及时将相关意见反馈有关部门，并说明理由；经审理同意给予检验检疫便利（或礼遇）的，要将有关措施和需要申请单位予以配合的内容反馈有关部门。

3.4.6　非常态管理时期

对于非常态管理时期，例如有重大疫病疫情发生时，相关便利（或礼遇）措施要符合当时的工作要求。

3.4.7　记录

对检验检疫通关便利（或礼遇）的工作要予以记录，包括申请部门、事件、时间、入出境口岸等，以便日后需要时追溯。

3.4.8　专机便利和礼遇工作原则

1）专机主宾为王室、国家元首、政府首脑的，要求接待单位提前申报并提供旅客名单。经总局批准后，检验检疫工作机构不登机检疫，不对团组人员进行体温监测，使用手持式体温监测仪对机组人员实施体温监测，收取机组人员的健康申明卡。

2）专机主宾为四副两高的，要求接待单位提前申报并提供旅客名单和团组健康申报单。经总局批准后，检验检疫工作机构不登机检疫，不对团组人员进行体温监测，使用手持式体温监测仪对机组人员实施体温监测，收取机组人员的健康申明卡。

3）对于按专机保障的航空器，要求接待单位提前申报并提供旅客名单和团组健康申报单。经总局批准后，检验检疫工作机构，不对团组人员进行体温监测；待团组人员下机后，登机对航空器实施检疫，使用手持式体温监测仪对机组人员实施体温监测，收取机组人员的健康申明卡。

4）对于执行特殊政治任务或参与重大事件保障的航空器，经商有关司局，一事一批，地方检验检疫机构按照总局的指示执行。

3.5 《法检目录》管理工作

3.5.1 《法检目录》相关概念

3.5.1.1 商品名称及编码协调制度

1983 年 6 月海关合作理事会（现名世界海关组织）主持制定的一部供海关、统计、进出口管理及与国际贸易有关各方共同使用的商品分类编码体系，并形成《商品名称及编码协调制度的国际公约》(International Convention for Harmonized Commodity Description and Coding System)，简称协调制度(Harmonized System，缩写为 H. S.)。

3.5.1.2 协调制度基本用途

H. S. 编码“协调”涵盖了《海关合作理事会税则商品分类目录》(CCCN)和联合国的《国际贸易标准分类》(SITC)两大分类编码体系，是系统的、多用途的国际贸易商品分类体系。它除了用于海关税则和贸易统计外，对运输商品的计费、统计、计算机数据传递、国际贸易单证简化以及普遍优惠制税号的利用等方面，都提供了一套可使用的国际贸易商品分类体系。

3.5.1.3 协调制度基本规则

1）从 1992 年 1 月 1 日起，我国进出口税则采用世界海关组织《商品名称及编码协调制度的国际公约》（简称 H. S.），该制度是一部科学的、系统的国际贸易商品分类体系，采用六位编码，适用于税则、统计、生产、运输、贸易管制、检验检疫等多方面，目前全球贸易量 90% 以上使用这一目录，已成为国际贸易的一种标准语言。

2）国际通行 H. S. 编码采用六位数，把全部国际贸易商品分为 22 类，98 章。章以下再分为目和子目。商品编码第一、二位数码代表“章”，第三、四位数码代表“目”(Heading)，第五、六位数码代表“子目”(Subheading)。前 6 位数是 H. S. 国际标准编码，H. S. 有1 241 个四位数的税目，5 113 个六位数子目。有的国家根据本国的实际，已分出第七、八、九位数码。目前我国海关、检验检疫系统进行申报时采用 10 位编码，前 8 位与国务院关税税则委员会所调整编制的税目税率数据完全一样，并在此基础上增加了海关申报所需的 10 位数编码。

3.5.1.4 《法检目录》

1）《法检目录》形成于 2000 年。原国家出入境检验检疫局延续原商检目录的做法，将原商检、动植检、进口食检的法定检验检疫商品目录合并，形成《出入境检验检疫机构实施进出境检验检疫的商品目录》，简称《法检目录》。

2）《法检目录》系以《商品名称及编码协调制度》(The Harmonized Commodity Description and Coding System)（简称《协调制度》）为基础，依照海关通关业务系统《商品综合分类表》的商品编号、商品名称、商品备注和计量单位编制。

3）《法检目录》是检验检疫机构行政执法的重要依据之一，在规范检验检疫执法行为，推行政务公开，提高与海关协同把关能力，方便各方监督等方面起了重要的作用。

3.5.2 《法检目录》相关术语

3.5.2.1 出入境检验检疫对象

1）法律法规规定的检验检疫对象。包括出入境货物（法定检验货物、疫区来货、废旧物品、血清及生物制品等)、集装箱、交通工具(船舶、飞机、汽车等)、木质包装、出入境人员、伴侣动物等。

2) 对方输入国要求的检验检疫对象。

3) 合同、信用证等外贸单证要求实施检验检疫的检验检疫对象。

4) 客户申请的检验检疫对象。

3.5.2.2　海关监管条件

海关监管条件是出入境海关是否凭借检验检疫通关单放行的依据和标记,其中:

A 是需要接受入境检验检疫,并取得检验检疫机构签发的通关单;

B 是需要接受出境检验检疫,并取得检验检疫机构签发的通关单;

D 是需要接受海关与检验检疫联合监管,并取得检验检疫机构签发的通关单。

3.5.2.3　检验检疫类别

检验检疫类别是出入境检验检疫机构实施检验检疫项目的依据和标记,其中:

M 是实施进口商品检验;

N 是实施出口商品检验;

P 是实施进境动植物、动植物产品检疫;

Q 是实施出境动植物、动植物产品检疫;

R 是实施进口食品卫生监督检验;

S 是实施出口食品卫生监督检验;

V 是实施进境卫生检疫;

W 是实施出境卫生检疫;

L 是实施民用商品入境验证。

3.5.3　《法检目录》历年变动情况及原因

3.5.3.1　《法检目录》变动情况

我国每年根据国际海关组织调整情况(6 位 H. S. 编码调整)和进出口监管需要,对 10 位H. S. 编码进行调整,2000 年 10 位 H. S. 编码共 10 758 个,到 2011 年调整为 12 613 个。《法检目录》每年需同步联调,以保障通关顺畅。具体调整情况如下:

单位:个 H. S. 编码

年　度	检验检疫监管	进境监管	出境监管
2000 年	4113	2746	3560
2001 年	4181	2817	3620
2002 年	4497	3152	3873
2003 年	4628	3277	3974
2004 年	4723	3342	4509
2005 年	4974	3596	4271
2006 年	5070	3677	4337
2007 年			
2008 年			
2009 年			
2010 年			
2011 年	4902	3955	4233

3.5.3.2 《法检目录》变化原因

1）随 H.S. 编码不断拆分、合并而进行联动调整；

2）根据检验检疫法律法规要求，新增列入或调出《法检目录》。

3.5.4 现行《法检目录》构成

2011 年《法检目录》，是根据国务院税则委员会办公室 2010 年年底调整税则税目、调整后的海关进出口税则以及国家质量监督检验检疫总局、海关总署联合公告 2010 年 158 号，由国家质量监督检验检疫总局对《出入境检验检疫机构实施检验检疫的进出境商品目录》（2010 年版）做了相应调整后形成。共涉及《协调制度》20 类，H.S. 编码 4 902 个。其中：

1）目录中“海关监管条件”项下的代码分别表示：

A：实施进境检验检疫，共 3 955 个；

B：实施出境检验检疫，共 4 233 个；

D：海关与检验检疫联合监管，共 3 个。

2）目录中“检验检疫类别”项下的代码分别表示：

M：进口商品检验，共 1 811 个；

N：出口商品检验，共 2 056 个；

P：进境动植物、动植物产品检疫，共 1 993 个；

Q：出境动植物、动植物产品检疫，共 1 983 个；

R：进口食品卫生监督检验，共 1 417 个；

S：出口食品卫生监督检验，共 1 180 个；

V：进境卫生检疫，共 13 个；

W：出境卫生检疫，共 13 个；

L：民用商品入境验证，共 383 个；

★：国家禁止进境商品，《商品综合分类表》删除检验检疫进境监管条件，但该目录仍保留检验检疫进境监管条件，共 10 个；

☆：国家禁止出境商品，《商品综合分类表》删除检验检疫出境监管条件，但该目录仍保留检验检疫进境监管条件，共 42 个 。

3）国家法律、法规和总局规章规定应当实施出入境检验检疫的进出境商品中，部分商品与《协调制度》不能对应（如成套设备、食品添加剂等），未列入该目录，出入境检验检疫机构应当依法对其实施出入境检验检疫。

3.5.5 《法检目录》动态调整工作流程

《法检目录》动态调整，是按照国家外贸发展形势和产品质量总体要求，协商商务部、海关总署等部门，及时对《法检目录》进行调整，确保对涉及健康、安全、卫生、环保的进出口商品实施有效监管。工作流程如下：

1）相关司局或直属局上报调整建议。各相关业务司局和直属局，根据进出口商品质量监控情况和有关方面的质量状况通报，结合实际工作需要，提出对《法检目录》初步调整建议。

2）研究、分析、汇总相关调整建议。对各司局和直属局上报的调整建议进行研究，从是否有监测数据支持、是否有质量问题通报、是否符合国家外贸政策、对检验检疫工作影响程度等几个方面分析，汇总提出合理的调整意见。

3）制定《法检目录》动态调整方案（草案）。根据汇总后的调整意见，按照有进有出、总体平衡的原则，制定《法检目录》动态调整方案（草案），将检测数据反映质量问题多、存在安全隐患大、危害国家和民生利益的 H. S. 编码项下商品纳入监管，确保有效监管；将检测数据反映质量问题少、安全隐患不大的 H. S. 编码项下商品取消监管，确保通关顺畅。

4）报总局领导审批。根据《法检目录》动态调整方案（草案）中涉及商品情况，会签总局相关业务司局，并请其从工作角度考虑，确定检验检疫类别的设置后，报总局领导审核批准。

5）协调各相关部门。《法检目录》动态调整方案经总局领导审批后，就涉及监管条件调整的，与商务部、海关总署等部门进行沟通协调；涉及需要 H. S. 编码拆分调整的，与国务院税则委员会（8 位码拆分）、海关总署（10 位码拆分）进行协调。

6）完善调整方案。根据与各部门协调情况，结合实际工作和外贸政策需要，对相关意见与建议进行分析研究，采纳合理意见，完善方案，报总局领导审批后，将相关调整意见正式行函告知海关总署。

7）发布联合公告。与海关总署等部门，就《法检目录》调整情况、实施时间，联合向社会发布公告。

8）下发通知。向各直属检验检疫局下发通知，要求各地检验检疫机构做好相关调整准备工作，并就目录调整中需要特别说明的问题，再通知中予以明确。

9）CIQ2000 系统数据库升级。及时将调整情况维护到 CIQ2000 系统的数据库中，使 CIQ2000 系统数据与海关数据同步更新、保持一致。

3.5.6 《法检目录》联动调整工作流程

《法检目录》联动调整，是根据国际海关组织、国务院税则委、海关总署对 H. S. 编码调整情况，对《法检目录》同时进行调整，确保《法检目录》与海关 H. S. 编码的一致。工作流程如下：

1）研究海关总署提供的国际海关组织 H. S. 编码。按照惯例国际海关组织，根据国际贸易情况，每年要对 H. S. 编码设置进行微调，每 4 年还要进行一次大调整。海关总署提供调整说明时，及时组织人员研究，分析调整的主要内容，做好相关工作准备。

2）将海关总署提供的 H. S. 编码表与《法检目录》进行比对。通过程序比对和手工比对，将编码、商品名称、监管条件不一致的调出，制作变化对照表。

3）制定联动调整方案。分析对照表中编码变化原因，按照有据可查、监管一致的原则，对相关数据进行审核确认，发现海关提供的 H. S. 编码存在错误的，及时与海关协调修稿，并在此基础上制定联动调整方案。

4）报总局领导审批。制定联动调整方案要报总局领导审核批准，如涉及检验检疫类别变化的，还需会签相关业务司局。

5）发布联合公告。总局领导对联动方案审核批准后，与海关总署就调整情况、实施时间，联合向社会发布公告。

6）下发通知。向各直属检验检疫局下发通知，要求各地检验检疫机构做好相关调整准备工作，并就目录调整中需要特别说明的问题，在通知中予以明确。

7）CIQ2000 系统数据库升级。及时将调整情况维护到 CIQ2000 系统的数据库中，使 CIQ2000 系统数据与海关数据同步更新、保持一致。

附录1

国务院关于口岸开放的若干规定

（国发〔1985〕113号）

随着我国对外贸易、国际交往和旅游事业的发展，将进一步开放新的口岸。为加强口岸开放的审批工作，特制定本规定。

一、本规定所指口岸是供人员、货物和交通工具出入国境的港口、机场、车站、通道等。口岸分为一类口岸和二类口岸。一类口岸是指由国务院批准开放的口岸（包括中央管理的口岸和由省、自治区、直辖市管理的部分口岸）；二类口岸是指由省级人民政府批准开放并管理的口岸。

二、口岸的开放和关闭，由国务院或省级人民政府审批后公布执行。

三、凡开放口岸，应根据需要设立边防检查、海关、港务监督、卫生检疫、动植物检疫、商品检验等检查检验机构，以及国家规定的其他口岸机构。

四、两类口岸的具体划分

（一）以下为一类口岸：

1. 对外国籍船舶、飞机、车辆等交通工具开放的海、陆、空客货口岸；

2. 只允许我国籍船舶、飞机、车辆出入国境的海、陆、空客货口岸；

3. 允许外国籍船舶进出我国领海内的海面交货点。

（二）以下为二类口岸：

1. 依靠其他口岸派人前往办理出入境检查检验手续的国轮外贸运输装卸点、起运点、交货点；

2. 同毗邻国家地方政府之间进行边境小额贸易和人员往来的口岸；

3. 只限边境居民通行的出入境口岸。

五、报批程序

（一）一类口岸：由有关部（局）或港口、码头、车站、机场和通道所在地的省级人民政府会商大军区后，报请国务院批准，同时抄送国务院口岸领导小组、总参谋部和有关主管部门。

（二）二类口岸：由口岸所在地的人民政府征得当地大军区和海军的同意，并会商口岸检查检验等有关单位后，报请省级人民政府批准。批文同时送国务院口岸领导小组和有关主管部门备案。

六、报批开放口岸应附具下列资料

（一）对口岸开放进行的可行性研究报告，以及口岸的基本条件、近三年客货运量、经济效益和发展前景的资料。

（二）根据客货运输任务提出的有关检查检验单位、口岸办公室、中国银行等机构设置和人员编制方案。

（三）检查检验场地和办公、生活设施等规划，以及投资预算和资金来源。

七、对外开放前的验收

（一）新开放的口岸，在开放前必须对其交通安全设施、通信设施、联检场地、检查检验等单位的机构设置和人员配备，以及办公、生活设施等进行验收。验收合格后，才能宣布开放。

（二）一类口岸，由国务院口岸领导小组办公室负责组织验收；二类口岸，由所在省、自治区、直辖市口岸办公室或其他主管口岸工作的部门负责组织验收。

八、临时进出我国非开放区域的审批权限

（一）临时从我国非开放的港口或沿海域进出的中、外国籍船舶，由交通部审批，并报国务院口岸领导小组备案。报批前应征得军事主管部门和当地人民政府以及有关检查检验单位的同意，并安排好检查检验工作。

（二）临时从我国非开放机场起降的中、外国籍民用飞机，由中国民用航空局征得军事主管部门同意后审批，非民用飞机由军事主管部门审批，并报国务院口岸领导小组备案。报批前应征得当地人民政府和有关检查检验部门的同意，并安排好检查检验工作。

（三）临时从我国非开放的陆地边界区域进出境的中、外国籍车辆和人员，由省级人民政府审批。报批前应征得当地省军区和公安部门的同意，并安排好检查检验工作。

九、口岸开放应有计划地进行，按隶属关系分别列入国家或地方口岸开放计划。国务院有关部门和省、自治区、直辖市应将口岸开放计划（草案），于计划年度前两个月报国务院口岸领导小组，并抄报国家计委、劳动人事部和检查检验单位的有关主管部门。

十、开放口岸检查检验设施建设资金来源

（一）中央管理的口岸由中央负责解决；地方管理的口岸由地方负责解决。

（二）国家新建开放的港口、码头、车站和机场（含军用改为军民合用的机场）等口岸建设项目（包括利用外资和中外合资项目），以及老口岸新建作业区和经济开发区的新港区等项目，所需联检场地应与港口、码头、车站、机场等主体工程统一规划。所需投资包括在主体工程之内。检查检验单位办公、生活土建设施（包括宿舍）的投资，由口岸建筑项目的主管部门组织有关单位研究，统一汇总报国家计委审批。批准后，投资划拨给口岸所在地的省、自治区、直辖市，由地方统一规划，统一设计施工。军用改建为军民合用机场的口岸项目，应事先征得空军或海军同意，如在机场内建设，建设单位可提出要求，由空军或海军统一规划。

（三）各部（局）直属的原有港口、码头、车站和机场需要对外开放时，所需联检场地，原则上要利用原有建筑设施。如确需扩建、新建，应由港口、码头、车站和机场的主管部门投资建设。检查检验单位的办公、生活土建设施（包括宿舍）的投资，原则上由各自主管部门解决。对确有困难的，国家或地方给予适当补助，由地方统一建设，投资交地方包干使用。

（四）地方新开口岸所需联检场地和检查检验单位的办公、生活土建设施（包括宿舍），由地方统一投资，统一建设。

（五）国际海员俱乐部的建设规划和投资来源，比照（二）、（三）、（四）项规定解决。

（六）检查检验单位所需的交通工具、仪器设备等，由各自主管部门解决。

（七）联检场地内划给检查检验单位的办公和业务用房（包括水、电、市内电话），应由港口、码头、车站和机场（包括军民使用的机场）的经营单位免费提供。

十一、本规定由国务院口岸领导小组办公室负责解释。

十二、本规定自发布之日起施行。

附录2

国务院批转国家计委、国家经贸委、财政部《关于开放口岸检查检验配套设施建设意见的通知》

(国发〔1993〕44号)

各省、自治区、直辖市人民政府,国务院各部委、各直属机构:

国务院同意国家计委、国家经贸委、财政部《关于开放口岸检查检验配套设施建设的意见》,现转发给你们,请遵照执行。

中华人民共和国国务院

一九九三年六月十五日

关于开放口岸检查检验配套设施建设的意见

国务院:

为了适应改革开放的要求,加强口岸开放的审批工作,理顺口岸检查检验配套设施基本投资渠道,确保口岸主体工程与检查检验配套设施的同步建设,提出以下意见:

一、口岸开放规划的制定

(一)口岸开放规划的内容包括:口岸名称、建设规模、任务量、检查检验机构及其人员编制、建设资金及来源等。

(二)一类口岸开放规划编报程序。

1. 各省、自治区、直辖市新开一类口岸的五年规划,由各省(区、市)口岸管理部门会同同级计划、财政部门制定,报国家口岸办。

2. 国务院口岸主管部门根据各地编报的规划,会同国家计委、财政部、人事部并商有关部门同意后,制定全国一类口岸开放的五年规划,经国务院批准后列入国家和地方五年规划。

3. 凡列入全国一类口岸开放五年规划的项目,由项目所在地的省(区、市)人民政府按规定的程序提前报国务院,国务院口岸主管部门商有关部门同意后,会同国家计委、财政部、人事部审核,并报国务院批准后,分别列入国家和地方的年度计划。具体要求按《国务院关于口岸开放的若干规定》(国发〔1985〕113号)办理。

(三)二类口岸开放的规划由各省(区、市)自行制定。

二、口岸检查检验配套设施建设的资金来源

(一)一类口岸检查检验配套设施建设的资金来源。

口岸现场检查检验设施应与港口、机场、车站、通道等主体工程统一规划、统一设计、统一投资(即口岸现场检查检验设施投资列入主体工程投资之内)、统一建设。口岸检查检验单位的办公、业务(非现场部分)和生活配套设施建设的资金来源按以下原则解决:

1. 主要为全国各地服务的国家重点口岸，承担其他省（区、市）国际客货运量占本口岸总量 60％以上的，其所需检查检验单位的办公、业务和生活用房的建设投资由中央负担 60％，地方负担 40％。中央负担的投资，由国家计委和财政部各负担 50％。

2. 主要为本省（区、市）服务，同时也承担部分其他省（区、市）国际客货运量的国家一类口岸，其他省（区、市）的国际客货运量占本口岸总量 20％以上、60％以下的，其所需检查检验单位的办公、业务和生活用房建设投资由中央负担 40％，地方负担 60％。中央负担的投资，由国家计委和财政部各负担 50％。

3. 凡是基本上为本省（区、市）服务的一类口岸，其所需检查检验单位的办公、业务和生活用房的建设资金，由地方负担。

4. 口岸检查检验单位所需的交通工具、仪器设备等，由各主管部门负责解决。

5. 港监、船检所需的办公、业务和生活用房的投资，由交通部门负责解决。

6. 地方政府除了按上述原则解决自己应承担的部分投资外，要无偿提供口岸检查检验部门的办公、业务和生活用房等设施所需的建设用地。免交地方出台征收的各种税费。

7. 国家口岸办根据口岸开放五年规划和中央补助的范围，提出口岸检查检验配套设施建设每年需要中央补助的投资计划报国家计委、财政部，由国家计委和财政部审核后在年度计划（预算）中予以安排。中央补助的投资由国家计委、财政部按照批准的计划，分别下达给口岸所在省（区、市）政府，包干使用。地方安排的建设资金报国家计委、财政部备案。

8. 一类口岸的开办费，由地方政府负责解决。

（二）二类口岸检查检验设施的建设资金、开办费，全部由地方负担。

三、口岸人员用房建设标准

（一）一类口岸检查检验单位办公、业务和生活用房的建设标准，由国家计委、财政部、国务院口岸主管部门参照当地有关建设标准制定，建筑标准不得超过当地水平。

（二）二类口岸检查检验配套设施建设标准，可参照一类口岸标准执行。

四、国际海员俱乐部的建设标准，参照上述规定执行。

五、现有一类口岸扩建和现有口岸任务量有较大增长，确需增加口岸检查检验单位编制并建设办公、业务和生活用房的，也按上述规定执行。

以上意见如无不妥，请批转各地区、各有关部门执行。

国家计委　国家经贸委　财政部
一九九三年四月二十四日

附录 3

国务院关于口岸开放管理工作有关问题的批复

（国函〔2002〕14 号）

海关总署：

你署《关于全国二类口岸清理整顿后口岸管理工作有关问题的请示》（署岸发〔2001〕

466号)收悉。现批复如下。

一、同意对《国务院关于口岸开放的若干规定》(国发〔1985〕113号,以下简称《规定》)有关内容作以下修改和完善:

(一)口岸是供人员、货物、物品和交通工具直接出入国(关、边)境的港口、机场、车站、跨境通道等。

(二)口岸的开放和关闭由其所在地省(自治区、直辖市)人民政府会商大军区后,报国务院审批,同时抄送海关总署、总参谋部和有关主管部门。边民通道和允许装载沙砾的中国籍船舶出入境的装运点等,由省(自治区、直辖市)人民政府商驻地厅局级检查检验单位同意后审批,并抄送海关总署备案,具体办法由海关总署商有关部门制定。

(三)口岸按开放程度分为一类口岸和二类口岸。一类口岸是指允许中国籍和外国籍人员、货物、物品和交通工具直接出入国(关、边)境的海(河)、陆、空客货口岸(国家另有规定的除外);二类口岸是指仅允许中国籍人员、货物、物品和交通工具直接出入国(关、边)境的海(河)、空客货口岸,以及仅允许毗邻国家双边人员、货物、物品和交通工具直接出入国(关、边)境的铁路车站,界河港口和跨境公路通道。

二、同意对清理整顿后保留下来的原二类口岸分不同情况,按以下原则进行处理。

(一)效益好,布局合理,能够实施有效监管的,纳入国家口岸发展规划,分期分批报国务院审批;

(二)有一定效益、距离原一类口岸较近、能够实施有效监管的,由所在地省(自治区、直辖市)人民政府报国务院批准后并入原一类口岸;

(三)有一定效益,但不属于常年过货的,作为临时开放口岸,按临时口岸审批程序报批;

(四)效益不好,布局不合理,并难以做到有效监管的,逐步关闭;

(五)对一些省(自治区、直辖市)超出《规定》范围审批的内陆铁路和公路原二类口岸,不再纳入口岸管理范畴,一律按开放口岸的后续监管、查验场所进行运作,由海关总署商质检总局审批;需增加检查检验单位人员编制的,由省(自治区、直辖市)人民政府报国务院审批。

国务院

二〇〇二年二月二十二日

附录4

关于开放口岸检查检验配套设施建设标准及经费来源问题的通知

(国经贸〔1993〕520号)

各省、自治区、直辖市人民政府,国务院有关部门:

为认真贯彻《国务院批转国家计委、国家经贸委、财政部关于开放口岸检查检验配套设施建设意见的通知》(国发〔1993〕44号)精神,现将有关问题通知如下:

一、各地区制定的口岸开放规划应与国家制订的国民经济五年规划的期限相一致，以利于国家、地方落实并安排新开口岸和扩建老口岸所需的检查、检验配套设施的建设资金。

二、凡经国务院批准的一类新开口岸和扩建老口岸，其检查、检验单位的办公、业务和生活用房的建设投资（不包括征地费、市政建设配套费和开办费），由国家口岸办公室按国务院国发〔1993〕44 号文中有关原则提出具体补助资金数额报国家计委、财政部，由国家计委和财政部审核后，在年度计划（预算）中予以安排。

三、口岸查验单位办公、业务和生活用房的建设按下列标准执行：

1. 卫生检疫、动植物检疫、商品检验的办公、业务用房（含化验室、试验室、食堂、车库、仓库等），按人均建筑面积 23 平方米计算；海关、边防的办公、业务用房（含食堂、车库、仓库等），按人均建筑面积 20 平方米计算。

2. 宿舍的建设，海关、卫生检疫、动植物检疫、商品检验按编制数的 60%带家属、40%单身职工计算，家属宿舍平均每户建筑面积 50 平方米，单身每人 10 平方米。边防检查部门按干部占 60%（其中带家属的干部占 60%）、战士占 40%计算，带家属的干部平均每户建筑面积 50 平方米，单身干部宿舍和战士营房每人 10 平方米。

3. 建筑造价标准：生活用房每平方米 600 元；办公、业务用房每平方米 800 元。

四、关于新开口岸国际海员俱乐部的建设资金，应由地方政府自行筹措，对少数特别困难的，国家酌情少量扶持。

五、关于独资、合资企业码头查验单位用房经费，应由地方政府负担。

六、关于港监、船检办公、业务、生活用房所需投资及征地费，按隶属关系，分别由交通部和地方交通厅（局）负担。

七、海关卡口、边检卡口、客运联检厅、货运查验综合楼等现场用房的建设资金，应列入口岸立体工程预算，由主体工程产权单位负责解决。

八、各地人民政府可根据国发〔1993〕44 号文件精神，制定相应的实施办法，进一步落实新开口岸和扩建老口岸检查、检验配套设施所需地方负担的建设资金。

一九九三年十二月四日

附录 5

关于印发《国家对外开放口岸出入境检验检疫设施建设管理规定》的通知

（国质检通〔2007〕149 号）

各直属检验检疫局：

为规范国家对外开放口岸出入境检验检疫设施建设，保障检验检疫工作顺利开展，国家质检总局在总结《关于印发〈国家对外开放口岸出入境检验检疫设施建设管理规定〉（试行）的通知》（国质检通〔2004〕506 号）执行情况的基础上，再次组织进行修订。现将修订后的《国家对外开放口岸出入境检验检疫设施建设管理规定》印发你们，请遵照执行。如遇问题，请及时上报总局。

二〇〇七年四月五日

国家对外开放口岸出入境检验检疫设施建设管理规定

第一章　总　　则

第一条　为规范国家对外开放口岸出入境检验检疫设施(以下简称口岸检验检疫设施)建设,保证检验检疫工作顺利开展,根据国家有关法律法规的规定,结合检验检疫工作实际,制定本规定。

第二条　国家对外开放口岸是指供人员、货物、物品和交通运输工具直接出入(国、关、边)境的港口、机场、车站、跨境通道等。

第三条　本规定适用于口岸检验检疫设施规划、设计、建设、验收及其管理工作。

第四条　口岸检验检疫设施包括检验检疫行政办公业务用房、专业技术用房、查验场所、检疫处理场所以及其他相关配套设施。

第五条　行政办公业务用房是指检验检疫机构行使管理职能所需的办公、会议、接待、文印、报检、值班、计算机管理、资料存放、档案存放、物品存储等用房。

第六条　专业技术用房是指检验检疫机构运用专业技术和设备,开展检验、检疫、测试、鉴定、医学留验、隔离、预防接种、检疫处理、媒介生物监测、本底媒介存放、实验室检测、样品预处理、样品存放、截留物品存放、药品器械存储、检疫犬圈养、驯养、信息化工程、视频监控等业务所需的用房和场所。

第七条　查验场所是指检验检疫机构对出入境人员、货物、物品、交通运输工具等受理申报以及开展咨询、检验、检疫、查验、监测、监管(含查封、扣押货物储存)等所需的工作场所。

第八条　检疫处理场所是指为消除疫情疫病风险或潜在危害,防止传染病传播、动植物病虫害传入传出,对检验检疫对象采取生物、物理、化学等处理措施的工作场所。

第九条　口岸检验检疫设施应与口岸主体工程统一规划、统一设计、统一建设、统一投资、统一验收。

第十条　国家质量监督检验检疫总局主管全国口岸检验检疫设施的验收工作。

直属检验检疫局参与辖区内口岸检验检疫设施的可行性研究、建设规划和初步设计,负责辖区内口岸检验检疫设施的预验收工作。

第十一条　国家质量监督检验检疫总局根据检验检疫法律法规规定,按照海港、空港、公路、铁路口岸的不同特点和检验检疫工作实际需要,分别制定国家对外开放口岸出入境检验检疫设施建设规范(以下简称口岸检验检疫设施建设规范,附件1、附件2、附件3、附件4)。

第二章　口岸检验检疫设施的规划、设计和建设

第十二条　直属检验检疫局应当根据国家口岸(开放)发展规划,协调地方政府,参与做好辖区内口岸检验检疫设施的规划、设计、建设及协调管理工作。

第十三条　口岸检验检疫设施的规划、设计和建设，应以口岸功能、设计规模为基础，以预测的检验检疫业务量及相应核算的检验检疫人员数量为依据，以满足检验检疫工作需要并与当地经济发展水平相适应、与口岸其他查验单位工作条件相协调为原则。

第十四条　口岸功能、设计规模是指口岸规划管理部门公布的口岸出入境货物、集装箱设计吞吐能力及出入境交通工具、旅客最大设计流量。

第十五条　口岸检验检疫业务量是指依照国家有关法律法规，需接受检验检疫监管的出入境人员、货物、交通运输工具数量及在口岸范围内需接受检疫监督的单位、人员数量。

第十六条　口岸检验检疫机构工作人员数量根据辖区内口岸检验检疫业务量核算。

口岸检验检疫机构工作人员数量核算不足 15 人的，以 15 人核算。

第十七条　口岸检验检疫设施中的检验检疫行政办公业务用房和专业技术用房面积的核定以口岸检验检疫机构工作人员人均所需用房面积量为基础，结合口岸检验检疫机构工作人员数量确定，并适度兼顾地方经济发展水平。

海港、空港、铁路、公路口岸检验检疫机构工作人员人均所需用房面积数量详见附件 1、附件 2、附件 3、附件 4。

第十八条　经济发达地区口岸的检验检疫行政办公业务用房和专业技术用房面积的核定可以适当高于本规定附件所列标准，经济欠发达地区口岸的检验检疫行政办公业务用房和专业技术用房面积的核定可以适当低于本规定附件所列标准，但人均面积不低于 23 平方米。

第十九条　口岸检验检疫设施规划、设计和建设方案应当符合口岸检验检疫设施建设规范的要求，内容包括：检验检疫设施的名称、功能和建设要求等。

第二十条　直属检验检疫局应当协调地方政府及有关部门监督落实口岸检验检疫设施规划、设计和建设方案，发现问题及时协商解决。

第二十一条　直属检验检疫局应按本规定核算口岸检验检疫机构工作人员数量、制订检验检疫设施建设方案，经国家质检总局同意后方可对外提供；并将口岸检验检疫设施规划、设计和建设进展情况及时上报国家质检总局。

第三章　口岸检验检疫设施的验收

第二十二条　国家质检总局根据国务院规定的国家对外开放口岸验收程序，参加国家对外开放口岸验收工作。

第二十三条　直属检验检疫局应当参加地方政府组织的国家对外开放口岸预验收工作，检查、对照口岸检验检疫设施建设规范，发现问题及时提出改进意见，并在预验收纪要中列明存在问题及改进措施；发现与口岸检验检疫设施建设规范严重不符的，不予签署预验收纪要。

第二十四条　直属检验检疫局应当在预验收结束后 10 个工作日内，将预验收情况书面上报国家质检总局。

第二十五条　国家质检总局参加国家对外开放口岸验收工作，检查、对照口岸检验检疫设施建设规范和地方政府预验收纪要，对口岸检验检疫设施组织验收，有关直属检验检疫局应积极配合做好相关工作。

第二十六条　国家质检总局在国家对外开放口岸验收工作中，发现新问题或预验收存在问题尚未解决的，提出整改意见，并在验收纪要中列明存在问题及整改措施；发现与口岸检验检疫设施建设规范严重不符的，不予签署验收纪要。

第四章 附 则

第二十七条 国家对外开放口岸的易址、扩建、改建，出口加工区、保税区、保税物流园区（中心）、跨境工业园区，进出境集装箱/车辆检查场（含后续监管场所）、进出境货物（含国际邮包、快件）监管点、季节性口岸、临时开放口岸、专用码头、已开放港口口岸范围内新建外贸作业区或涉外码头等检验检疫设施建设，参照本规定执行。

第二十八条 国家对外开放口岸的卫生监督（标准）、出入境动植物检疫隔离场（圃）以及应对突发事件设施等建设，依照有关法律法规和国家质检总局相关规定执行。

第二十九条 在国家对外开放口岸规划、设计、建设和验收过程中，各直属检验检疫局应预先做好检验检疫仪器、设备等购置的预算工作，并报国家质检总局。

第三十条 本规定由国家质检总局负责解释。

第三十一条 本规定自发布之日起施行，原《国家对外开放口岸出入境检验检疫设施建设管理规定（试行）》（国质检通〔2004〕506 号）同时废止。

附件 1：海港口岸检验检疫设施建设规范

第一章 总 则

第一条 根据海港口岸功能，海港口岸检验检疫设施包括检验检疫用房（含行政办公业务、专业技术用房）、出入境旅客及其携带物检验检疫现场设施、出入境货物（含集装箱，下同，略）堆场检验检疫现场设施、出入境船舶检疫现场设施。

第二条 海港口岸检验检疫设施建设中，应根据口岸客运、货运特点及检验检疫监管工作需要，选择性设置出入境旅客及其携带物检验检疫现场设施、出入境货物堆场检验检疫现场设施、出入境船舶检疫现场设施。

第三条 本规范适用于海港客运、货运口岸检验检疫设施建设。

第二章 海港口岸检验检疫用房

第四条 依据全国海港口岸检验检疫工作量及人员编制核算，每名检验检疫人员每年可同时完成 990 人次、24 艘次船舶、51 525 吨货物和 3 435 箱次标准集装箱的检验检疫任务。

第五条 海港口岸检验检疫机构完成检验检疫工作所需人员数量，按照下列公式计算：

检验检疫工作人员数＝年出入境人员量/990×0.2＋年出入境船舶量/24×0.2
＋年出入境货物吨数/51525×0.3＋年出入境标准集装箱/3435×0.3

公式中：0.2、0.2、0.3、0.3 为各项检验检疫任务权重系数的推荐值。

上述权重系数根据全国海港口岸从事不同检验检疫任务的人员平均比例确定，各直属检验检疫局可根据辖区内检验检疫人员实际分配情况，酌情调整上述权重系数，权重系数之和应为 1。

出入境货物系指非集装箱运输的货物。

检验检疫工作人员数以等式右侧计算结果的整数计。

第六条 依据当前全国海港口岸检验检疫人员数量及检验检疫用房面积，核算出每人检验检疫用房平均面积为82平方米。

第七条 海港口岸检验检疫用房的总面积应当按照本规范第五条核算人数乘以82平方米的方法计算，并依据《国家对外开放口岸出入境检验检疫设施建设管理规定》第五条、第六条规定进行规划、设计和建设。

第三章 出入境旅客及其携带物检验检疫现场设施

第八条 海港客运口岸应当规划、设计和建设相互分离、完全封闭的出境旅客通道和入境旅客通道，并分别设置出入境旅客及其携带物检验检疫现场设施。

第九条 出入境旅客及其携带物检验检疫现场设施包括旅客候检区、查验通道、旅客携带物查验区、检验检疫现场业务用房及其相关配套设施。

第十条 出入境旅客检验检疫候检区位于口岸出入境旅客通道最前端，应当保证通风透气、光照充足，是出入境旅客等候健康申报及体温监测，接受医学巡查的场所。

第十一条 出入境旅客检验检疫候检区域从查验通道前候检线向外延伸计算，其面积以旅客最长候检时间15分钟为前提，依照每15分钟内出或入境旅客最大客流量乘以每名旅客1 m^2 候检面积计算。

第十二条 出入境旅客检验检疫候检区配套设施包括：

引导牌：位于出入境旅客通道起点至出入境旅客检验检疫候检区之间；内容为中文“前方请接受入/出境检疫查验”，英文“Quarantine Inspection Ahead”；中英文上下排列，引导牌推荐规格为100 cm×30 cm，颜色为蓝底白字，中文字体为黑体，英文字体为Times New Roman。（以下统称：规格A）。

告示牌：位于出入境旅客检验检疫候检区，用于向旅客告知入出境检疫查验有关事项；推荐规格为200 cm×120 cm，颜色为蓝底白字，字体为黑体，可选择设置电子触摸屏（以下统称：规格B）。

公告栏：位于出入境旅客检验检疫候检区，用于张贴有关公告；推荐规格为300 cm×100 cm（以下统称：规格C）。

宣传栏：位于出入境旅客检验检疫候检区，用于传染病预防宣传；按规格C制作，可选择设置电子显示屏。

健康咨询台：用于出入境人员健康咨询，可选择设置电子触摸屏。

填卡台：位于出入境旅客检验检疫候检区，用于张贴健康申明卡填写式样、出入境旅客填写健康申明卡；推荐规格为长150 cm、宽80 cm、高110 cm，涂印“出入境健康申明卡填写处”中英文字样。

候检线：在出入境旅客检验检疫候检区，平行涂印于距出入境旅客检验检疫查验台正前方150 cm处，推荐规格为150 cm×10 cm，并明示“请在黄线外候检”中英文字样。

第十三条 出入境旅客检验检疫查验通道位于出入境旅客检验检疫候检区域正后方处，是监测出入境旅客体温，接受出入境旅客健康申报，核查预防接种证书、健康证明或其他相关国际旅行卫生证件的场所。

第十四条 出入境旅客检验检疫查验通道宽度为150 cm；通道数的设立以旅客最长候检时间15分钟，每名旅客查验时间15秒为前提，按照15分钟内出境或入境旅客最大客流量值，除以常数60计算（即一条通道15分钟内查验的旅客数量为60名）。

第十五条 出入境旅客检验检疫查验通道配套设施包括：

标志牌：位于出入境旅客检验检疫查验通道正上方；推荐规格为长150 cm、宽50 cm，左侧上下排列涂印“中国检验检疫”中英文字样，颜色为蓝底白字，中文字体为黑体，英文字体为Times New Roman，右侧涂印中国检验检疫徽标，可以采用电子式或灯箱式标志牌（以下统称：规格D）。

查验台：位于出入境旅客检验检疫查验通道两侧，应当保证光线充足，用于核查预防接种证书、健康证明或其他相关国际旅行卫生证件；推荐规格为矩尺型，正面长150 cm，侧面长150 cm、高110 cm、台面宽60 cm。

测温设备设置区：位于出入境旅客检验检疫查验通道处，用于安装测温设备，对出入境旅客实施体温监测。

通道护栏：位于出入境旅客检验检疫查验通道前方两侧，护栏与查验台间隔等宽，用于全部出入境旅客有序进入、通过查验通道；推荐规格高110 cm。

第十六条 入境旅客携带物检验检疫查验区位于海港口岸旅客通道入境旅客行李提取处后方；出境旅客携带物检验检疫查验区应当位于海港口岸旅客通道出境旅客行李托运处前方，是检疫监管出入境旅客携带物，核查携带、伴侣动物的检疫证书及疫苗接种证书的场所。

第十七条 出入境旅客携带物检验检疫查验区面积以每名被抽查旅客等候时间最长15分钟，平均查验时间5分钟为前提，依照15分钟内出或入境旅客最大客流量乘以抽查比例，再乘以每名被抽查旅客人均$2m^2$等候查验面积计算。

第十八条 出入境旅客携带物检验检疫查验区配套设施包括：

标志牌：位于出入境旅客携带物检验检疫查验区正上方处；按规格D制作。

告示牌：位于出入境旅客携带物检验检疫查验区，用于向旅客告知入出境检疫查验有关事项；按规格B制作。

公告栏：位于出入境旅客携带物检验检疫查验区；按规格C制作。

查验台：位于出入境旅客携带物检验检疫查验区两侧；用于检疫查验出入境旅客携带物，核查携带动物、伴侣动物的检疫证书及疫苗接种证书；推荐规格长150 cm，宽80 cm，高50 cm，配备可以有效阻断外部视线的活动挡板；数量根据第十五条有关内容，依照15分钟内出或入境旅客最大客流量乘以抽查比例，再除以常数3（即：每查验台15分钟内可完成3人次旅客携带物检验检疫查验工作）计算。

X光机、核和辐射检测仪器设置区：位于出入境旅客携带物检验检疫查验区前端，用于安装X光机、核和辐射检测仪器，对出入境旅客携带物实施查验。

禁止进出境物品投弃箱：位于出入境旅客携带物检验检疫查验区，明示“禁止进出境物品投弃箱”中英文字样，推荐规格40 cm×40 cm×70 cm。

第十九条 出入境旅客通道旁应配置检验检疫现场业务用房，主要用于现场办公、值班、接待、更衣休息、档案存储、视频监控、检验监测、检疫处理、截留物品贮存、样品存储、预防接种、医学检查、隔离留验、医学消毒、现场快速检测、应急处理、医学媒介监测、药品器械存储、检疫犬圈养等。

第二十条 检验检疫现场业务用房配备的数量、面积应以满足第十九条所述功能需要为原则;各用房应根据用途相对独立,区域界限明确。

第二十一条 检验检疫现场业务用房位置应毗邻于相应的旅客通道检验检疫场所,保证出入境检验检疫工作人员、器具及设备直接、迅速、无障碍的进出查验区域。

第二十二条 根据检验检疫现场业务用房用途,应配备和完善相应的通信(视音频、数据)、水、电(弱电)、污水处理、负压、视频监控等配套设施。

第四章 出入境货物堆场检验检疫现场设施

第二十三条 海港货运口岸应规划、设计和建设封闭的外贸货物专用堆场地,堆场地面平整、硬化处理,防鼠措施到位,库房设计合理;废旧物品、鲜活冷冻品(含食品)应分别设置专用堆场或仓库,相互隔离。

第二十四条 外贸货物专用堆场应当设置出入境货物检验检疫现场设施,包括:货物检验检疫查验区、检疫处理区、电子监管设施、检验检疫现场业务用房及其相关配套设施。

第二十五条 货物检验检疫查验区面积应与海港口岸货物和集装箱吞吐量相适应,场地面积不低于10 000 m^2;场地内划分设置符合要求、相对隔离的拆箱、分拣场地,场地面积不低于1 000 m^2。

第二十六条 出入境货物检验检疫查验区要求:

(一) 地面平整、坚固、硬化,无病媒生物孳生地,场地及周围环境应具备有效的防鼠设施与防鼠带;

(二) 设有冷冻(冷藏)集装箱的辅助制冷设施及防火、防汛、防盗设施;

(三) 设有污水处理及排放设施,设有垃圾存储与处理设施,上述设施应符合国家相关标准。

第二十七条 出入境货物检验检疫查验区配套设施包括:

标志牌:位于出入境货物检验检疫查验区入口处;参照规格D制作。

查验平台:位于出入境货物检验检疫查验区,用于集装箱、货物的检验检疫查验操作;规格宽大于5 m、与集装箱拖车架等高(约150 cm)、长度以至少能够同时对5辆集装箱卡车实施查验为宜,台体涂印“中国检验检疫”及中国检验检疫徽标(以下统称:规格E)。

监管仓库:位于出入境货物检验检疫查验区,用于存放实施查封、扣押以及待进一步检验、检疫、鉴定的货物。监管仓库容积适当,适合叉车等机械工具现场操作。根据实际内部设置隔离区域,用于存放不同监管要求的货物,并符合有关安全技术防范要求。监管仓库外墙涂印“检验检疫监管仓库”字样。

第二十八条 海港货运口岸应当设置完全封闭的出入境货物检疫处理区,主要功能是对出入境货物、集装箱进行检疫处理。

第二十九条 出入境货物检疫处理区应当位于港区办公、生活区的下风方向,相隔距离不少于50 m,面积不少于1 000 m^2。

第三十条 出入境货物检疫处理区要求:

(一) 地面平整、坚固、硬化,无病媒生物孳生地,场地及周围环境应具备有效的防鼠设施与防鼠带;

（二）设有污水处理及排放设施，设有垃圾存储与处理设施，上述设施应符合国家相关标准。

第三十一条 出入境货物检疫处理区配套设施包括：

标志牌：位于出入境货物检疫处理区入口处，标示检疫处理区域；按规格D制作。

告示牌：位于出入境货物检疫处理区周边；推荐规格长150 cm、宽50 cm，涂印“检疫处理作业危险，请勿靠近”中英文字样。

检疫处理平台：位于出入境货物检疫处理区内，用于车载集装箱及内容货物的检疫处理业务操作；按规格E建设。

熏蒸处理库：位于出入境货物检疫处理区内，用于散货、木质包装等熏蒸及热处理；要求密闭良好，容积适当，技术指标参照附件5《出入境检验检疫熏蒸处理库技术要求》。

第三十二条 海港货运口岸应当设置电子监管设施，包括码头、堆场和通道卡口的视屏监控系统和箱号、车号识别系统，满足科学监管和快速放行的需要。

第三十三条 外贸大宗散货专用堆场应当建设配备自动机械取制样设备，满足准确、快速取制样的需要。

第三十四条 外贸货物专用堆场应当配置检验检疫现场业务用房，主要用于办公、值班、接待、视频监控、档案存储、更衣休息、采取样品、样品预处理、样品存贮、现场检测、检验及抽样工具存放、检疫处理药品存储、器械存储等。

第三十五条 检验检疫现场业务用房配备的数量、面积应以满足第33条所述功能需要为原则；各用房应根据用途相对独立，区域界限明确。

第三十六条 根据检验检疫现场业务用房用途，应配备和完善相应的通讯（视音频、数据）、水、电（弱电）、污水处理、负压、视频监控等配套设施。

第五章 出入境船舶检疫设施

第三十七条 海港口岸水域应当设置出入境船舶检疫现场设施，包括入境船舶检疫锚地和检疫处理设施。

第三十八条 入境船舶检疫锚地数量、位置及面积，由口岸主管部门会商检验检疫机构确定，并铺设检疫浮标加以明示。

第三十九条 海港口岸应当配备检验检疫人员前往检疫锚地实施查验工作所需的交通船舶（艇），并指定检疫交通船舶（艇）的专用停靠码头（泊位）。

第四十条 海港口岸应当划定（指定）船舶熏蒸、消毒、除鼠、杀虫和船舶污水、垃圾、压舱水检疫处理的专用作业区（水域或泊位）。

第四十一条 海港口岸应在船舶检疫监管区域内设置电子（视频）监管设施，满足科学监管和快速放行的需要。

第四十二条 海港口岸应当在船舶及其污水、垃圾、压舱水检疫处理作业区附近配备检疫处理药品、器械的存储和操作设施。

第四十三条 海港口岸应当在船舶停靠码头附近设置相关用房和场所，保障船舶检疫以及对供应船舶饮用水、食品（蔬菜）等实施现场检验检疫的需要。

第六章 附　　则

第四十四条　内陆江河、界河口岸检验检疫设施的规划、设计、建设、验收及其管理工作参照本规范执行。

第四十五条　海港口岸媒介生物本底调查等卫生监督及配套设施建设由检验检疫机构商口岸主管部门确定。

第四十六条　海港货运口岸出入境船员检验检疫查验设施，可结合口岸实际，参照本规范执行。

附件2:空港口岸检验检疫设施建设规范

第一章 总　　则

第一条　根据空港口岸功能，空港口岸检验检疫设施包括检验检疫用房(含行政办公业务、专业技术用房)、出入境旅客及其携带物检验检疫现场设施、出入境货物堆场检验检疫现场设施、出入境航空器检疫现场设施。

第二条　空港口岸检验检疫设施建设中，应根据口岸客运、货运特点及检验检疫监管工作需要，选择性设置出入境旅客及其携带物检验检疫现场设施、出入境货物堆场检验检疫现场设施、出入境航空器检疫现场设施。

第三条　本规范适用于空港客运、货运口岸检验检疫设施建设。

第二章 空港口岸检验检疫用房

第四条　依据当前全国空港口岸检验检疫工作量及人员编制核算，每名检验检疫人员每年可同时完成26 900人次、200架次飞机、581吨货物的检验检疫任务。

第五条　空港口岸检验检疫机构完成检验检疫工作所需人员数量，按照下列公式计算：

检验检疫工作人员数＝年出入境人员量/26 900×0.4＋年出入境飞机量/200×0.4＋年出入境货物吨数/581×0.2

本公式中的0.4、0.4、0.2为各项检验检疫任务权重系数的推荐值。

上述权重系数根据全国空港口岸从事不同检验检疫任务的人员平均比例确定，各直属检验检疫局可根据辖区内检验检疫人员实际分配情况，酌情调整上述权重系数，权重系数之和应为1。

出入境货物包括集装箱运输、非集装箱运输、航空运输邮件等。

检验检疫工作人员数以等式右侧计算结果的整数计。

第六条　依据当前全国空港口岸检验检疫人员数量及检验检疫用房面积，核算出每人检验检疫用房平均面积为52 m^2。

第七条　空港口岸检验检疫用房的总面积应当按照本规范第五条核算人数乘以52 m^2的方法计算，并依据《国家对外开放口岸出入境检验检疫设施建设管理规定》第五条、第六条规定进行规划、设计和建设。

第三章　出入境旅客及其携带物检验检疫现场设施

第八条　空港客运口岸应当规划、设计和建设相互分离、完全封闭的出境旅客通道和入境旅客通道，并分别设置出入境旅客及其携带物检验检疫现场设施。

第九条　出入境旅客及其携带物检验检疫现场设施包括旅客候检区、查验通道、旅客携带物查验区、检验检疫现场业务用房及其相关配套设施。

第十条　出入境旅客检验检疫候检区位于口岸出入境旅客通道最前端，应当保证通风透气、光照充足，是出入境旅客等候健康申报及体温监测，接受医学巡查的场所。

第十一条　出入境旅客检验检疫候检区域从查验通道前候检线向外延伸计算，其面积以旅客最长候检时间 15 分钟为前提，依照每 15 分钟内出或入境旅客最大客流量乘以每名旅客 1 m^2 候检面积计算。

第十二条　出入境旅客检验检疫候检区配套设施包括：

引导牌：位于出入境旅客通道起点至出入境旅客检验检疫候检区之间；内容为中文“前方请接受入/出境检疫查验”，英文“Quarantine Inspection Ahead”；中英文上下排列，引导牌推荐规格为 100 cm×30 cm，颜色为蓝底白字，中文字体为黑体，英文字体为 Times New Roman。（以下统称：规格 A）。

告示牌：位于出入境旅客检验检疫候检区，用于向旅客告知入出境检疫查验有关事项；推荐规格为 200 cm×120 cm，颜色为蓝底白字，字体为黑体，可选择设置电子触摸屏（以下统称：规格 B）。

公告栏：位于出入境旅客检验检疫候检区，用于张贴有关公告；推荐规格为 300 cm×100 cm（以下统称：规格 C）。

宣传栏：位于出入境旅客检验检疫候检区，用于传染病预防宣传；按规格 C 制作，可选择设置电子显示屏。

健康咨询台：用于出入境人员健康咨询，可选择设置电子触摸屏。

填卡台：位于出入境旅客检验检疫候检区，用于张贴健康申明卡填写式样、出入境旅客填写健康申明卡；推荐规格为长 150 cm、宽 80 cm、高 110 cm，涂印“出入境健康申明卡填写处”中英文字样。

候检线：在出入境旅客检验检疫候检区，平行涂印于距出入境旅客检验检疫查验台正前方 150 cm 处，推荐规格为 150 cm×10 cm，并明示“请在黄线外候检”中英文字样。

第十三条　出入境旅客检验检疫查验通道位于出入境旅客检验检疫候检区域正后方处，是监测出入境旅客体温，接受出入境旅客健康申报，核查预防接种证书、健康证明或其他相关国际旅行卫生证件的场所。

第十四条　出入境旅客检验检疫查验通道宽度为 150 cm；通道数的设立以旅客最长候检时间 15 分钟，每名旅客查验时间 15 秒为前提，按照 15 分钟内出境或入境旅客最大客流量值，除以常数 60 计算（即一条通道 15 分钟内查验的旅客数量为 60 名）。

第十五条　出入境旅客检验检疫查验通道配套设施包括：

标志牌：位于出入境旅客检验检疫查验通道正上方；推荐规格为长 150 cm、宽 50 cm，左侧上下排列涂印“中国检验检疫”中英文字样，颜色为蓝底白字，中文字体为黑体，英文字体为 Times New Roman，右侧涂印中国检验检疫徽标，可以采用电子式或灯箱式标志牌（以下统称：规格D)。

查验台：位于出入境旅客检验检疫查验通道两侧，应当保证光线充足，用于核查预防接种证书、健康证明或其他相关国际旅行卫生证件；推荐规格为矩尺型，正面长150 cm，侧面长150 cm、高110 cm，台面宽60 cm。

测温设备设置区：位于出入境旅客检验检疫查验通道处，用于安装测温设备，对出入境旅客实施体温监测。

通道护栏：位于出入境旅客检验检疫查验通道前方两侧，护栏与查验台间隔等宽，用于全部出入境旅客有序进入、通过查验通道；推荐规格高110 cm。

第十六条　入境旅客携带物检验检疫查验区位于空港口岸旅客通道入境旅客行李提取处后方；出境旅客携带物检验检疫查验区应当位于空港口岸旅客通道出境旅客行李托运处前方，是检疫监管出入境旅客携带物，核查携带、伴侣动物的检疫证书及疫苗接种证书的场所。

第十七条　出入境旅客携带物检验检疫查验区面积以每名被抽查旅客等候时间最长15分钟，平均查验时间5分钟为前提，依照15分钟内出或入境旅客最大客流量乘以抽查比例，再乘以每名被抽查旅客人均2 m^2 等候查验面积计算。

第十八条　出入境旅客携带物检验检疫查验区配套设施包括：

标志牌：位于出入境旅客携带物检验检疫查验区正上方处；按规格D制作。

告示牌：位于出入境旅客携带物检验检疫查验区，用于向旅客告知入出境检疫查验有关事项；按规格B制作。

公告栏：位于出入境旅客携带物检验检疫查验区；按规格C制作。

查验台：位于出入境旅客携带物检验检疫查验区两侧；用于检疫查验出入境旅客携带物，核查携带动物、伴侣动物的检疫证书及疫苗接种证书；推荐规格长150 cm、宽80 cm、高50 cm，配备可以有效阻断外部视线的活动挡板；数量根据第十五条有关内容，依照15分钟内出或入境旅客最大客流量乘以抽查比例，再除以常数3(即每查验台15分钟内可完成3人次旅客携带物检验检疫查验工作)计算。

X光机、核和辐射检测仪器设置区：位于出入境旅客携带物检验检疫查验区前端，用于安装X光机、核和辐射检测仪器，对出入境旅客携带物实施查验。

禁止进出境物品投弃箱：位于出入境旅客携带物检验检疫查验区，明示“禁止进出境物品投弃箱”中英文字样，推荐规格40 cm×40 cm×70 cm。

第十九条　出入境旅客通道旁应配置检验检疫现场业务用房，主要用于：现场办公、值班、接待、更衣休息、档案存储、视频监控、检验监测、检疫处理、截留物品贮存、样品存储、预防接种、医学检查、隔离留验、医学消毒、现场快速检测、应急处理、医学媒介监测、药品器械存储、检疫犬圈养等。

第二十条　检验检疫现场业务用房配备的数量、面积应以满足第十九条所述功能需要为原则；各用房应根据用途相对独立，区域界限明确。

第二十一条　检验检疫现场业务用房位置应毗邻于相应的旅客通道检验检疫场所，保证出入境检验检疫工作人员、器具及设备直接、迅速、无障碍的进出查验区域。

第二十二条　根据检验检疫现场业务用房用途，应配备和完善相应的通信(视音频、数据)、水、电(弱电)、污水处理、负压、视频监控等配套设施。

第四章　出入境货物堆场检验检疫现场设施

第二十三条　空港货运口岸应规划、设计和建设封闭的外贸货物专用堆场地，堆场地面平整、硬化处理，防鼠措施到位，库房设计合理；废旧物品、鲜活冷冻品（含食品）应分别设置专用堆场或仓库，相互隔离。

第二十四条　外贸货物专用堆场应当设置出入境货物检验检疫现场设施，包括：货物检验检疫查验区、检疫处理区、电子监管设施、检验检疫现场业务用房及其相关配套设施。

第二十五条　货物检验检疫查验区面积应与空港口岸货物和集装箱吞吐量相适应，场地面积不低于 10 000 m^2；场地内划分设置符合要求、相对隔离的拆箱、分拣场地，场地面积不低于 1 000 m^2。

第二十六条　出入境货物检验检疫查验区要求：

（一）地面平整、坚固、硬化，无病媒生物孳生地，场地及周围环境应具备有效的防鼠设施与防鼠带；

（二）设有冷冻（冷藏）集装箱的辅助制冷设施及防火、防汛、防盗设施；

（三）设有污水处理及排放设施，设有垃圾存储与处理设施，上述设施应符合国家相关标准。

第二十七条　出入境货物检验检疫查验区配套设施包括：

标志牌：位于出入境货物检验检疫查验区入口处；参照规格 D 制作。

查验平台：位于出入境货物检验检疫查验区，用于集装箱、货物的检验检疫查验操作；规格宽大于 5 m、与集装箱拖车架等高（约 150 cm）、长度以至少能够同时对 5 辆集装箱卡车实施查验为宜，台体涂印“中国检验检疫”及中国检验检疫徽标（以下统称：规格 E）。

监管仓库：位于出入境货物检验检疫查验区，用于存放实施查封、扣押以及待进一步检验、检疫、鉴定的货物。监管仓库容积适当，适合叉车等机械工具现场操作。根据实际内部设置隔离区域，用于存放不同监管要求的货物，并符合有关安全技术防范要求。监管仓库外墙涂印“检验检疫监管仓库”字样。

第二十八条　空港货运口岸应当设置完全封闭的出入境货物检疫处理区，主要功能是对出入境货物、集装箱进行检疫处理。

第二十九条　出入境货物检疫处理区应当位于港区办公、生活区的下风方向，相隔距离不少于 50 m，面积不少于 1 000 m^2。

第三十条　出入境货物检疫处理区要求：

（一）地面平整、坚固、硬化，无病媒生物孳生地，场地及周围环境应具备有效的防鼠设施与防鼠带；

（二）设有污水处理及排放设施，设有垃圾存储与处理设施，上述设施应符合国家相关标准。

第三十一条　出入境货物检疫处理区配套设施包括：

标志牌：位于出入境货物检疫处理区入口处，标示检疫处理区域；按规格 D 制作。

告示牌：位于出入境货物检疫处理区周边；推荐规格长 150 cm、宽 50 cm，涂印“检疫处理作业危险，请勿靠近”中英文字样。

检疫处理平台：位于出入境货物检疫处理区内，用于车载集装箱及内容货物的检疫处理业务操作；按规格 E 建设。

熏蒸处理库:位于出入境货物检疫处理区内,用于散货、木质包装等熏蒸及热处理;要求密闭良好,容积适当,技术指标参照附件 5《出入境检验检疫熏蒸处理库技术要求》。

第三十二条　空港货运口岸应当设置电子监管设施,包括堆场和通道卡口的视屏监控系统和箱号、车号识别系统,满足科学监管和快速放行的需要。

第三十三条　出入境货物堆场应当配置检验检疫现场业务用房,主要用于:办公、值班、接待、视频监控、档案存储、更衣休息、样品前处理、样品存贮、现场检测、检验及抽样工具存放、检疫处理药品存储、器械存储等。

第三十四条　检验检疫现场业务用房配备的数量、面积应以满足第 33 条所述功能需要为原则;各用房应根据用途相对独立,区域界限明确。

第三十五条　根据检验检疫现场业务用房用途,应配备和完善相应的通信(视音频、数据)、水、电(弱电)、污水处理、负压、视频监控等配套设施。

第五章　出入境航空器检疫设施

第三十六条　空港口岸应当划定(指定)航空器熏蒸、消毒、除鼠、杀虫和航空器污水、垃圾检疫处理的专用作业区(停机坪)。

第三十七条　空港口岸应当在航空器及其污水、垃圾检疫处理作业区附近配备检疫处理药品、器械的存储、操作设施。

第三十八条　空港口岸应在航空器检疫监管区域内设置电子(视频)监管设施,满足科学监管和快速放行的需要。

第三十九条　空港口岸应当在停机坪附近设置相关用房和场所,保障航空器检疫以及对供应航空器饮用水、食品(蔬菜)等实施现场检验检疫的需要。

第六章　附　　则

第四十条　空港口岸媒介生物本底调查等卫生监督及配套设施建设,由检验检疫机构商口岸主管部门确定。

附件 3:公路口岸检验检疫设施建设规范

第一章　总　　则

第一条　根据公路口岸功能,公路口岸检验检疫设施包括检验检疫用房(含行政办公业务、专业技术用房)、出入境旅客及其携带物检验检疫现场设施、出入境货物堆场检验检疫现场设施、出入境机动车辆检疫现场设施。

第二条　公路口岸检验检疫设施建设中,应根据口岸客运、货运特点及检验检疫监管工作需要选择性设置出入境旅客及其携带物检验检疫现场设施、出入境货物堆场检验检疫现场设施、出入境机动车辆检疫现场设施。

第三条　本规范适用于公路客运、货运口岸检验检疫设施建设。

第二章　公路口岸检验检疫用房

第四条　依据当前全国公路口岸检验检疫工作量及人员编制核算,每名检验检疫人员每年可同时完成75 028人次、2 734辆次机动车辆、36 975吨货物和2 465箱次标准集装箱的检验检疫任务。

第五条 公路口岸检验检疫机构完成检验检疫工作所需人员数量，按照下列公式计算：

检验检疫工作人员数＝年出入境人员量/75 028×0.25＋年出入境机动车辆量/7 870×0.25＋年出入境货物吨数/36 975×0.25＋年出入境标准集装箱/2 465×0.25

公式中：0.25、0.25、0.25、0.25为各项检验检疫任务权重系数的推荐值。

权重系数根据全国公路口岸从事不同检验检疫任务的人员平均比例确定，各直属检验检疫局可根据辖区内检验检疫人员实际分配情况，酌情调整上述权重系数，权重系数之和应为1。

出入境货物系指非集装箱运输的货物。

检验检疫工作人员数以等式右侧计算结果的整数计。

第六条 依据当前全国公路口岸检验检疫人员数量及检验检疫用房面积，核算出每人检验检疫用房平均面积为60 m^2。

第七条 公路口岸检验检疫用房的总面积应当按照本规范第五条核算人数乘以60 m^2的方法计算，并依据《国家对外开放口岸出入境检验检疫设施建设管理规定》第五条、第六条规定进行规划、设计和建设。

第三章　出入境旅客及其携带物检验检疫现场设施

第八条 公路客运口岸应当规划、设计和建设相互分离、完全封闭的出境旅客通道和入境旅客通道，并分别设置出入境旅客及其携带物检验检疫现场设施。

第九条 出入境旅客及其携带物检验检疫现场设施包括旅客候检区、查验通道、旅客携带物查验区、检验检疫现场业务用房及其相关配套设施。

第十条 出入境旅客检验检疫候检区位于口岸出入境旅客通道最前端，应当保证通风透气、光照充足，是出入境旅客等候健康申报及体温监测，接受医学巡查的场所。

第十一条 出入境旅客检验检疫候检区域从查验通道前候检线向外延伸计算，其面积以旅客最长候检时间15分钟为前提，依照每15分钟内出或入境旅客最大客流量乘以每名旅客1 m^2候检面积计算。

第十二条 出入境旅客检验检疫候检区配套设施包括：

引导牌：位于出入境旅客通道起点至出入境旅客检验检疫候检区之间；内容为中文“前方请接受入/出境检疫查验”，英文“Quarantine Inspection Ahead”；中英文上下排列，引导牌推荐规格为100 cm×30 cm，颜色为蓝底白字，中文字体为黑体，英文字体为Times New Roman（以下统称：规格A）。

告示牌：位于出入境旅客检验检疫候检区，用于向旅客告知入出境检疫查验有关事项；推荐规格为200 cm×120 cm，颜色为蓝底白字，字体为黑体，可选择设置电子触摸屏（以下统称：规格B）。

公告栏：位于出入境旅客检验检疫候检区，用于张贴有关公告；推荐规格为300 cm×100 cm（以下统称：规格C）。

宣传栏：位于出入境旅客检验检疫候检区，用于传染病预防宣传；按规格C制作，可选择设置电子显示屏。

健康咨询台：用于出入境人员健康咨询，可选择设置电子触摸屏。

填卡台：位于出入境旅客检验检疫候检区，用于张贴健康申明卡填写式样、出入境旅客填写健康申明卡；推荐规格为长 150 cm、宽 80 cm、高 110 cm，涂印“出入境健康申明卡填写处”中英文字样。

候检线：在出入境旅客检验检疫候检区，平行涂印于距出入境旅客检验检疫查验台正前方 150 cm 处，推荐规格为 150 cm×10 cm，并明示“请在黄线外候检”中英文字样。

第十三条　出入境旅客检验检疫查验通道位于出入境旅客检验检疫候检区域正后方处，是监测出入境旅客体温，接受出入境旅客健康申报，核查预防接种证书、健康证明或其他相关国际旅行卫生证件的场所。

第十四条　出入境旅客检验检疫查验通道宽度为 150 cm；通道数的设立以旅客最长候检时间 15 分钟，每名旅客查验时间 15 秒为前提，按照 15 分钟内出境或入境旅客最大客流量值，除以常数 60 计算（即一条通道 15 分钟内查验的旅客数量为 60 名）。

第十五条　出入境旅客检验检疫查验通道配套设施包括：

标志牌：位于出入境旅客检验检疫查验通道正上方；推荐规格为长 150 cm、宽 50 cm，左侧上下排列涂印“中国检验检疫”中英文字样，颜色为蓝底白字，中文字体为黑体，英文字体为 Times New Roman，右侧涂印中国检验检疫徽标，可以采用电子式或灯箱式标志牌（以下统称：规格 D）。

查验台：位于出入境旅客检验检疫查验通道两侧，应当保证光线充足，用于核查预防接种证书、健康证明或其他相关国际旅行卫生证件；推荐规格为矩尺型，正面长 150 cm，侧面长 150 cm、高 110 cm，台面宽 60 cm。

测温设备设置区：位于出入境旅客检验检疫查验通道处，用于安装测温设备，对出入境旅客实施体温监测。

通道护栏：位于出入境旅客检验检疫查验通道前方两侧，护栏与查验台间隔等宽，用于全部出入境旅客有序进入、通过查验通道；推荐规格高 110 cm。

第十六条　入境旅客携带物检验检疫查验区位于公路口岸入境旅客检验检疫查验通道后方；出境旅客携带物检验检疫查验区应当位于公路口岸入境旅客检验检疫查验通道后方，是检疫监管出入境旅客携带物，核查携带、伴侣动物的检疫证书及疫苗接种证书的场所。

第十七条　出入境旅客携带物检验检疫查验区面积以每名被抽查旅客等候时间最长 15 分钟，平均查验时间 5 分钟为前提，依照 15 分钟内出或入境旅客最大客流量乘以抽查比例，再乘以每名被抽查旅客人均 2 m^2 等候查验面积计算。

第十八条　出入境旅客携带物检验检疫查验区配套设施包括：

标志牌：位于出入境旅客携带物检验检疫查验区正上方处；按规格 D 制作。

告示牌：位于出入境旅客携带物检验检疫查验区，用于向旅客告知入出境检疫查验有关事项；按规格 B 制作。

公告栏：位于出入境旅客携带物检验检疫查验区；按规格 C 制作。

查验台：位于出入境旅客携带物检验检疫查验区两侧；用于检疫查验出入境旅客携带物，核查携带动物、伴侣动物的检疫证书及疫苗接种证书；推荐规格长 150 cm、宽 80 cm、高 50 cm，配备可以有效阻断外部视线的活动挡板；数量根据第十五条有关内容，依照 15 分钟内出或入境旅客最大客流量乘以抽查比例，再除以常数3(即每查验台15分钟内可完成3人次旅客携带物检验检疫查验工作)计算。

X光机、核和辐射检测仪器设置区：位于出入境旅客携带物检验检疫查验区前端，用于安装X光机、核和辐射检测仪器，对出入境旅客携带物实施查验。

禁止进出境物品投弃箱：位于出入境旅客携带物检验检疫查验区，明示“禁止进出境物品投弃箱”中英文字样，推荐规格40 cm×40 cm×70 cm。

第十九条 出入境旅客通道旁应配置检验检疫现场业务用房，主要用于：现场办公、值班、接待、更衣休息、档案存储、视频监控、检验监测、检疫处理、截留物品贮存、样品存储、预防接种、医学检查、隔离留验、医学消毒、现场快速检测、应急处理、医学媒介监测、药品器械存储、检疫犬圈养等。

第二十条 检验检疫现场业务用房配备的数量、面积应以满足第十九条所述功能需要为原则；各用房应根据用途相对独立，区域界限明确。

第二十一条 检验检疫现场业务用房位置应毗邻于相应的旅客通道检验检疫场所，保证出入境检验检疫工作人员、器具及设备直接、迅速、无障碍的进出查验区域。

第二十二条 根据检验检疫现场业务用房用途，应配备和完善相应的通信(视音频、数据)、水、电(弱电)、污水处理、负压、视频监控等配套设施。

第四章　出入境货物堆场检验检疫现场设施

第二十三条 公路货运口岸应规划、设计和建设封闭的外贸货物专用堆场地，堆场地面平整、硬化处理，防鼠措施到位，库房设计合理；废旧物品、鲜活冷冻品(含食品)应分别设置专用堆场或仓库，相互隔离。

第二十四条 外贸货物专用堆场应当设置出入境货物检验检疫现场设施，包括：货物检验检疫查验区、检疫处理区、电子监管设施、检验检疫现场业务用房及其相关配套设施。

第二十五条 货物检验检疫查验区面积应与公路口岸货物和集装箱吞吐量相适应，场地面积不低于10 000 m^2；场地内划分设置符合要求、相对隔离的拆箱、分拣场地，场地面积不低于1 000 m^2。

第二十六条 出入境货物检验检疫查验区要求：

(一) 地面平整、坚固、硬化，无病媒生物孳生地，场地及周围环境应具备有效的防鼠设施与防鼠带；

(二) 设有冷冻(冷藏)集装箱的辅助制冷设施及防火、防汛、防盗设施；

(三) 设有污水处理及排放设施，设有垃圾存储与处理设施，上述设施应符合国家相关标准。

第二十七条 出入境货物检验检疫查验区配套设施包括：

标志牌：位于出入境货物检验检疫查验区入口处；参照规格D制作。

查验平台：位于出入境货物检验检疫查验区，用于集装箱、货物的检验检疫查验操作；规格宽大于5 m、与集装箱拖车架等高(约150 cm)、长度以至少能够同时对5辆集装箱卡车实施查验为宜，台体涂印“中国检验检疫”及中国检验检疫徽标(以下统称：规格E)。

监管仓库：位于出入境货物检验检疫查验区，用于存放实施查封、扣押以及待进一步检验、检疫、鉴定的货物。监管仓库容积适当，适合叉车等机械工具现场操作。根据实际内部设置隔离区域，用于存放不同监管要求的货物，并符合有关安全技术防范要求。监管仓库外墙涂印“检验检疫监管仓库”字样。

第二十八条　公路货运口岸应当设置完全封闭的出入境货物检疫处理区，主要功能是对出入境货物、集装箱进行检疫处理（包括熏蒸、消毒、热处理、除鼠、除虫等）。

第二十九条　出入境货物检疫处理区应当位于港区办公、生活区的下风方向，相隔距离不少于 50 m，面积不少于 1 000 m^2。

第三十条　出入境货物检疫处理区要求：

（一）地面平整、坚固、硬化，无病媒生物孳生地，场地及周围环境应具备有效的防鼠设施与防鼠带；

（二）设有污水处理及排放设施，设有垃圾存储与处理设施，上述设施应符合国家相关标准。

第三十一条　出入境货物检疫处理区配套设施包括：

标志牌：位于出入境货物检疫处理区入口处，标示检疫处理区域；按规格 D 制作。

告示牌：位于出入境货物检疫处理区周边；推荐规格长 150 cm、宽 50 cm，涂印“检疫处理作业危险，请勿靠近”中英文字样。

检疫处理平台：位于出入境货物检疫处理区内，用于车载集装箱及内容货物的检疫处理业务操作；按规格 E 建设。

熏蒸处理库：位于出入境货物检疫处理区内，用于散货、木质包装等熏蒸及热处理；要求密闭良好，容积适当，技术指标参照附件 5《出入境检验检疫熏蒸处理库技术要求》。

第三十二条　公路货运口岸应当设置电子监管设施，包括码头、堆场和通道卡口的视屏监控系统和箱号、车号识别系统，满足科学监管和快速放行的需要。

第三十三条　出入境货物堆场应当配置检验检疫现场业务用房，主要用于：办公、值班、接待、档案存储、更衣休息、样品前处理、样品存贮、现场检测、检验及抽样工具存放、检疫处理药品存储、器械存储等。

第三十四条　检验检疫现场业务用房配备的数量、面积应以满足第 33 条所述功能需要为原则；各用房应根据用途相对独立，区域界限明确。

第三十五条　根据检验检疫现场业务用房用途，应配备和完善相应的通信（视音频、数据）、水、电（弱电）、污水处理、负压、视频监控等配套设施。

第五章　出入境机动车辆检疫现场设施

第三十六条　公路客运口岸应当规划、设计和建设相互分离、完全封闭的出境机动车辆通道和入境机动车辆通道，并分别设置出入境机动车辆检疫处理场所。

第三十七条　出入境机动车辆检验检疫查验通道位于公路口岸出入境机动车辆通道的最前端，是监测出入境机动车辆司乘人员体温，接受出入境机动车辆司乘人员健康申报，医学巡查出入境机动车辆司乘人员，检疫监管出入境机动车辆司乘人员携带物品，检疫监管出入境机动车辆的场所。

第三十八条　出入境机动车辆检验检疫查验通道宽度为 5 米，通道路面平整、硬化，通道数的设立以机动车辆最长候检时间 10 分钟，每辆机动车辆查验时间 10 秒为前提，按照 10 分钟内出境或入境机动车辆最大流量值，除以常数 60 计算（即一条通道 10 分钟内查验的机动车辆数量为60辆)。

第三十九条 出入境机动车辆检验检疫查验通道设施包括:

标志牌:位于出入境机动车辆检验检疫查验通道正上方;按规格D制作。

告示牌:位于出入境机动车辆检验检疫查验通道一侧,用于向旅客告知入出境检疫查验有关事项;按规格B制作。

测温设备设置区:位于出入境机动车辆验检疫查验通道处,毗邻查验间,用于安装测温设备,对出入境司乘人员实施体温监测。

电子通道闸口:位于出入境机动车辆验检疫查验通道处,毗邻查验间,用于对对出入境机动车辆实行电子放行。

通道护栏:位于出入境机动车辆检验检疫查验通道前方两侧,用于全部出入境机动车辆有序进入、通过查验通道;推荐规格高110 cm。

第四十条 出入境机动车辆检疫处理场所包括机动车辆轮胎消毒池和机动车辆检疫处理场。

轮胎消毒池:设置于入境口岸区域内最前端的车流节点处,道路状况良好,交通顺畅,对全部出入境机动车辆轮胎实施消毒。同周边生产生活区域、设施直线距离不少于50 m,并配套建设配药工作间(轮胎消毒池和配药工作间技术要求见第六章附则)。

检疫处理场:位于口岸内生产、生活、办公区的下风方向,面积不低于500 m^2;场区及进出场通道完全封闭,且进出场通道相互隔离,确保对须经检疫处理的机动车辆实施有效监管。

第四十一条 出入境机动车辆通道和检疫处理场旁应配置检验检疫现场业务用房,包括查验间,现场办公室,档案室,动植物及其产品处理室,截留物品贮存室,预防接种室,签证室,应急处理(诊疗)室,稽查办公室,更衣休息室,值班室。

第四十二条 检验检疫现场业务用房配备的数量、面积应以满足出入境机动车辆通道和检疫处理场现场办公、业务和休息需要为原则;各用房应根据用途相对独立,区域界限明确。

第四十三条 查验间位置应毗邻于相应的机动车辆通道检疫场所,保证出入境检验检疫工作人员、器具及设备直接、迅速、无障碍的进出查验通道;其他检验检疫业务用房就近设置于查验通道。

第四十四条 根据检验检疫现场业务用房用途,应配备和完善相应的通讯(视音频、数据)、水、电(弱电)、污水处理、负压、视频监控等配套设施。

第六章 附 则

第四十五条 轮胎消毒池及其附属设施设计技术要求

一、货车轮胎消毒池:

1. 轮胎消毒池的宽度等同于道路的宽度;并在道路两侧建设挡水墙;
2. 轮胎消毒池浸水槽水面的长度为5.74米~6.3米;
3. 消毒池浸水槽底部为水平平面,底部长度为货车轮胎的周长;
4. 轮胎消毒池浸水槽水深为0.30米;
5. 轮胎消毒池浸水槽的坡度为12°~15°(当坡度为12°,轮胎消毒池浸水槽的水面的长度为6.3米，截面积为1.47平方米；当坡度为15°，轮胎消毒池浸水槽的长度为：5.74米，截面积为1.38平方米。)；轮胎消毒池浸水槽上的坡长为10米，坡度为5°～6°。

二、客车、小汽车轮胎消毒池：

1. 轮胎消毒池的宽度＝道路的宽度。并在道路两侧建设挡水墙；

2. 轮胎消毒池浸水槽水面的长度为3.87米～4.35米；

3. 消毒池浸水槽底部为水平平面，底部长度为小车轮胎的周长；

4. 轮胎消毒池浸水槽水深为0.25米；

5. 轮胎消毒池浸水槽的坡度为12°～15°(当坡度为12°，轮胎消毒池浸水槽的长度为4.35米，截面积为0.79平方米；当坡度为15°，轮胎消毒池浸水槽的长度为：3.87米，截面积为0.73平方米)；轮胎消毒池浸水槽上的坡长为8米，坡度为5°～6°。

三、轮胎消毒池配套建设的配药间：

1. 面积：60平方米；墙厚：30厘米；

2. 内部装修：地面和墙面贴瓷砖，瓷砖有较好的防酸防腐蚀功能；

3. 电源：配备三相动力电源和两相抵压电源；

4. 电源、电线及开关要防水、防酸、防腐蚀，并有漏电保护。

四、有充足的自来水水源和通畅的给、排水系统，给水管道直径为10厘米。

第四十六条 各直属检验检疫局应根据公路口岸实际情况，设计建设自动感应式的机动车辆检疫处理场；在条件具备的口岸，设计建设轮胎消毒池、检疫处理场综合设施，实现机动车辆轮胎消毒、检疫处理一次性作业。

第四十七条 公路口岸媒介生物本底调查等卫生监督及配套设施建设由检验检疫机构商口岸主管部门确定。

第四十八条 公路口岸出入境旅客检验检疫候检区、查验区有关标志，可根据实际情况标注中文和邻国语言文字。

附件4：铁路口岸检验检疫设施建设规范

第一章 总 则

第一条 根据铁路口岸功能，铁路口岸检验检疫设施包括检验检疫用房(含行政办公业务、专业技术用房)、出入境旅客及其携带物检验检疫现场设施、出入境货物堆场检验检疫现场设施、出入境列车检疫现场设施。

第二条 铁路口岸检验检疫设施建设中，应根据口岸客运、货运特点及检验检疫监管工作需要选择性设置出入境旅客及其携带物检验检疫现场设施、出入境货物堆场检验检疫现场设施、出入境列车检疫现场设施。

第三条 本规范适用于铁路客运、货运口岸检验检疫设施建设。

第二章 铁路口岸检验检疫用房

第四条 依据当前全国铁路口岸检验检疫工作量及人员编制核算，每名检验检疫人员每年可同时完成75 028人次、1 210厢次火车、36 975吨货物和2 465箱次标准集装箱的检验检疫任务。

第五条 铁路口岸检验检疫机构完成检验检疫工作所需人员数量，按照下列公式计算：

检验检疫工作人员数＝年出入境人员量/75 028×0.2＋年出入境火车量/1 210×0.2＋年出入境货物吨数/36 975×0.3＋年出入境标准集装箱/2 465×0.3

公式中：0.3、0.2、0.3、0.2 为各项检验检疫任务权重系数的推荐值。

权重系数根据全国铁路口岸从事不同检验检疫任务的人员平均比例确定，各直属检验检疫局可根据辖区内检验检疫人员实际分配情况，酌情调整上述权重系数，权重系数之和应为 1。

出入境货物系指非集装箱运输的货物。

检验检疫工作人员数以等式右侧计算结果的整数计。

第六条 依据当前全国铁路口岸检验检疫人员数量及检验检疫用房面积，核算出每人检验检疫用房平均面积为 60 m^2。

第七条 铁路口岸检验检疫用房的总面积应当按照本规范第五条核算人数乘以 60 m^2 的方法计算，并依据《国家对外开放口岸出入境检验检疫设施建设管理规定》第五条、第六条规定进行规划、设计和建设。

第三章 出入境旅客及其携带物检验检疫现场设施

第八条 铁路客运口岸应当规划、设计和建设相互分离、完全封闭的出境旅客通道和入境旅客通道，并分别设置出入境旅客及其携带物检验检疫现场设施。

第九条 出入境旅客及其携带物检验检疫现场设施包括旅客候检区、查验通道、旅客携带物查验区、检验检疫现场业务用房及其相关配套设施。

第十条 出入境旅客检验检疫候检区位于口岸出入境旅客通道最前端，应当保证通风透气、光照充足，是出入境旅客等候健康申报及体温监测，接受医学巡查的场所。

第十一条 出入境旅客检验检疫候检区域从查验通道前候检线向外延伸计算，其面积以旅客最长候检时间 15 分钟为前提，依照每 15 分钟内出或入境旅客最大客流量乘以每名旅客 1 m^2 候检面积计算。

第十二条 出入境旅客检验检疫候检区配套设施包括：

引导牌：位于出入境旅客通道起点至出入境旅客检验检疫候检区之间；内容为中文“前方请接受入/出境检疫查验”，英文“Quarantine Inspection Ahead”；中英文上下排列，引导牌推荐规格为 100 cm×30 cm，颜色为蓝底白字，中文字体为黑体，英文字体为 Times New Roman（以下统称：规格 A）。

告示牌：位于出入境旅客检验检疫候检区，用于向旅客告知入出境检疫查验有关事项；推荐规格为 200 cm×80 cm，颜色为蓝底白字，字体为黑体，可选择设置电子触摸屏（以下统称：规格 B）。

公告栏：位于出入境旅客检验检疫候检区，用于张贴有关公告；推荐规格为 300 cm×100 cm（以下统称：规格 C）。

宣传栏：位于出入境旅客检验检疫候检区，用于传染病预防宣传；按规格 C 制作，可选择设置电子显示屏。

健康咨询台：用于出入境人员健康咨询，可选择设置电子触摸屏。

填卡台：位于出入境旅客检验检疫候检区，用于张贴健康申明卡填写式样、出入境旅客填写健康申明卡；推荐规格为长150 cm、宽80 cm、高110 cm，涂印“出入境健康申明卡填写处”中英文字样。

候检线：在出入境旅客检验检疫候检区，平行涂印于距出入境旅客检验检疫查验台正前方150 cm处，推荐规格为150 cm×10 cm，并明示“请在黄线外候检”中英文字样。

第十三条　出入境旅客检验检疫查验通道位于出入境旅客检验检疫候检区域正后方处，是监测出入境旅客体温，接受出入境旅客健康申报，核查预防接种证书、健康证明或其他相关国际旅行卫生证件的场所。

第十四条　出入境旅客检验检疫查验通道宽度为150 cm；通道数的设立以旅客最长候检时间15分钟，每名旅客查验时间15秒为前提，按照15分钟内出境或入境旅客最大客流量值，除以常数60计算(即一条通道15分钟内查验的旅客数量为60名)。

第十五条　出入境旅客检验检疫查验通道配套设施包括：

标志牌：位于出入境旅客检验检疫查验通道正上方；推荐规格为长150 cm、宽50 cm，左侧上下排列涂印“中国检验检疫”中英文字样，颜色为蓝底白字，中文字体为黑体，英文字体为Times New Roman，右侧涂印中国检验检疫徽标，可以采用电子式或灯箱式标志牌(以下统称：规格D)。

查验台：位于出入境旅客检验检疫查验通道两侧，应当保证光线充足，用于核查预防接种证书、健康证明或其他相关国际旅行卫生证件；推荐规格为矩尺型，正面长150 cm，侧面长150 cm、高110 cm，台面宽60 cm。

测温设备设置区：位于出入境旅客检验检疫查验通道处，用于安装测温设备，对出入境旅客实施体温监测。

通道护栏：位于出入境旅客检验检疫查验通道前方两侧，护栏与查验台间隔等宽，用于全部出入境旅客有序进入、通过查验通道；推荐规格高110 cm。

第十六条　入境旅客携带物检验检疫查验区位于铁路口岸出入境旅客检验检疫查验通道后方；出境旅客携带物检验检疫查验区应当位于铁路口岸出入境旅客检验检疫查验通道后方，是检疫监管出入境旅客携带物，核查携带、伴侣动物的检疫证书及疫苗接种证书的场所。

第十七条　出入境旅客携带物检验检疫查验区面积以每名被抽查旅客等候时间最长15分钟，平均查验时间5分钟为前提，依照15分钟内出或入境旅客最大客流量乘以抽查比例，再乘以每名被抽查旅客人均2 m^2 等候查验面积计算。

第十八条　出入境旅客携带物检验检疫查验区配套设施包括：

标志牌：位于出入境旅客携带物检验检疫查验区正上方处；按规格D制作。

告示牌：位于出入境旅客携带物检验检疫查验区，用于向旅客告知入出境检疫查验有关事项；按规格B制作。

公告栏：位于出入境旅客携带物检验检疫查验区；按规格C制作。

查验台：位于出入境旅客携带物检验检疫查验区两侧；用于检疫查验出入境旅客携带物，核查携带动物、伴侣动物的检疫证书及疫苗接种证书；推荐规格长150 cm、宽80 cm、高50 cm，配备可以有效阻断外部视线的活动挡板；数量根据第十五条有关内容，依照15分钟内出或入境旅客最大客流量乘以抽查比例，再除以常数3(即每查验台15分钟内可完成3人次旅客携带物检验检疫查验工作)计算。

X光机、核和辐射检测仪器设置区：位于出入境旅客携带物检验检疫查验区前端，用于安装X光机、核和辐射检测仪器，对出入境旅客携带物实施查验。

禁止进出境物品投弃箱：位于出入境旅客携带物检验检疫查验区，明示“禁止进出境物品投弃箱”中英文字样，推荐规格40 cm×40 cm×70 cm。

第十九条 出入境旅客通道旁应配置检验检疫现场业务用房，主要用于现场办公、值班、接待、更衣休息、档案存储、视频监控、检验监测、检疫处理、截留物品贮存、样品存储、预防接种、医学检查、隔离留验、医学消毒、现场快速检测、应急处理、医学媒介监测、药品器械存储、检疫犬圈养等。

第二十条 检验检疫现场业务用房配备的数量、面积应以满足第十九条所述功能需要为原则；各用房应根据用途相对独立，区域界限明确。

第二十一条 检验检疫现场业务用房位置应毗邻于相应的旅客通道检验检疫场所，保证出入境检验检疫工作人员、器具及设备直接、迅速、无障碍的进出查验区域。

第二十二条 根据检验检疫现场业务用房用途，应配备和完善相应的通信(视音频、数据)、水、电(弱电)、污水处理、负压、视频监控等配套设施。

第四章 出入境货物堆场检验检疫现场设施

第二十三条 铁路货运口岸应规划、设计和建设封闭的外贸货物专用堆场地，堆场地面平整、硬化处理，防鼠措施到位，库房设计合理；废旧物品、鲜活冷冻品(含食品)应分别设置专用堆场或仓库，相互隔离。

第二十四条 外贸货物专用堆场应当设置出入境货物检验检疫现场设施，包括：货物检验检疫查验区、检疫处理区、电子监管设施、检验检疫现场业务用房及其相关配套设施。

第二十五条 货物检验检疫查验区面积应与铁路口岸货物和集装箱吞吐量相适应，场地面积不低于10 000 m^2；场地内划分设置符合要求、相对隔离的拆箱、分拣场地，场地面积不低于1 000 m^2。

第二十六条 出入境货物检验检疫查验区要求：

(一) 地面平整、坚固、硬化，无病媒生物孳生地，场地及周围环境应具备有效的防鼠设施与防鼠带；

(二) 设有冷冻(冷藏)集装箱的辅助制冷设施及防火、防汛、防盗设施；

(三) 设有污水处理及排放设施，设有垃圾存储与处理设施，上述设施应符合国家相关标准。

第二十七条 出入境货物检验检疫查验区配套设施包括：

标志牌：位于出入境货物检验检疫查验区入口处；参照规格D制作。

查验平台：位于出入境货物检验检疫查验区，用于集装箱、货物的检验检疫查验操作；规格宽大于5 m、与集装箱拖车架等高(约150 cm)、长度以至少能够同时对5辆集装箱卡车实施查验为宜，台体涂印“中国检验检疫”及中国检验检疫徽标(以下统称：规格E)。

监管仓库：位于出入境货物检验检疫查验区，用于存放实施查封、扣押以及待进一步检验、检疫、鉴定的货物。监管仓库容积适当，适合叉车等机械工具现场操作。根据实际内部设置隔离区域，用于存放不同监管要求的货物，并符合有关安全技术防范要求。监管仓库外墙涂印“检验检疫监管仓库”字样。

第二十八条　铁路货运口岸应当设置完全封闭的出入境货物检疫处理区，主要功能是对出入境货物、集装箱进行检疫处理（包括熏蒸、消毒、热处理、除鼠、除虫等）。

第二十九条　出入境货物检疫处理区应当位于港区办公、生活区的下风方向，相隔距离不少于 50 m，面积不少于 1 000 m^2。

第三十条　出入境货物检疫处理区要求：

（一）地面平整、坚固、硬化，无病媒生物孳生地，场地及周围环境应具备有效的防鼠设施与防鼠带；

（二）设有污水处理及排放设施，设有垃圾存储与处理设施，上述设施应符合国家相关标准。

第三十一条　出入境货物检疫处理区配套设施包括：

标志牌：位于出入境货物检疫处理区入口处，标示检疫处理区域；按规格 D 制作。

告示牌：位于出入境货物检疫处理区周边；推荐规格长 150 cm、宽 50 cm，涂印“检疫处理作业危险，请勿靠近”中英文字样。

检疫处理平台：位于出入境货物检疫处理区内，用于车载集装箱及内容货物的检疫处理业务操作；按规格 E 建设。

熏蒸处理库：位于出入境货物检疫处理区内，用于散货、木质包装等熏蒸及热处理；要求密闭良好，容积适当，技术指标参照附件 5《出入境检验检疫熏蒸处理库技术要求》。

第三十二条　铁路货运口岸应当设置电子监管设施，包括堆场和通道卡口的视屏监控系统和箱号、车号识别系统，满足科学监管和快速放行的需要。

第三十三条　出入境货物堆场应当配置检验检疫现场业务用房，主要用于：办公、值班、接待、档案存储、更衣休息、样品前处理、样品存贮、现场检测、检验及抽样工具存放、检疫处理药品存储、器械存储等。

第三十四条　检验检疫现场业务用房配备的数量、面积应以满足第 33 条所述功能需要为原则；各用房应根据用途相对独立，区域界限明确。

第三十五条　根据检验检疫现场业务用房用途，应配备和完善相应的通信（视音频、数据）、水、电（弱电）、污水处理、负压、视频监控等配套设施。

第五章　出入境列车检疫现场设施

第三十六条　铁路口岸应当划定（指定）列车熏蒸、消毒、除鼠、杀虫和列车污水、垃圾检疫处理的专用作业区（专用轨道）。

第三十七条　铁路口岸应当在列车及其污水、垃圾检疫处理作业区附近配备检疫处理药品、器械的存储、操作设施。

第三十八条　铁路口岸应当在国际站台附近设置相关场所，保障对供应列车饮用水、食品（蔬菜）等实施现场检验检疫的需要。

第六章　附　　则

第三十九条　铁路口岸媒介生物本底调查等卫生监督及配套设施建设由检验检疫机构商口岸主管部门确定。

附件5:出入境检验检疫熏蒸处理库技术要求

第一章 总 则

第一条 熏蒸处理库应位于出入境货物检疫处理区内,用于散货、木质包装等熏蒸及热处理,包括熏蒸库房、施药室、控制室以及相关配套设施。

第二章 熏蒸库房技术要求

第二条 熏蒸库房是用于存放熏蒸对象并对其实施熏蒸处理的场所。库房规格分小、中、大三种,库房内部容积分别为40立方米、80立方米和120立方米,库房内部高度不低于3米。

第三条 熏蒸库房要求密闭性能良好,墙壁、天花板和地面无裂缝,表面光滑坚实,墙面披2 cm以上水泥层,墙体、天花板、地面需进行防水处理,保证库房内墙面不吸附熏蒸剂以及被熏蒸剂穿透。库房顶层建设隔热层,内部地面比库房外地面至少高15厘米。

第四条 熏蒸库房大门向外开启,门前应铺设坡度合适的斜坡,大门尺寸适宜,以方便叉车等机械装卸工具进出库房作业。

第五条 熏蒸库房内设置排气设备、照明设备用电源,照明设备应具备防爆功能。排气和照明控制设施开关设在相邻的控制室。库房外设置夜间作业照明设施。

第六条 熏蒸库房应配套建设消防水池、沙池、消防栓等消防设施,满足消防安全要求。

第三章 施药室技术要求

第七条 施药室是用于存放现场熏蒸药物和进行熏蒸操作的场所,面积不小于6平方米,密闭性能要求良好,顶层建设隔热层,室内地面比室外地面至少高15厘米。

第八条 施药室设置双重铁门,向室外开启,并符合防火、防盗要求。

第九条 施药室内设置排气设备、照明设备用电源,照明设施应具备防爆功能。排气和照明设施控制开关设在相邻的控制室。

第十条 根据需要,一个施药室可对应多个熏蒸库房使用。

第四章 控制室技术要求

第十一条 控制室是检验检疫工作人员对熏蒸处理进行操作和监控的场所,面积不小于15平方米,与熏蒸库房、施药室相邻建设。

第十二条 控制室与熏蒸库房、施药室之间的间隔墙设置密封的防爆观察玻璃窗,窗体长200 cm、高100 cm,窗下离地面120 cm,通过观察窗应能观察库房、施药室内排气设施运作情况。控制室内靠近熏蒸库房观察窗一侧设置电源接口,用于安装温度、浓度监测等仪器设备。

第十三条 控制室内设置排气、照明和空调设备电源,其中,排气开关设在控制室外。控制室内安装熏蒸库房、施药室的排气、照明设施控制开关。

第十四条 根据需要,一个控制室可对应多个熏蒸库房和施药室使用。

第五章　附　　则

第十五条　熏蒸处理库建设参考示意图如下。

熏蒸库房 1	施药室	熏蒸库房 2
	控制室	

第十六条　各直属检验检疫局根据口岸熏蒸处理业务量，具体确定熏蒸处理库的熏蒸库数量和容积，以及施药室、控制室的面积。

附录 6

国境口岸突发公共卫生事件出入境检验检疫应急处理规定

（国家质检总局令 2003 年第 57 号）

《国境口岸突发公共卫生事件出入境检验检疫应急处理规定》已经 2003 年 9 月 28 日国家质量监督检验检疫总局局务会议审议通过，现予公布，自公布之日起施行。

二〇〇三年十一月七日

国境口岸突发公共卫生事件出入境检验检疫应急处理规定

第一章　总　　则

第一条　为有效预防、及时缓解、控制和消除突发公共卫生事件的危害，保障出入境人员和国境口岸公众身体健康，维护国境口岸正常的社会秩序，依据《中华人民共和国国境卫生检疫法》及其实施细则和《突发公共卫生事件应急条例》，制定本规定。

第二条　本规定所称突发公共卫生事件（以下简称突发事件）是指突然发生，造成或可能造成出入境人员和国境口岸公众健康严重损害的重大传染病疫情、群体性不明原因疾病、重大食物中毒以及其他严重影响公众健康的事件，包括：

（一）发生鼠疫、霍乱、黄热病、肺炭疽、传染性非典型肺炎病例的；

（二）乙类、丙类传染病较大规模的暴发、流行或多人死亡的；

（三）发生罕见的或者国家已宣布消除的传染病等疫情的；

（四）传染病菌种、毒种丢失的；

（五）发生临床表现相似的但致病原因不明且有蔓延趋势或可能蔓延趋势的群体性疾病的；

（六）中毒人数 10 人以上或者中毒死亡的；

（七）国内外发生突发事件，可能危及国境口岸的。

第三条 本规定适用于在涉及国境口岸和出入境人员、交通工具、货物、集装箱、行李、邮包等范围内，对突发事件的应急处理。

第四条 国境口岸突发事件出入境检验检疫应急处理，应当遵循预防为主、常备不懈的方针，贯彻统一领导、分级负责、反应及时、措施果断、依靠科学、加强合作的原则。

第五条 各级检验检疫机构对参加国境口岸突发事件出入境检验检疫应急处理做出贡献的人员应给予表彰和奖励。

第二章 组织管理

第六条 国家质量监督检验检疫总局（以下简称国家质检总局）及其设在各地的直属出入境检验检疫局（以下简称直属检验检疫局）和分支机构，组成国境口岸突发事件出入境检验检疫应急指挥体系。

第七条 国家质检总局统一协调、管理国境口岸突发事件出入境检验检疫应急指挥体系，并履行下列职责：

（一）研究制订国境口岸突发事件出入境检验检疫应急处理方案；

（二）指挥和协调检验检疫机构做好国境口岸突发事件出入境检验检疫应急处理工作，组织调动本系统的技术力量和相关资源；

（三）检查督导检验检疫机构有关应急工作的落实情况，督察各项应急处理措施落实到位；

（四）协调与国家相关行政主管部门的关系，建立必要的应急协调联系机制；

（五）收集、整理、分析和上报有关情报信息和事态变化情况，为国家决策提供处置意见和建议；向各级检验检疫机构传达、部署上级机关有关各项命令；

（六）鼓励、支持和统一协调开展国境口岸突发事件出入境检验检疫监测、预警、反应处理等相关技术的国际交流与合作。

国家质检总局成立国境口岸突发事件出入境检验检疫应急处理专家咨询小组，为应急处理提供专业咨询、技术指导，为应急决策提供建议和意见。

第八条 直属检验检疫局负责所辖区域内的国境口岸突发事件出入境检验检疫应急处理工作，并履行下列职责：

（一）在本辖区组织实施国境口岸突发事件出入境检验检疫应急处理预案；

（二）调动所辖检验检疫机构的力量和资源，开展应急处置工作；

（三）及时向国家质检总局报告应急工作情况、提出工作建议；

（四）协调与当地人民政府及其卫生行政部门以及口岸管理部门、海关、边检等相关部门的联系。

直属检验检疫局成立国境口岸突发事件出入境检验检疫应急处理专业技术机构，承担相应工作。

第九条 分支机构应当履行下列职责：

（一）组建突发事件出入境检验检疫应急现场指挥部，根据具体情况及时组织现场处置工作；

（二）与直属检验检疫局突发事件出入境检验检疫应急处理专业技术机构共同开展现场应急处置工作，并随时上报信息；

（三）加强与当地人民政府及其相关部门的联系与协作。

第三章 应 急 准 备

第十条 国家质检总局按照《突发公共卫生事件应急条例》的要求，制订全国国境口岸突发事件出入境检验检疫应急预案。

各级检验检疫机构根据全国国境口岸突发事件出入境检验检疫应急预案，结合本地口岸实际情况，制订本地国境口岸突发事件出入境检验检疫应急预案，并报上一级机构和当地政府备案。

第十一条 各级检验检疫机构应当定期开展突发事件出入境检验检疫应急处理相关技能的培训，组织突发事件出入境检验检疫应急演练，推广先进技术。

第十二条 各级检验检疫机构应当根据国境口岸突发事件出入境检验检疫应急预案的要求，保证应急处理人员、设施、设备、防治药品和器械等资源的配备、储备，提高应对突发事件的处理能力。

第十三条 各级检验检疫机构应当依照法律、行政法规、规章的规定，开展突发事件应急处理知识的宣传教育，增强对突发事件的防范意识和应对能力。

第四章 报 告 与 通 报

第十四条 国家质检总局建立国境口岸突发事件出入境检验检疫应急报告制度，建立重大、紧急疫情信息报告系统。

有本规定第二条规定情形之一的，直属检验检疫局应当在接到报告 1 小时内向国家质检总局报告，并同时向当地政府报告。

国家质检总局对可能造成重大社会影响的突发事件，应当及时向国务院报告。

第十五条 分支机构获悉有本规定第二条规定情形之一的，应当在 1 小时内向直属检验检疫局报告，并同时向当地政府报告。

第十六条 国家质检总局和各级检验检疫机构应当指定专人负责信息传递工作，并将人员名单及时向所辖系统内通报。

第十七条 国境口岸有关单位和个人发现有本规定第二条规定情形之一的，应当及时、如实地向所在口岸的检验检疫机构报告，不得隐瞒、缓报、谎报或者授意他人隐瞒、缓报、谎报。

第十八条 接到报告的检验检疫机构应当依照本规定立即组织力量对报告事项调查核实、确证，采取必要的控制措施，并及时报告调查情况。

第十九条 国家质检总局应当将突发事件的进展情况，及时向国务院有关部门和直属检验检疫局通报。

接到通报的直属检验检疫局，应当及时通知本局辖区内的有关分支机构。

第二十条 国家质检总局建立突发事件出入境检验检疫风险预警快速反应信息网络

系统。

各级检验检疫机构负责将发现的突发事件通过网络系统及时向上级报告，国家质检总局通过网络系统及时通报。

第五章　应急处理

第二十一条　突发事件发生后，发生地检验检疫机构经上一级机构批准，应当对突发事件现场采取下列紧急控制措施：

（一）对现场进行临时控制，限制人员出入；对疑为人畜共患的重要疾病疫情，禁止病人或者疑似病人与易感动物接触；

（二）对现场有关人员进行医学观察，临时隔离留验；

（三）对出入境交通工具、货物、集装箱、行李、邮包等采取限制措施，禁止移运；

（四）封存可能导致突发事件发生或者蔓延的设备、材料、物品；

（五）实施紧急卫生处理措施。

第二十二条　检验检疫机构应当组织专家对突发事件进行流行病学调查、现场监测、现场勘验，确定危害程度，初步判断突发事件的类型，提出启动国境口岸突发事件出入境检验检疫应急预案的建议。

第二十三条　国家质检总局国境口岸突发事件出入境检验检疫应急预案应当报国务院批准后实施；各级检验检疫机构的国境口岸突发事件出入境检验检疫应急预案的启动，应当报上一级机构批准后实施，同时报告当地政府。

第二十四条　国境口岸突发事件出入境检验检疫技术调查、确证、处置、控制和评价工作由直属检验检疫局应急处理专业技术机构实施。

第二十五条　根据突发事件应急处理的需要，国境口岸突发事件出入境检验检疫应急处理指挥体系有权调集出入境检验检疫人员、储备物资、交通工具以及相关设施、设备；必要时，国家质检总局可以依照《中华人民共和国国境卫生检疫法》第六条的规定，提请国务院下令封锁有关的国境或者采取其他紧急措施。

第二十六条　参加国境口岸突发事件出入境检验检疫应急处理的工作人员，应当按照预案的规定，采取卫生检疫防护措施，并在专业人员的指导下进行工作。

第二十七条　出入境交通工具上发现传染病病人、疑似传染病病人，其负责人应当以最快的方式向当地口岸检验检疫机构报告，检验检疫机构接到报告后，应当立即组织有关人员采取相应的卫生检疫处置措施。

对出入境交通工具上的传染病病人密切接触者，应当依法予以留验和医学观察；或依照卫生检疫法律、行政法规的规定，采取控制措施。

第二十八条　检验检疫机构应当对临时留验、隔离人员进行必要的检查检验，并按规定作详细记录；对需要移送的病人，应当按照有关规定将病人及时移交给有关部门或机构进行处理。

第二十九条　在突发事件中被实施留验、就地诊验、隔离处置、卫生检疫观察的病人、疑似病人和传染病病人密切接触者，在检验检疫机构采取卫生检疫措施时，应当予以配合。

第六章 法律责任

第三十条 在国境口岸突发事件出入境检验检疫应急处理工作中，口岸有关单位和个人有下列情形之一的，依照有关法律法规的规定，予以警告或者罚款，构成犯罪的，依法追究刑事责任：

（一）向检验检疫机构隐瞒、缓报或者谎报突发事件的；

（二）拒绝检验检疫机构进入突发事件现场进行应急处理的；

（三）以暴力或其他方式妨碍检验检疫机构应急处理工作人员执行公务的。

第三十一条 检验检疫机构未依照本规定履行报告职责，对突发事件隐瞒、缓报、谎报或者授意他人隐瞒、缓报、谎报的，对主要负责人及其他直接责任人员予以行政处分；构成犯罪的，依法追究刑事责任。

第三十二条 突发事件发生后，检验检疫机构拒不服从上级检验检疫机构统一指挥，贻误采取应急控制措施时机或者违背应急预案要求拒绝上级检验检疫机构对人员、物资的统一调配的，对单位予以通报批评；造成严重后果的，对主要负责人或直接责任人员予以行政处分，构成犯罪的，依法追究刑事责任。

第三十三条 突发事件发生后，检验检疫机构拒不履行出入境检验检疫应急处理职责的，对上级检验检疫机构的调查不予配合或者采取其他方式阻碍、干涉调查的，由上级检验检疫机构责令改正，对主要负责人及其他直接责任人员予以行政处分；构成犯罪的，依法追究刑事责任。

第三十四条 检验检疫机构工作人员在突发事件应急处理工作中滥用职权、玩忽职守、徇私舞弊的，对主要负责人及其他直接责任人员予以行政处分；构成犯罪的，依法追究刑事责任。

第七章 附 则

第三十五条 本规定由国家质检总局负责解释。

第三十六条 本规定自发布之日起施行。

附录7

关于印发《进出境重大动物疫情应急处置预案》的通知

（国质检动〔2005〕205 号）

各直属检验检疫局：

《进出境重大动物疫情应急处置预案》已经国务院批准，现予印发。请各单位结合实际，认真贯彻执行。

二〇〇五年六月三十日

进出境重大动物疫情应急处置预案

1 总则

1.1 目的

（1）预防口岸发生重大动物疫情。

（2）在进出境检验检疫工作中检出或发现重大动物疫情或疑似重大动物疫情时，质检系统能够采取有效紧急处置措施，保障畜牧业生产安全，保护人民身体健康。

（3）在境内外发生或流行重大动物疫情时，防止通过我国口岸传出、传入。

1.2 工作原则

统一指挥，分级管理，各司其职；

反应灵敏，高效处置，规范有序；

资源整合，分工协作，信息共享。

1.3 编制依据

根据《中华人民共和国进出境动植物检疫法》及其实施条例、《中华人民共和国动物防疫法》和《国家突发重大动物疫情应急预案》等其他法律、法规和规定。

1.4 适用范围

本预案适用于对境内外发生或流行以及进出境检验检疫工作中检出或发现重大动物疫情、疑似重大动物疫情的应急处置。

2 组织指挥体系及职责

2.1 组织指挥体系

进出境重大动物疫情应急指挥体系由质检总局、事发地直属出入境检验检疫局（以下简称直属局）和事发地分支出入境检验检疫机构（以下简称分支机构）三级指挥中心组成，由总局指挥中心统一领导。

2.1.1 总局指挥中心及办公室

质检总局成立总局进出境重大动物疫情应急指挥中心（简称总局指挥中心），由质检总局主要领导担任总指挥，各有关司局负责人任成员，在总指挥的统一领导下实施紧急预防、应对和应急行动，总局指挥中心办公室设在质检总局动植物检疫监管司。

2.1.2 直属局指挥中心

直属局成立直属局进出境重大动物疫情应急指挥中心（简称直属局指挥中心），组长由直属局主要领导担任。

2.1.3 现场指挥中心

分支机构成立分支机构进出境重大动物疫情应急指挥中心（简称现场指挥中心），组长由分支机构主要领导担任。

2.2 职责分工

2.2.1 总局指挥中心

负责贯彻执行党中央、国务院关于重大动物疫情防治工作的有关指示、会议和文件精神；制订进出境重大动物疫情应急实施方案；指导各直属局指挥中心的工作，领导和指挥进出境重大动物疫情应急处置工作，采取措施对进出境动物、动物产品和其他相关货物及运输工具等实行应急防控；决定启动和终止本预案；研究确定对外口径和相关重大科研课题；协调各部门应对进出境重大动物疫情应急力量和相关资源；监督检查各直属局的应急处置工作。

2.2.2　总局指挥中心办公室

负责承办总局指挥中心的具体工作事宜，指导组建直属局指挥中心；收集、整理有关境内外疫情动态及相关信息，向指挥中心报告全系统重大动物疫情应急工作情况。

组织实施质检总局进出境重大动物疫情应急实施方案；协调本系统应对进出境重大动物疫情相关设备、试剂的配备及使用；培训本系统进出境重大动物疫情应急专业技术力量。

2.2.3　直属局指挥中心

负责组织协调有关部门实施辖区内进出境重大动物疫情应急工作；决定预案在辖区内的启动和终止；负责传达总局指挥中心下达的指令，组织落实有关实施方案；指导现场指挥中心的工作；组织、协调、调动辖区内应对进出境重大动物疫情的人力和物力资源，开展应急处置工作；随时向总局指挥中心汇报情况和提出有关工作建议。

2.2.4　现场指挥中心

具体落实上级指挥中心下达的各项指令和任务；组织、协调、配合当地政府有关部门做好各项应急工作；随时向上级指挥中心汇报有关情况，特殊情况下可直接向总局指挥中心报告情况和提出建议。

3　信息报告、疫情分析与通报、预警

3.1　信息报告

质检总局建立对涉及进出境重大动物疫情的应急报告制度和信息报告网络，通过网络系统及时向上级报告；质检总局通过网络系统及时通报情况，发布指令。

质检总局指定的出入境检验检疫局和中国检验检疫科学研究院负责国际和全国范围内重大动物疫情信息的收集、整理、分析、上报，填写《进出境重大动物疫情信息预警表》(附件1)，在信息收集整理后 1 小时内报质检总局。

各直属局应指定本单位重大动物疫情信息员，负责收集、整理和上报本辖区内出入境检验检疫工作中发现的重大动物疫情信息，并在发现疫情 1 小时内填写《进出境重大动物疫情信息预警表》报质检总局。在重大动物疫情严重流行时，各直属局指挥中心应当按照总局指挥中心的要求，积极参与或者协调本地区的防治工作，每日上报本地防治工作及疫情情况。

各出入境检验检疫分支机构工作中发现重大或者疑似重大动物疫情的，应当填写《进出境重大动物疫情信息预警表》，并在发现疫情 2 小时内将疫情逐级上报至直属局。

疫情信息统一由质检总局对外发布。质检总局对影响严重的进出境重大动物疫情，应当在 4 小时内向国务院报告，同时通报国务院有关部门和省级人民政府。

3.2　疫情分析与通报

质检总局组织对疫情信息进行分析，并根据分析结果向有关国家，境内外生产、加工和存放企业以及出入境检验检疫机构发布进出境重大动物疫情警示通报(附件 2)，或者发布禁止相关动物及其产品出入境的公告。

3.2.1　重大动物疫情的确认依据

(1) 境外发生或疑似发生重大动物疫情以国际组织或区域性组织、各国或地区政府发布或通报的疫情信息为确认依据。

(2) 境内发生或疑似发生重大动物疫情以我国农业部发布或通报的疫情信息为确认依据。

(3) 检验检疫工作中发现或疑似发生重大动物疫情以质检总局指定实验室的诊断结果为确认依据。

3.2.2　疫情诊断程序

3.2.2.1　怀疑为重大动物疫情

根据动物的临床症状、病理学变化和流行病学规律，经专家现场诊断是否怀疑为重大动物疫情。

3.2.2.2　疑似重大动物疫情

由各直属局指定的具备相应生物安全措施的实验室，按照有关标准或有关双边检疫协定(含检疫条款、议定书、备忘录等)进行检测，并根据检测结果确定为重大动物疫情疑似病例。

3.2.2.3　确诊

发现重大动物疫情疑似病例的，必须将检测样品送质检总局指定的实验室，做病原分离与鉴定，鉴定结果作为重大动物疫情的确诊依据。确诊结果立即报质检总局和当地人民政府。

3.3　预警

进出境重大动物疫情预警分为三类：

一类(A类)：境外发生重大动物疫情或者疑似重大动物疫情时的紧急预防措施。

二类(B类)：境内发生重大动物疫情或者疑似重大动物疫情时的紧急预防措施。

三类(C类)：出入境检验检疫工作中发现重大动物疫情或者疑似重大动物疫情时的紧急预防措施。

4　应急响应

应急响应包括预案启动、处置实施和行动终止三个阶段。

发生一类(A类)疫情预警，疫情有可能传入并危害动物安全和人体健康时，质检总局会同有关部门联合发布公告或发布进出境重大动物疫情警示通报，采取紧急预防措施。

发生二类(B类)疫情预警，疫情有可能传出国境时，根据疫情范围和严重程度，质检总局配合有关部门启动与《国家突发重大动物疫情应急预案》相适应的紧急预防措施。

发生三类(C类)疫情预警时，质检总局或直属局根据情况启动本应急预案。

4.1　预案启动

质检总局负责启动全国范围的紧急预防、应对和应急措施；直属局负责启动本辖区内或下属分支机构辖区范围内的紧急预防、应对和应急措施。

4.2　处置实施

4.2.1　一类(A类)疫情预警时的紧急预防措施

(1) 在毗邻疫区的边境地区和入境货物主要集散地区开展疫情监测。

(2) 对来自预案涉及的人畜共患病疫区国家和地区的入境人员，应填写健康声明卡，必要时出示有关传染病的预防接种证书、健康证明或其他有关证件。对患有或疑似染病的人，分别采取隔离、留验或其他预防控制措施，并及时通知当地卫生行政主管部门。

（3）停止签发从疫区国家或地区进口相关动物及其产品的《进境动植物检疫许可证》，废止已经签发的《进境动植物检疫许可证》。

（4）禁止直接或间接从疫区国家或地区输入相关动物及其产品。对已运抵口岸尚未办理报检手续的，一律作退回或销毁处理；对已办理报检手续，尚未放行的，应加强对相关疫病的检测和防疫工作，经检验检疫合格后放行。

（5）禁止疫区国家或地区的相关动物及其产品过境。对已进入我国境内的来自疫区国家或地区的相关过境动物及其产品，派检验检疫人员严格监管，押运到出境口岸。运输途中发现重大疫情或疑似重大疫情的，按照上述(2)中的有关措施处理。

（6）禁止邮寄或旅客携带来自疫区的相关动物及其产品进境。加强对旅客携带(包含托运，下同)物品和邮寄物品的查验，加大对来自疫区的入境旅客携带物的抽查比例，一经发现来自疫区的相关动物及其产品，一律作退回或销毁处理。

（7）加强对来自疫区运输工具的检疫和防疫消毒。对途经我国或在我国停留的国际航行船舶、飞机、火车、汽车等运输工具进行检验检疫，如发现有来自疫区的相关动物及其产品，一律作封存处理；其交通员工自养的伴侣动物，必须装入完好的笼具中，不得带离运输工具；其废弃物、泔水等，一律在出入境检验检疫机构的监督下作无害化处理，不得擅自抛弃；对运输工具和装载容器的相关部位进行防疫消毒。必要时，对入境旅客的鞋底实施消毒处理。

（8）加强与海关、公安边防等部门配合，打击走私进境动物或动物产品等违法活动，监督对截获来自疫区的非法入境动物及其产品的销毁处理。

（9）毗邻国家或者地区发生重大动物疫情时，根据国家或者当地人民政府的规定，配合有关部门开展受疫情威胁边境地区的易感动物的紧急免疫，建立有效免疫防护带；关闭相关动物交易市场，停止边境地区相关动物及其产品的交易活动。

（10）进境的相关动物及其产品不得途经疫区国家或地区，或者在疫区国家或地区中转。否则视为来自疫区的动物及其产品。

（11）当境外发生重大动物疫情并可能传入国内时，质检总局可以视情况报请国务院下令封锁有关口岸。

4.2.2 二类(B类)疫情预警时的紧急预防措施

（1）加强出口货物的查验，停止办理来自疫区和受疫情威胁区的相关动物及其产品的出口检验检疫手续。停止办理出口检验检疫手续的货物种类和疫区范围按有关国家或地区发布的暂停我国动物或动物产品进口相关通报执行。

（2）对在疫区生产的出口动物产品及其加工原料，已办理通关手续正在运输途中的应立即召回。

（3）加强与当地动物防疫部门的联系、沟通和协调，了解疫区划分、疫情控制措施及结果、诊断结果等情况，配合做好疫病控制工作。

（4）暂停使用位于疫区的进出境相关动物临时隔离检疫场。对正在使用的，按照国家有关规定处理。

（5）过境相关动物的运输路线不得途经疫区。已经进入疫区的，应按照国家有关疫区动物运输的规定处理,并采取严格防疫措施。

(6) 加强对非疫区出口养殖场、屠宰和加工企业的监督管理,加强出口前的检查和养殖场的疫情监测,保证出口动物及其产品的健康、安全。

(7) 对实行免疫政策的非疫区出口动物及其产品,要确保能够满足进口国家或者地区的检疫卫生要求。进口国家和地区有非免疫要求的,不得出口已经免疫的动物及其产品。

(8) 在应对措施执行期间,相关直属局应及时向总局指挥中心办公室报告境内重大动物疫情检验检疫应对措施实施情况。

4.2.3 三类(C类)疫情预警时的紧急预防措施

4.2.3.1 经初步诊断怀疑为重大动物疫情时的应急措施

(1) 暂停办理相关动物及其产品的出入境检验检疫手续,过境动物或动物产品暂停运输。

(2) 确定控制场所和控制区域。

(3) 封锁控制场所。严格限制人员、其他动物和产品、病料、器具、运输工具和其他可能受污染的物品等进出控制场所,严禁无关人员和车辆出入控制场所,所有必须出入控制场所的人员和车辆,必须经检验检疫机构批准,经严格消毒后,方可出入,并且实行出入登记制度。对控制场所内的所有运载工具、用具、圈舍、场地、饲料和用水等进行彻底消毒;对动物粪便、垫料等可能受污染的物品进行无害化处理。

(4) 采集病料送直属局指定的实验室进行诊断。

4.2.3.2 经诊断为重大动物疫情疑似病例后的应急措施

(1) 样品必须以最快的方式送质检总局或农业部认可的实验室进行确诊。

(2) 协助当地畜牧兽医主管部门,对控制区域采取封锁措施,做好疫情控制和扑灭工作。

4.2.3.3 对确诊为重大动物疫情后的应急措施

(1) 对进境或者过境动物及其动物产品,确诊为进境动物一类传染病的,按照《畜禽病害肉尸及其产品无害化处理规程》国家标准(GB/T 16548—1996)规定的处理方法,对全群或者整批动物产品作扑杀或者销毁处理。确诊为其他疫病的,扑杀销毁所有确诊动物。对过境动物的运输工具、装载容器、被污染场地等进行严格消毒。

(2) 对出境动物,配合有关部门,按照国家有关规定进行扑杀销毁处理。扑杀销毁过程必须采取严格的防疫措施,包括采用防止渗漏的容器盛装扑杀动物的尸体,运载器具必须严格消毒等。对动物的粪便、垫料、饲料等可能受污染的物品进行无害化处理。

(3) 控制场所和控制区域做彻底消毒处理。

(4) 进境动物、过境动物和进出口动物产品的控制场所和控制区域经彻底消毒后可以解除封锁控制。出境动物控制场所经彻底消毒后,按照国家规定的期限解除疫情封锁措施。

(5) 有关直属局指挥中心向总局指挥中心书面报告处理结果。开展流行病学调查,向境内产地畜牧兽医行政主管部门反馈疫情信息,或由质检总局向出口国家或地区政府检疫部门反馈疫情信息。

4.2.3.4 有关国家或地区检疫部门通报我国出口动物及其产品中检出重大动物疫情时的应急措施。

（1）总局指挥中心组织有关专家对进口国的检验检疫结果进行确认，发布预警通报。

（2）有关检验检疫机构根据预警通报，对出口动物的饲养场、出口食用动物和动物产品注册或备案饲养场、生产加工单位等进行流行病学溯源调查。

（3）经流行病学调查，发现或疑似重大动物疫情的，及时启动相应的应急措施。

4.3　行动终止

根据下列情况，总局指挥中心或直属局指挥中心发布进出境重大动物疫情解除通报（附件 3），终止预案的实施。

（1）有关国家或地区政府主管部门和国际相关组织宣布解除重大动物疫情或者疑似重大动物疫情并经我国确认。

（2）对境内重大动物疫情或者疑似重大动物疫情，根据农业部发布的疫情解除通报。

（3）对检验检疫工作中发现的重大动物疫情或者疑似重大动物疫情，按规定程序经最终诊断确认为非重大动物疫情，或者通过采取有关应急措施，经考核验收，确认疫情已消除时。

（4）有关国家或地区检疫主管部门通报从我国进口的动物或动物产品中检出重大疫情后，经跟踪调查和疫情监测未发现重大疫情，或通过采取有关应急措施，经考核验收，确认疫情已消除时。

4.4　安全防护

采取预防、应对和应急等措施时，工作人员应采取必要的个人防护措施，离开疫区前必须经过彻底的消毒，定期进行体检。

5　应急保障

5.1　人员保障

各直属局在重大动物疫情应急预案实施期间，安排人员 24 小时值班，保障信息畅通。各主要负责人员和各单位之间要保持畅通的通信联系，保证协调一致，责任确定到人。

5.2　物资保障

各直属局建立预防、应对和应急等措施物资储备库，指定专门部门负责管理。重点储备防护用品、消毒设施、消毒药品、诊断试剂、通讯工具等物品。

（1）进出境重大动物疫情防治应选择有效的消毒方法和消毒药剂。

常用的消毒方法：金属设施设备可采取火焰、熏蒸等消毒方式；圈舍、场地、车辆等可采用消毒液清洗、喷洒等消毒方式；饲料、垫料等可采取深埋发酵处理或焚烧处理等消毒方式；粪便等可采取堆积密封发酵或焚烧处理等消毒方式；人员可采取淋浴消毒；人员的衣帽鞋等可采取浸泡、高压灭菌等方式处理。

常用消毒剂包括：氯制剂、碘制剂、过氧乙酸、复合酚制剂、烧碱、甲醛、高锰酸钾等。

（2）进出境重大动物疫情应急常用物资。

包括：国家正式批准生产和使用的疫苗，诊断试剂及其设备、消毒药品和消毒器械、销毁处理器具、个人防护用品、防疫车、办公用品、通信工具等。

5.3　经费保障

各直属局须确保重大动物疫情预防、应对和应急等工作所需经费。实施扑杀销毁动物、无害化处理或实施紧急强制免疫接种时所涉及的费用，按照国家有关规定处理。

5.4 技术保障

质检总局建立重大动物疫病诊断重点实验室，负责进出境动物重大疫病的诊断。各直属局应加强实验室建设，配备必要的检测设备，建立动物疫病诊断实验室，负责本辖区内动物重大疫病的现场诊断和实验室检测。各直属局应成立重大动物疫病专家组，负责现场诊断，必要时可请系统外的专家参加工作。质检总局定期举办各种重大动物疫病检测技术培训，提高全系统重大动物疫病的检验检疫技术水平。

6 宣传、培训和演习

各口岸检验检疫机构应当通过网站、广播、电视等新闻媒体，开展形式多样的进出境动物检验检疫法律法规和动物重大疫病的危害和防治知识的宣传与普及，提高全社会防疫意识。

质检总局和各直属局要对参与进出境重大动物疫情预防、应对和应急等工作的有关人员进行基础知识、防护知识、处理方法、检测方法和设备使用进行培训，并按照预案组织实战演习，以检验、改善和强化各项应急处理能力及各部门协同作战能力。

7 附则

7.1 国际合作

加强与世界粮农组织（FAO）、国际动物卫生组织（OIE）等相关国际组织及有关国家的联系，密切关注国际重大动物疫情信息和动态，跟踪和掌握国际发展动向，加强技术交流与合作，及时研究制定应对措施并不断完善各种检测方法，增强对重大动物疫情应急处置能力。

7.2 奖惩与责任

各级检验检疫机构对进出境重大动物疫情应急处置做出贡献的单位和个人给予表彰和奖励。对不认真贯彻实施本预案，违反预案或者玩忽职守，造成疫情扩散或者传入传出，给国家财产和人民生命造成损失的，将依法追究相关人员的法律责任。

7.3 名词术语解释

进境重大动物疫情是指境外发生或流行，或在进境动物检疫工作中检出或发现《中华人民共和国进境动物一、二类传染病、寄生虫病名录》中的一类传染病以及具有重要公共卫生意义的人畜共患病。

出境重大动物疫情是指境内发生或流行，或在出境检验检疫中发现或疑似农业部根据《中华人民共和国动物防疫法》公布的一类动物疫病以及具有重要公共卫生意义的人畜共患病。

进境动物一类传染病包括口蹄疫、非洲猪瘟、猪水泡病、猪瘟、牛瘟、小反刍兽疫、蓝舌病、痒病、牛海绵状脑病、非洲马瘟、高致病性禽流感、新城疫、鸭瘟、牛肺疫、牛结节疹共15种疫病。上述所列的疫病名录如有修订，按新公布的名录执行。新发生的重大疫病按照质检总局有关规定执行。

相关动物是指具体动物疫病的易感动物，相关动物产品是指具有传播疫病风险的易感动物的产品。

疫区和受威胁区的概念按照国家有关规定执行。

控制场所是指进境动物(临时)隔离检疫场或进境动物产品贮存库;出境动物饲养场或临时隔离检疫场,或出境动物产品生产、加工、存放单位及原料动物的饲养场;过境动物或动物产品的运输工具。

控制区域是指一旦由于控制场所管理不严,而造成疫情可能扩散的区域。

7.4 预案管理与更新

各直属局应及时总结预案实施过程中发现的问题和不足,提出科学、合理的改进建议。

质检总局每年组织动物疫病防治专家对重大动物疫情应急预案进行评审,及时修改和更新本预案。

7.5 制定与解释部门

本预案由质检总局制定并负责解释。

7.6 预案施行时间

本预案自发布之日起施行。

附件(略)

附录8

关于印发《进出境重大植物疫情应急处置预案》的通知

(国质检动〔2006〕134号)

各直属检验检疫局:

现将《进出境重大植物疫情应急处置预案》印发你们,请结合实际,认真贯彻执行。

国家质量监督检验检疫总局

二〇〇六年四月五日

进出境重大植物疫情应急处置预案

1 总则

1.1 目的

(1) 预防口岸发生重大植物疫情。

(2) 在进出境检验检疫工作中发现重大植物疫情时,质检系统能够在最短时间内采取有效紧急处置措施,最大限度地减少损失,保障农林业生产和生态环境安全,保护人民身体健康。

(3) 在境内外发生或流行重大植物疫情时,防止通过我国口岸传出、传入。

1.2 工作原则

统一指挥,分级管理,各司其职;

快速反应,高效处置,规范有序;

整合资源,分工协作,信息共享。

1.3 编制依据

根据《中华人民共和国进出境动植物检疫法》及其实施条例、《植物检疫条例》和其他相关的法律、法规及规定。

1.4 适用范围

本预案适用于对境内外发生或流行以及进出境检验检疫工作中发现重大植物疫情的应急处置。

2 组织指挥体系及职责

2.1 组织指挥体系

进出境重大植物疫情应急指挥体系由质检总局、事发地直属出入境检验检疫局(以下简称直属局)和事发地分支出入境检验检疫机构(以下简称分支机构)三级指挥中心组成,由总局指挥中心统一领导。

2.1.1 总局指挥中心及办公室

质检总局成立总局进出境重大植物疫情应急指挥中心(简称总局指挥中心),由质检总局主要领导担任总指挥,各有关司局负责人任成员,在总指挥的统一领导下实施紧急预防和应急行动,总局指挥中心办公室设在质检总局动植物检疫监管司。

2.1.2 直属局指挥中心

直属局成立直属局进出境重大植物疫情应急指挥中心(简称直属局指挥中心),组长由直属局主要领导担任。

2.1.3 现场指挥中心

分支机构成立分支机构进出境重大植物疫情应急指挥中心(简称现场指挥中心),组长由分支机构主要领导担任。

2.2 职责分工

2.2.1 总局指挥中心

负责贯彻执行党中央、国务院关于重大植物疫情防治工作的有关指示、会议和文件精神;发布进出境重大植物疫情应急实施方案;指导各直属局指挥中心的工作,领导和指挥进出境重大植物疫情应急处置工作,采取措施对进出境植物、植物产品和其他相关货物及运输工具等实行应急防控;决定启动和终止本预案;研究确定对外口径和相关重大应急科研课题;协调各部门应对进出境重大植物疫情应急力量和相关资源;监督检查各直属局的应急处置工作。

2.2.2 总局指挥中心办公室

负责承办总局指挥中心的具体工作事宜,指导组建直属局指挥中心;收集、整理有关境内外重大植物疫情动态及相关信息,向指挥中心报告全系统进出境重大植物疫情应急工作情况。

组织起草和实施质检总局进出境重大植物疫情应急实施方案;协调本系统应对进出境重大植物疫情相关物品的配备及使用;培训本系统进出境重大植物疫情应急专业技术力量。

2.2.3 直属局指挥中心

负责组织协调有关部门实施辖区内进出境重大植物疫情应急工作;决定预案在辖区内的启动和终止;负责传达总局指挥中心下达的指令,组织落实有关实施方案;指导现场指挥中心的工作;组织、协调、调动辖区内应对进出境重大植物疫情的人力和物力资源,开展应急处置工作;随时向总局指挥中心汇报情况和提出有关工作建议。

2.2.4 现场指挥中心

具体落实上级指挥中心下达的各项指令和任务;组织、协调、配合当地政府有关部门做好各项应急工作;随时向上级指挥中心汇报有关情况,特殊情况下可直接向总局指挥中心报告情况和提出建议。

3 信息报告、疫情分析与通报、预警

3.1 信息报告

质检总局建立对涉及进出境重大植物疫情的应急报告制度和信息报告网络,通过网络系统及时向上级报告;质检总局通过网络系统及时通报情况,发布指令。

质检总局指定中国检验检疫科学研究院负责国际和全国范围内重大植物疫情信息的收集、整理、分析、上报,填写《进出境重大植物疫情信息预警表》(附件1),在信息收集整理后1小时内报质检总局。

各直属局应指定本单位重大植物疫情信息员,负责收集、整理和上报本辖区内出入境检验检疫工作中发现的重大植物疫情信息,并在发现疫情1小时内填写《进出境重大植物疫情信息预警表》报质检总局。各直属局在疫情监测过程中,如发现疑似重大植物疫情,应在1小时内向质检总局报告,中国检验检疫科学研究院应立即派专家赴现场调查,经核实为重大植物疫情的,直属局应在确认后1小时内填写《进出境重大植物疫情信息预警表》报质检总局。在重大植物疫情严重流行时,各直属局指挥中心应当按照总局指挥中心的要求,积极参与或者协调本地区的防治工作,每日上报本地防治工作及疫情情况。

各出入境检验检疫分支机构工作中发现重大或者疑似重大植物疫情的,应当填写《进出境重大植物疫情信息预警表》,并在发现疫情1小时内将疫情逐级上报至直属局。

鼓励有关单位和个人在发现疑似重大植物疫情时向所在地检验检疫机构报告。接到报告的检验检疫机构应当依照本规定立即派专家进行核实,采取必要的控制措施,并及时报告调查情况。

疫情信息统一由质检总局对外发布。质检总局对影响严重的进出境重大植物疫情,应当及时向国务院报告,同时通报国务院有关部门和省级人民政府。

3.2 疫情分析与通报

质检总局组织分析疫情信息,确认为重大植物疫情的,向有关国家,境内外相关企业以及出入境检验检疫机构发布进出境重大植物疫情警示通报(附件2),或者发布禁止相关植物及其产品出入境的公告。

3.2.1 重大植物疫情的确认依据

(1) 境外发生重大植物疫情以国际组织或区域性组织、各国或地区政府发布或通报的疫情信息为确认依据。

(2) 境内发生重大植物疫情以我国农业部或国家林业局发布或通报的疫情信息为确认依据。

(3) 出入境检验检疫工作中发现的重大植物疫情以质检总局发布的疫情信息为确认依据。

3.2.2 出入境检验检疫工作中发现的重大疫情确认程序

3.2.2.1 疑似重大植物疫情

由各直属局指定的实验室，根据有害生物特征及植物或植物产品被害状，按照有关标准或质检总局的鉴定检测方法进行检验，并根据检验结果确认为疑似重大植物疫情。

3.2.2.2 确认

发现疑似重大植物疫情的，事发地直属局指挥中心必须将样品送质检总局指定的实验室，由质检总局指定专家进行复核鉴定或检测，鉴定或检测结果作为重大植物疫情的确认依据。确认结果立即报质检总局和当地人民政府。

3.3 预警

进出境重大植物疫情预警分为三类：

一类(A类)：境外发生重大植物疫情时的紧急预防措施。

二类(B类)：境内发生重大植物疫情时的紧急预防措施。

三类(C类)：出入境检验检疫工作中发现重大植物疫情时的紧急预防措施。

4 应急响应

应急响应包括预案启动、处置实施和行动终止三个阶段。

发生一类(A类)疫情预警，疫情有可能传入并危害农林业生产安全、生态环境和人体健康时，质检总局会同有关部门联合发布公告或发布进出境重大植物疫情警示通报，采取紧急预防措施。

发生二类(B类)疫情预警，疫情有可能传出国境时，根据疫情范围和严重程度，质检总局配合有关部门启动相适应的紧急预防措施。

发生三类(C类)疫情预警时，质检总局或直属局根据情况启动本应急预案。

4.1 预案启动

质检总局负责启动全国范围的紧急预防、应对和应急措施；直属局负责启动本辖区内或下属分支机构辖区范围内的紧急预防、应对和应急措施。

4.2 处置实施

4.2.1 一类(A类)疫情预警时的紧急预防措施

(1) 在毗邻疫区的边境地区和入境货物主要集散地区开展疫情监测。

(2) 停止签发从疫区国家或地区进口相关植物及其产品的检疫许可证，废止已经签发的有关检疫许可证。

(3) 禁止直接或间接从疫区国家或地区输入相关植物及其产品；对已运抵口岸尚未办理报检手续的，一律作退运或销毁处理；对已办理报检手续，尚未放行的，应加强对相关有害生物的检测和防疫工作，经检验检疫合格后放行。

(4) 禁止疫区国家或地区的相关植物及其产品过境。对已进入我国境内的来自疫区国家或地区的相关过境植物及其产品，派检验检疫人员严格监管到出境口岸。运输途中发生重大植物疫情的，立即采取除害处理或销毁措施。

(5) 禁止邮寄或旅客携带来自疫区的相关植物及其产品进境。加强对旅客携带物品和邮寄物品的查验，加大对来自疫区的入境旅客携带物的抽查比例，一经发现来自疫区的相关植物及其产品，一律作销毁处理。

（6）加强对来自疫区运输工具和装载容器的检疫和防疫消毒。对途经我国或在我国停留的国际航行船舶、飞机、火车、汽车等运输工具进行检疫，如发现有来自疫区的相关植物及其产品，一律作封存处理；其交通员工种养的植物，不得带离运输工具；其废弃物、泔水等，一律在出入境检验检疫机构的监督下作无害化处理，不得擅自抛弃；对运输工具和装载容器的相关部位进行防疫消毒。

（7）加强与海关、公安边防等部门配合，打击走私进境植物或植物产品等违法活动，监督对截获来自疫区的非法入境植物及其产品的销毁处理。

（8）毗邻国家或者地区发生重大植物疫情时，根据国家或者当地人民政府的规定，配合有关部门建立有效隔离区；关闭相关植物、植物产品交易市场，停止边境地区相关植物及其产品的交易活动。

（9）当境外发生重大植物疫情并可能传入国内时，质检总局可以视情况报请国务院下令封锁有关口岸。

4.2.2 二类（B 类）疫情预警时的紧急预防措施

（1）加强出口货物的查验，停止办理来自疫区和受疫情威胁区的相关植物及其产品的出口检验检疫手续。停止办理出口检验检疫手续的货物种类和疫区范围，按有关国家或地区发布的暂停我国相关植物或植物产品进口的通报和我国农业部或国家林业局发布的疫情信息执行。

（2）对在疫区生产的出口植物、植物产品，已办理通关手续正在运输途中的应立即召回。

（3）加强与当地农业、林业部门的联系、沟通和协调，了解疫区划分、疫情控制措施及结果、检测结果等情况，配合做好疫情控制工作。

（4）暂停使用位于疫区的进出境相关植物隔离检疫圃。对正在使用的，按照国家有关规定处理。

（5）加强对非疫区出口种植场、果园、包装厂的监督管理和疫情监测，加强出口前的检查，保证出口植物及其产品的安全。

（6）相关直属局应及时向总局指挥中心办公室报告境内重大植物疫情检验检疫应对措施实施情况。

4.2.3 三类（C 类）疫情预警时的紧急预防措施

4.2.3.1 在进境植物检疫过程中发现重大植物疫情时，应采取如下紧急控制措施：

（1）质检总局会同有关部门联合发布公告或发布进境重大植物疫情警示通报。

（2）质检总局向输出国家或地区通报发现的疫情，并要求提供疫情详细信息和采取的改进措施。

（3）暂停办理相关植物及其产品的入境检验检疫手续，过境植物或植物产品暂停运输。

（4）确定控制场所和控制区域。对控制场所采取封锁措施，严禁无关人员和运输工具出入控制场所。所有出入控制场所的人员和运输工具，必须经检验检疫机构批准，经严格消毒后，方可出入。

（5）对控制场所内相关的植物及其产品，在检验检疫机构的监督指导下进行检疫除害处理。

（6）对控制场所内所有可能感染的运载工具、用具、场地等进行严格消毒；对可能受污染的物品进行检疫除害处理。

（7）质检总局及时将截获的重大植物疫情向农业部和国家林业局通报，共同采取控制措施，防止疫情进一步扩散。

4.2.3.2　在实施出境植物检疫或在实施有害生物监测过程中发现重大植物疫情时，应采取如下紧急控制措施：

（1）禁止有重大植物疫情的寄主及其产品出境。根据有害生物特性，确定控制场所区域范围，并对控制场所周围一定范围内的出口植物种植场所、植物产品生产加工及储存场所进行疫情监测；对发现疫情的种植、生产、加工及储存植物和植物产品的场所，在应急处置预案终止前，暂停其生产或加工的植物及其产品出口。

（2）当疫情可能扩散时，出入境检验检疫机构应向当地农林主管部门通报疫情并配合农林部门对控制区域实施控制措施。

4.2.3.3　有关国家或地区检疫主管部门通报从我国进口的植物或植物产品中检出重大植物疫情时的应急措施。

（1）总局指挥中心组织有关专家对进口国家或地区的检验检疫结果进行确认，发布预警通报。

（2）有关检验检疫机构根据预警通报，应组织技术专家对出口植物的种植地、出口植物产品生产加工单位等进行重大植物疫情的溯源调查。

（3）经调查，发现重大植物疫情的，按4.2.3.2的要求及时启动应急措施。

4.3　行动终止

根据下列情况，总局指挥中心或有关直属局指挥中心发布进出境重大植物疫情解除通报（附件3），终止预案的实施。

（1）有关国家或地区政府主管部门和国际相关组织宣布解除重大植物疫情并经我国确认。

（2）对境内重大植物疫情，根据农业部或国家林业局发布的疫情解除通报。

（3）对检验检疫工作中发现的重大植物疫情，通过采取有关应急措施，经调查监测，确认疫情已消除时。

（4）有关国家或地区检疫主管部门通报从我国进口的植物或植物产品中检出重大疫情后，经跟踪调查和疫情监测未发现重大疫情，或通过采取有关应急措施，经调查监测，确认疫情已消除时。

4.4　安全防护

采取预防、应对和应急等措施时，工作人员应采取必要的个人防护措施，离开疫区前必须经过彻底的消毒。

5　应急保障

5.1　人员保障

进出境重大植物疫情应急指挥体系相关单位在重大植物疫情应急预案实施期间，安排人员24小时值班，保障信息畅通。各主要负责人员和各单位之间要保持畅通的通讯联系，保证协调一致，责任确定到人。

5.2　物资保障

质检总局和直属局建立预防、应对和应急等措施物资储备库，指定专门部门负责管理。

重点储备防护用品、消毒药剂和设施、农药、熏蒸药剂及器械、检测试剂、通讯工具及运输工具等。

5.3 经费保障

质检总局和直属局每年应针对重大植物疫情的防范、监测、处置、相关技术设备的配置提供专项资金，以保障工作的顺利实施。

5.4 技术保障

质检总局建立重大植物疫情重点实验室，负责进出境重大植物疫情的鉴定、检测与确认。各直属局应加强实验室建设，配备必要的检测设备，建立或指定植物有害生物鉴定检测实验室，负责本辖区内重大植物疫情的现场检验和实验室检测。必要时可请系统外的专家参加工作。质检总局定期举办各种重大植物有害生物鉴定、检测及除害处理技术培训，提高全系统重大植物有害生物的检验检疫技术水平。

6 宣传、培训和演习

各地检验检疫机构应当通过网站、广播、电视等媒体，开展形式多样的进出境植物检验检疫法律法规和重大植物疫情的危害和防治知识的宣传与普及，提高全社会防疫意识。

质检总局和直属局要对参与进出境重大植物疫情预防、应对和应急等工作的有关人员进行基础知识、防护知识、处理方法、检测方法和设备使用进行培训，并按照预案组织实战演习，以检验、改善和强化各项应急处理能力及各部门协同作战能力。

7 附则

7.1 国际合作

加强与联合国粮农组织(FAO)、国际植物保护公约(IPPC)等相关国际组织及有关国家的联系，密切关注国际重大植物疫情信息和动态，跟踪和掌握国际发展动向，加强技术交流与合作，及时研究制定应对措施并不断完善各种检测方法，增强对重大植物疫情应急处置能力。

7.2 奖惩与责任

各级检验检疫机构对进出境重大植物疫情应急处置做出贡献的单位和个人，以及对提供疑似重大植物疫情的单位和个人给予表彰和奖励。对不认真贯彻实施本预案，违反预案或者玩忽职守，造成疫情扩散或者传入传出，给国家财产和人民生命造成损失的，将根据情节依法追究相关人员的行政或法律责任。

7.3 名词术语解释

重大植物疫情是指境外已经爆发而我国尚未分布或局部分布但得到有效控制的，有可能传入我国，或在进出境植物检验检疫工作中检出或发现的，将对农、林业生产、生态环境或人身健康造成严重危害的植物疫情。

疫区和受威胁区的概念按照国家有关规定执行。

控制场所是指实施进出境植物检验检疫的相关场所，包括种植地、加工、存储、查验等场所。

控制区域是指一旦由于控制场所管理不严，而造成疫情可能扩散的区域。

7.4 预案管理与更新

直属局应及时总结预案实施过程中发现的问题和不足,提出科学、合理的改进建议。

质检总局每年组织有关专家对重大植物疫情应急预案进行评审,及时修改和更新本预案。

7.5 制定与解释部门

本预案由质检总局制定并负责解释。

7.6 施行时间

本预案从发布之日起施行。

附件(略)

附录9

进出境农产品和食品质量安全突发事件应急处置预案

1 总则

1.1 目的

快速、高效、有序应对进出境农产品和食品质量安全突发事件(以下简称突发事件),最大限度地控制、减轻和消除突发事件带来的负面影响或损失,保护公众、动植物健康和生态环境安全,维护正常的进出口贸易秩序。

1.2 依据

依据《中华人民共和国进出境动植物检疫法》及其实施条例、《中华人民共和国进出口商品检验法》及其实施条例、《中华人民共和国食品安全法》、《国家突发公共事件总体应急预案》、《国务院关于加强食品等产品安全监督管理的特别规定》、《国务院关于加强产品质量和食品安全工作的通知》,制定本预案。

1.3 分类分级

根据突发事件性质、严重程度、涉及范围、可控性等因素,一般分四级:特别重大(Ⅰ级),重大(Ⅱ级)、较大(Ⅲ级)和一般(Ⅳ级)。

其中,特别重大和重大的质量安全事件应具有以下特征:

(1) 进境农产品和食品经检查发现有对公众或动植物健康或生态环境安全造成或可能造成严重影响或威胁,需立即处置的。

(2) 出境农产品和食品被进口国或地区官方通报存在安全卫生问题,已经或可能采取限制措施,对我出口贸易造成重大影响,需立即处置的。

(3) 进出境农产品和食品或国内农产品和食品被媒体报道存在安全卫生问题,引起或可能引起社会高度关注,已经或可能对进出口贸易造成重大影响,需立即处置的。

(4) 质检总局认定的其他特别重大或重大农产品和食品质量安全突发事件。

1.4 适用范围

本预案适用于质检总局及其下属的出入境检验检疫机构在进出境农产品和食品检验检疫工作中突然发生的安全、卫生、质量事件,对公众、动植物健康或生态环境安全和进出口贸易产生重大影响或构成严重威胁，引起或可能引起社会高度关注的特别重大、重大突发事件的应急处理工作。

本预案指导出入境检验检疫系统进出境农产品和食品质量安全较大、一般突发事件应对工作。

进出境重大动物疫情、重大植物疫情的应急处置按照国家质检总局发布的《进出境重大动物疫情应急处置预案》和《进出境重大植物疫情应急处置预案》实施。

1.5　工作原则

统一指挥，分级管理，各司其职；资源整合，分工协作，信息畅通；立即报告，迅速介入，科学研判；团结协作，服从大局，妥善处置。

2　应急组织体系及职责

2.1　组织机构

突发事件应急处置指挥体系由质检总局、直属出入境检验检疫局（以下简称直属局）和出入境检验检疫分支机构（以下简称分支机构）三级指挥中心组成。

2.1.1　总局指挥中心及办公室

质检总局成立突发事件应急处置指挥中心（以下简称总局指挥中心），由总局领导任组长，各有关司局负责人任成员，统一领导突发事件的应对工作。总局指挥中心办公室设在动植物检疫监管司和进出口食品安全局。

2.1.2　直属局指挥中心

直属局成立突发事件应急处置指挥中心（简称直属局指挥中心），组长由直属局主要领导担任，有关处室和分支机构的负责人参加。

2.1.3　现场指挥中心

分支机构成立突发事件应急处置指挥中心（简称现场指挥中心），组长由分支机构主要领导担任，分支机构有关部门的负责人参加。

2.1.4　专家组

根据实际需要，质检总局和直属局成立应对突发事件专家组，为应急处置工作提供决策建议。

2.2　职责分工

2.2.1　总局指挥中心及办公室

（1）负责贯彻落实党中央、国务院关于突发事件处置的有关指示和要求。

（2）负责判定突发事件，指导和监督检查各直属局指挥中心做好突发事件应急处置工作。

（3）负责突发事件相关信息的收集、整理，掌握相关动态、有关方面的反应、存在的重大问题等，研究提出对外口径和重大科研、标准课题紧急立项意见，适时向新闻媒体通报有关情况，向国务院报告突发事件应急处理进展情况。

（4）负责与农业、商务、卫生、外交、海关、工商、环保、食药、林业等有关部门和相关地方人民政府的沟通，协调各部门应急力量和相关资源，共同做好突发事件应急处理工作。

2.2.2　直属局指挥中心

负责传达贯彻总局指挥中心下达的指令，向地方人民政府报告，在地方政府的领导下，组织协调有关部门实施辖区内突发事件的应急工作；组织落实有关实施方案；指导现场指挥中心工作；随时向总局指挥中心汇报情况和提出有关工作建议。

2.2.3 现场指挥中心

具体落实直属局指挥中心下达的各项指令和任务；组织、协调、配合当地政府有关部门做好相关应急工作；随时向直属局指挥中心汇报有关应急处置情况。

3 监测、预警、报告及信息发布

3.1 监测与预警

质检总局建立统一的进出境农产品和食品质量安全突发事件监测、预警与报告体系，不断完善预测预警机制，加强对监测工作的管理和监督，保证监测质量。各地检验检疫机构负责开展突发质量安全事件的日常监测工作。

质检总局和直属局根据获得的监测信息，及时分析其对公众、动植物健康或生态环境安全造成的危害程度，和对进出口贸易产生的影响程度，可能发展的态势，及时做出预警。

突发事件信息来源主要包括：出入境检验检疫信息、市场调查信息、有关部门发布的信息、输入国家或地区官方机构通报的信息、驻外使馆报回的信息、国际组织发布的信息、国内外媒体相关报道、国内外团体和消费者反馈的信息等。

3.2 报告

（1）各直属局为进出境农产品和食品质量安全突发事件责任报告单位。各直属局要按照有关规定及时、准确地报告突发事件及其处置情况。

（2）各直属局应指定本单位有关部门负责突发事件收集、整理和上报发现的进出境农产品和食品质量安全有关异常信息，如确认为一般突发事件的，按照质检总局有关规定及时处置；如确认为较大以上突发事件的，应当及时填写《进出境农产品和食品质量安全突发事件信息表》，按照分工情况，分别报质检总局动植司或食品局。对于确认为特别重大或重大突发事件的，应立即报告，最迟不得超过 4 小时。在应急处置过程中，要及时续报有关情况。

（3）任何单位和个人在进出境农产品和食品中发现有关异常情况时，有权向检验检疫机构报告。接到报告的检验检疫机构应当依据本规定立即派员对有关情况进行核实，采取必要的控制措施，并及时向上级机关报告初步调查情况。

3.3 信息发布

突发事件信息披露由质检总局统一对外发布。质检总局对影响严重的突发事件，应当及时向国务院报告，同时通报国务院有关部门和有关省级人民政府以及驻外使馆。

4 应急处置

4.1 预案启动

总局指挥中心办公室对有关信息进行筛选、整理、评估，按照 1.3 规定判定为重大或特别重大突发事件并报总局指挥中心核定后，总局指挥中心负责启动应急预案。

重大级别以下突发事件应急处理工作由各级检验检疫机构参照本预案负责组织实施。超出本级应急处置能力时，各级检验检疫机构要及时报请上级检验检疫机构提供指导和支持。

4.2 处置实施

根据事态严重程度，有针对性地选择采取但不限于下列应急处置措施：

4.2.1　调查核实

调查核实工作由总局指挥中心办公室负责或由相关直属局指挥中心负责。必要时，总局派工作组进行实地调查。主要包括以下内容：

（1）调查突发事件所涉及农产品和食品的有关情况，包括进出口贸易企业、生产加工企业、进出口国家或地区及有关要求、出入境口岸、进出口批次及数量等基本情况。

（2）调查突发事件所涉及农产品和食品在事发地以外其他地区生产或其他口岸进出口情况，以及有无发现类似安全卫生问题。

（3）对于出现的安全卫生原因，要立即请中国检科院或有关直属局检测中心进行核实、确认，如无检测标准和方法的，要尽快组织专家研究。必要时，与有关国家或地区主管部门联系提供检测技术、方法、标准及样品，或开展合作研究。

（4）了解有关国家或地区主管部门对突发事件的反应及调查情况，以及国内外主要媒体报道情况。

（5）在调查核实的基础上，综合评估、分析突发事件造成的各种影响及程度。

4.2.2　通报协调

总局指挥中心根据事态发展，做好以下通报与协调工作。

（1）及时向国务院报告突发事件有关情况、发展动态、已采取的应急措施，并提出下一步建议。

（2）及时向国务院相关部门通报情况，协调立场，必要时召开协调会议，共同做好应急处置工作。

（3）及时向有关驻外使馆通报进展情况，研究驻外使馆报回的国外对突发事件的反应，并提供对外表态口径，积极发挥驻外使馆作用，共同应对突发事件。

（4）根据突发事件调查、处置进展，适时向媒体通报有关情况，消除公众对突发事件的担心或恐慌，回答有关媒体公众的质疑。未经批准，任何人不得擅自对外发布任何与突发事件有关的信息。

直属局指挥中心要及时将突发事件调查核实及处置情况向地方政府报告，在地方政府领导下组织协调有关部门共同应对突发事件。

4.2.3　采取措施

（1）在调查核实有关情况，并确定处置方案后，总局指挥中心应立即向直属局指挥中心发布指令（通知、警示通报、公告等），采取必要措施，最大限度地制止或防止事态进一步扩大。可分情况选择采取以下措施：

对于涉及进境农产品和食品的，暂停相关产品进口，对已运抵口岸尚未办理报检手续或已办理报检手续，尚未放行的，一律作退运或销毁处理；已进入国内市场的，要跟踪调查，采取封存、抽样检测以及召回或销毁等措施；暂停签发有关国家或地区相关动植物检疫许可证，废止已经签发的有关检疫许可；对来自有关国家或地区的相关农产品和食品采取针对性查验，防止不合格产品进口；必要时，会同有关部门调整法定检验检疫商品目录，防止企业逃漏检行为；加强与海关、公安边防等部门配合，打击非法进出境行为。

对于涉及出境农产品和食品的，暂停相关企业有关农产品的出口，已经出口的采取强制召回措施；情节严重的，商有关部门吊销企业生产经营许可证；加强对从事相关农产品和食品生产、加工或存放单位的监督检查；加强相关农产品和食品出口检验检疫，防止不合格产品出境;必要时,会同有关部门调整法定检验检疫商品目录,防止企业逃漏检行为。

(2) 根据突发事件应急处置进展情况,总局指挥中心要加强与有关国家或地区主管部门沟通,必要时组团赴有关国家或地区澄清和核实有关问题;认真组织和接待有关国家或地区主管部门专家来华考察,积极配合做好突发事件相关情况的调查。

4.2.4 跟踪评估

总局指挥中心和直属局指挥中心应对突发事件应急处置情况不断进行跟踪,评估效果和作用。

4.3 行动终止

突发事件得到有效处置、事态平息后,经组织专家论证后,总局指挥中心根据突发事件处置情况终止预案。

重大级别以下突发事件得到有效处置后,由各级检验检疫机构根据突发事件处置情况终止预案,并向上一级检验检疫机构报告。

4.4 总结报告

4.4.1 质检总局和有关直属局应对每起突发事件应急处置的及时性、有效性进行专门评估,总结经验和教训,不断提高应对突发事件的能力与水平。

4.4.2 对突发事件暴露出的检验检疫问题及隐患要高度重视,要在应急处置措施基础上不断总结与完善,从法规、制度上建立长效解决办法与机制。根据情况,质检总局可向国务院进一步报告相关情况,提出加强和改进工作的建议。

5 保障措施

5.1 人员保障

参与突发事件应急处置的相关部门应有通畅的沟通联络系统,并有专人负责,保证协调一致,责任到人。

5.2 技术保障

要充分利用中国检科院或有关直属局实验室资源,做好进出境农产品和食品质量安全重大突发事件处置的相关技术支持工作。各直属局应成立相应的专家组,加强实验室建设,配备必要的检测设备,负责本辖区内突发事件的认定、评估和实验室检测工作。质检总局或直属局视情况紧急举办涉及安全卫生检测技术、除害处理培训班,提高应对突发事件技术水平。

5.3 物资保障

质检总局和直属局建立应对突发事件物资储备,保障应急物资的供给。直属局应与地方政府和卫生、工商、农业等主管部门保持良好的沟通与联系,确保在突发事件处置期间提供应急调查、现场处置、医疗救护、监测检验、卫生防护等所需的有关物资设备、设施。

5.4 资金保障

质检总局和直属局应当设立突发事件应急处置专项资金,纳入各级财政预算,以保障应急工作顺利实施。

6 监督管理

6.1 宣传

各地检验检疫机构应当通过网站、广播、电视等新闻媒体,开展形式多样的进出境农产品和食品质量安全的法律法规和相关知识的宣传与普及，提高全民安全卫生意识。

6.2　培训与演练

质检总局和直属局对参与突发事件应急处置工作的有关人员进行基础知识、防护知识、处理方法、检测方法和设备使用等进行培训，并按照预案组织实战演练，以检验、改善和强化各项应急处理能力及各部门协同作战能力。

6.3　奖惩与责任

质检总局对各级检验检疫机构在突发事件应急处置中做出突出贡献的单位和个人给予表彰和奖励。对不认真贯彻实施本预案，违反预案规定或者玩忽职守，给国家财产和人民生命造成重大损失的，将依法追究相关人员的责任。

7　附则

7.1　国际合作

要加强与联合国粮农组织（FAO）、世界卫生组织（WHO）、国际动物卫生组织（OIE）、国际植物保护公约（IPPC）、国际食品法典委员会（CAC）等相关国际组织及有关国家和地区的联系，密切关注国际动植物疫情、安全卫生信息和动态，跟踪和掌握发展动向，加强技术交流与合作，及时研究制定应对措施，不断完善各种检测和处理方法，增强对突发事件的应急处置能力。

7.2　预案管理

质检总局对本预案适时进行评估，并及时修订。

7.3　预案实施时间

本预案自印发之日起实施。

附录 10

关于下发《重大国际活动口岸卫生监督保障工作方案（试行）》和《重大国际活动口岸检疫查验工作指导方案（试行）》的通知

（质检卫函〔2010〕9 号）

各直属检验检疫局：

为做好重大国际活动国境口岸卫生监督和检疫查验工作，规范工作流程，明确工作重点，科学有效应对活动期间可能发生的口岸突发公共卫生事件，保障口岸安全，保证重大国际活动的顺利进行，我司研究制定了《重大国际活动口岸卫生监督保障工作方案（试行）》和《重大国际活动口岸检疫查验工作指导方案（试行）》，现印发你们，请认真遵照执行。执行中如遇问题，请及时与卫生司联系。联系人：刘伟彬、薛永磊，联系电话：010-82261871、010-82261878。

二〇一〇年一月二十日

重大国际活动口岸卫生监督保障工作方案

（试 行）

一、概述

为做好重大国际活动国境口岸卫生监督工作，规范工作流程，明确工作重点，科学有效应对活动期间可能发生的口岸突发公共卫生事件，保障重大国际活动的顺利进行，依据有关法律、法规和规章的规定，结合 2008 年北京奥运会期间成功的经验和做法，制定本方案。

本方案中重大国际活动是指由省级以上政府主办或组织、有境外人员参与、需口岸卫生检疫保障、具有一定规模和影响力的国际活动。

二、前期工作

（一）基本情况的了解。

检验检疫机构应于国际活动举办前二十日，向有关单位了解以下相关信息并填写相应的表格（见附件 1）：

1. 重大国际活动名称、举办时间、举办地点、国际活动内容、日程安排、参加人员情况（人员数量、地区分布、主要人员等）；

2. 主办单位名称、联系人、通讯方式；

3. 直接向重大活动提供食品、饮用水、公共场所等服务的口岸单位（以下简称口岸服务单位）名称、联系人、通讯方式；

4. 口岸服务单位所提供服务的内容；

5. 主要入出境口岸分布；

6. 交通工具及专包机基本情况。

（二）准备工作。

检验检疫机构应根据重大国际活动相关信息及资料，开展以下工作：

制定重大国际活动口岸卫生检疫有关工作方案，主要内容包括组织领导、工作任务、职责分工、监督监测计划及经费预算等；

制定重大国际活动口岸突发公共卫生事件应急处理预案；

对口岸服务单位开展卫生监督审查和卫生状况评估；

做好卫生监督岗位专业人员、物资、车辆、通讯等后勤保障工作；

收集、整理和通报重大国际活动期间卫生检疫工作信息。

（三）工作方案及应急预案上报。

检验检疫机构应当将重大国际活动口岸卫生监督工作方案和口岸突发公共卫生事件应急处理预案报国家质量监督检验检疫总局和当地人民政府，并抄送重大国际活动主办单位。

（四）加强沟通和合作。

重大国际活动期间，检验检疫机构应与国际活动主办单位、卫生行政部门、口岸单位等建立有效的信息沟通机制，主动与地方卫生行政部门等部门加强合作，联防联控，充分利用各方应急资源，妥善处置应急事件。

（五）卫生监督工作信息日报。

在重大国际活动期间，检验检疫机构应实施口岸卫生监督信息日报制度，及时向总局上报有关工作信息（上报内容参照附件2）。

（六）条件审查与评估。

检验检疫机构应当对口岸服务单位进行条件审查与评估。

1．条件审查。

审查内容包括：

（1）具备与重大国际活动相适应的接待服务能力；

（2）涉及供餐的，食品卫生监督量化分级管理达到A级（或具备与A级标准相当的卫生条件）；

（3）具有本单位重大国际活动服务工作方案，主要内容包括组织领导、工作任务、职责分工及联系方式；

（4）具有本单位重大国际活动口岸突发公共卫生事件应急处理预案；

（5）检验检疫机构根据重大国际活动情况提出的其他条件。

2．评估。

对直接提供饮食的口岸服务单位的评估内容包括：

（1）卫生管理组织、管理人员、卫生管理制度设立和落实情况；

（2）生产经营场所布局设置、卫生设备设施运行情况；

（3）食品生产加工制作过程卫生监督检查情况；

（4）直接入口食品及食品工具、用具、容器卫生监测情况；

（5）餐谱卫生审查情况；

（6）从业人员健康证明及卫生和健康状况；

（7）存在的食品卫生隐患问题及根据卫生监督意见落实整改的情况；

（8）环境卫生及医学媒介生物卫生控制情况；

（9）检验检疫机构根据重大国际活动情况规定的其他内容的执行情况。

对直接提供饮用水供应的口岸服务单位的评估内容包括：

（1）生活饮用水供水系统以及二次供水（水箱、蓄水池）的清洗消毒情况和安全防范措施；

（2）二次供水水池的清洗，水管等与水直接接触的产品的保养、更换、水质事故等档案记录；

（3）二次供水所使用的各种净水、除垢材料、消毒剂使用情况；

（4）所使用水质处理器的卫生许可批件；

（5）处理后的水质卫生检测情况；

（6）从业人员健康证明及卫生和健康状况；

（7）检验检疫机构根据重大国际活动情况规定的其他内容的执行情况。

对直接提供公共场所服务的口岸服务单位的评估内容包括：

（1）公共场所的用品用具、空气质量和微小气候采样检测情况；

（2）公共场所公共用品更换、消毒情况和记录；

（3）集中式中央空调系统卫生情况；

(4) 各专用功能间的卫生状况;

(5) 卫生间排气系统和泳池卫生设施运转情况;

(6) 从业人员健康证明及卫生和健康状况;

(7) 检验检疫机构根据重大国际活动情况规定的其他内容的执行情况。

3. 评估报告和结论。

检验检疫机构应在评估工作结束后撰写《重大国际活动口岸服务单位卫生监督评估报告》(见附件3),针对发现的问题向口岸服务单位提出整改意见。对于经评估认为存在问题特别严重的、拒绝整改的或者整改后仍难以保障重大国际活动卫生安全的,取消其服务资格。

三、活动期间的卫生监督保障工作

(一) 口岸食品生产经营单位的卫生监督。

1. 日常监督管理工作包括:

(1) 加大监督频次和监督力度,控制食品安全风险;

(2) 加强口岸食品卫生监督快速检测工作,加大采样量和检测频次;

(3) 加强对从业人员的体温监测和健康巡查。

2. 对直接提供饮食服务的口岸服务单位,除做好日常监督管理工作外,还应:

(1) 对风险较大的直接向活动供餐的企业,采用驻场监管的方式,对供餐进行全过程监管;

(2) 对风险较大的专机配餐企业,采用过程监管的方式,对配餐生产过程进行重点监管;

(3) 审查餐谱、食品采购、食品库房、从业人员健康、加工环境、加工程序、冷菜制作、餐饮具清洗消毒、备餐与供餐时间、食品留样等内容;

(4) 对从业人员实施每日体温监测和健康巡查。

(二) 饮用水供应单位的卫生监督。

1. 日常监督管理工作包括:

(1) 加大监督频次和监督力度;

(2) 检查相关供水设施周边环境、水箱体材质合格证明、水箱密闭加锁、水质感官状况、过滤消毒设施、余氯含量、水质检验合格报告;

(3) 实施饮用水的常规项目检测;

(4) 加强对从业人员的体温监测和健康巡查。

2. 对直接提供供水服务的口岸服务单位,除做好日常监督管理工作外,还应对从业人员实施每日体温监测和健康巡查。

(三) 公共场所的卫生监督。

1. 日常监督管理工作包括:

(1) 加大监督频次和监督力度;

(2) 检查集中空调通风系统的风管、开放式冷却塔、游泳池循环过滤设备、专用消毒间等卫生设施;

(3) 加强室内空气质量和微小气候监测;

(4) 检测集中空调通风系统的卫生状况(军团菌);

（5）加强对从业人员的体温监测和健康巡查。

2. 对直接提供公共场所服务的口岸服务单位，除做好日常监督管理工作外，还应：

（1）现场监督公共用品用具的清洗、更换、消毒；

（2）每日对室内空气质量和微小气候进行监测；

（3）对从业人员实施每日体温监测和健康巡查。

（四）媒介生物的监测。

口岸是鼠疫自然疫源地的，或存在其他严重虫媒传染病流行的，应进行媒介生物动态监测。媒介生物密度超标的，应进行媒介生物控制，使其达到口岸媒介生物控制标准，有必要的应在重大国际活动场所设置媒介生物缓冲区域并采取必要的媒介生物防护措施。

（五）报告和通报。

1. 报告。在重大国际活动期间，要按照卫生检疫工作信息日报制度及时向总局报告有关卫生检疫工作报表，发生突发公共卫生事件时，要在规定时限内报告直属局、总局，可分为初报、进展报告、最终报告等形式。

2. 通报。在重大国际活动期间发生突发公共卫生事件时，直属局应及时通报当地卫生主管部门等有关部门；总局应酌情通报卫生部、世界卫生组织。

四、活动期间突发公共卫生事件处置工作

（一）食品污染、食物中毒处置。

检验检疫机构应要求口岸单位在发生可疑食品污染、食物中毒时，及时向检验检疫机构和重大国际活动主办单位报告并采取相应措施配合有关部门的调查和处置。

检验检疫机构应立即启动应急处理预案，对可疑中毒或污染食物及有关工具、设备和现场采取临时控制措施，开展现场卫生学和流行病学调查并进行合理处置。如果该单位为直接向重大国际活动提供饮食服务的口岸服务单位，应同时停止该单位的服务资格并下达整改通知书，整改合格后可视情况恢复其服务资格。

（二）饮用水问题的处置。

检验检疫机构应要求口岸单位在饮用水发生问题导致突发公共卫生事件发生时，及时向检验检疫机构和重大国际活动主办单位报告并采取相应措施配合有关部门的调查和处置。

检验检疫机构应立即启动应急处理预案，对饮用水采取临时控制措施，开展现场卫生学和流行病学调查并进行合理处置。如果该单位为直接向重大国际活动提供饮用水服务的口岸服务单位，应同时停止该单位的服务资格并下达整改通知书，整改合格后可视情况恢复其服务资格。

（三）公共场所环境因素超标的处置。

检验检疫机构在对公共场所进行监督检测时，如发现环境因素超过国家标准，应及时下达整改通知书并指导和帮助企业进行整改，拒绝整改或整改后仍不合格的，根据有关规定对该单位进行相应的处罚。如果该单位为直接向重大国际活动提供公共场所服务的口岸服务单位，应取消该单位的服务资格。

五、总结和上报

各有关直属局和分支检验检疫机构，要及时对在重大国际活动中的工作进展、发生突发公共卫生事件的处置经过、出现的问题及产生的经验等进行总结，并将总结情况上报总局。

六、附则

需口岸检验检疫机构配合的其他重大活动的口岸卫生监督保障工作可参照本方案执行。

附件：1. 重大国际活动信息表

2. 重大国际活动口岸食品卫生监督信息日报表

3. 重大国际活动口岸服务单位卫生监督评估报告

附件 1：重大国际活动信息表

表一：基本信息表

序号	项目	类别	内容
1	重大国际活动有关信息	名称	
		举办时间	
		举办地点	
		国际活动内容	
		日程安排	
		参加人数	
		参加人员最高级别	
2	主办方有关信息	主办单位名称	
		联系人	
		有效通信方式	

表二：服务单位信息表

序号	单位名称	联系人	有效通讯方式	服务项目
1				
2				
3				
4				
5				
6				
7				
8				
9				
10				
11				

附件 2:重大国际活动口岸食品卫生监督信息日报表

口岸局或办事处________________　填报日期________

共有航食配餐企业____家,当日总共监管____家(次);
共有餐饮单位____家,当日总共监管____家(次);
共有食品经营单位________家,当日总共监督____家(次)。

<table>
<tr><td rowspan="16">快速检测情况</td><td>项　　目</td><td>检测样品数</td><td>不合格数</td></tr>
<tr><td>消毒液有效氯的测定</td><td></td><td></td></tr>
<tr><td>食品中心温度检测</td><td></td><td></td></tr>
<tr><td>紫外线消毒效果测定</td><td></td><td></td></tr>
<tr><td>农药残留测定</td><td></td><td></td></tr>
<tr><td>食品中亚硝酸盐检测</td><td></td><td></td></tr>
<tr><td>食品中甲醛检测</td><td></td><td></td></tr>
<tr><td>食品中二氧化硫检测</td><td></td><td></td></tr>
<tr><td>餐饮具用大肠菌群检测</td><td></td><td></td></tr>
<tr><td>食品用大肠菌群检测</td><td></td><td></td></tr>
<tr><td>菌落总数检测</td><td></td><td></td></tr>
<tr><td>碘盐含碘量检测</td><td></td><td></td></tr>
<tr><td>食用油脂酸价检测</td><td></td><td></td></tr>
<tr><td>食用油过氧化值检测</td><td></td><td></td></tr>
<tr><td>其他(请注明)</td><td></td><td></td></tr>
<tr><td>合计</td><td></td><td></td></tr>
<tr><td>生产、加工、
储存、运输情况</td><td colspan="3">异常情况表述及处理情况:</td></tr>
<tr><td>取得健康证的
从业人员情况</td><td colspan="3">共有____人,　　当日监督____人;
当日新申请健康证____人。
异常情况描述及处理情况:</td></tr>
<tr><td>食品投诉事件</td><td colspan="3">无□　有□　　如有,专报总局</td></tr>
<tr><td>食品中毒事件</td><td colspan="3">无□　有□　　如有,专报总局</td></tr>
</table>

填报人________________　联系电话________________

附件3:重大国际活动口岸服务单位卫生监督评估报告

<table>
<tr><td rowspan="4">服务单位信息</td><td>名称</td><td colspan="3"></td></tr>
<tr><td>联系人</td><td colspan="3"></td></tr>
<tr><td>联系方式</td><td colspan="3"></td></tr>
<tr><td>服务项目</td><td colspan="3">□食品供应 □饮用水供应
□公共场所服务</td></tr>
<tr><td rowspan="10">食品供应单位</td><td colspan="2">评估内容</td><td>存在问题</td><td>建 议</td></tr>
<tr><td colspan="2">卫生管理组织、管理人员、卫生管理制度设立和落实情况</td><td></td><td></td></tr>
<tr><td colspan="2">生产经营场所布局设置、卫生设备设施运行情况</td><td></td><td></td></tr>
<tr><td colspan="2">食品生产加工制作过程卫生监督检查情况</td><td></td><td></td></tr>
<tr><td colspan="2">直接入口食品及食品工具、用具、容器卫生监测情况</td><td></td><td></td></tr>
<tr><td colspan="2">餐谱卫生审查情况</td><td></td><td></td></tr>
<tr><td colspan="2">从业人员健康证明及卫生和健康状况</td><td></td><td></td></tr>
<tr><td colspan="2">服务单位存在的食品卫生隐患问题及根据卫生监督意见落实整改的情况</td><td></td><td></td></tr>
<tr><td colspan="2">环境卫生及医学媒介生物卫生控制情况</td><td></td><td></td></tr>
<tr><td colspan="2">检验检疫机构根据重大国际活动情况规定的其他内容的执行情况</td><td></td><td></td></tr>
<tr><td rowspan="7">饮用水供应单位</td><td colspan="2">饮用水供水系统以及二次供水(水箱、蓄水池)的清洗消毒情况和安全防范措施</td><td></td><td></td></tr>
<tr><td colspan="2">二次供水水池的清洗,水管等与水直接接触的产品的保养、更换、水质事故等档案记录</td><td></td><td></td></tr>
<tr><td colspan="2">二次供水所使用的各种净水、除垢材料、消毒剂使用情况</td><td></td><td></td></tr>
<tr><td colspan="2">所使用水质处理器的卫生许可批件</td><td></td><td></td></tr>
<tr><td colspan="2">处理后的水质卫生检测情况</td><td></td><td></td></tr>
<tr><td colspan="2">从业人员健康证明及卫生和健康状况</td><td></td><td></td></tr>
<tr><td colspan="2">检验检疫机构根据重大国际活动情况规定的其他内容的执行情况</td><td></td><td></td></tr>
<tr><td rowspan="7">公共场所服务单位</td><td colspan="2">公共场所的用品用具、空气质量和微小气候采样检测情况</td><td></td><td></td></tr>
<tr><td colspan="2">公共场所公共用品更换、消毒情况和记录</td><td></td><td></td></tr>
<tr><td colspan="2">集中式中央空调系统卫生情况</td><td></td><td></td></tr>
<tr><td colspan="2">各专用功能间的卫生状况</td><td></td><td></td></tr>
<tr><td colspan="2">卫生间排气系统和泳池卫生设施运转情况</td><td></td><td></td></tr>
<tr><td colspan="2">从业人员健康证明及卫生和健康状况</td><td></td><td></td></tr>
<tr><td colspan="2">检验检疫机构根据重大国际活动情况规定的其他内容执行情况</td><td></td><td></td></tr>
<tr><td colspan="2">主要问题</td><td colspan="3"></td></tr>
<tr><td colspan="2">评估结论</td><td colspan="3">□直接通过 □整改合格后通过 □不通过</td></tr>
<tr><td colspan="2">备注</td><td colspan="3"></td></tr>
</table>

评 估 人: 评估日期: 联系方式:

重大国际活动口岸卫生检疫查验工作指导方案

（试 行）

为了确保重大国际活动期间口岸检疫查验工作顺利进行，防止公共卫生风险跨境传播。根据《国际卫生条例(2005)》《中华人民共和国国境卫生检疫法》及其实施细则的有关规定，参照世界卫生组织大型集会公共卫生事件应对方案，制定本方案。目的是指导各局对重大国际活动期间公共卫生风险进行科学分析，提前做好各项保障，规范检疫查验和监测工作，妥善处置突发事件，依法科学处置，保障重大国际活动顺利开展。

第一部分 总 则

一、指导思想

以邓小平理论和“三个代表”重要思想为指导，全面贯彻落实科学发展观，依据有关法律法规，参照世界卫生组织大型集会公共卫生事件应对方案，规范卫生检疫工作流程，明确工作重点，因地制宜、科学有效开展口岸卫生检疫查验和口岸突发公共卫生事件应对。

二、工作原则

坚持“安全监管，便利通关”的检验检疫工作方针，根据重大国际活动口岸卫生检疫保障的需求，通过风险分析，提出“预防为主，及时发现、及时报告，及时处置、及时预警、部门合作”的工作原则。

三、工作目标

1. 建立依法、科学、有效的重大国际活动口岸检疫查验保障工作机制。

2. 做好重大国际活动期间出入境人员和交通工具的检疫查验工作，防止传染病及其媒介的传入传出。

3. 做好重大国际活动期间的突发事件的应对工作，确保重大国际活动顺利进行。

四、定义

重大国际活动指由省级以上人民政府组织或主办、有境外人员参与、需口岸卫生检疫保障、具有一定规模和影响力的国际活动。

五、组织体系

根据重大国际活动口岸卫生检疫保障工作的需要，举办地和相关检验检疫机构成立领导机构，至少下设检疫查验组、事件应对组、协调保障组等。必要时，总局成立相应工作领导小组。

检疫查验组：负责口岸人员、行李、交通工具、集装箱、货物、邮件、尸体棺柩等检疫查验工作。

事件应对组：应对突发公共卫生事件；发现出入境污染、感染、媒介、宿主的事件后，组织实施流行学调查、医学排查、病例和交通工具检疫隔离或转运、消毒杀虫除鼠等卫生措施。

协调保障组：负责后勤保证、人员、物资、设施、经费、信息宣传和部门协调等工作。

第二部分 查验指导方案

一、风险分析

在重大国际活动之前，承办地区口岸和相关口岸需对活动的公共卫生风险进行分析，在活动举办前写出风险分析报告。重大国际活动公共卫生风险分析是一项重要的持续性工作，是口岸卫生检疫查验工作的基础和出发点，要贯穿于重大国际活动的始终。在制定应对措施时，首要任务是发现公共卫生风险并对其进行评估，目的是帮助领导小组和其他人员及时发现风险，并通过采取进一步措施减少或消除公共卫生威胁。

评估应不迟于重大国际活动举办前3个月实施。评估方案应充分借鉴其他类似重大国际活动经验，评估结果应报总局备案，并在总局指导下由活动举办地检验检疫机构和相关入境口岸检验检疫机构制定实施方案。

（一）评估范围

评估工作要基于有效的信息、数据和案例，评估范围包括：

1. 重大国际活动参与者来源国的风险；

2. 入境口岸的公共卫生风险应对能力；

3. 活动主办地区的公共卫生风险。

（二）评估关键因素

重大国际活动要对下列风险因素进行评估：

1. 参与者来源国公共卫生风险评估

（1）境外传染病疫情信息和相关人畜共患病的动物疫情信息；

（2）外来传染性物质输入的危险；

（3）发生生物和核辐射恐怖袭击的风险。

2. 入境口岸公共卫生风险应对能力评估

主要按照《国际卫生条例(2005)》规定的口岸核心能力建设标准。在对本地区和参与者来源国的风险评估后，对主要的公共卫生风险是否有有效的防控手段，包括：

（1）专业人员的数量和知识结构，重点是现场流行病学调查和医学排查能力；

（2）实验室检测能力；

（3）口岸设施设备配置；

（4）实施卫生措施的能力；

（5）多部门联防联控协作机制。

3. 主办(协办)地区公共卫生风险评估

（1）历史病例数据(年度、月份、爆发数量和地区)；

（2）境内传染病疫情信息和相关人畜共患病的动物疫情信息；

（3）人群和环境危险因素，包括人群密度、疫苗覆盖情况、食品饮用水卫生和媒介控制情况；

（4）发生生物和核辐射恐怖袭击的风险；

（5）口岸现场公共卫生事件发生情况监测；

（6）与天气(极热或极冷)或地区(高原反应)相关的疾病。

（三）评估报告

经过评估后，承办地区口岸和相关口岸应得出评估报告内容，至少包括以下方面：

（1）参加重大国际活动人员来自的国家及人员预计数量、入境的口岸；

（2）公共卫生风险种类和危险的级别，风险是否可控；

（3）确定需要重点防控的口岸、区域；

（4）口岸卫生防控措施的薄弱环节；

(5) 提出优先加强的口岸卫生检疫能力重点；

(6) 针对风险提出的相应管理措施；

(7) 针对重大风险，提出风险交流的意见，包括与当地卫生部门协商、与风险来源国交流、公众宣传等，降低风险危害。

二、口岸监测

(一) 重大国际活动前监测：

建立统一的阳性卫生事件定义，报告时限标准，利用日常口岸监测结果来制定基线，按日或按周制定症状监测图表、传染病监测图表、查验的媒介生物图表、生物恐怖因子和放射性物质查获的图表。

(二) 重大国际活动期间监测：

在重大国际活动前制定的监测基线基础上，对阳性事件进行统计绘制图表，对异常的监测情况及时分析，查找原因，及时采取措施。

(三) 重大国际活动后监测：

在重大国际活动结束后一段时间内进行监测，目的是监测长潜伏期的或与这次集会有关的传染病，同时评价自身监控系统的有效性。

(四) 监测重点

1.《国际卫生条例(2005)》要求通报或报告的突发公共卫生事件；

2. 不论起因和来源，通过人、媒介生物、货物(含食品)传播或潜在传播，或在环境中扩散的卫生事件；

3. 监测具有高度传染性、有潜在暴发危险的传染病(如食源性传染病、麻疹、非季节性流感、流行性脑膜炎等)；

4. 潜伏期短的传染病；

5. 很难治疗和控制的传染病(如广泛耐药性结核)；

6. 重大国际活动可能会加速其传播的传染病(如脑膜炎、胃肠道和呼吸道传染病)；

7. 即使只有一个病例，但可能带来严重威胁，需要调查和/或采取隔离等检疫措施的传染病；

8. 已知的可能具有特殊危险的，比如生物恐怖因子；

9. 我国从未出现过的传染病；

10. 接触化学或放射性物质带来的潜在健康问题。

(五) 口岸传染病事件评估分级标准

参照世界卫生组织对传染病事件的危险评估，将重大国际活动传染病事件评估为以下5个级别。

一级：传染病暴发，伴随事先未曾预料的发病率和死亡率。

二级：传染病暴发，有潜在的国际影响。

三级：是潜在的或是已经发生的国际传染病传播。

四级：传染病对国际旅游和贸易造成了干扰。

五级：传染病暴发，很可能需要国际力量协助控制。

三、口岸查验

根据重大国际活动风险分析报告的结果，确定关键公共卫生风险因素，制定针对性的口岸查验工作方案，落实措施，开展具体口岸检疫查验。

（一）查验要求

查验出入境的人员、行李、交通工具、集装箱、货物、邮件及快件、尸体棺柩等有无污染和感染，有无媒介和宿主，包括放射性污染。

（二）查验要求

1. 主动申报和报告；

2. 医学巡查；

3. 体温监测；

4. 医学排查和流行病学调查；

5. 快速检测；

6. 其他查验措施。

WHO 推荐的症状、症状定义和可能的诊断结果见附件。

（三）处置措施

发现污染、感染、媒介、宿主事件后，实施检疫隔离、转运、公共卫生观察、消毒杀虫除鼠、除污等卫生措施。传染病病例的排查处置具体按照总局下发的《口岸传染病排查处置基本技术方案（试行）》，核辐射事件的处置按照总局下发的《口岸核和辐射突发事件监测和处置程序（试行）》（国质检卫〔2008〕270 号）执行。

第三部分　突发事件处置

一、判断指征

两起或几起系列的、在时间或空间上相互关联的事件可能标志着人为故意袭击事件，受害人员往往表现为以下症状：

1. 神经系统：脑膜炎、脑炎、脑病或神经障碍；

2. 呼吸系统：肺炎、侵润性肺炎、急性呼吸窘迫综合征；

3. 急性暴发性败血病或者休克；

4. 暴发性肝炎或肝衰竭；

5. 单独的原本健康的个体，突然出现或死于严重的无法解释的疾病或综合症状；

6. 动物或媒介生物的反常无原因死亡；

7. 其他参考的指标包括：

数例患者具有相似的症状，具有不寻常的特征或高发病率或死亡率；

数例严重疾病，没有明显的病因；

已有公开的恐怖主义威胁或报告。

二、处置方案

口岸突发的公共卫生、生物、核与辐射事件，按照总局预案分类建立本地区的应急处置方案。

第四部分　保 障 措 施

（一）组织保障

根据本工作指导方案，相关直属局应建立重大国际活动组织领导机构，负责领导、指挥、协调重大国际活动检疫查验各项工作。

（二）经费保障

向总局和相关地方政府申请，或各局拨出专项资金用于重大国际活动的卫生检疫查验工作。

（三）人员保障

根据重大国际活动检疫查验工作需要，组织足够数量的专业人员队伍，分工负责风险分析、疫情监测、口岸查验和突发事件处置等工作；抽调专业人员，建立后备队伍。

（四）技术保障

1. 现场快速检测能力：能够进行血常规和艾滋病、梅毒、疟疾、登革热、霍乱、流感和部分生物恐怖因子等的免疫学快速诊断或显微镜检测。必要时配置分子生物学检测仪器，如PCR。

2. 实验室检测能力：可以进行细菌学、病毒学、真菌学等传染病诊断或确诊，甚至可以进行生物恐怖因子的检测。能够进行日常生物、食品、水及环境样品的检测。

3. 其他检测能力：根据公共卫生风险评估的结果，加强对本地区不常见，但重大国际活动参与者来源国常见的传染病的检测技术储备。对检验检疫系统暂不具备检测能力的传染病，应该本着"不求所有、但求所用"的原则，与其他部门实验室建立合作机制，完善口岸传染病检测能力。对公共卫生威胁较大的传染病，必须做到知晓哪些就近的实验室可以检测，并建立畅通的联系、合作机制。

（五）培训演练

重大国际活动主（协）办地直属局应根据风险评估结果，结合口岸实际情况，有针对性地制定各项培训计划，开展好人员培训工作。制定演练方案，在重大国际活动开始前至少组织开展一次专项演练。

（六）协作机制

与当地政府、口岸运营单位、联检部门、公安、卫生、环保、交通、邮政等部门加强联系，建立部门合作机制，明确各部门职责，以及工作衔接配合的切入点，做到工作顺畅、完整、高效、有序。

（七）报告及通报

建立系统内报告机制和系统外通报机制，明确信息传递流程、时限和渠道。

建立统一新闻发布机制，根据部门职责和权限指定专门部门和人员向相关国际组织通报信息，向公众、社会媒体发布信息。

（八）宣传教育

根据重大国际活动的公共卫生风险特征，针对性地加强口岸宣传教育。可采用宣传册、媒体、网络等多种宣传方式，同时注意采用多种语言，方便出入境人群。

（九）后勤保障

包括基础设施建设、仪器设备、试剂、药械的保证和储备；交通保障和饮食保障、通信保障。

附件：WHO症状监测：症状、症状定义和可能的诊断

附件：WHO 症状监测：症状、症状定义和可能的诊断

综合症状	定　　义	相关诊断
1. 胃肠道疾病（便血）	有下列症状之一： 腹泻；稀便；痢疾；呕吐性胃肠炎；腹痛；＋/－发烧。 伴有：血便	食源性疾病包括：沙门氏菌；志贺氏杆菌；耶尔森氏菌属；弯曲杆菌
2. 胃肠道疾病（不便血/稀便）	有下列症状之一： 腹泻；稀便；呕吐性胃肠炎；腹痛；＋/－ 发烧。 伴有：胃肠原因引起的症状，没有血便	诺瓦克样病毒
3. 急性发烧合并皮疹	有下列症状之一： 皮疹；湿疹。 伴有：已记入病历或主诉的发热（体温超过 38.0 摄氏度）或者：麻疹的临床诊断；风疹；传染性红斑；水痘；天花	麻疹；风疹；水痘；天花；细小病毒 B19（第五病）；脑膜炎；病毒性出血热
4. 脑膜炎、脑炎	有下列症状之一：脑病意识改变；精神错乱；谵妄症；意识等级变化；定向障碍；脑脊髓液中白血球或蛋白增加。 包括：头痛伴随发热、发热性痉挛。 伴有：不明原因但已记入病历的发热症状	流行性乙型脑炎；病毒性脑炎；炭疽；其他病毒性脑炎（如西尼罗热）；用药过度
5. 无发热的呼吸窘迫	有下列症状之一： 呼吸急促；气喘；咳嗽；喘鸣。 没有：发热	哮喘；慢性阻塞性肺炎，慢性充血性心力衰竭
6. 伴随发热的急性呼吸感染	有下列症状之一： 咳嗽、咽喉痛咽头炎；支气管炎细支气管炎；咯血；呼吸急促、胸透 X 光显示浸润或纵隔异常。 伴有：记录的或自报的发热（体温高于 38.0 摄氏度）	流感、肺鼠疫；军团菌；吸入性炭疽
7. 和体温有关的疾病	有下列症状之一： 因为炎热脱水；热痉挛；肌肉疼痛或痉挛；热衰竭；中暑；感冒	热痉挛、热衰竭、中暑；体温过低；战壕脚
8. 疑似急性病毒性肝炎	有下列症状之一： 肝炎；黄疸；伴随胆红素升高黄疸病。 伴有：非慢性或者由于药物或酒精引起的	急性肝炎 A、B、E 型
9. 波特淋菌中毒样症状（颅神经损伤和虚弱）	有下列症状之一： 颅神经瘫痪或损伤；上眼睑下垂，视觉模糊；复视；言语障碍；构音障碍；吞咽困难；下行性瘫痪。 伴有：非慢性或者由于已知的疾病史，比如癌症，多发性硬化症、中风。 或者：诊断或疑似腊肠杆菌中毒	肉毒杆菌中毒
10. 无法解释的死亡	任何无法解释的死亡	病毒性出血热；吸入性炭疽病；疟疾

填表人：　　单位：　　　　生产日期：

时间	姓名	体温是否正常	有无腹泻	有无手外伤	有无其他疾病	处理情况	负责人签字	监督员签字

备注：其他疾病包括：烫伤、皮肤湿疹、长疖子、咽喉疼痛、耳眼鼻溢液、呕吐、黄疸。

第4章 检务工作管理

4.1 检务工作流程

4.1.1 检务工作流程的概念

检务工作流程是指检务部门在检验检疫工作中所承担的受理报检、计费、签证放行等工作的全过程。

“受理报检”是检务人员按规定审核申报报检人提供的有关资料和证单(含电子申报信息),对符合要求的正式予以受理的过程。“计费”是检务人员在正式受理报检后,按规定计检验检疫费用的过程。“签证放行”是检务人员按规定签发检验检疫证单的过程。

4.1.2 检务工作流程的程序

检务工作的各个环节应按照规定的程序进行衔接,并在规定的时限内完成。检务流程管理就是对检务工作各环节的衔接程序和时限进行管理的过程。

4.1.3 检务工作流程的程序要求

1) 出境报检的检务工作一般程序为审单、受理报检、计费、审核检验检疫结果和/或证稿、缮制证单、校对、签发检验检疫证单、归档。

2) 入境报检的检务工作一般程序为审单、受理报检、计费、签发入境通关证明、审核检验检疫结果和/或证稿、缮制证单、校对、签发检验检疫证单、归档。

3) 检务部门可以根据检验检疫工作的实际情况,按检验检疫流程管理的有关规定,对一般检务工作流程作适当调整。

4.1.4 检务工作流程的时限要求

受理报检后直接签发通关证明的,受理报检、计费和签发通关证明在0.5个工作日内完成。

受理报检后根据施检结果签发通关证明和其他检验检疫证单的,受理报检和计费在2小时内完成,施检合格后,签证放行在1个工作日内完成;口岸检验检疫机构凭换证凭单验证签发通关证明的,签证放行在1个小时内完成;凭电子转单信息验证签发通关证明的,签证放行在1个小时内完成。

4.1.5 检务工作流程的管理要求

检务部门应根据检验检疫业务的需求合理设置工作岗位,使业务流程的各道环节快捷畅通而又处于受控状态;建立和健全流程检查制度;认真处理后续流程的各种反馈信息,及时纠正检务流程中的错误,保证检验检疫总体流程的连续性。

4.2 对自理报检单位、代理报检单位和报检员的管理

4.2.1 自理报检单位的管理

1) 自理报检单位是指外贸经营单位、外贸代理人、生产加工出口产品的企业、进口商品的收用货部门等。

2) 国家质检总局是出入境检验检疫自理报检单位资格审核和备案登记的主管机关;各直属检验检疫局及其分支机构管理所辖地区报检单位的备案登记工作。

3）报检单位首次报检时须持本单位有关证件，到所在地检验检疫机构办理备案登记手续，取得《自理报检单位备案登记证明书》。报检单位取得登记备案证书后，可以聘用取得报检员资格的报检员为本单位办理报检业务。

4）报检单位在办理出入境检验检疫报检事宜时应遵守检验检疫法律规定，并对所报检货物的品名、规格、价格、数量及其他各项的真实性、合法性负责，承担相应的法律责任。

4.2.2 代理报检单位的管理

1）代理报检是指经国家质检总局注册登记的境内法人依法接受进出口货物收发货人的委托，为进出口货物收发货人办理报检手续的行为。

2）国家质检总局是出入境检验检疫代理报检单位注册登记的主管机关，统一负责全国代理报检管理工作；各直属出入境检验检疫局负责所辖地区的代理报检单位的注册许可和例行审核工作；各地出入境检验检疫机构负责代理报检单位的日常监督管理工作。

3）代理报检单位应由国家质检总局设在各地的直属出入境检验检疫局负责所辖区域代理报检企业注册登记，未经注册的单位不得从事代理报检业务。代理报检单位在接受委托办理报检等检验检疫有关事宜时，应遵守有关出入境检验检疫法律、法规，对代理报检的各项内容的真实性、合法性负责，承担相应的法律责任。代理报检单位在报检时，必须向检验检疫机构提交《代理报检委托书》。《代理报检委托书》应载明委托人的名称、地址、法定代表人姓名（签字）、企业性质及经营范围；代理报检单位的名称、地址、代理事项，以及双方责任、权利和期限等内容，并加盖委托人公章。

4）代理报检单位取得注册登记证书后，可以聘任取得报检员资格的报检员办理代理报检业务，按国家质检总局和直属局的规定规范报检员的报检行为，并对报检人的报检行为承担法律责任。

5）代理报检单位应按检验检疫机构的要求为实施检验检疫工作提供便利，缴纳有关的费用，配合检验检疫机构对代理报检事项进行的调查和处理；应建立健全代理报检业务档案，真实完整地记录其承办的每批代理报检业务，并自觉接受各地检验检疫机构的日常监督和直属局的年度审核。

6）代理报检单位及其报检员，在从事报检业务活动中违反出入境检验检疫法律、法规的，由各地检验检疫机构按照法律、法规规定处理；涉嫌触犯刑律的，移交司法机关依法追究刑事责任。

4.2.3 报检员的管理

1）报检员指参加国家质检总局组织的报检员资格全国统一考试，考试合格获得国家质检总局规定的资格，取得《报检员资格证》，被报检单位或代理报检单位聘用，并在检验检疫机构办理报检员注册手续，代表所属单位办理出入境检验检疫业务的人员。

报检员资格分为自理报检员资格和代理报检员资格。获得自理报检员资格可注册为自理报检单位报检员。

2）国家质检总局是全国报检员管理工作的主管机关。各地出入境检验检疫机构负责报检员的资格审核及对报检员实施日常管理和定期审核等工作。

3）报检员在办理报检业务时，应遵守国家有关法律、法规和出入境检验检疫的有关规定，并承担相应的法律责任。已获得报检员资格的人员可以在各地检验检疫机构办理报检员注册手续，经许可取得报检员证的方可办理报检业务。报检员应对所属单位负责，接受检验检疫机构的指导和监督，遵守国家法律和检验检疫的有关规定，缴纳有关费用，接受检验检疫机构举办的报检业务培训，承担检验检疫机构规定的其他与报检业务有关的工作。

4）《报检员证》有效期为 2 年，期满之日前一个月，报检员应向发证检验检疫机构提交（延期）审核申请书。检验检疫机构结合日常报检工作记录对报检员进行审核，经审核合格的，其报检员证有效期延长 2 年。经审核不合格的，报检员应当参加检验检疫机构组织的报检业务培训，经考试合格后，其报检员证有效期延长 2 年。未申请审核或者经审核不合格，且未通过考试培训的，不予延长其《报检员证》有效期。

5）报检员在办理报检中违反出入境检验检疫法律法规的，由各地检验检疫机构按照法律法规规定处理，涉嫌触犯刑法的，移交司法机关依法追究其刑事责任。

4.3 受理报检

4.3.1 报检单位、报检员资格审查

受理出入境货物报检时应对报检单位、报检员资格进行审查。报检单位应已在检验检疫机构办理注册/备案手续并取得注册/备案登记号。从事报检业务的人员必须按国家质检总局《出入境检验检疫报检规定》和《出入境检验检疫报检员管理规定》等要求取得《报检员证》，方可办理出入境货物报检/申报、领取证书等手续。对未按规定取得报检资格的不予受理报检。

4.3.2 受理入境报检

4.3.2.1 入境货物的报检范围

1）国家法律、行政法规规定必须由出入境检验检疫机构实施检验检疫的；

2）对外贸易合同约定须凭检验检疫机构签发的证书进行交接、结算的；

3）有关国际条约或与我国有协议/协定，规定必须经检验检疫的。

4.3.2.2 受理入境一般货物的报检

报关地检验检疫机构负责受理必须经检验检疫机构检验检疫的入境一般货物的报检工作。

（1）受理入境一般货物报检时按《入境货物报检单填制说明》认真审核《入境货物报检单》填写的内容是否符合规定要求：

1）报检单是否加盖报检单位公章或代理报检单位备案的报检专用章；

2）报检单填写是否完整、准确；

3）H. S. 编码归类是否准确；

4）货值、数重量、合同号、提/运单号等是否与随附的发票、箱单、合同、提单一致；

5）异地的货物目的地填写是否明确；

6）代理报检委托书上是否按规定填写委托单位的详细地址、联系电话和联系人等。

（2）受理入境一般货物报检时，审核报检人提供单据是否齐全、准确。报检人报检时应提供的单据：

1）对外贸易合同、发票、提单、装箱单等贸易和运输单据的复印件；

2）若属加工贸易或其他特殊原因无合同，申请人应在报检单上注明，或提供有关证明；

3）属进口来料加工或进料加工贸易方式的，应提供《加工贸易批准证》复印件；

4）代理报检单位应提供委托单位的正本委托书。

（3）受理需转异地实施检验检疫的入境货物的报检时，报关地检验检疫机构应将相关

电子信息传输到收/用货地检验检疫机构。

4.3.2.3 受理动植物及其产品的报检

(1) 报检范围

入境的活动物、动物产品、植物、植物产品及其他检疫物。

(2) 报检时限和地点

1) 受理报检时限:报检人应在产品入境前或入境时向报关地检验检疫机构报检,其中以下几种情况需提前报检:

a) 输入植物、种子、种苗及其他繁殖材料的,应在入境前7天报检;

b) 输入种畜、禽及精液、胚胎、受精卵的,应在入境前30天报检;

c) 输入其他动物的,应在入境前15天报检;

d) 入境货物需对外索赔出证的,应在索赔有效期前不少于20天报检。

2) 受理报检地点:报检人应在产品入境前或入境时向报关地检验检疫机构报检,其中以下几种情况属于特殊报检:

a) 入境动植物及其产品,向口岸检验检疫机构报检;

b) 入境流向异地的,向口岸检验检疫机构报检并实施检疫后,货物调往目的地后,须再向目的地检验检疫机构报检并申请检验;

c) 入境活动物、大宗散装商品、易腐烂变质商品及在卸货时发现包装破损、重数量短缺的商品,来自疫区的货物,必须在卸货口岸检验检疫机构报检;

d) 运输动植物、动植物产品和其他检疫物过境的,由入境口岸检验检疫机构受理报检。

(3) 随附单据

对入境的动植物及其产品,除按一般入境货物报检时应审核的贸易及运输单证外,还须审核以下单据(原件):

1) 输出国或地区政府出具的官方检疫证书。依据总局有关文件和"国外官方检疫证书分析和验证管理系统"对输出国家或地区官方出具的检疫证书进行审核,如发现伪造证书,应及时逐级上报,按照有关规定进行查处。

2) 输出国或地区政府出具的原产地证。

3) 国家质检总局或者国家质检总局授权的其他审批机构签发的《中华人民共和国进境动植物检疫许可证》。国家质检总局2002年2号公告中公布的产品名录(2003年43号公告、2004年111号公告中取消的产品名录除外)的进境动植物、动植物产品,报检人须提供《检疫许可证》。

4)《特许审批》。进境动植物病原体(包括菌种、毒种等)、害虫以及其他有害生物,动植物疫情流行国家和地区的有关动植物、动植物产品和其他检疫物,动物尸体,土壤,要求报检人提供特许审批,植物检疫特许审批名录按《中华人民共和国进境植物检疫禁止进境物名录》执行。

5)《动物过境许可证》。过境动物,需提供过境动物检疫审批。

6)《引进种子、苗木检疫审批单》。入境种子、种苗及其他繁殖材料(林木除外),须审核农业部、各省植物保护站出具的《引进种子、苗木检疫审批单》。

7)《引进林木种子、苗木和其他繁殖材料检疫审批单》。入境林木种子、苗木和其他繁殖材料,须审核国家林业局、各地林业局等部门出具的《引进林木种子、苗木和其他繁殖材料检疫审批单》。

8）《进口饲料和饲料添加剂产品登记证》。进口饲料和饲料添加剂，需审核农业部颁发的《进口饲料和饲料添加剂产品登记证》复印件。

9）隔离场审批证明，输入活动物的提供。

10）农业转基因生物证明。对进境转基因动植物及其产品，提供法律法规规定的主管部门签发的《农业转基因生物安全证书》和《农业转基因生物标识审查认可批准文件》。

11）输出国或地区官方兽医检疫机关出具的检疫证书和狂犬病免疫证书，进境伴侣动物须提供。

（4）审核检疫审批发现下列情况之一的，应要求报检人重新办理审批：

1）变更进境检疫物的品种，或者超过许可数量百分之五以上的；

2）变更输出国家或者地区的；

3）变更进境口岸、指运地或者运输路线的；

4）超过检疫审批有效期的。

（5）有下列情况之一的，《检疫许可证》失效、废止或者终止使用：

1）超过有效期的自行失效；

2）在许可范围内，分批进口、多次报检使用的，许可数量全部核销完毕的自行失效；

3）国家依法发布禁止有关检疫物进境的公告或者禁令后，已签发的有关《检疫许可证》自动废止；

4）申请单位违反检疫审批的有关规定，国家质检总局或直属检验检疫局可以终止已签发的《检疫许可证》的使用。

（6）审单要求

1）对疫区的审核：审核动植物及其产品是否来自疫区，来自疫区的动植物及其产品一律不受理报检。动植物疫情流行的国家/地区名录根据国家质检总局的有关公告或在总局内网上查询。受理报检时应注意按最新的疫区名录审核。如美国是疯牛病疫区，不能受理来自美国的牛及其产品（不包括牛奶和奶制品、皮张、照相用明胶）的报检。

2）对《检疫许可证》的审核：

a）审核应该办理《检疫许可证》的动植物及其产品是否已办理《检疫许可证》，未办理审批的不受理报检。如来自泰国的新鲜水果，报检时必须已办理《检疫许可证》。

b）审核《检疫许可证》的申请单位与检疫证书上的收货人、贸易合同的签约方、入境报检单上的收货人是否一致；报检单上的品名、H. S. 编码与《检疫许可证》上的品名、H. S. 编码是否一致；《检疫许可证》与检验检疫证书上注册的境外生产、加工、存放单位注册号是否一致；《检疫许可证》是否在有效期内。经审核上述内容不一致的不得受理报检。

c）经审查合格的检疫许可证，还需进行书面及电子核销。

4.3.2.4 受理强制性产品认证的产品报检

（1）报检时限和地点

报检人应在入境前或入境时向报关地检验检疫机构办理报检手续。

（2）报检范围

列入《中华人民共和国实施强制性产品认证的产品目录》内的进口商品。

（3）随附单据

除提供有关贸易及运输单据，还应根据产品的情况，分别提供《强制性产品认证证书》(3C证书)、《免于办理强制性产品认证证明》、无须办理强制性产品认证的证明文件，或目录外核查证明。

(4) 审单要求

1) 根据报检人所提供的相关证书或证书的内容审核所申报产品名称及规格、产地等是否与申报相符；

2) 审核相关证书或证明是否在有效期内；

3) 对于进口成套设备、旧机电中夹带的或为维修成套设备进口强制性产品认证范围内的商品，如果与整机一起安装或者配套使用，无须提供认证文件。如夹带产品明显超过合理的配套数量，企业应申请有关认证或办理免办。

4.3.2.5 受理入境民用商品验证的报检

(1) 报检时限和地点

报检人应在入境民用商品入境前或入境时向报关地检验检疫机构办理报检手续。

(2) 报检范围

列入《出入境检验检疫机构实施入境验证的进口许可制度民用商品目录》内的国家实行进口质量许可制度和强制性产品认证的民用商品，检验检疫类别为“L”，如车辆用钢化安全玻璃，36伏以上的打印机、音箱、电源、开关等小电器。

(3) 随附单据

除提供有关贸易及运输单据，还应根据产品的情况，分别提供《强制性产品认证证书》(3C证书)、《免于办理强制性产品认证证明》、无须办理强制性产品认证的证明文件，或目录外核查证明。

(4) 审单要求

审核报检人所申报产品的名称及规格、产地等是否与其提供的相关证明或证书的内容相符，审核相关证书或证明是否在有效期内。

4.3.2.6 受理入境旧机电产品的报检

(1) 报关地检验检疫机构负责受理入境旧机电产品的报检工作。

(2) 报检范围

所称旧机电产品是指具有下列情形之一的机电产品：

1) 已经使用(不含使用前测试、调试的设备)，仍具备基本功能和一定使用价值的；

2) 未经使用，但超过质量保证期(非保修期)的；

3) 未经使用，但存放时间过长，部件产生明显有形损耗的；

4) 新旧部件混装的；

5) 经过翻新的。

(3) 随附单据

受理旧机电产品报检，除审核一般入境货物报检时应审核的贸易及运输单据外，还须审核以下单据：

1) 《实施备案管理的进口旧机电产品目录》内旧机电产品，在备案时确定需实施装运前预检验的，需提供《装运前预检验备案书》(正本)、《装运前预检验报告》(正本)、《装运前预检验证书》(正本)；

2)《实施备案管理的进口旧机电产品目录》内产品，在备案时确定无须实施装运前预检验的，需提供《免装运前预检验证明书》(正本)；

3)《实施备案管理的进口旧机电产品目录》外的，则无须提供进口旧机电产品备案证明文件；

4) 属于出口退货、暂时出口复进口、出口维修复进口以及国内结转等四种特殊贸易方式进口的，不需提供进口旧机电产品的备案证明文件，但需附机电检验部门对上述特殊贸易方式进行核准的证明文件及产品清单；

5) 分批装运的进口旧机电产品，口岸检验检疫机构应当在进口旧机电备案证明文件正本附页和有效清单上办理核销。未核销完毕的，留存复印件并将正本返回报检人，全部核销完毕后将正本收回。

4.3.2.7 受理入境废物原料的报检

(1) 报检时限和地点

报检人应在入境前或入境时向口岸检验检疫机构办理报检手续。

(2) 报检范围

国家将进口废物分两类进行管理：一类是禁止进口的废物；另一类是可作为原料但必须严格限制进口的废物。对于国家禁止进口的废物，任何单位和个人都不准从事此类废物的进口贸易及其他经营活动；对可作为原料但必须严格限制进口的废物，国家制定了《限制进口类可用作原料的废物目录》和《自动进口许可管理类可用作原料的废物目录》，在此目录内的废物须由国家环保总局统一审批，并由检验检疫机构实行检验检疫。

(3) 随附单据

受理列入国家《限制进口类可用作原料的废物目录》(以下简称《目录》)及《自动进口许可管理类可用作原料的废物目录》内的废物报检时，应审核下列单证：

1) 对外贸易合同，包括进口废物原料的境外供货企业与国内收货人的合同以及进口废物原料的国内收货人与废物原料利用商的合同、发票、提单、装箱单；

2) 国家环保总局签发的《固体废物进口许可证》正本，审核合格后将证书检验检疫联复印留存；

3) 经国家质检总局认可的检验机构签发的《装运前检验证书》正本；

4) 根据业务需要可要求企业提供企业《废物利用风险报告书》；

5) 进口废物原料的国内收货人注册登记证书；

6) 根据质检总局国质检函[2004]1050 号文件要求，入境废物境外供货企业需要获得注册批准方可进口。受理报检时，还应要求提供境外供货商《进口废物原料境外供货企业注册证书》。根据国家质检总局有关公告公布的注册企业名单和《进口废物原料境外供货企业注册资料》，对境外供货企业的注册证书编号、企业名称、申报 H.S. 编码是否属于批准注册产品种类涵盖范围进行核对。

(4) 审单要求

1) 审核报检的 H.S. 编码及品名是否与国家环保总局签发的《进口废物批准证书》(以下简称《证书》)上的进口废物编码及进口废物名称相一致；实际进口数、重量是否在《证书》批准进口废物的数、重量范围以内；进口单位是否与《证书》上废物进口单位相一致；进口口岸是否与《证书》一致；应审核是否超过《证书》的进口有效期限。

2）对国家禁止入境的废物、无收货人（To Order）的入境废物不予受理报检。

3）报检单上的发货人名称应与《国外供货商注册登记证书》的企业名称及装运前检验证书、外贸单证上显示的发货人名称一致；报检单上的收货人名称应与《国内收货人注册登记证书》单位名称及外贸单证上收货人名称一致。《国内收货人注册登记证书》单位名称以及所代理的利用单位名称应分别与《进口废物批准证书》中进口商及利用单位名称一致。对相关信息不一致的，检验检疫机构不予受理报检。

（5）进境废物进境报检后必须经口岸检验检疫机构实施环保查验、检疫、卫生除害处理，合格后方可出具《入境货物通关单》。

4.3.2.8　受理入境食品报检

（1）报检时限和地点

入境食品应在入境前或入境时向入境口岸检验检疫机构办理报检手续，并应当在入境口岸接受检验检疫。

（2）报检范围

包括进口的食品、食品添加剂、食品容器、食品包装容器、食品包装材料、食品用工具及设备以及食品用工具设备的洗涤剂、消毒剂等。

（3）随附单据

除审核一般入境货物报检时应审核的贸易及运输单据外，还应提供以下单据：

1）对于动植物源性食品，根据产品的不同要求提供相应的《动植物检疫许可证》、输出国家或者地区出具的检验检疫证书及原产地证书；

2）对于保健食品、无食品安全国家标准的食品、首次进口食品添加剂新品种、食品相关产品新品种，在进口前，进口商应向有关部门提请审批并取得许可证明文件。根据《保健食品管理办法》的规定，进口保健食品前，进口商或代理人必须报国家食品药监局监督管理审批合格并取得《进口保健食品批准证书》后方准进口。

（4）审单要求

1）向我国境内出口食品的出口商或者代理商应当向国家出入境检验检疫部门备案。向我国境内出口食品的境外食品生产企业应当经国家出入境检验检疫部门注册。

2）进口的预包装食品及食品添加剂应当有中文标签、中文说明书。

3）进口的食品添加剂应当有中文标签、中文说明书，并且应当符合食品安全法和我国其他有关法律、行政法规的规定以及食品安全国家标准的要求，载明食品添加剂的原产地和境内代理商的名称、地址、联系方式。食品添加剂没有中文标签、中文说明书或者标签、说明书不符合相关规定的，不得进口。

4.3.2.9　受理入境化妆品报检

（1）报检范围

受理报检的化妆品是指以涂、擦散布于人体表面任何部位（皮肤、毛发、指甲、口唇等）或口腔黏膜，以达到清洁、护肤、美容和修饰目的的产品。

（2）随附单据

受理入境化妆品报检时，除审核一般入境报检应附的贸易及运输单证外，应审核下列单证：

1）进口化妆品标签检验相关资料（化妆品中文标签样张和外文原标签及翻译件及化妆

品成分配比等)；

2) 卫生部进口化妆品卫生许可批件(备案证书)。

4.3.2.10　受理入境邮寄物品的报检

进境邮寄物，由检验检疫机构实施现场检疫。

(1) 入境邮寄物受理报检范围

1) 进境的动植物、动植物产品及其他检疫物；

2) 进境的微生物、人体组织、生物制品、血液及其制品等特殊物品；

3) 来自疫区的、被检疫传染病污染的或可能成为检疫传染病传播媒介的邮包；

4) 进境邮寄物所使用或携带的植物性包装物、铺垫材料；

5) 属许可证制度管理须加贴检验检疫标识方可入境的物品；

6) 其他法律法规、国际条约规定需要实施检疫的进出境邮寄物；

7) 可能引起生物恐怖的可疑进境邮寄物。

(2) 随附单据

1) 输入动物、动物产品、植物种子、种苗及其他繁殖材料的，应提供相应的检疫审批许可证和检疫证明；

2) 因科研等特殊需要，输入禁止进境物的，应提供国家质检总局签发的特许审批证明；

3) 属于微生物、人体组织、生物制品、血液及其制品等特殊物品的，应提供有关部门的审批文件；

4) 属于实施进口安全质量许可制度和卫生注册登记制度管理的，应提供有关证明；

5) 其他法律法规或者有关国际条约、双边协议有规定的，应提供相应的审批证明文件。

4.3.2.11　受理入境快件的报检

(1) 受理时限及地点

入境快件的申报及卫生处理应当在入境快件到达海关监管前完成，入境快件的报检手续应当在申报海关前完成。

(2) 备案登记管理

对从事邮寄物代理的快件运营人实行备案登记管理，办理备案登记时应提交以下资料：

1) 备案登记申请书；

2) 企业法人营业执照；

3) 海关核发的《出入境快件运营人登记备案证书》；

4) 快件运营人的基本情况：包括人员配置、机构设置、运营航线、运营时刻表、监管仓库图纸等。

检验检疫机构要求提供的其他资料。经对快件运营人所提交的有关资料进行审核，符合要求的予以签发《出入境快件运营人检验检疫备案登记证书》，快件运营人取得《出入境快件运营人检验检疫备案登记证书》后，方可按照有关规定办理出入境快件的报检手续。

(3) 随附单据

入境快件报检时应提供报检单、总运单、每一快件的分运单和发票等有关单证，属于下列情况之一的，应要求报检人加附有关文件：

1) 输入动物、动物产品、植物种子、种苗及其他繁殖材料的，应提供相应的检疫审批许可证和检疫证明；

2）因科研等特殊需要，输入禁止进境物的，应提供国家质检总局签发的特许审批证明；

3）属于微生物、人体组织、生物制品、血液及其制品等特殊物品的，应提供有关部门的审批文件；

4）属于实施进口安全质量许可制度和卫生注册登记制度管理的，应提供有关证明；

5）其他法律法规或者有关国际条约、双边协议有规定的，应提供相应的审批证明文件。

4.3.2.12 受理入境汽车的报检

（1）报检时限和地点

报检人应在进口汽车入境前或入境时向汽车入境口岸检验检疫机构办理报检手续。口岸检验检疫机构负责进口汽车的检验工作，对检验合格的进口汽车，签发《入境货物检验检疫证明》，并一车一单签发《进口机动车辆随车检验单》。用户所在地检验检疫机构负责进口汽车质保期内的检验管理工作。

（2）随附单据

用户所在地检验检疫机构受理入境汽车报检时，应审核以下资料：

1）外资企业外商自带车或外国驻华使领馆、国际组织驻华机构及其人员、外商常驻机构及其常驻人员以及其他非居住长期旅客等从境外进口车辆，报检须审核《进口机动车辆随车检验单》、《海关监管车辆进/出境领/销牌照通知书》、《自用物品申请表》、外商护照或长期居留证、发票。

2）个人或单位购买进口车，报检时应附《进口机动车辆随车检验单》、《进口货物证明书》、个人身份证或单位营业执照、购车发票、安全标志。

4.3.2.13 受理进口电池报检

（1）受理列入8506、8507章内的电池产品报检时，除有关贸易及运输单据，报检时还要审核《进出口电池产品备案书》。

（2）随整机进口的电池产品可不单独报检。

（3）废电池属于禁止进口固体废物目录，不允许进口。

4.3.2.14 受理进口铜精矿、锌精矿、铅精矿、室内装饰用石材报检

（1）报检人应在进口铜精矿、锌精矿、铅精矿入境前或入境时向入境口岸检验检疫机构办理报检手续。

（2）对进口货物监管过程中，发现多批金属精矿、石材等放射性严重偏高。为防止高放射性风险货物进入国境，国家质检总局规定对进口铜精矿、锌精矿，除原有法检项目外，增加批批放射性检测；对铅精矿、室内装饰用石材，实施批批放射性检验。

（3）进口铜精矿、锌精矿、铅精矿、室内装饰用石材，“放射性检测”合格，方能出具《入境货物通关单》。

4.3.2.15 受理入境锅炉压力容器的报检

报关地检验检疫机构负责受理列入《出入境检验检疫机构实施检验检疫的进出境商品目录》的入境锅炉压力容器的报检工作。

（1）报检范围

进口压力容器是指列入《出入境检验检疫机构实施检验检疫的进出境商品目录》的锅炉压力容器。但不适用船舶、铁路机车、飞行器和军事装备上的锅炉和压力容器。

旧的入境锅炉压力容器禁止进口，不受理报检。

（2）随附单据

受理入境压力容器报检时，除有关贸易及运输单据外还须审核：

1）锅炉压力容器的总图、主要受压零件强度计算书、产品质量证明书、使用安装说明、安全阀和爆破片排量计算书等有关产品资料；

2）《中华人民共和国锅炉压力容器制造许可证》。

（3）审单要求

1）境外企业制造用于境内的锅炉压力容器，制造企业必须首先取得国家质检总局颁发的《中华人民共和国锅炉压力容器制造许可证》。

2）临时进口的移动式压力容器首次进口时应提供国外官方授权的检测机构出具的安全检测证明或报告；非首次进口的，应提供我国相关专业检测机构出具的安全检测报告。

3）成套设备夹带压力容器，也需要提供制造许可证。

4.3.2.16　受理进境集装箱的报检

（1）报检时限和地点

报检人应当在办理海关手续前向进境口岸检验检疫机构报检，未经检验检疫机构许可，不得提运或拆箱。

（2）进境集装箱应实施检验检疫的范围

1）所有进境集装箱应实施卫生检疫；

2）来自动植物疫区的，装载动植物、动植物产品和其他检验检疫物的，以及箱内带有植物包装物或铺垫材料的集装箱，应实施动植物检疫；

3）法律、行政法规、国际条约规定或者贸易合同约定的其他应当实施检验检疫的集装箱，按照有关规定、约定实施检验检疫。

（3）申请进境集装箱检验检疫时应提供的单据

申请进境集装箱检验检疫时应提供集装箱数量、规格、号码、到达或离开口岸的时间、装箱地点和目的地、货物的种类、数量和包装材料等单证或情况。

4.3.2.17　受理过境货物的报检

进境口岸检验检疫机构负责过境动植物、动植物产品和其他检疫物的报检工作，出境口岸不再检疫。

受理过境动植物、动植物产品和其他检疫物报检时，应审核以下资料：

1）货运单；

2）输出国家或地区政府动植物检疫机关出具的证书；

3）运输动物过境的，还应提供国家质检总局签发的《动物过境许可证》。

4.3.2.18　受理入境流向货物的报检

（1）入境流向报检是指法检入境检验检疫货物的收货人或其代理人，持有关证单在卸货口岸向口岸检验检疫机构报检，由入境口岸检验检疫机构进行必要的检疫查验和卫生除害处理，获取《入境货物通关单》并通关后，货物调往口岸直属局辖区外的目的地后，再由该目的地检验检疫机构实施检验检疫和监管的过程。

（2）入境流向

1）经审核无误受理报检的入境转异地货物，报关地检验检疫机构签发《入境货物通关单》，企业凭《入境货物通关单》正本办理通关手续。报关地检验检疫机构应在《入境货物通关单》备注栏内注明以下内容：是否实施检验检疫、实施检验检疫的项目；对于须在口岸实施检疫、目的地检验的货物，是否已在口岸缴纳检验检疫费用；收、用货单位的详细名称、企业地址、联系人及联系电话。例如，"认定为非木质包装"、"调封存，我局已对该批货物按规定进行包装消毒，到货后，请速与局联系"等。

2）报关地检验检疫机构应及时通过网络，将相关信息传输到电子转单中心。入境货物电子转单传输内容包括报检信息、签证信息及其他相关信息。

3）目的地检验检疫机构应按时接收国家质检总局电子转单中心转发的相关电子信息，反馈接收情况信息，并及时联系收用货单位实施检验检疫。

4）入境检验检疫关系人应凭报检单号、转单号及密码等，向目的地检验检疫机构报检。目的地检验检疫机构根据入境检验检疫关系人的申报信息受理报检，提取电子转单信息，实施检验检疫。

5）对因《入境货物通关单》备注中加注的联系电话或联系人不准确，无法落实检验检疫工作的，为加强对进境流向货物管理，防止逃漏检，维护执法严肃性，实现口岸与内地联动，目的地检验检疫机构应将有关信息通过国家质检总局的电子转单中心反馈给入境口岸检验检疫机构。

4.3.2.19 入境货物电子报检

（1）开展电子报检的报检人应具备下列条件：

1）遵守报检的有关管理规定；

2）已在检验检疫机构办理报检登记备案或注册登记手续；

3）具有经检验检疫机构培训考核合格的报检员；

4）具备开展电子报检的软硬件条件；

5）在国家质检总局指定的机构办理电子业务开户手续。

（2）报检人在申请开展电子报检时，应提供以下资料：

1）在检验检疫机构取得的报检人登记备案或注册登记证明复印件；

2）电子报检登记申请表；

3）电子业务开户登记表。

（3）电子报检应注意的问题

1）电子报检人应确保电子报检信息真实、准确，不得发送无效报检信息。报检人发送的电子报检信息应与提供的报检单及随附单据有关内容保持一致。

2）电子报检人须在规定的报检时限内将相关入境货物的报检数据发送至受理报检的检验检疫机构。

3）对于合同或信用证中涉及检验检疫特殊条款和特殊要求的，电子报检人须在电子报检申请中同时提出。

4）实行电子报检的报检企业的名称、法定代表人、经营范围、经营地址等发生变更时，应及时向当地检验检疫机构办理变更手续。

（4）审单流程

1）对报检数据的审核采取"先机审，后人审"的程序进行。

2）企业发送电子报检数据，电子审单中心按计算机系统数据规范和有关要求对数据进行自动审核，对不符合要求的，反馈错误信息；符合要求的，将报检信息传输给检验检疫工作人员。

3）检验检疫工作人员进行人工审核，对于不符合规定的，在电子回执中注明原因，连同电子报检信息退回报检企业；对于符合规定的，将成功受理报检的回执的反馈报检企业，提示报检企业与检验检疫机联系检验检疫事宜。

（5）受理报检环节

1）入境货物电子报检后报检人应在领取《入境货物通关单》时，提交报检单和随附单据。检务部门负责按有关规定审核电子报检人所提交的报检单和随附单据，对不符合要求的，要求其予以修改或更换。

2）电子报检人对已发送的报检申请需更改或撤销报检时，应发送更改或撤销报检申请。检验检疫机构按有关规定办理。

4.3.3 受理出境报检

出境货物的报检范围：

1）国家法律、行政法规规定必须由出入境检验检疫机构实施检验检疫的；

2）输入国家或地区规定必须凭检验检疫机构出具的证书方准入境的；

3）对外贸易合同约定须凭检验检疫机构签发的证书进行交接、结算的；

4）有关国际条约规定必须经检验检疫的。

4.3.3.1 受理出境一般货物的报检

（1）受理出境一般货物报检时，应对报检员和报检单位按有关要求进行资格审核。

（2）受理出境一般货物报检时按《出境货物报检单填制说明》认真审核《出境货物报检单》填写的内容是否符合规定要求，报检单是否加盖报检单位公章或代理报检单位备案印章或随附报检单位的介绍信；报检单填写是否完整、准确；H.S.编码归类是否准确；货值、数重量、合同、贸易国别/地区等是否与所附单据一致；代理报检委托书上是否按规定填写委托单位的详细地址、联系电话和联系人等。

（3）出境货物报检时需审核的单证

1）对外贸易合同（售货确认书或函电）、信用证、发票、装箱单、厂检合格单等必要的单证；

2）办理预检的，如报检人不能提供外销合同，应要求其提供内销合同或必要的检验检疫依据；

3）对于加工贸易的出口货物，报检时要审核正本的《海关加工贸易备案手册》，出口成品登记表的复印件应当留存，附在报检单据上；

4）列入《出入境检验检疫机构实施检验检疫的进出境商品目录》内检验检疫类别为N、S的出境货物，运输包装为钢桶、铝桶、镀锌复合桶、钢塑复合桶、纸板桶、塑料桶（罐）、纸箱、集装袋、塑料编织袋、麻袋、纸塑复合袋、钙塑瓦楞箱、木箱、胶合板箱（桶）、纤维板箱（桶）、塑料筐、泡沫箱等，应提供《出境货物运输包装性能检验结果单》正本。施检人员应对《出境货物运输包装性能检验结果单》正本核销报检货物的包装数量，并将核销后的《出境货物运输包装性能检验结果单》正本退交报检人。对经核销完毕的《出境货物运输包装性能检验结果单》正本收回全套单据留存。

4.3.3.2 受理出境危险货物的报检

(1) 出口烟花爆竹

1) 报检范围:H.S.编码为360410000的烟花爆竹。

2) 随附单据:除一般出境货物报检所需单证外,还须提供:

a) 出境货物运输包装性能检验结果单;

b) 出境危险货物运输包装使用鉴定结果单;

c) 生产企业对出口烟花爆竹的质量和安全作出承诺的声明;

d) 出口规格为6英寸及以上的礼花弹产品时,在口岸查验时,需提供检验检疫机构出具的分类定级试验报告和12米跌落试验合格报告。

(2) 出境打火机、点火枪类商品

1) 报检范围:H.S.编码为96131000的一次性袖珍气体打火机、96132000的可充气袖珍气体打火机、96133000的台式打火机、96138000其他类型打火机(包括点火枪)等。

2) 随附单据:除一般出境货物报检所需单证外,还须提供:

a) 出境货物运输包装性能检验结果单;

b) 出境危险货物运输包装使用鉴定结果单;

c)《出口打火机、点火枪类商品生产企业自我声明》;

d)《出口打火机、点火枪类商品生产企业登记证》;

e) 出口打火机、点火枪类商品的型式试验报告。

4.3.3.3 受理出境属于卫生注册/登记管理货物的报检

国家对出口食品生产、加工、储存企业(以下简称出口食品生产企业)实施卫生注册、登记制度。出口食品生产企业,必须取得卫生注册证书或者卫生登记证书后,方准生产、加工、储存出口食品。未经卫生注册或者登记企业的出口食品,各地检验检疫机构不予受理报检。

(1) 受理报检范围

1) 出入境检验检疫机构实施卫生注册管理的范围是《列入出入境检验检疫机构实施检验检疫的进出境商品目录》内的罐头类、水产类(不包括活品和晾晒品)、肉及肉制品、茶叶类、肠衣类、蜂产品类(不包括蜂蜡)、蛋制品类(不包括鲜蛋)、速冻果蔬类、脱水果蔬类(不包括晾晒品)、糖类(指蔗糖、甜菜糖)、乳及乳制品类、奶类、饮料类(包括固体饮料)、酒类、花生、干果、坚果制品类(不包括炒制品)、果脯类、粮食制品及面、糖制品类、面制品类、食用油指类、调味品类(不包括天然的香辛干料及粉料)、速冻方便食品类、功能食品类和食品添加剂类(专指食用明胶)。

2) 出入境检验检疫机构实施卫生登记管理的范围是除注册管理以外的食品。

(2) 报检要求

1) 受理出境属于卫生注册登记管理货物报检时,报检要求与出境一般货物的报检基本相同。

2) 审核报检单据时,应审核卫生注册/登记证书编号是否已填在报检单的"生产单位注册号""许可证/审批号"一栏,注册号是否完整、有效。

4.3.3.4 受理出境属于出口商品注册登记管理货物的报检

(1) 受理报检范围

出入境检验检疫机构实施出口商品注册登记管理的范围主要包括:机电产品、电子产品、陶瓷、棉花、纺织品、畜产品、煤炭、玩具和危险货物运输包装等。

为避免重复管理，对实施强制性产品认证制度的产品，不再实施出口商品注册登记管理。

（2）报检要求

1）受理出境属于出口质量许可证管理货物报检时，报检要求与出境一般货物的报检基本相同。

2）审核报检单据时，应审核出口质量许可证书编号、出口玩具备案号是否已填制，是否完整。

4.3.3.5　受理出境动植物及其产品的报检

（1）受理报检范围

出境的活动物、动物产品、植物、植物产品及其他检疫物。

（2）报检时限和地点

报检人最迟应于报关或装运前7天向货物生产地检验检疫机构报检，对于个别检验检疫周期较长的货物，应留有相应的检验检疫时间。

需隔离检疫的出境动物在出境前60天预报检，隔离前7天报检。

（3）随附单据

除一般出境货物报检所需单证外，还须提供：

1）注册登记证，适用供港澳活牛、活羊、活猪、活禽、水生动物，观赏鱼等要求来自注册饲养场的；

2）县级以上农业部门签发的《动物检疫合格证明》，适用参赛马等不要求来自注册饲养场的检疫监管动物；

3）国家濒危物种进出口管理办公室出具的许可证，适用输出国家规定的保护动物或产品来源于国内某种属于国家级保护或濒危物种的动物、濒危野生动植物种国际公约中的中国物种的动物；

4）农牧部门品种审批单，适用输出非供屠宰用的畜禽；

5）养殖场出具的《出口观赏鱼供货证明》，适用输出观赏鱼类；

6）供货证明、收购承诺书、企业承诺书、场检合格单、检测报告等，适用输出螃蟹等水生动物；

7）报检申请单、护照复印件、疫苗接种卡原件和复印件各一份（疫苗接种需在有效期内，疫苗接种后1个月才生效）、县级以上动物防疫部门出具的出县境动物健康证明，适用出境伴侣动物；

8）生产企业卫生注册登记证，适用出境动物产品；

9）允许出境证明文件，适用出境濒危和野生植物资源；

10）出境盆景场/苗木种植场检疫注册证，适用输欧盟、美国、加拿大等国家的盆景；

11）蔬菜生产基地注册备案号，适用出口蔬菜；

12）果园、包装厂的注册登记证书复印件；来自本辖区以外注册果园，由注册果园所在地检验检疫机构出具水果产地供货证明，适用出境水果；

13）竹木草制品生产企业注册登记号（适用出境竹木草制品）。

4.3.3.6 出境机电产品(含小家电)报检

(1) 报检范围

《法检目录》中检验检疫类别为"N"的机械产品、电工产品、电子产品、机电一体化产品及这些产品的零件、配件、附件等。

其中小家电产品是指需要外接电源的家庭日常生活使用或类似用途、具有独立功能的并与人身有直接或间接的接触,将电能转化为功能或热能,涉及人身的安全、卫生、健康的小型电器产品。

(2) 随附单据

除一般出境报检所需外贸单据之外,还需提供:

1) 国家质检总局指定的实验室出具的产品合格有效的《出口电器产品型式试验确认书》,适用小家电产品;

2) 产品为非以氯氟烃为制冷剂、发泡剂的生产经营企业自我声明,适用家用电器产品、家用电器产品用压缩机;

3)《进出口金属材料放射性符合性声明》,适用金属材料;

4)《安全性能检验报告》,适用锅炉、压力容器、压力管道元件。

4.3.3.7 援外物资的报检

(1) 援外物资是指在我国政府提供的无息贷款、低息贷款和无偿援助项下购置并用于援外项目建设或交付给受援国政府的一切生产和生活物资。

(2) 报检时应提供的单据

1) 商务部批文;

2) 援外承包总合同;

3) 项目总承包企业与生产企业签订的内部购销合同,内部购销合同中必须有"援×××国×××项目的内部购销合同"字样;在相关条款中按检验一览表填报的检验标准详细列明质量标准并订明"需报产地检验检疫机构检验合格";

4) 生产厂厂检合格单;

5) 总承包企业验收合格证;

6) 外经贸部和国家质检总局的批文;

7)《出境货物运输包装容器性能检验结果单》;

8) 货物清单;

9) 援外物资检验一览表。

(3) 产地检验、口岸查验是援外物资检验的基本原则。援外物资未经检验检疫机构检验、口岸查验合格,不准启运出境。因国家特殊需要,经外经贸部对外援助司出具证明(《特殊放行证明》),检验检疫机构据此对援外物资简化手续或免予检验。

(4) 对出口的援外物资产地检验检疫局一律出具文本的换证凭单,换证凭单的格式按国家质检总局《关于下发〈援外物资检验联合协调小组会议纪要(第5号)〉并统一援外物资换证凭单填报方式的通知》(质检检函〔2004〕21号)中规定的格式缮制。暂不使用电子转单。

(5) 经产地检验和口岸查验合格或境外经贸部和质检总局商定办理特殊放行的援外出口物资,由口岸出入境检验检疫机构统一换发通关单和检验证书,并在通关单备注栏内加注

“援外出口物资”。各口岸检验检疫机构出具的检验证书是外经贸部向总承包企业结算货款或从履约保证金中提取罚款的主要依据之一。

(6) 对援外物资的检验，产地或采购地分支局一律不得代替口岸局出具《出境货物通关单》，口岸局一律不得对非本产地或采购地无换证凭单的援外物资开具检验证书。

(7) 经检验不合格的，检验检疫机构出具《不合格通知单》，并由质检总局在接到该单后七日内将不合格情况反馈外经贸部有关部门处理。

4.3.3.8 出口至塞拉利昂、埃塞俄比亚、埃及商品报检

(1) 报检范围

1) 塞拉利昂、埃塞俄比亚：出口两国的每批次价值在2 000美元以上的所有贸易商品。

2) 埃及：出口埃及的工业品。活动物及动物产品、食品、植物与植物产品(除木制品及家具外)、通信设备及工具、血清、疫苗、药品及其原料、用于制药的化学品、医疗设备以及经埃及农用杀虫剂委员会(隶属于埃及农业与土地开垦部)批准的农用杀虫剂等商品等不实施装运前检验。

(2) 随附单据

与一般出境货物报检所需单证相同。

(3) 报检要求

报检人最迟应在产品出口报关或装运前7天报检，由产地检验检疫机构实施装运前检验、价格核实和监督装载，货物在口岸拼装的由口岸检验检疫机构监督装载。

出口以上三国产品，检验检疫监管范围不再只限于《法检目录》。

4.3.3.9 出境市场采购货物报检

(1) 报检范围

发货人直接从市场采购、货物存放在外贸仓库或集散地的，且货物在当地出口的小商品，包括拼装出口的各类小额检验检疫目录内商品或与目录外混装的商品。

(2) 随附单据

除一般出境报检所需外贸单据之外还需提供：

1) 本地市场采购发票副本或复印件(采购货物辖区的商业发票)；

2) 出口经营单位出具的验收报告或符合性声明或保函；

3) 在报检单上分商品列出或附清单(适用同批拼装出口不同商品的，根据其商品特点等情况，允许适当不同商品并批报检)；

4) 产品包装经性能、使用鉴定合格的证明(适用危险品包装或客户特定要求使用的包装)。

(3) 评审要求

1) 鲜活、冷冻品及食品禁止在市场上采购；

2) 实施两证监管(卫生注册登记/出口质量许可)的商品禁止市场采购。

4.3.3.10 受理出境货物包装的报检

(1) 报检范围

列入《出入境检验检疫机构实施检验检疫的进出境商品目录》及其他法律、行政法规规定须经检验检疫机构检验，并且检验检疫类别为N和S的出境货物的运输包装容器。

一般货物包装容器性能检验的范围：钢桶、铝桶、镀锌桶、钢塑复合桶、纸板桶、塑料桶(罐)、纸箱、集装袋、塑料编织袋、麻袋、纸塑复合袋、钙塑瓦楞箱、木箱、胶合板箱(桶)、纤维

板箱(桶)十五类运输包装容器。

(2) 运输包装容器的检验包括性能鉴定和使用鉴定。

1) 运输包装容器的性能鉴定由包装容器的生产企业提出申请。

2) 危险货物包装容器的使用鉴定由生产出境危险货物的企业提出申请。

3) 报检出境货物包装时,应按规定填写"出境货物运输包装检验申请单"。

受理出境货物包装报检时,应认真审核报检单填写是否完整、准确;内容是否符合规定要求;申请检验项目是否准确标注;运输方式是否标明;报检单是否加盖报检单位公章或随附报检单位的介绍信。

(3) 受理出境货物包装容器性能检验报检时应要求报检人提供下列资料:

1) 生产单位的本批包装容器检验结果单;

2) 包装容器规格清单;

3) 客户订单及对包装容器的有关要求;

4) 该批包装容器的设计工艺、材料检验标准等技术资料。

(4) 受理出境危险货物包装容器性能检验报检时应要求报检人提供下列资料:

1) 生产包装容器的生产标准;

2) 生产包装容器的设计工艺,材料检验标准等技术资料;

3) 运输包装容器生产厂的《出口危险货物运输包装容器质量许可证》;

4) 企业符合性声明。

(5) 未经检验检疫机构检验或经检验不合格的出境危险货物包装容器,不准装运危险货物。受理出境危险货物包装容器使用检验报检时应要求报检人提供下列资料:

1) 出境危险货物包装容器性能检验结果单;

2) 企业出口危险货物符合性声明;

3) 其他有关资料。

合同规定或贸易关系人要求出具包装检验证书时,在出境货物包装容器使用鉴定结果单有效期内,可凭此单换发检验证书。

4.3.3.11 出境集装箱检验检疫的报检

(1) 出境集装箱应实施检验检疫的范围:

1) 作为运输工具出境的集装箱、船舱适载检验及空集装箱调拨、作为货物出境的新造集装箱;

2) 所有出境集装箱应实施卫生检疫;

3) 装载动植物、动植物产品和其他检验检疫物的集装箱应实施动植物检疫;

4) 装运出口易腐烂变质食品、冷冻品的集装箱应实施适载检验;

5) 输入国要求实施检验检疫的集装箱,按要求实施检验检疫;

6) 法律、行政法规、国际条约规定或贸易合同约定的其他应当检验检疫的集装箱按有关规定、约定实施检验检疫。

(2) 装载出口易腐烂变质食品、冷冻品的集装箱,在装运前实施清洁、卫生、冷藏、密固等适载检验。装载动植物、动植物产品和其他检疫物的集装箱,以及输入国家或地区要求和国家法律、法规或国际条约规定其他必须实施检验检疫的集装箱,经检验检疫取得证书的,方可装运。

(3) 检验检疫机构实施检验检疫后,对不需要实施卫生除害处理的,检验检疫合格后出具《集装箱检验检疫结果单》,对需要实施卫生除害处理的,签发《检验检疫处理通知单》,完成处理后应报检人要求出具《熏蒸/消毒证书》。

(4) 办理出境列入《需实施运载工具或设备适载检验的易腐烂食品、冷冻品目录》内的易腐烂变质食品、冷冻品报检时,要求报检人加附《集装箱检验检疫结果单》。

(5) 新造集装箱的检验检疫

对不使用木地板的新造集装箱,仅作为商品空箱出口时不实施检验检疫,不收取任何检验检疫费用。

对使用木地板的新造集装箱,仅作为商品空箱出口时,按如下规定办理:

1) 所使用的木地板为进口木地板,且进口时附有用澳大利亚检验检疫机构认可的标准作永久性免疫处理的证书,并经我检验检疫机构检验合格的,出口时可凭我检验检疫合格证书放行,不实施检验检疫,不收费;

2) 所使用的木地板为国产木地板,且附有已用澳大利亚检验检疫机构认可的标准作永久性免疫处理证明的,出口时可凭该处理证明放行,不实施检验检疫,不收费;

3) 使用的进口木地板没有我进口检验检疫合格证书或使用国产木地板没有用澳大利亚检验检疫机构认可的标准作永久性免疫处理的,应实施出境动植物检疫,并收取相应检疫费用。

4.3.3.12 重新报检

(1) 重新报检的范围

1) 超过检验检疫有效期;

2) 变更输入国家或地区,并有不同检验检疫要求的;

3) 改换包装或重新拼装的;

4) 已撤销报检的。

(2) 重新报检的要求

1) 按规定填写《出境货物报检单》,交附有关函电等证明单据;

2) 交还原发的证书或证单,不能交还的应按有关规定办理。

4.3.3.13 出境电子报检

(1)开展电子报检的报检人应具备下列条件:

1) 遵守报检的有关管理规定;

2) 已在检验检疫机构办理报检人登记备案或注册登记手续;

3) 具有经检验检疫机构培训考核合格的报检员;

4) 具备开展电子报检的软硬件条件;

5) 在国家质检总局指定的机构办理电子业务开户手续。

(2) 报检人在申请开展电子报检时,应提供以下资料:

1) 在检验检疫机构取得的报检人登记备案证明;

2) 电子报检登记申请表;

3) 电子业务开户登记表。

(3) 电子报检应注意的问题

1) 电子报检人应确保电子报检信息真实、准确,不得发送无效报检信息。报检人发送的电子报检信息应与提供的报检单及随附单据有关内容保持一致；

2）电子报检人须在规定的报检时限内将相关出境货物的报检数据发送至报检地检验检疫机构；

3）对于合同或信用证中涉及检验检疫特殊条款和特殊要求的，电子报检人在电子报检申请中同时提出。

（4）审单流程

1）对报检数据的审核采取“先机审，后人审”的程序进行；

2）企业发送电子报检数据，电子审单中心按计算机系统数据规范和有关要求对数据进行自动审核，对不符合要求的，反馈错误信息；符合要求的，将报检信息传输给检验检疫工作人员；

3）检验检疫工作人员进行人工审核，对于不符合规定的，在电子回执中注明原因，连同电子报检信息退回报检企业；对于符合规定的，将成功受理报检的回执的反馈报检企业，提示报检企业与检验检疫机构联系检验检疫事宜。

（5）受理报检环节

1）出境货物受理电子报检后，报检人应按受理信息的要求，在检验检疫施检时，提交报检单和随附单据。检验检疫机构施检部门负责按有关规定审核电子报检人所提交的报检单和随附单据，对不符合要求的，要求其予以修改和更换。

2）电子报检人对已发送的报检申请需更改或撤销报检时，应发送更改或撤销报检申请。检验检疫机构按有关规定办理。

4.3.3.14 出境货物电子转单

出境货物电子转单是指通过网络将出境货物经产地检验检疫机构检验检疫合格后的相关电子信息传输到出境口岸检验检疫机构实施检验检疫的监管模式。出境货物电子转单传输内容包括报检信息、签证信息及其他相关信息。

（1）有下列情况之一的暂不适用于电子转单：

1）出境货物在产地预检的；

2）出境货物出境口岸不明确的；

3）出境货物需到口岸并批的；

4）出境货物按规定需在口岸检验检疫并出证的；

5）其他按有关规定不适用电子转单的。

（2）电子转单受理流程

1）产地检验检疫机构向出境检验检疫关系人以书面方式提供报检单号、转单号及密码等；

2）出境检验检疫关系人凭转单号及密码等到出境口岸检验检疫机构申请《出境货物通关单》；

3）出境口岸检验检疫机构应出境检验检疫关系人的申请，提取电子转单信息，签发《出境货物通关单》；

4）按《口岸查验管理规定》需核查货证的，转施检部门核查货证。

（3）电子数据由产地检验检疫机构传输到口岸检验检疫机构后，应出境检验检疫关系人和产地检验检疫机构的要求，在不违反有关法律法规及规章的情况下，出境口岸检验检疫机构可以根据下列情况对电子转单有关信息予以更改：

1）对运输造成包装破损或短装等原因需要减少数重量的；

2）需要在出境口岸更改运输工具名称、发货日期、集装箱规格及数量等有关内容的；

3）申报总值需按有关币种换算或变更申报总值幅度不超过10%的；

4）经口岸检验检疫机构和产地检验检疫机构协商同意更改有关内容的。

4.3.4 出境货物口岸验证放行、核查货证

4.3.4.1 口岸验证放行

口岸验证是指逐批核查《出境货物换证凭单》的真实和有效。

（1）实施验证方式查验的，由口岸检验检疫机构检务部门受理申报，并核查《出境货物换证凭单》的真实有效后，签发《出境货物通关单》。

（2）检务部门验证时，发现《出境货物换证凭单》填制错漏的，通知签发《出境货物换证凭单》的检验检疫机构依照《出入境检验检疫签证管理办法》处理；发现《出境货物换证凭单》伪造、涂改的，依照检验检疫法律法规有关规定处理。

4.3.4.2 口岸核查货证

核查货证指核查《出境货物换证凭单》的真实和有效，并现场检查出境货物的基本情况是否与《出境货物换证凭单》记载相符。

（1）口岸查验时核查货证的比例为申报查验批次的1%～3%，根据国家质检总局《关于实施〈出境商品口岸重点查验目录〉的通知》（质检通函[2004]314号）的有关规定，在原口岸查验工作模式的基础上，设立重点查验目录。重点查验目录内商品按口岸查验（核查货证）比例的最高限5%执行，重点查验目录外的出口商品口岸查验（核查货证）比例按0.5%执行，核查货证的对象由CIQ2000根据查验申报单顺序编号随机确定。

（2）受理核查货证的货物报检后，检务部门在验证后，将全套报检证单送施检部门核查。

（3）下列出境货物必须逐批核查货证：

1）出口活动物；

2）重点核查名单内的企业申报的货物；重点核查名单内的企业申报的出口货物经口岸检验检疫机构连续核查货证5次，未发现有违规定行为的，不再列入重点核查名单；

3）国家质检总局确定的货物；

4）需口岸检验检疫机构出具检验检疫证书的；

5）申报查验的货物需要并批或者分批出境的。

4.4 签证

4.4.1 一般规定

4.4.1.1 出入境检验检疫签证流程一般包括受理报检（或申报）、审单、计费、收费、拟制与审签证稿、缮制与审校证单、签发证单、归档。

4.4.1.2 签证流程由检务部门统一管理。受理报检（或申报）、审单、计费、缮制与审校证单、签发证单、归档一般由检务部门负责和集中办理，收费由财务部门负责，拟制与审签证稿由施检部门负责。

4.4.1.3 按规定使用计算机业务管理系统签发的电子证单及其签证信息与纸质证单在全国检验检疫系统内等效。

4.4.2 拟制证稿

4.4.2.1 施检部门应根据检验检疫结果和合格评定标准，及时、准确地按照规定的证单种类、证单格式和证稿拟制规范拟制检验检疫证稿。

涉及品质检验的证稿应包括抽（采）样情况、检验依据、检验结果、评定意见四项基本内容。

4.4.2.2 检验检疫证书是对外贸易的重要单证，是进出口货物交接、通关、结算、索赔、经济诉讼仲裁等的重要凭证。检验检疫证书的质量集中体现了检验检疫机构的工作质量。检务审证人员要认真审核施检部门转来的各种证书的证稿，根据报检的类型及检验检疫方式，认真核对每一报检编号下的各种证稿资料是否齐全，并根据合同（和/或信用证）及技术规范的强制性要求和法律法规的规定，仔细审核证稿的格式是否规范，证稿应符合有关法律法规、进口国（或地区）对证书内容的要求以及国际贸易通行的做法，用词准确，文字通顺，符合逻辑。

4.4.2.3 检验检疫证单编号必须与报检单编号相一致。同一批货物分批出具同一种证书的，在原编号后加—1、—2、—3、……以示区别。

4.4.2.4 对外签发的证单（含副本）应加盖签证印章。中英文签证印章适用于签发证书、中外文凭单以及国外关于签证的查询；检验检疫专用章适用于签发中文凭单以及国内关于签证的查询。

4.4.2.5 两页或两页以上的证单，应将相邻两页并行排列后在前页的右上角（证书编号处）与后页的左上角之间加盖骑缝章，进口国有特殊要求的从其规定。

4.4.2.6 检验检疫证书一般由一正三副组成，其中正本对外签发，可同时向报检人提供二份副本，检验检疫机构留存一份副本。

4.4.2.7 国外对检验检疫证书有备案要求的，由国家质检总局统一办理。

4.4.2.8 检验检疫证单实行手签制度，分别由兽医官、授权检疫官、检疫医师、医师、授权签字人等签发。国外官方机构对签字人有备案要求的，由备案签字人签发相应的证书。

4.4.3 证书文字和文本

4.4.3.1 检验检疫证书必须严格按照国家质检总局制定或批准的格式，分别使用英文、中文、中英文合璧签发。进口国（或地区）政府要求证书文字使用本国官方语言的，或有特定内容要求的，应视情况予以办理。索赔证书一般使用中英文合璧签发，根据报检人需要也可使用中文签发。

4.4.3.2 证书一般只签发一份正本。报检人要求两份或两份以上正本的，须经检务部门负责人审批同意，并在证书备注栏内声明“本证书是××× 号证书正本的重本”。

4.4.3.3 证书的数量、重量栏目中数字前应加限制符“ ** ”；证书的证明内容编制结束后，应在下一行中间位置打上结束符“ ******** ”。加注证明内容以外的有关项目的，应加注在证书结束符号上面。

4.4.3.4 进口国（或地区）有要求或用于索赔、结算等的证书，可根据需要在备注栏内加注检验检疫费金额。

4.4.4 证稿审核

4.4.4.1 对出境货物出具检验检疫证书的审核

（1）检验检疫证书是对外贸易的重要单证，是进出口货物交接、通关、结算、索赔、经济诉讼仲裁等的重要凭证。检验检疫证书的质量集中体现了检验检疫机构的工作质量。审证人员要认真签收施检部门转来的各种证书的证稿，根据报检的类型及检验检疫方式，认真核对每一报检编号下的各种证稿资料是否齐全，并根据合同（和/或信用证）及技术规范的强制性要求和法律法规的规定，仔细审核证稿的格式是否规范，内容是否完整，文字是否流畅，用语是否恰当，译文是否准确；是否与合同（和/或信用证）规定相符。

（2）对出境货物出具检验检疫证书需要审核的内容

1）证稿的报检号是否与报检单相符，证稿抬头的证书种类是否与申请单相符，英文书写方式是否与信用证要求相符；

2）收发货人是否与报检单和提供的单据一致；

3）报检重数量是否与报检单和提供的单据一致；

4）品质证书是否描述了检验检疫抽（采）样情况、检验检疫依据、检验检疫结果和评定意见 4 项内容；

5）检验结果或结论是否符合国家技术规范要求。检验记录中是否有相应描述；

6）签证日期是否为全部检验检疫工作完毕的日期；

7）证稿中的标记号码是否与报检单和检验记录及依据一致；

8）证稿核签是否符合要求；

9）检验检疫时间是否超规定的检验检疫流程，对超流程的做记录；

10）检验检疫记录中的检验检疫依据是否应用正确，完整齐全。

（3）审核发现证稿检验结果有问题的，应直接与施检人员或审核签发人员联系进行修改。对不涉及检验结果的错误，直接在证稿上予以改正并签名或盖章并在微机中修改。审核合格的证稿应在证稿上签署本人姓名及审核日期并及时转交制证人员制证。证单交接应有签收手续。

4.4.4.2　对入境货物出具检验检疫证明的审核

（1）检验检疫证明是对外贸易发展中的重要单证，是外贸商品销售、结算等的重要凭证。审证人员要认真签收施检部门转来的检验检疫证明的证稿，并根据有关规定及合同条款，仔细审核证稿的内容、语法、文字等是否正确，是否与合同规定相符。

（2）对入境货物出具检验检疫证明需要审核的内容

1）证稿的证书编号是否与报检单的报检号相符；

2）收发货人是否与报检单和提供的单据一致；

3）报检重数量是否与报检单和提供的单据一致；

4）货物名称是否与报检单和提供的单据相符；

5）检验结果或结论是否符合国家技术规范要求。检验记录中是否有相应描述；

6）签证日期是否为全部检验检疫工作完毕的日期；

7）证稿中的标记号码是否与报检单和检验记录一致；

8）证稿核签是否符合要求；

9）检验检疫时间是否超规定的检验检疫流程，对超流程的做记录；

10）检验检疫记录中的检验检疫依据是否应用正确，完整齐全；

11）特殊入境商品（如动植物产品及入境验证商品等）所附的单据是否齐全、有效。

（3）审核发现证稿（单）检验结果有问题的，应直接与施检人员或审核签发人员联系进行修改。对不涉及检验结果的错误，直接在证稿上予以改正并签名或盖章并在微机中修改。

1）对发现问题的单证要及时记录报检单号，商品名称，差错原因。

2）审核合格的证稿应在证稿上签署本人姓名及审核日期并及时转交制证人员制证。

3）证单交接应有签收手续。

4.4.4.3 对入境货物出具检验检疫证书的审核

（1）检验检疫证书是对外贸易发展中的重要单证，是进出口货物交接、结算、索赔、经济诉讼仲裁等的重要凭证。审证人员要认真签收施检部门转来的各种证书的证稿，并根据有关规定及合同条款，仔细审核证稿的内容是否完整准确，文字是否流畅，用语是否恰当，译文是否正确（中英文证书），是否与合同规定相符。

（2）对入境货物出具检验检疫证书需要审核的内容

1）证稿的证书编号是否与报检单的报检号相符，证稿抬头的证书种类是否与申请单相符；

2）收发货人是否与报检单和提供的单据一致；

3）报检重数量是否与报检单和提供的单据一致；

4）品质证书是否有四项（取样方法、检验依据、检验结果和评定意见）要素；

5）检验结果或结论是否符合国家技术规范要求。检验记录是否有相应描述；

6）签证日期是否为全部检验检疫工作完毕的日期；

7）证稿中的标记号码是否与报检单和检验记录一致；

8）证稿核签是否符合要求；

9）检验检疫时间是否超规定的检验检疫流程，对超流程的做记录；

10）检验检疫记录中的检验检疫依据是否应用正确，完整齐全；

11）特殊入境商品（如食品等）所附的单据是否齐全、有效。

（3）发现证稿检验结果有问题的，应直接与施检人员或审核签发人员联系进行修改。对不涉及检验结果的错误，直接在证稿上予以改正并签名或盖章并在微机中修改。

1）对发现问题的单证要及时记录报检单号，商品名称，差错原因。

2）审核合格的证稿应在证稿上签署本人姓名及审核日期并及时转交制证人员制证。

3）证单交接应有签收手续。

4.4.4.4 对出境货物出具《出境货物换证凭单》的审核

（1）《出境货物换证凭单》是进出口企业在出境口岸换取通关单的重要凭证。审证人员要认真签收施检部门转来的《出境货物换证凭单》的证稿，并根据有关规定及合同条款，仔细审核证稿的内容是否完整齐全、用语是否恰当、文字是否流畅；是否与合同规定相符。

（2）对出境货物出具《出境货物换证凭单》需要审核的内容

1）证稿的报检号是否与报检单相符；

2）收发货人是否与报检单和提供的单据一致；

3）报检重数量是否与报检单和提供的单据一致；

4）货物名称是否与报检单相符；

5）包装性能结果单号是否与所附包装性能结果单号相符，包装性能结果单是否核销；

6）检验结果或结论是否符合国家技术规范要求，检验记录中是否有相应描述；

7）签证日期是否为全部检验检疫工作完毕的日期，有效期是否符合规定；

8）证稿中的标记号码是否与报检单和检验记录一致；

9）证稿核签是否符合要求；

10）检验检疫时间是否超规定的检验检疫流程，对超流程的做记录；

11）检验检疫记录中的检验检疫依据是否应用正确，完整齐全。

（3）发现证稿检验结果有问题的，应直接与施检人员或审核签发人员联系进行修改。对不涉及检验结果的错误，直接在证稿上予以改正并签名或盖章并在系统中修改。

1）对发现问题的单证要及时记录报检单号，商品名称，差错原因。

2）审核合格的证稿应在证稿上签署本人姓名及审核日期并及时转交制证人员制证。

3）证单交接应有签收手续。

4.4.4.5 出境货物电子转单的转出审核

（1）出境货物需电子转单时，必须由施检部门拟制《出境货物换证凭单》证稿。审证人员要认真签收施检部门转来的《出境货物换证凭单》证稿，并根据有关规定及合同条款，仔细审核证稿的内容是否完整齐全、用语是否恰当、文字是否流畅；是否与合同规定相符。

（2）出境货物电子转单（转异地放行）需要审核的内容

1）证稿的报检号是否与报检单相符；

2）收发货人是否与报检单和提供的单据一致；

3）报检重数量是否与报检单和提供的单据一致；

4）货物名称是否与报检单相符；

5）包装性能结果单号是否与所附包装性能结果单号相符，包装性能结果单是否核销；

6）检验结果或结论是否符合国家技术规范要求，检验记录中是否有相应描述；

7）签证日期是否为全部检验检疫工作完毕的日期，有效期是否符合规定；

8）证稿中的标记号码是否与报检单和检验记录一致；

9）证稿核签是否符合要求；

10）检验检疫时间是否超规定的检验检疫流程，对超流程的做记录；

11）检验检疫记录中的检验检疫依据是否应用正确，完整齐全。

（3）发现证稿检验结果有问题的，应直接与施检人员或审核签发人员联系进行修改。对不涉及检验结果的错误，直接在证稿上予以改正并签名或盖章并在系统中修改。

1）对发现问题的单证要及时记录报检单号，商品名称，差错原因。

2）审核合格的证稿应在证稿上签署本人姓名及审核日期并及时转交制证人员制证。

3）制证人员应注意审核报检单上声明的出境口岸，在系统中调出出境口岸的名称。并在微机中调出通关单样本，仔细审核通关单的签证日期和有效期是否符合规定要求。审核无误后转单。在《出境货物换证凭单》证稿上记录电子转单号，打印放行凭条。放行凭条必须加盖放行印章。

4）证单交接要有签收手续。

4.4.4.6 出境货物电子转单的接收审核

出境货物电子转单接收时需要审核的内容：

1）电子转单凭条下的报检单号是否与通关单上的报检号一致；

2）逐项审核通关单与报检单及转单凭条上的内容，是否相符。如有不符的地方应检查是否有更改申请单，更改单是否经检务部门负责人签字并经过计收费；

3）认真核对通关单的内容是否齐全，完整；

4）仔细审核通关单的签证日期及有效期是否符合规定；

5）通关单备注中是否已加“纺织品标识查验合格”字样；

6）对须核查货证的，是否已经查验合格，是否有查验记录；

7）对已打印的通关单要仔细审查内容是否与报检单一致，通关单流水号是否与通关单印刷号相符；

8）对发现的问题应及时与有关人员联系解决，不得擅自签字放行；

9）通关单审核无误后转交发证放行人员盖章放行。

4.4.4.7 入境货物电子转单的转出审核

入境货物电子转单的审核（转异地检验）需要审核的内容：

1）通关单审核人员接到已打印好的《入境货物通关单》后应首先确认该批货物的报检单号是否与通关单上的报检号一致，通关单流水号与打印流水号是否一致；

2）若为入境验证商品，则审核通关单备注中是否已加注“入境验证商品”字样；

3）有备案书的旧机电产品是否已加注“旧机电产品备案”；

4）转异地的产品是否已在备注中加最终收货单位联系人的名称和地址；

5）对要许可证的商品，要审核许可证是否已核销，许可证是否有效，是否已按许可证要求提供相应的检疫证书和原产地证书；

6）审核进口食品是否有原产地证书，小包装食品及化妆品是否有进口食品（化妆品）标签审核证书，审核证书日期是否有效；

7）审核进口电池、旧机电产品是否提供进口电池备案书和旧机电产品备案书；

8）审核检验检疫处理通知书的内容是否正确，填写的检疫部门是否正确。对发现的问题应及时与有关人员联系解决，不得擅自签字放行。

4.4.4.8 对出境货物出具《出境货物通关单》的审核

对出境货物出具《出境货物通关单》需要审核的内容：

1）通关单审核人员接到已打印好的《出境货物通关单》后应首先确认该批货物的报检单号是否与通关单上的报检号一致，通关单流水号与打印流水号是否一致。

2）应审查是否有检验检疫证稿或者放行凭条，并查看证稿或凭条上是否有拟稿人及施检部门负责人签字。

3）逐项审核通关单与报检单的内容，如有不符的地方应检查是否有更改申请单，更改单是否经检务部门负责人签字并经过计收费。

4）对涉及需要出具集装箱检验结果单的出口商品，检查是否附集装箱检验结果单，正本是否核销，是否有核销人签字。

5）仔细审核通关单的签证日期及有效期是否符合规定。

6）纺织品应检查是否有标识查验记录，通关单备注中是否已加注“纺织品标识查验合格”字样。

7）审核出口食品是否有注册厂出具的检验报告，小包装食品及化妆品是否有出口食品（化妆品）标签审核证书，审核证书日期是否有效。

8）援外物资应审核通关单备注中是否已加注“援外物资”字样。

对发现的问题应及时与有关人员联系解决，不得擅自签字放行。

4.4.4.9 对入境货物出具《入境货物通关单》的审核

对入境货物出具《入境货物通关单》需要审核的内容：

1）通关单审核人员接到已打印好的《入境货物通关单》后应首先确认该批货物的报检单号是否与通关单上的报检号一致，通关单流水号与打印流水号是否一致；逐项审核通关单与报检单的内容，如有不符的地方应检查是否有更改申请单，更改单是否经检务部门科长签字并经过计收费；

2）若为入境验证商品，则审核通关单备注中是否已加打“入境验证商品”；

3）有备案书的旧机电产品是否已加注“旧机电产品备案”；

4）转异地的产品是否已在备注中加最终收货单位联系人的名称和地址；

5）对要许可证的商品，要审核许可证是否已核销，许可证是否有效，是否已按许可证要求提供相应的检疫证书和原产地证书；

6）审核进口食品是否有原产地证书，小包装食品及化妆品是否有进口食品（化妆品）标签审核证书，审核证书日期是否有效；

7）审核进口电池、旧机电产品是否提供进口电池备案书和旧机电产品备案书；

8）审核检验检疫处理通知书的内容是否正确，填写的检疫部门是否正确。

对发现的问题可与有关部门负责人联系解决，不得擅自签字放行。

4.4.4.10 出境货物电子通关的审核

出境货物电子通关需要审核的内容：

1）通关单审核人员接到转来的单据后，应审查是否有检验检疫证稿或者放行凭条，并查看证稿或凭条上是否有拟稿人及施检部门负责人签字。

2）在系统中调出该批货物的通关单，逐项审核通关单与报检单的内容是否一致，项目是否填写完全，如有不符的地方应检查是否有更改申请单，更改单是否经检务部门科长签字并经过计收费。

3）对涉及需要出具集装箱检验结果单的出口商品，检查是否附集装箱检验结果单，正本是否核销，是否有核销人签字。

4）认真审核通关单的签证日期及有效期是否符合规定。

5）审核出口食品是否有备案企业出具的检验报告，小包装食品及化妆品是否有出口食品（化妆品）标签审核证书。审核证书日期是否有效。

6）援外物资应审核通关单备注中是否已加注“援外物资”字样。

对发现的问题应及时与有关人员联系解决，不得擅自签字放行。

4.4.4.11 入境货物电子通关的审核

入境货物电子通关需要审核的内容：

1）通关单审核人员在接到已计收费的单据后，首先审核所附单据是否齐全，符合规定要求，在系统中调出该批货物的通关单，逐项审核通关单与报检单的内容是否一致，项目填写是否齐全，如有不符的地方应检查是否有更改申请单，更改单是否经检务部门负责人签字并经过计收费；

2）若为入境验证商品，则审核通关单备注中是否已加打“入境验证商品”；

3）有备案书的旧机电产品是否已加注“旧机电产品备案”；

4）对要许可证的商品，要审核许可证是否已核销，许可证是否有效，是否已按许可证要求提供相应的检疫证书和原产地证书；

5）审核进口食品是否有原产地证书，小包装食品及化妆品是否有进口食品（化妆品）标签审核证书，审核证书日期是否有效；

6）审核进口电池、旧机电产品是否提供进口电池备案书和旧机电产品备案书；

7）审核检验检疫三联单的单号是否与报检单号一致，字迹是否清晰；

8）审核检验检疫处理通知书的内容是否正确，填写的检疫部门是否正确。对发现的问题可与有关部门负责人联系解决，不得擅自签字放行。

4.4.5 证稿的审签

4.4.5.1 入境货物经检验检疫合格的，其证稿由施检人员拟制并签字，部门审核人员审签。入境货物检验检疫不合格或对外签发索赔证书的，其证稿应由施检部门负责人审签。

属于以下情况的，应由施检部门报分管局领导核定：

1）案情复杂、索赔数额较大或损失较大的；

2）其他机构检验或收用货单位自行验收，其结果与检验检疫机构检验检疫结果相差较大的；

3）办理异地检验检疫汇总出证，汇总签证机构需要改变原评定意见的；

4）经检验检疫不合格，需作销毁或退运处理的。

4.4.5.2 出境货物经检验检疫合格，需拟制证稿的，其证稿由施检人员拟制并签字，部门审核人员核签；经检验检疫不合格的，应由施检部门负责人核签。

4.4.5.3 现场签证的，经施检、检务部门负责人和分管局领导同意，施检人员可直接签发证单，但应及时补办核签手续。有计算机管理系统的，还应补录有关数据。

4.4.5.4 一份证书涉及多个施检部门的，由主施检部门拟制证稿并组织会签。

4.4.5.5 并批出境的货物，由施检部门核准并根据需要拟制证稿。

4.4.6 制证

4.4.6.1 制证人员要严格遵守工作程序。只有经审证人员审核完毕并签字的证稿方可进行制证。

4.4.6.2 要正确使用各类证书格式，不得混用。证书中授权签字人名要与汉语拼音保持一致。

4.4.6.3 对所领用的各类空白证书要妥善保管，不得丢失。对证书的使用要按规定进行登记核销，实现报检号与所使用的证书印刷流水号一一对应。领用新证书前要将先前领用证书使用登记表交回核对，经核对无误后方可领取新证书。

4.4.6.4 凡要求更改的证书，须经负责人签字批准后方可办理，不得擅自更改。

4.4.6.5 制证完毕后及时转交发证处。

4.4.7 校对

4.4.7.1 校对人员接到已制好的证书后，应注意审核证书的内容是否与证稿一致。

4.4.7.2 审核所用证单的种类、格式、文本、语种是否正确，证面编排是否得当、美观整洁。

4.4.7.3 对校对发现问题的证单，退证单审核人员重新审核，或退制证人员重新配、制证。

4.4.7.4 对校对合格的证单，校对人员在存档的副本上签字并将证单交授权签字人员签字。对已校对合格的证单，校对人员在系统中将校对栏内该报检号点击通过。

4.4.8 证单日期和有效期

4.4.8.1 检验检疫证单一般应以检讫日期作为签发日期。

4.4.8.2 检验检疫证单的有效期不得超过检验检疫有效期。检验检疫有效期由施检部门根据国家有关规定,结合对货物的检验检疫监管情况确定。下列证单的有效期为:

1)"入境货物通关单"的有效期为60天;

2)一般报检的"出境货物换证凭单"(含电子转单方式)和"出境货物通关单"的有效期为:一般货物 60 天;植物和植物产品 21 天,北方冬季可适当延长至 35 天;鲜活类货物 14 天;

3)用于电讯卫生检疫的"交通工具卫生证书"的有效期为:用于船舶的 12 个月,用于飞机、列车的 6 个月;

4)"船舶免予卫生控制措施证书/船舶卫生控制措施证书"的有效期为 6 个月;

5)"国际旅行健康检查证明书"的有效期为 12 个月;"疫苗接种或预防措施国际证书"的有效时限根据疫苗的有效保护期确定;

6)国家质检总局对检验检疫证单有效期另有规定的从其规定。

4.4.8.3 检务部门签发证单,出境应在收到证稿后 2 个工作日、入境应在收到证稿后 3 个工作日内完成,特殊情况除外。

4.4.9 代签和汇总出证

4.4.9.1 应申请人要求口岸检验检疫机构经原签证机构书面委托,可对原证书的内容进行更改或补充对产地检验检疫口岸查验换证的出境货物,应报检人申请,需要在口岸更改或补充原证单的内容的,口岸检验检疫机构可凭产地检验检疫机构书面委托予以办理。

4.4.9.2 入境货物一批到货分拨数地的,由口岸检验检疫机构出证。因特殊情况不能在口岸进行整批检验检疫的,可办理异地检验检疫手续,由口岸检验检疫机构汇总有关检验检疫机构出具的检验检疫结果出证;口岸无到货的,由到货最多地的检验检疫机构汇总出证,如需口岸检验检疫机构出证的,应由该口岸检验检疫机构负责组织落实检验检疫和出证工作。

4.4.9.3 入境货物发生品质、重量或残损等问题,应根据致损原因、责任的对象不同,分别出证。因多种原因造成综合损失的变质、短重或残损可以汇总出证,但应具体列明不同的致损原因。

4.4.10 更改、补充或重发证单

4.4.10.1 受理申请

1)通关单更改申请前要填写"更改申请单",由报检部门负责人签署意见后调档。

2)品名、数(重)量、包装、发货人、收货人等重要项目更改后与合同、信用证不符的,或者更改后与输入国法律法规规定不符的,均不能更改。

3)检验检疫证单发出后,报检人提出更改或补充内容的,应填写更改申请单,经检务部门审核批准后,予以办理。更改、补充涉及检验检疫内容的,还需由施检部门核准。更改内容一般由报检部门负责在计算机内先更改。

4)超过检验检疫证单有效期的,不予更改、补充或重发。

5)更改制作通关单前要补交更改费。如果更改后的数量、重量、货值增加的,要补交检验检疫费,由计费人员计费。

6)制作通关单前,制单人员要先检查是否已补交了更改费或检验检疫费,没有交费的

应先交费后更改。

7）通关单更改前，要先收回原发通关单，确认后再更改。原通关单不能交回的一般不予办理更改。

4.4.10.2　证单的变更

1）在检验检疫证书签发后，报检人要求更改证单内容的，经审批同意后方可办理更改手续，报检人申请更改时，应填写更改申请单，书面说明原因及要求，并附有关函电等证明单据。

2）报检人将原证书全部交回的，作一般更改处理。另行签发已更改内容的证书，并将原证书作废。

3）如果报检人因退关、短装、国外要求修改或报检人差错等原因需要更改者，应退回全部原发证书，经检验检疫机构审核无误后给予更正。

4）更改证单，能够退回原证单的，签发日期为原证签发日期；不能退回原证单的，更改后的证单(REVISION)在原证编号前加"R"，并在证单上加注"本证书/单系×××日签发的×××号证书/单的更正，原发×××号证书/单作废"，签发日期为更改证单的实际签发日期。

5）证单更改涉及检验检疫有关内容的，应经施检部门核准。对原证是若干批货物加权平均综合出证，报检人要求更改为分证的，应经施检部门审批同意，并出具分批结果；对要求将分证改为并证的，应经施检部门确认原分证证书所列货物是否含有已超过检验检疫有效期。

6）品名、数(重)量、检验检疫结果、包装、发货人、收货人等重要项目更改后与合同、信用证不符的，或者更改后与输出、输入国家法律法规规定不符的，均不能更改。

4.4.10.3　证单的重发

申请人在领取检验检疫证单后，因故遗失或损坏，应提供经法人代表签字、加盖公章的申请书，并在检验检疫机构指定的报纸上声明作废。经原发证的检验检疫机构审核批准后，方能重发证单(DUPLICATE)，能够退回原证单的，签发日期为原证签发日期；不能退回原证单的，在原证编号前加"D"，并在证单上加注"本证书/单系×××日签发的×××号证书/单的重本，原发×××号证书/单作废"，签发日期为重发证单的实际签发日期。

4.4.10.4　证单补发

(1) 检验检疫机构发出证单后，因交接、索赔、结汇等需要，或因报检人要求补充检验检疫项目，或发现该批货物的其他缺陷或产生缺陷的原因等，为了进一步说明这些情况，检验检疫机构可在原证单的基础上酌情补充证书，对原证书的不充分或遗漏部分作进一步说明或评定。报检人需要补充证书内容时，应填写《更改申请单》，办理申请手续，并出具书面证明材料，说明要求补充的理由，经检验检疫机构核准后据实签发补充证单。补充证单(SUPPLEMENT)，在原编号前加"S"，并在证单上加注"本证书/单系×××日签发的×××号证书/单的补充"(This certificate is a supplement of the certificate No. ×××)，签发日期为补充证单的实际签发日期。补充证单与原证单同时使用时有效。

(2) 一般情况下，检验检疫机构只签发一份正本。特殊情况下，合同或信用证要求两份或两份以上正本，且难以更改合同或信用证的，经审批同意，可以签发，但应在第二份证书正本上注明"本证书是×××号证书正本的重本"。

4.4.11 发证

4.4.11.1 发证放行人员只接收通关单审核岗及证书缮制岗人员转来的制作好的单证。

4.4.11.2 收到单证后在证单上加盖印章。要正确使用印章。中英文印章适用于各类证书、中外文凭单及国外关于签证的查询;中文章适用于签发通关单、换证凭单、检验检疫处理通知书、海关委托及国内关于签证的查询。审批专用章用于进口许可证初审,上述印章不得混用,如发现有误应立即更正。

4.4.11.3 如有其他单证需加盖业务印章,须经主管领导同意方可办理。

4.4.11.4 发单证时要核对领证人的报检员证,由领证人在申请单中领证人栏处签字并填写领证日期后将证单交给领证人。不得将档案交给报检人。

4.4.11.5 发放完证书或放行完毕不需出证的档案必须按规定登记后转档案室,转交必须有交接手续。转异地的将货物调离通知单登记后寄往货物目的地检验检疫机构,其他单据转档案室;转本局分支机构的,登记后转单。

4.4.11.6 放行完毕需出证的档案经登记后由相关检验部门签字后转检验部门。

4.4.11.7 发证人要妥善管理好所有印章,下班后锁在规定的保险柜内,不得随意转交他人使用。对未来得及归档的单据,要妥善保管。

4.5 放行

4.5.1 放行的概念和种类

1) 放行是指检验检疫机构对于出入境货物签发检验检疫通关证明、供海关验放的过程。

2) 放行包括出境货物放行/入境货物放行两大类。

4.5.2 审单

4.5.2.1 出境货物放行

1) 对于出境货物,检务人员一般应审核施检部门签署的放行意见,并审核有关检验检疫记录与所放行货物的相关单据是否一致。经审核符合要求的签发《出境货物通关单》,并将电子数据发送至报关地海关。

2) 对于凭换证凭单(或电子转单)在出境口岸办理查验放行的,检务人员一般应审核换证凭单的有效性,并审核换证凭单与所放行货物的相关单据是否一致。其中按规定需批批实施核查货证或需按规定比例抽批核查货证的,还应审核核查部门签署的放行意见和核查货证的有关记录。

4.5.2.2 入境货物放行

1) 对于入境货物,检务人员一般应审核入境报检手续是否齐全。经审核符合要求的签发入境货物通关单。

2) 对于按规定需在检验检疫合格后方可放行的货物,应审核施检部门签署的放行意见,并审核有关检验检疫记录与所放行货物的相关单据是否一致。

4.5.2.3 直通放行

1) 实施直通放行的企业应为国家质检总局公布的企业名单。

2) 实施直通放行的货物应在国家质检总局对外公布的实施直通放行进出口货物目录内。

3) 按照规定,下列情况不实施直通放行:

① 不实施进口直通放行的货物:a)列入《不实施进口直通放行货物目录》;b)来自疫区(含动植物疫区和传染病疫区);c)非原集装箱直接运输至目的地(散装货物或更换集装箱等货物);d)属于国家质检总局明确规定必须在口岸进行查验或处理的货物。

② 不实施出口直通放行的货物:a)散装货物;b)出口援外物资和市场采购货物;c)在口岸需要更换包装、分批出运或重新拼装的;d)双边协定、进口国或地区要求等须在口岸出具检验检疫证书;e)国家质检总局明确规定必须在口岸查验或实施检验检疫的;f)被列入风险预警的企业和货物。

4)进出口货物范围若需调整,按国家质检总局规定由直属出入境检验检疫局共同协商确定。

4.5.3 制单

1)签发通关证明应按规定标注有效期和备注。

2)通关证明中的栏目因内容多而打制不下的,可添加附页,并对通关证明和附页加盖骑缝章。

4.5.4 签发

1)签发通关证明应在完成通关单缮制后由授权签字人签字并加盖"检验检疫专用章"。

2)通关证明的归档联应由授权签字人签字后归入检务档案。

3)入境货物在报关地(本地)实施检验检疫的,签发编号为"2-1-1"的三联入境货物通关单;入境货物需在目的地(异地)施检的,签发编号为"2-1-2"的三联入境货物通关单;并及时将相关电子信息传递给目的地检验检疫机构。通关单备注栏应注明目的地收(用)货单位的联系信息。

4)需实施通关前查验的入境货物,经查验合格,或经查验不合格、但可进行有效处理的,签发"入境货物通关单";经查验不合格又无有效处理方法,需作退货或销毁处理的,签发"检验检疫处理通知书",并书面告知海关和当事人。

4.5.5 更改与补发

4.5.5.1 更改

1)通关证明签发后需更改的,报检人应按规定办理更改申请手续。经批准同意更改的,应退回原证明后方可办理更改。

2)出境货物通关单需更改品名、H.S.编码、包装方式、数(重)量等与检验检疫结果相关的项目时,须经施检部门核准后检务部门方可更改;对于凭换证凭单(或电子转单)在出境口岸办理查验放行的,则应经换证凭单签发机构同意方可更改;对于其他与检验检疫结果无关的项目,检务部门可直接更改。

3)入境货物通关单的更改一般由检务部门凭更新的报检资料予以更改。

4.5.5.2 补发

1)通关证明遗失需补发的,报检人应按规定登报声明原证明作废,并凭登报声明的相应凭证、办理补发申请手续。经批准同意补发的,方可予以补发。

2)补发通关的签发日期为核准补发的当天日期,其编号为原编号后加"100",补发证明的其他内容应与原证明相同。

4.5.6 电子通关

1)电子通关是指检验检疫机构将通关证明的电子数据发送海关,海关凭以验放出入境货物的操作过程。

2）检验检疫机构应按有关规定确定辖区内的电子通关企业，并做好培训和管理工作。

3）对于电子通关企业，检验检疫机构对其报检的海关凭通关证明验放的货物签发“电子通关单”。

检验检疫机构应按检验检疫放行管理的有关规定对电子通关实施管理。

4.6 检务档案的管理

4.6.1 检务档案的概念和内容

1）检务档案是检验检疫机构对报检单据、施检结果和数据以及检验检疫证单存档联作留存和汇总而形成的文字资料的总和。

2）检务档案包括报检申请单、代理委托书、检疫证书、许可证、原产地证书、对外贸易合同(售货确认书或函电)、信用证、发票、提单、装箱单、质保书、厂检单、检验检疫原始记录、证稿和证单存档联等资料。

4.6.2 归档

1）检验检疫施检部门在完成施检结果登记、证稿拟制和审核后，应及时将检务档案所包含的各类资料送交检务部门。

2）检务档案中应留存所有相关资料的原件，施检部门因工作需要需留存有关资料的，应复印并留存复印件。

3）检务部门收到施检部门送交的检务档案资料后，应审核档案资料的完整性和有效性。发现有缺失或错误的，应在补齐或纠正后开始建档。

4）检务档案需根据建立业务档案的有关规定建立档案卷宗。

4.6.3 保存

1）检验检疫机构在规定的检务档案保存期限内，应妥善保存检务档案。一般出境检务档案保存期为 2 年，入境检务档案保存期为 3 年，普惠制产地证书和一般原产地证书检务档案为 2 年。电子数据应长期保存。

2）涉及重大案(事)件、典型案例或入境货物经检验检疫发现一类有害生物的，其检务档案应作长期或永久保存。检务部门对此类档案应单列卷宗并与其他检务档案分开保存。

4.6.4 调档

1）检务档案是仅供检验检疫机构内部查阅的内部业务工作档案，应有施检部门和检务部负责人签署意见。不向社会开放查阅。

2）调阅完毕后，检务档案管理人员应做好调阅记录并及时归档。

3）调阅检务档案时，调阅人员不得污损档案资料，也不得在档案资料上作任何标注或修改。

4）调阅完毕后，检务档案管理人员应作好调阅记录并及时归档。

4.6.5 档案的销毁

1）检务档案超过保存期限的应作销毁处理。

2）检务档案的销毁应按保密资料的销毁程序进行，不得随意处置。

4.7 空白单证和业务印章的管理

4.7.1 一般要求

1）国家质检总局统一印制并管理检验检疫证单。下发至各地检验检疫机构的证单，由各地检验检疫机构的检务部门负责管理。各地检验检疫机构应建立、健全证单的入库、保管、调拨、领用和核销等规章制度。检验检疫证单要专人保管、专库存放，作废证单应逐批核销。检验检疫业务证单和业务印章要分人、分库管理，不得指定任何人同时管理空白证单和业务印章。

2）建档或对外备案所需的证单样本，须经检务部门负责人审批同意，并加盖样本（SPECIMEN）戳记。

3）现场签证的，经施检、检务部门负责人和分管局领导同意，施检人员直接签发证单，但必须及时办理空白证单领用手续，及时核销。

4.7.2 空白证单

空白证单指国家质检总局统一印制，尚未缮制证明内容的证单。

4.7.2.1 空白证单的征订

1）空白证单的征订：各地检验检疫机构检务部门，根据签证需要向国家质检总局征订。

2）各分支机构检验检疫局检务部门应于规定的期限内向直属局检务部门报送下一年度证单使用计划，填写《空白证单征订计划单》。

3）直属局检务部门根据各处、分支机构报送情况，及时拟制出本局的年度领用计划，经主管领导审批后报国家局。

4.7.2.2 空白证单的存放

1）检验检疫机构领取的证单应由专人保管。存放证单必须设立专用库房，并应具备防火、防盗、防潮、防虫等安全措施。

2）空白证单应及时入库存放，输入 CIQ2000 系统，实行印刷流水号管理。

4.7.2.3 空白证单的领取

1）各地检验检疫机构检务部门应设一名空白证单管理员，专职或兼职负责本部门空白证单的领用、保管等工作。

2）各用证部门要及时将领取的证单清点入库、建账、分类保管。及时在 CIQ2000 系统做领用登记。

3）施检部门因工作需要领取的检验检疫证单，实行批准登记核销制度，登记内容包括申领证单的种类、数量、用途及申领人的姓名。经施检部门负责人核签，检务部门负责人批准后方可领取，并在规定的期限内进行核销。

4.7.2.4 空白证单的核销

作废的证单不得擅自毁弃，正副本均应标明“作废”字样，及时交回。检务部门日常工作中产生的作废证单应及时核销；施检部门工作中产生的作废证单，应在规定的期限退回，由检务部门统一办理核销手续。

4.7.2.5 空白证单的销毁

对作废证单，正副本均应标明“作废”字样，并由本部门填写《作废证单明细表》一式两份，经部门领导审核签字。在领取新证时将作废证单交回，进行核销，未交废证单，不得领取新证单。对作废证单由直属局定期到指定地点销毁。

4.7.3 业务印章

业务印章是指检验检疫机构在所出具的检验检疫证单上加盖的印章及戳记。检验检疫印章的格式、规格、种类以及印章的材料由国家质检总局统一确定、统一制作、统一管理。

4.7.3.1　业务印章的征订

检验检疫印章由各直属局检务部门向国家质检总局征订、领取并统一管理。

4.7.3.2　业务印章的领用

检验检疫机构应建立检验检疫印章的登记、保管、领用、核销等制度。各地检验检疫机构检务部门因工作需要领取业务印章实行批准登记及核销制度，登记内容包括申领印章的种类、数量、用途及领用人姓名。经直属局检务部门负责人批准后，方可领取。领取时应留存印章印模备查。

4.7.3.3　业务印章的保管

检验检疫机构领取的业务印章应由专人保管，存放业务印章必须设立保险柜，具备相应的安全防护措施。

4.7.3.4　业务印章的使用

检验检疫印章用于检验检疫证单、证明。中英文签证章适用于签发证书（含原产地证书）、中外文凭单以及国外关于签证的查询；检验检疫专用章适用于签发中文凭单以及国内关于签证的查询；带有“FROM A”字样的中英文签证印章适用于签发普惠制原产地证明书以及国内外关于普惠制原产地证明书的查询；检验检疫钢印适用于《国际预防证书》的签发。两页或两页以上的证书，用签证印章加盖骑缝。

4.7.3.5　业务印章的核销

启用新的业务印章时，各直属检验检疫局要对相应废止的业务印章进行清查，按规定由检务部门统一集中处理，其他部门不得自行处理。各直属检验检疫机构要定期检查签证印章的保管、使用情况。如发现丢失、毁坏等问题，应及时报告，及时查处。对造成损失者要追究有关人员责任，构成犯罪的移交司法机关处理。

4.8　检务岗位的设定与职责

按照检务工作的性质和任务，检务部门可分为九个岗位，即：报检岗、计费岗、签证岗、放行岗、档案管理岗、流程管理岗、证单管理岗、印章管理岗和综合管理岗，其主要职责如下：

4.8.1　报检岗

负责报检企业和报检的日常管理、受理企业的一般报检和电子报检业务、接受企业咨询等。

4.8.2　签证岗

负责审核、缮制和签发除通关单外的各类检验检疫证单，接受企业签证咨询以及办理检验检疫证单的修改、补发、重发等业务。

4.8.3　放行岗

负责按规定对检验检疫合格的进出口应检对象签发通关单或发送电子通关信息供企业办理通关手续以及接受企业的放行咨询和受理海关的查询。

4.8.4　档案管理岗

负责对检务档案的管理，办理归档、调档、档案销毁等业务。

4.8.5　流程管理岗

负责对检务各流程的综合协调和管理以及对流程时限的控制、考核和监督检查等。

4.8.6　证单管理岗

负责对检验检疫空白证单的征订、库存、领用、核销等工作的管理以及对证单使用的监督检查等。

4.8.7 印章管理岗

负责对业务印章的管理，包括印章的征订、发放、销毁以及对业务印章使用的监督和检查等。

4.8.8 综合管理岗

负责检务综合管理工作，包括检务各岗位间的协调配合，对 CIQ2000 系统人员、权限和基础代码的管理以及对报检员的培训和管理等。

第5章 原产地业务管理

5.1 原产地业务管理概述

原产地专业是以研究原产地规则为主要内容的一门业务。就专业而言，它涉及的内容十分广泛，其中包括为确定货物原产地而制定的法律、法规、规章制度以及工作程序等，同时也包括国际贸易的相关知识。它是一门涉及多门类、多学科的边缘科学。

原产地规则是一项重要法规，它是各国政府为了确定货物的原产地而制定的法律、法规和普遍实施的行政命令及措施。它直接涉及各国的经济利益，体现各国对外贸易政策。原产地规则主要内容包括原产地标准、直运规则和书面证明三个方面。原产地证书是原产地规则中的书面证明，是各国政府实施对外贸易管理和差别关税待遇的重要凭证。出具原产地证书已成为国际贸易中的一个重要环节，世界各国历来都十分重视原产地管理工作。

早在20世纪50年代初，我国就开始了出口货物原产地证书的管理和认定，到了90年代，国家对出口货物原产地证书的签发和管理已经形成了系统的签证和管理模式，为我国的出口创汇做出了历史性的贡献。

我国普惠制原产地证书的签发始于20世纪70年代末，至今已有30多年的历史，为我国出口货物享受各给惠国的关税优惠待遇，促进我国对外贸易的发展，提高我国产品在国际市场的竞争力，改善投资环境，吸引外资，提升产品国产化程度，促进国民经济发展等方面都起到了不可估量的作用。

近几年，国家质检总局启动了区域性优惠原产地证书和金伯利进程国际证书的签证工作，从而使我国对外签发原产地证书的业务得到了极大的拓展，区域性优惠原产地证书的签发为我国出口货物享受区内关税减让待遇提供了保障，金伯利进程国际证书为我国毛坯钻石进出口业务创造了有利条件。原产地证书的作用越来越重要，地位和性质越来越高，范围越来越大，国家对此也越来越重视。随着2005年1月1日《中华人民共和国进出口货物原产地条例》的实施，我国原产地管理工作进入了一个新的发展阶段。

原产地证书的签发和管理是一项专业性、技术性、政策性都很强的工作，它要求原产地证签证管理人员和原产地证申报人员具有较高的专业知识和业务水平，掌握与原产地业务相关的法律、法规，以确保货物原产地的真实性和原产地证书的有效性。

为提高检验检疫机构原产地证签证人员的业务素质及依法行政水平，国家质检总局规定各地检验检疫机构原产地证书签证人员须经国家质检总局统一培训考试合格，持证上岗。

原产地业务管理主要涉及三个方面：一是组织机制体系管理，它是保证原产地专业有效、有序和规范运行组织保障，这一方面的管理到位了，原产地工作就会关系理顺，就会形成良好的工作环境和工作氛围；二是工作程序管理，它是工作运行的指示器，是规范运作的流程管道，是工作质量保证的保障机制；三是专业人员管理，这是保障工作质量的前提。

5.2 原产地术语定义

5.2.1 原产地证明书

证明货物的生产或制造地的文件，简称原产地证书。

原产地证书按用途可分为优惠原产地证书和非优惠原产地证书两大类；按种类可分为普惠制原产地证书、一般原产地证书、区域性经济集团互惠原产地证书、专用原产地证书等。

优惠原产地证书包括：普惠制原产地证书；《烟草真实性证书》；《原产地命名证书》；《亚太贸易协定》、中国—东盟自贸区、中国—智利自贸区、中国—巴基斯坦自贸区、中国—新西兰自贸区、中国—新加坡自贸区、中国—秘鲁自贸区、中国—哥斯达黎加自由贸易区等区域性经济集团互惠原产地证书，海峡两岸经济合作框架协议原产地证书等。

非优惠原产地证书包括一般原产地证书、《金伯利进程国际证书》等。

5.2.1.1　普惠制原产地证书

采用联合国贸发会议规定的统一格式，根据普惠制给惠国的原产地规则和有关要求，普惠制受惠国官方机构出具的具有法律效力的受惠国的出口产品在给惠国享受在最惠国税率基础上进一步减免进口关税的官方凭证，是普遍的、非歧视的、非互惠的。

5.2.1.2　一般原产地证书

证明货物原产于某一特定国家或地区，享受进口国正常关税（最惠国）待遇的证明文件。它的适用范围是：征收关税、贸易统计、保障措施、歧视性数量限制、反倾销和反补贴、原产地标记、政府采购等方面。

5.2.1.3　区域性经济集团互惠原产地证书

订有区域性贸易协定的经济集团内的国家官方机构签发的享受互惠减让关税的凭证。例如《〈亚太贸易协定〉优惠原产地证明书》等。

（1）《〈亚太贸易协定〉优惠原产地证明书》

根据《亚太贸易协定》原产地规则的要求签发的在协定成员国之间就特定产品享受互惠减免关税优惠待遇的具有法律效力的官方证明文件。

（2）《中国—东盟自由贸易区原产地证书》

根据中国—东盟自由贸易区货物贸易协定原产地规则签发的在成员国之间就特定产品享受互惠减免关税优惠待遇的具有法律效力的官方证明文件。

（3）《中国—巴基斯坦自由贸易区原产地证书》

根据中国—巴基斯坦自由贸易协定原产地规则签发的在成员国之间就特定产品享受互惠减免关税优惠待遇的具有法律效力的官方证明文件。

（4）《中国—智利自由贸易区原产地证书》

根据中国—智利自由贸易协定原产地规则签发的在成员国之间就特定产品享受互惠减免关税优惠待遇的具有法律效力的官方证明文件。

（5）《中国—新西兰自由贸易区原产地证书》

根据中国—新西兰自由贸易协定原产地规则签发的在成员国之间就特定产品享受互惠减免关税优惠待遇的具有法律效力的官方证明文件。

（6）《中国—新加坡自由贸易区原产地证书》

根据中国—新加坡自由贸易协定原产地规则签发的在成员国之间就特定产品享受互惠减免关税优惠待遇的具有法律效力的官方证明文件。

（7）《中国—秘鲁自由贸易区原产地证书》

根据中国—秘鲁自由贸易协定原产地规则签发的在成员国之间就特定产品享受互惠减免关税优惠待遇的具有法律效力的官方证明文件。

(8)《中国—哥斯达黎加自由贸易区原产地证书》

根据中国—哥斯达黎加自由贸易协定原产地规则签发的在成员国之间就特定产品享受互惠减免关税优惠待遇的具有法律效力的官方证明文件。

(9)《海峡两岸经济合作框架协议原产地证书》

根据海峡两岸经济合作框架协议原产地规则签发的在成员方之间就特定产品享受互惠减免关税优惠待遇的具有法律效力的官方证明文件。

5.2.1.4　专用原产地证书

国际组织或国家根据政治和贸易措施的特殊需要，针对某一特殊行业的特定产品规定的原产地证书，这些产品应符合特定的原产地规则。如《金伯利进程国际证书》《输欧盟烟草真实性证书》《输欧盟特定产品原产地名称证书》《输欧盟农产品原产地证书》《原产地标记证书》等。

(1)《输欧盟烟草真实性证书》

为使出口至欧盟的品目号 2401 项下部分烟草享受欧盟特定关税优惠待遇而签发的具有法律效力的官方证明文件。

(2)《输欧盟特定产品原产地名称证书》

为使出口至欧盟的葡萄、葡萄酒、奶酪、烟草和硝酸盐等特定产品享受欧盟特定关税优惠待遇而签发的具有法律效力的官方证明文件。

(3)《输欧盟农产品原产地名称证书》

为使出口至欧盟的蘑菇罐头等特定农产品享受欧盟特定关税优惠待遇而签发的具有法律效力的官方证明文件。

(4)《原产地标记证书》

证明货物符合《原产地标记管理规定》《原产地标记管理规定实施办法》《中华人民共和国进出口货物原产地条例》《中华人民共和国非优惠原产地签证管理办法》，具有使用已注册原产地标记的资格的官方证明文件。

(5)《金伯利进程国际证书》

由参加金伯利进程国际证书制度的成员国签发的证明毛坯钻石合法来源地的官方证明文件。

5.2.2　与原产地有关的其他证书

5.2.2.1　加工装配证书

证明货物仅在中国境内加工装配、未取得中国原产资格的证明文件。

5.2.2.2　转口证明书

证明非原产货物仅经中国转口的证明文件。

5.2.2.3　未再加工证明

证明中国出口货物在途经第三个国家或地区时，未在中转地进行任何形式的加工或制作，符合给惠国直接运输规则的证明文件。

5.2.3　原产地规则

国家、地区或国际组织为了确定货物的原产地而制订的法律、法规及一般执行的行政决定。

5.2.4 签证机构

本手册所列原产地证书的签发机构。

官方机构为中华人民共和国质量监督检验检疫总局(以下简称国家质检总局)设在全国各地的出入境检验检疫机构。

5.2.5 完全原产产品

完全在中国生产或获得的产品。

5.2.6 含非原产成分产品

在生产制造过程中使用了非原产原料或零部件的产品。

5.2.7 非原产成分

产品在生产或制造过程中所使用的进口或产地不明的原材料、零部件。

5.2.8 原产地调查

签证机构为核实申领原产地证书的产品是否符合相关原产地规则的规定,对申请单位及其申报产品进行调查、核实的行为。原产地调查包括实地调查和书面核查等原产地合格评定程序。

5.2.8.1 注册调查

签证机构在申请单位申请注册登记时,对其产品、原料及加工情况等进行的查核。

5.2.8.2 签证调查

签证机构在审签《原产地工作手册》所列证书过程中为核实证书项下产品或证书内容的真实性和准确性而进行的实地调查。

5.2.8.3 签证抽查

签证机构对所签发的《原产地工作手册》所列证书项下的产品按照有关规定所进行的不定期抽查。

5.2.8.4 退证查询调查

签证机构在收到货物进口国主管当局的退证查询时,针对其提出的问题所进行的实地调查和书面核查。

5.2.9 注册/备案管理

签证机构对申请原产地证书的单位、产品进行的管理制度,内容包括申请人及其申报产品、原产地申报人员相关信息、原产地标记等信息核对。

5.2.10 退证查询

货物进口国主管当局对我国签证机构所签发的《原产地工作手册》所列证书的真实性、准确性或证书项下产品是否符合原产地规则等问题向我国签证机构进行的核查。

5.2.11 电子签证

签证机构对申请单位通过电子网络以电子方式申报的本手册所列证书进行电子审签的行为。

5.2.12 年审

签证机构按照有关法律法规的规定对申领原产地证书的注册单位、注册产品、注册登记的申报员及相关信息进行的年度审核。

5.2.13 培训考核

签证机构对原产地证书申请单位的申报人员进行的培训、考核,对经考核合格的颁发原产地证书申报员证。

5.3　注册/备案

对申请本手册所列证书的单位、产品及申报员均须在签证机构进行注册/备案。

5.3.1　签证机构办理申请单位注册/备案登记

5.3.1.1　审核申请单位注册/备案资格

在中华人民共和国境内依法设立，具有进出口经营权的企业；中外合资、中外合作和外商独资企业；对外承接“来料加工”、“来图来样加工”、“来件装配”和“补偿贸易”等业务的企业；经营旅游商品的销售部门；参加国际经济、文化交流及拍卖等活动需要出售参展品、样品等有关单位均有资格向所在地检验检疫机构申请办理注册/备案登记。

5.3.1.2　审核申请单位注册/备案资料

申请单位注册/备案必须提供以下资料：

1）政府主管部门授予申请单位进出口经营权的文件或证书；

2）工商营业执照；

3）申请原产地证书，提供《原产地证明书注册登记表》（见A.1）；申请原产地标记，提供《原产地标记注册申请书》（见A.2）；申请《金伯利进程国际证书》，提供《金伯利进程国际证书制度注册登记申请表》（见A.3）；

4）《组织机构代码证》；

5）出口产品的相关资料：一般贸易产品的出口合同、国内购销合同、信用证；加工贸易产品的生产加工合同；材料、零部件的购买合同、发票；

6）《产品成本明细单》《异地货物原产地调查结果单》；

7）签证机构要求的其他相关资料。

5.3.2　受理产品登记申请

含非原产成分产品需提供以下资料：

1）《产品成本明细单》（见A.4）；

2）产品的生产加工合同（如系加工贸易）；

3）原产原料、零部件的购买合同、发票等证明资料；对加工贸易的产品，如材料在国内办理转厂手续的，还需提供转厂报关单、核销手册、发票、《原产地异地调查结果单》（见A.5）（异地生产的）。

5.3.3　签证机构受理申请后，根据申请单位提供的资料，须对申请单位及产品进行实地调查。

5.3.3.1　调查内容主要包括：

1）申请单位的生产规模、生产设备、生产能力、经营管理情况；

2）产品的构成及加工工序；

3）产品所用原料、零部件的原产地来源；

4）产品及其包装、说明书的原产地标记；

5）产品的进料、用料、生产、出货记录；

6）非原产成分的价值占产品出厂价的百分比及证明文件。

5.3.3.2　根据调查情况，填写《原产地调查记录》（见A.6）

5.3.3.3　审核注册产品的原产地标准

对符合条件者判为完全原产品。

含非原产成分的产品，必须符合有关原产地标准。申请不同证书、出口到不同国家，必须符合相应标准。

鉴于香港、澳门和台湾为独立关税区，从该三地进口的原材料、零部件，暂视为非原产成分。

原产地不明的原材料、零部件视为非原产成分。

申请注册的产品及其包装、说明书等物品不得出现中国以外的国家或地区原产地标记，也不得出现香港、澳门和台湾地区的原产地标记。

5.3.3.4　异地调查

如产品或所使用的原材料、零部件在异地生产，凡列入《关于加强普惠制产地证签证调查管理几点意见》中一类、二类产品的，均需进行异地调查并签发《原产地异地调查结果单》。对含有非原产成分的产品还需提供经产地签证机构核实的《产品成本明细单》，并与《原产地异地调查结果单》加盖骑缝章。

在异地由同一单位生产的同一产品如原料来源及目的国不变，一年内无须多次进行异地调查。

5.3.3.5　产品备案

对经调查、审核符合有关规定的产品予以办理产品注册备案手续。备案内容包括：产品名称、规格、型号、产品构成及原料来源、H.S. 品目号、可申领证书的种类、输往国别等。

5.3.4　原产地标记产品的注册评审

5.3.4.1　申请原产国标记注册需提供的资料

1）证明产品所有权的文件；

2）产品的技术标准、检测标准、评定标准；

3）证明产品符合原产地规则的文件。

5.3.4.2　原产国标记的评审内容

1）产品生产或形成时所用的原材料、生产工艺、工序、主要质量特性等相关资料；

2）注册产品固有的标准；

3）法律法规由要求的相关资料，其中包括营业执照、许可证、商标牌号等；

4）签证机构要求提供的其他相关资料。

5.3.4.3　原产地标记的审核注册工作阶段

包括申请受理阶段、审核认定阶段、注册发证阶段、监督管理阶段等四个阶段。

5.3.5　对符合注册资格的单位，进行编号注册，颁发相应的注册登记证书（见 A.7、A.8、A.9）。

5.3.6　办理原产地证书申报员注册登记

已注册的单位必须指定专人申请办理本手册所列证书。原产地证书申报员必须由申请单位法人代表授权，提交《原产地证书申报员授权书》（见 A.10）或《金伯利进程国际证书申报员授权书》（见 A.11），经签证机构培训、考核合格发证后，方能办理注册登记手续。

5.3.6.1　原产地证书申报员注册登记包括以下内容：姓名、出生年月、性别、文化程度、身份证号、手签笔迹、单位注册号、申报员证号。

5.3.6.2　原产地证书申报员的职责

严格遵守国家相关法律法规及检验检疫有关规定，凭签证机构颁发的《原产地证书申报员证》（见 A.12）申请办理所在单位的本手册所列证书，代表所在单位履行缴费等各项义务。

5.3.7　办理增加、更改注册/备案内容

注册单位必须建立注册产品的进料、用料、生产、出货记录。注册产品的构成、加工工序、生产原料等发生变化须及时向签证机构申报。注册单位增加签证产品前，必须在签证机构办理新产品注册手续，对注册单位迁址、变更名称、改变企业性质、增减或更换原产地证书申报员等，申请单位必须及时向签证机构提出变更或增减注册内容申请，审核合格后，予以办理相关事宜。

5.3.8　注册审批程序

原产地证书和《金伯利进程国际证书制度注册登记证》注册审批必须经过二级审批。

原产国标记注册审批程序：直属检验检疫局组织专家组对注册产品进行原产国标记合格评定，对符合规定的，向注册单位颁发《原产地标记准用证》（见 A.13），同时向国家质检总局备案。

5.3.9　注册有效期

从注册日开始计算，一般原产地证书的注册有效期为 1 年；优惠原产地证书的注册有效期为 2 年；《金伯利进程国际证书制度注册登记表》的注册有效期为 2 年；原产地标记的注册有效期为 3 年。

注册登记证有效期满前 1 个月内，企业提出申请，经调查、审核合格的，准予延期。

5.4　年审

5.4.1　对注册单位须进行年度审核。年度审核合格的予以办理年审合格手续，审核不合格的取消注册资格。

5.4.2　资料审核

原产地证书注册单位年审必须提供的资料：

1）政府主管部门授予申请单位进出口经营权的文件或证书；

2）工商营业执照；

3）组织机构代码证；

4）注册产品的《产品成本明细单》；

5）注册产品所用的原产原料、零部件的购买合同、发票等证明资料；对加工贸易产品，如材料在国内办理转厂手续的，还要提供转厂报关单、核销手册、发票；

6）有单位法人代表签名的《原产地证书申报员授权书》。

5.4.3　实地调查

实地调查原产地证书注册单位及其注册产品，调查内容包括：

1）注册/备案单位的生产规模、生产设备有无改变；

2）注册/备案产品的加工工序、生产材料有无改变；

3）注册/备案产品的原材料、零部件的原产地来源情况；

4）注册/备案产品及其包装、说明书的原产地标记；

5）注册/备案产品的进料、用料、生产、出货记录；

6）判断注册产品是否仍符合有关原产地标准。

5.4.4　签证机构调查人员根据实地调查结果填写《原产地证书年审调查记录单》（见

A.14)。

5.4.5 对经年审的单位、产品，须在其注册备案资料及电子档案中加注“年审合格”或“年审不合格”标记。年审合格的，注册有效期顺延。年审不合格的，取消注册资格。

5.4.6 《金伯利进程国际证书制度注册登记证》注册年审和原产地标记注册年审按有关规定办理。

5.5 签证

5.5.1 资料审核

申请单位申请本手册所列证书(不包括《金伯利进程国际证书制度注册登记证》)签证，必须提供以下资料：

1) 原产地证明书申请书(见 A.16)；

2) 已经缮制好的证书；

3) 出口货物商业发票副本；

4) 其他有关资料。

5.5.2 审核内容

5.5.2.1 审核申请单位、申请签证产品、申报员是否注册备案；

5.5.2.2 审核申请书的填制是否完整、正确；

5.5.2.3 审核证书各栏内容与出口货物商业发票、原产地证书申请书及其他相关资料是否相符；

5.5.2.4 审核证书各栏填制是否符合要求。

5.5.3 货物出口到与中国互惠的《亚太贸易协定》、中国—东盟自贸区、中国—巴基斯坦自贸区、中国—智利、中国—新西兰、中国—新加坡、中国—秘鲁、中国—哥斯达黎加等自贸区协定成员国和中国台北，并且属于该方区域性优惠贸易协定“关税减让清单”内的产品，可以签发《亚太贸易协定》等区域性贸易优惠原产地证明书。《亚太贸易协定》等区域贸易优惠原产地证明书均采用统一的证书格式。

5.5.4 《金伯利进程国际证书制度注册登记证》由指定的签证机构缮制、签发。

5.5.5 特殊情况的处理

5.5.5.1 后发证书

对申请单位因特殊原因在货物出运后才申请证书的，可根据协定规定确定是否可以签发后发证书。对可以签发后发证书的，须要求申请单位提供报关单、提单等资料，证书的申报栏和签证栏分别填写实际申请日期和签发日期。

签发后发一般原产地证书和普惠制原产地证书的，应在官方声明栏加注“ISSUED RETROSPECTIVELY”字样，但是货物装运之日起一年后申请补发的，不得受理。

签发后发《中国—东盟自由贸易区优惠原产地证书》的，应在第 13 栏“ISSUED RETROACTIVELY”后打钩。

签发后发《中国—巴基斯坦自由贸易区优惠原产地证明书》的，应在证书第 13 栏加注“ISSUED RETROACTIVELY”字样。但是货物装运之日起一年后申请补发的，不得受理。

签发后发《中国—新加坡自由贸易区优惠原产地证明书》的，应在证书第 12 栏加注“ISSUED RETROSPECTIVELY”字样。但是货物装运之日起一年后申请补发的，不得受理。

签发后发《中国—秘鲁自由贸易区优惠原产地证明书》的，应在证书第 14 栏加注“IS-

SUED RETROSPECTIVELY”字样。但是货物装运之日起一年后申请补发的，不得受理。

签发后发《中国—哥斯达黎加自由贸易区优惠原产地证明书》的，应在证书第 14 栏加注“ISSUED RETROSPECTIVELY”字样。但是货物装运之日起一年后申请补发的，不得受理。

签发后发海峡两岸经济合作框架原产地证书的，应在证书第 15 栏加注“补发”字样。但是货物报关之日起 90 天后申请补发的，不得受理。

《〈亚太贸易协定〉优惠原产地证明书》《中国—智利自由贸易区优惠原产地证明书》和《中国—新西兰自由贸易区优惠原产地证明书》等不适用后发证书的不得签发后发证书。

5.5.5.2　重发证书

已签发的证书遗失或毁损，在证书有效期内或者货物出运 1 年内，申请单位提出补发证书要求的，可签发重发证书。签发重发证书应须要求申请单位填写《原产地证书更改/重发申请书》(见 A.18)，提供书面报告及有效的依据和原发证书的副本，在《中国国门时报》申明原证作废。

签发重发一般原产地证书和普惠制原产地证书的，证书的申报栏和签证栏分别填写实际申请日期和签发日期，在官方声明栏加注“THIS CERTIFICATE IS IN REPLACEMENT OF CERTIFCATE OF ORIGIN NO. … DATED … WHICH IS CANCELLED”，并加盖“DUPLICATED”印章。

签发重发《中国—东盟自由贸易区优惠原产地证书》的，证书的签证时间应为原发证书的签证时间，应在第 12 栏加注：“CERTIFIED TRUE COPY”。

签发重发《中国—巴基斯坦自由贸易区优惠原产地证明书》的，证书的签证时间应为原证书的签证时间，在证书第 13 栏加注：“CERTIFIED TRUE COPY”。

签发重发《〈亚太贸易协定〉优惠原产地证明书》的，证书的签证时间应为原证书的签证时间，在证书第 3 栏加注：“CERTIFIED TRUE COPY OF THE ORIGINAL CERTIFICATE OF ORIGIN NO. … DATED … ”。

签发重发《中国—新西兰自由贸易区优惠原产地证明书》的，证书的签证时间应为原证书的签证时间，在证书第 15 栏加注：“CERTIFIED TRUE COPY OF THE ORIGINAL CERTIFICATE OF ORIGIN NO. … DATED … ”。

签发重发《中国—新加坡自由贸易区优惠原产地证明书》的，证书的签证时间应为原证书的签证时间，在证书第 12 栏加注：“CERTIFIED TRUE COPY OF THE ORIGINAL CERTIFICATE OF ORIGIN NO. … DATED … ”。

签发重发《中国—秘鲁自由贸易区优惠原产地证明书》的，证书的签证时间应为原证书的签证时间，在证书第 15 栏加注：“CERTIFIED TRUE COPY WITH THE ORIGINAL CERTIFICATE OF ORIGIN NUMBER ____ DATED ____”。

签发重发《中国—哥斯达黎加自由贸易区优惠原产地证明书》的，证书的签证时间应为原证书的签证时间，在证书第 14 栏加注：“CERTIFIED TRUE COPY WITH THE ORIGINAL CERTIFICATE OF ORIGIN NUMBER ____ DATED ____”。

签发重发海峡两岸经济合作框架协议原产地证书的，应在证书第 15 栏加注“补发”字样。但是货物报关之日起 90 天后申请补发的，不得受理。

《中国—智利自由贸易区优惠原产地证明书》等不适用重发证书的不得签发重发证书。

5.5.5.3 更改证书

对申请单位要求更改已签发证书内容的，应在证书有效期内提交《原产地证书更改/重发申请书》，申请办理更改证书，并退回证书正本。签证机构经核实后，方可签发新证书。如有特殊原因，原证书无法退回的，须要求申请单位提供书面报告及有效的依据，在《中国国门时报》申明原证作废，注销原证书，在更正证书官方声明栏加注“THE CERTIFICATE OF ORIGIN NO… DATED…IS CANCELLED”，证书的申报栏和签证栏分别填更改申请日期和签发日期。如货物已经出口，还须按后发证书的有关要求处理。

5.5.5.4 参展货物的申请

参加国外展览的货物，申请人可凭参展批件申请原产地证。申请时，应当交出国展览批件、展品清单、原产地证申请书和原产地证。证书上应注明展览会的名称和地址。

5.5.6 证书的审签工作最迟应在规定的2个工作日内完成，签证机构需要进行调查的，不受2个工作日的限制。签证机构签发证书正本一份，保留副本一份存档，证书正本及其余副本交给申请单位。

5.6 电子签证

电子签证是签证机构对申请单位通过电子网络以电子方式申报的原产地证进行电子审签的行为。为方便申办原产地证，申请人可采用电子申报方式申办原产地证。

5.6.1 审核申请电子签证单位（以下简称电子签证单位）的资格

申请电子签证的单位必须具备以下条件：

1）已在签证机构办理注册备案手续；

2）申办证书的产品符合有关原产标准，并且已在签证机构办理注册备案手续；

3）具有经签证机构培训考试合格取得原产地证书申报员证并经电子签证培训取得合格证书的人员；

4）使用全国组织机构统一代码（法人代码）；

5）在申请签证工作中没有违反法律以及其他有关规定的行为；

6）具有开展电子签证业务所需的硬件设备。

5.6.2 审核申请办理电子签证单位提供的资料

申请电子签证单位必须提供以下资料：

1）《原产地证明书注册登记表》（见A.1）；

2）《原产地证书电子签证申请表》（见A.19）；

3）《原产地证书电子签证保证书》（见A.20）；

4）《原产地证书电子签证申报员授权书》（见A.21）。

5.6.3 对申请电子签证单位的考核

受理申请后，须按有关规定的要求对申请单位进行考核，并对申办人员进行培训考试。对符合条件的单位，准予办理电子签证业务。

5.6.4 对申请单位端软件的要求

申请单位必须使用经国家质检总局统一测评合格并认可的“原产地证书电子签证用户企业端软件”，不得对其进行非法复制和修改。为保证电子签证系统安全高效运行，申请人应按照签证机构软件升级要求更新用户端软件。

5.6.5　对签证端软件的要求

签证机构办理电子签证时必须统一采用经国家质检总局统一测评合格的“原产地业务电子管理系统”，利用国家质检总局“原产地业务电子管理系统服务平台”进行通信。

5.6.6　电子审核与校验

5.6.6.1　审核申请单位发送的报文是否符合国家质检总局相关规定及行业标准。

5.6.6.2　核实申请单位是否已将生成的证书及相关单据的内容通过电子方式发送给签证机构。

5.6.6.3　收到申请单位发送的证书及相关单据后，须保证计算机系统自动校验申请单位及产品是否注册、证书是否重号等问题，若出现单位或产品未注册等问题，须尽快将证书通过电子通信平台退回给申请单位，要求其办理注册手续。

5.6.6.4　经系统自动校验后，须按《中华人民共和国普遍优惠制原产地证明书签证管理办法》《中华人民共和国普遍优惠制原产地证明书签证管理办法实施细则》《中华人民共和国进出口货物原产地条例》《中华人民共和国非优惠原产地证书签证管理办法》《原产地电子签证管理办法》《原产地标记管理规定》《原产地标记管理规定实施办法》《关于公布〈亚太贸易协定〉原产地证书签发与核查操作程序》《关于实施中国—东盟自由贸易协定原产地规则签证操作程序修订案有关事项的通知》《关于签发中国—巴基斯坦自由贸易区原产地证书的通知》《关于签发中国—智利自由贸易区原产地证书的通知》《关于签发中国—新西兰自由贸易区原产地证明书有关事项的通知》《关于签发中国—新加坡自由贸易区原产地证明书有关事项的通知》《关于签发中国—秘鲁自由贸易区原产地证明书有关事项的通知》《关于签发中国—哥斯达黎加自由贸易协定原产地证明书有关事项的通知》《关于签发〈海峡两岸经济合作框架协议〉早期收获计划项下原产地证书有关事项的通知》以及证书填制要求的有关规定对申请单位发送的证书及相关单据进行机上审核，审核结果必须在收到申请 2 个工作日内发送到申请单位的电子信箱里。若发现错误，则发出不受理回执，并将错误项明细反馈给申请单位。若证书正确无误，则发出正确回执。

5.6.7　证书的发放

5.6.7.1　要求申请单位提供申请书、出口货物商业发票副本及其他相关的资料，凭其申报员出示的《原产地证书申报员证》发放证书。

5.6.7.2　在领取原产地证书时，须要求申报员在证书上签名并加盖中英文印章。签名、印章必须与注册备案档案相符。

5.7　《金伯利进程国际证书制度注册登记证》的签证管理

5.7.1　进出口毛坯钻石的签证

5.7.1.1　进口毛坯钻石签证管理

（1）毛坯钻石入境前，申请人应向其注册登记地检验检疫机构提供如下资料办理入境申报手续：

1）《中华人民共和国金伯利进程国际证书注册登记证》；

2）《中华人民共和国出入境检验检疫进口毛坯钻石申报单》（见 A. 22）；

3）毛坯钻石出口国政府主管机构签发的《金伯利进程国际证书制度注册登记证》正本。

（2）受理申报后，审查申请人提交的《金伯利进程国际证书制度注册登记证》，必要时进行成员国间核对，并按照金伯利进程国际证书制度的要求，审核申报内容是否与出口国政府主管机构签发的《金伯利进程国际证书制度注册登记证》相符。

(3) 在指定地点及申报人在场的情况下，原产地证书签证人员核查货物原产地标记、封识及内外包装；检验人员检查原产国(地)/来源国(地)、受货人、封识编号等是否与随附的《金伯利进程国际证书制度注册登记证》所列内容一致、对申报金额进行核定、对毛坯钻石的克拉重量(数量)等按照金伯利进程国际证书制度的要求实施检验。

(4) 经查验，对符合要求的签发《入境货物通关单》。

(5) 核查、检验结束后，签证人员签发进口毛坯钻石确认书并发送至货物原产国(地)/来源国(地)政府主管机构，同时以电子邮件方式确认该批钻石已到达目的地。

5.7.1.2 出口毛坯钻石签证管理

(1) 毛坯钻石出境前，申报人应向其注册登记地检验检疫机构提供：

1)《中华人民共和国金伯利进程注册登记证》；

2)《中华人民共和国出入境检验检疫出口毛坯钻石申报单》(见 A.23)；

3) 合同、发票及价值证明文件；

4) 其他证明毛坯钻石合法性的有关资料。

(2) 受理申报后，签证人员在指定地点及申报人在场的情况下，对毛坯钻石原产地的真实性等进行核实，检验人员对毛坯钻石的克拉重量(数量)进行检验，并对申报金额进行核定。

(3) 在确认申报人所申报的内容正确无误后，检验人员对符合金伯利进程国际证书制度要求的毛坯钻石及其包装容器进行封识，签证人员加施原产地注册标记，并签发《金伯利进程国际证书》和《出境货物通关单》。

(4) 签证人员签发《金伯利进程国际证书制度注册登记证》后，以电子邮件方式将相关信息发送至进口国政府主管机构。

5.7.2 证单及印章的使用

5.7.2.1 空白金伯利进程证书必须建立登记台账制，进行核销管理。

5.7.2.2 出/入境货物通关单单独领用、核销。

5.7.2.3 签发《金伯利进程国际证书》使用检验检疫专用印章。

5.7.2.4 签发出/入境货物通关单使用检验检疫专用印章。

5.8 签证调查

为保证签证质量，除产品注册调查外，在签证过程中，还须根据情况开展注册产品签证调查。

5.8.1 签证调查的情况

遇下列情况之一，须进行签证调查：

1) 证书内容与所附资料不符；

2) 申请签证产品的名称、型号、材质与注册档案不符；

3) 产品名称不具体，描述不明确；

4) 证书上出现香港、澳门、台湾的原产地字样，或出现其他国家或地区的原产地字样；

5) 签证机构认为需要进行实地调查的其他情况。

5.8.2 签证调查的内容

1) 申领证书的产品是否在该单位生产；

2) 产品是否注册；

3）证书项下产品的名称、型号、数量、H. S. 品目号是否与实际货物相符；

4）产品的加工工序是否完整；

5）产品所用材料、零部件的原产地来源；

6）产品所含非原产成分的价值占产品出厂价的百分比；

7）产品以及其包装、说明书有无中国以外其他国家或地区的原产地标记。

5.8.3　调查人员须根据调查结果，如实填写《原产地证书签证抽查记录》（见A.24），并提出处理意见，由签证部门分管领导审批后，予以处理。

5.8.4　签证机构在开展签证调查的同时，须进行签证抽查，签证机构的签证抽查率为5%～10%。

5.9　国外退证查询

5.9.1　当进口方主管当局对我国签证机构签发的原产地证书退证查询时，须针对对方提出的问题，进行调查核实。退证查询的调查核实时限，从收到查询函之日起，一般不得超过2个月复函，特殊情况，最多不得超过3个月。

5.9.2　收到进口国主管当局退证查询函件，须先对函件进行立卷、编号、登记，并尽快通知被查单位提供有关资料。

5.9.3　资料审核

调出被查单位注册档案及被查证书档案，审核下列内容：

1）被查单位是否注册登记；

2）被查证书项下产品是否注册登记；

3）产品注册情况与签证情况是否一致；

4）根据查询内容，进行重点核查，如被查证书各栏内容是否真实有效等。

5.9.4　实地调查

对国外查询的产品，一律进行实地调查。在审核注册档案、证书档案及有关资料基础上，对被查产品进行实地调查。实地调查的内容主要包括：

1）重点针对来函中提出的问题进行调查；

2）被查产品是否尚在生产；

3）被查产品的报关单、提单、发票等与贸易有关的单证的内容与实际发货是否相符；

4）被查产品生产原料来源、生产工序；

5）被查产品及其包装、说明书的原产地标记；

6）被查产品是否符合有关原产规则。

5.9.5　复函处理

5.9.5.1　如实填写《原产地证书国外查询调查审核单》（见A.25），根据审核资料及实地调查情况写出综合结论及处理意见。

5.9.5.2　根据审核、调查的结果，在6个月内对进口国主管当局复函。对外复函实行初审、复审、签发“三级把关”制度。

5.10　未再加工证明

5.10.1　根据我国与有关国家、地区或区域性组织达成的协议，国家质检总局授权香港中国检验有限公司（下称“香港中检公司”）对我国经香港转口的出口货物，在中华人民共和国签证机构签发的原产地证书官方声明栏加签“未再加工证明”；授权澳门中国检验有限公司（下称“澳门中检公司”）对我国经澳门转口的出口货物，在中华人民共和国签证机构签发的原产地证书官方声明栏加签“未再加工证明”。

5.10.2　香港中检公司和澳门中检公司签发“未再加工证明”的业务接受国家质检总局的指导、监督和管理。

5.10.3　申请加签“未再加工证明”的条件

5.10.3.1　“未再加工证明”的加签，仅限于某些国家、地区或区域性组织。这些国家、地区或区域性组织已经与我国政府达成双边协议，接受由香港中检公司或澳门中检公司签发的“未再加工证明”。目前输往欧盟、东盟和亚太贸易协定成员国的货物，需要加签“未再加工证明”。

5.10.3.2　申请加签“未再加工证明”的货物，必须已经取得中国检验检疫机构签发的原产地证书。

5.10.3.3　已经取得中国境内签发的直运提单或联运提单的货物，不需要申请“未再加工证明”。

5.10.4　“未再加工证明”的内容

5.10.4.1　“未再加工证明”的中文为：“兹证明该证书所列商品在香港（澳门）停留/转运期间未进行任何加工”。英文为“THIS IS TO CERTIFY THAT THE GOODS STATED IN THIS CERTIFICATE HAD NOT BEEN SUBJECTED TO ANY PROCESSING DURING THEIR STAY/TRANSHIPMENT IN HONG KONG (MACAO)”。

5.10.4.2　该声明加注在已签发的原产地证书的官方声明栏，加盖香港中检公司或澳门中检公司印章，签署人手签并注明加签日期。

5.10.4.3　特殊情况，香港中检公司或澳门中检公司也可以签发单独的“未再加工证明”。

5.10.5　申请“未再加工证明”

5.10.5.1　货物的关系人（如制造商、承运商、中介商等，以下简称“申请人”）均可申请“未再加工证明”。

5.10.5.2　申请时，需提交已签发的原产地证书正本和复印件各1份、中国的出口发票、报关单和申请人开具的转口发票（皆为复印件）及书面申请，据实申请。申请人应于货物交仓前提交申请。

5.10.5.3　申请人应保证我国出口货物在香港或澳门停留或转运期间，不对该货物进行任何加工，方可获得签发“未再加工证明”。

5.10.6　签发“未再加工证明”

5.10.6.1　签发“未再加工证明”时，香港中检公司或澳门中检公司应逐一审核申请人提交的各种证单是否与检验检疫机构签发的原产地证书内容一致。经审核无误的，予以签发“未再加工证明”。

5.10.6.2　香港中检公司或澳门中检公司视情况在货物离境前对货物按规定比例进行查验。

5.10.6.3　发现对申请“未再加工证明”的货物进行任何形式再加工的，不予签发“未再加工证明”。

5.10.6.4　再加工包括：拆箱、分类（分级）、重新搭配、检验、换包装、再包装及替换产品等。

5.10.6.5 对转口时未申请“未再加工证明”的货物，离境后一般不再受理签发“未再加工证明”。

5.10.7 国家质检总局授权香港中检公司和澳门中检公司，在签发“未再加工证明”中，可以没收经证实为伪造、变造和涂改的原产地证书，及时转交有关检验检疫机构。各地检验检疫机构应予以配合，严肃处理伪造、变造和涂改原产地证书的行为。

5.10.8 香港中检公司和澳门中检公司负责国外退证查询中“未再加工证明”有关问题的调查和答复。如果退证查询同时涉及“未再加工证明”和原产地证书的其他问题，由香港中检公司或澳门中检公司负责提供“未再加工证明”的调查，由收到退证查询的签证机构负责汇总、统一对外答复。

5.10.9 国外退证查询只涉及“未再加工证明”时，香港中检公司和澳门中检公司对外答复后，将对外答复函抄送有关签证机构。

5.10.10 香港中检公司和澳门中检公司应做好“未再加工证明”统计工作。每年1月将上一年度的签证工作总结和签证统计报表上报国家质检总局。

5.11 档案管理

5.11.1 原产地证书档案包括注册档案、签证档案和退证查询档案三部分。档案须指定专人管理，专柜专库存放。档案的借阅、销毁须符合有关档案管理规定。

5.11.2 注册/备案档案的管理

5.11.2.1 注册/备案档案的资料包括：

1)《原产地证书注册备案登记表》；

2) 政府主管部门授予企业进出口经营权的文件或证书复印件；

3) 工商营业执照复印件；

4) 组织机构代码证；

5) 注册产品的《产品成本明细单》；

6) 注册产品所用原产材料、零部件的购买合同、发票、转厂报关单等证明资料复印件；

7) 原产地证书申报员授权书；

8) 申报员培训、考核记录(试卷及成绩单)；

9) 原产地调查记录；

10) 原产地标记的有关资料，包括：《原产地标记注册登记申请书》《原产地标记注册认证审核记录》《原产地标记注册审核书面报告》《原产地标记注册认证审核报告》、企业营业执照(复印件)、产品生产工艺流程文件、产品质量检验、验收报告、产品商标及其样张、其他相关文件。

11) 年审资料；

12) 申请人提交的其他有关资料。

5.11.2.2 注册/备案档案资料须以注册单位为归档单位，以注册/备案编号为顺序进行归档。

5.11.2.3 注册/备案档案内容任何人不得修改，有特殊情况，需要修改的，按有关规定办理。

5.11.2.4 注册/备案档案仅供签证工作人员查阅、了解有关情况之用，须借阅的，按有关规定办理。

5.11.2.5 注册/备案档案须作长期保存，原产地标记注册档案要长期保存。

5.11.3 签证档案的管理

5.11.3.1 签证档案的资料包括：

1）各类原产地证书的申请书；

2）出口货物商业发票副本；

3）原产地证书副本；

4）其他有关资料。

5.11.3.2 签证档案的归档可根据签证量情况，可选择采用以时间为单位、以注册/备案单位为单位或其他合适的方法归档。

5.11.3.3 签证档案未经有关领导许可不得外借。

5.11.3.4 签证档案保存期一般为3年，不得违反规定擅自提前销毁。

5.11.4 退证查询档案的管理

5.11.4.1 退证查询档案所包含的资料

1）国外海关查询函件及上级主管部门的转发函；

2）国外海关退回核查的所有资料（需返还的资料，复印留底）；

3）企业提供的所有资料：其中包括备查产品的《产品成本明细单》、出口发票、装箱单、提单、报关单复印件、其原材料、零部件的购买使用、发票等；

4）签证机构实地调查原始记录和调查报告；

5）对外答复函副本或复印件；

6）其他有关资料。

5.11.4.2 退证查询档案按复函的编号顺序归档，为便于管理，须在档案上加注来函号。

5.11.4.3 退证查询档案保存期为5年。

5.12 统计

5.12.1 原产地业务电子管理系统对签证机构签发并归档的各类原产地证书数据进行统计。

5.12.2 统计内容包括：申请单位名称、商品的H.S.编码（六位数）、贸易方式、商品数量/重量、商品离岸价总值（以美元计）、最终目的地/国、转运国/地区等。

5.13 空白证书、签证印鉴的管理

签证机构对空白证书、签证印鉴须指定专人管理。不得将已签名、盖章的空白证书交给申请单位。空白单进行编号管理，入库、出库及发放情况须登记管理。签证印鉴须指定专人管理，专柜存放，实行“上班领用、下班退回”的制度，使用人须办理领用、退回手续。

附录A

工 作 表 格

A.1　原产地证明书注册登记表

（由检验检疫机构填写）

原 产 地 证 明 书

注 册 登 记 表

申请单位名称：______________________

组织机构代码：______________________

法　定　地　址：______________________

填表人郑重声明

申请单位了解本注册登记表内已填的全部内容，所有内容及呈交的文件资料真实正确，并保证做到：

（一）严格按照《中华人民共和国普遍优惠制原产地证明书签证管理办法》、《中华人民共和国普遍优惠制原产地证明书签证管理办法实施细则》、《〈曼谷协定〉优惠原产地证明书签证管理规定》、《中华人民共和国进出口货物原产地条例》、《中华人民共和国非优惠原产地签证管理办法》、中国-东盟自贸区、中国-巴基斯坦自贸区、中国-智利自贸区、中国-新西兰自贸区、中国-新加坡自贸区、中国-秘鲁自贸区、中国-哥斯达黎加自贸协定、海峡两岸经济合作框架协议原产地规则和签证操作规程的有关规定，对申请项下的产品进行管理，使之符合相关原产地标准。

（一）出口产品在中国工厂加工，生产并完成最后检验及包装出口。

（二）在新产品申请办理证书之前，向签证机构及时申报。

（三）随时准备接受签证机构的监督检查，保证提供所需资料，文件的真实性。如有违犯上述保证，本单位愿按《中华人民共和国普遍优惠制原产地证明书签证管理办法》、《中华人民共和国普遍优惠制原产地证明书签证管理办法实施细则》、《〈曼谷协定〉优惠原产地证明书签证管理规定》、《中华人民共和国进出口货物原产地条例》、《中华人民共和国非优惠原产地签证管理办法》等有关规定接受处罚。

<table>
<tr><td rowspan="2">申请人名称</td><td colspan="5">中文：</td></tr>
<tr><td colspan="5">英文：</td></tr>
<tr><td>组织机构代码</td><td colspan="5"></td></tr>
<tr><td>法定地址</td><td colspan="5"></td></tr>
<tr><td colspan="6">企业性质（请在适用处划“√”）</td></tr>
<tr><td>□ 国营</td><td>□ 集体</td><td>□ 外商投资</td><td>□ 私营</td><td colspan="2">□ 其他</td></tr>
<tr><td>工商执照号码</td><td colspan="3"></td><td colspan="2">工商执照有效期至：年 月 日</td></tr>
<tr><td colspan="6">经营范围</td></tr>
<tr><td colspan="4">法定代表人：
身份证号码：
电话：</td><td colspan="2">联系人：
职务：
联系电话：</td></tr>
<tr><td colspan="6">国外公司信息（加工贸易企业）</td></tr>
<tr><td colspan="4">公司名称：
法定地址：</td><td colspan="2">负责人：
联系电话：</td></tr>
<tr><td colspan="6">原产地证申报人员</td></tr>
<tr><td colspan="2">姓 名</td><td colspan="2">职 务</td><td colspan="2">手签笔迹</td></tr>
<tr><td colspan="2"></td><td colspan="2"></td><td colspan="2"></td></tr>
<tr><td colspan="2"></td><td colspan="2"></td><td colspan="2"></td></tr>
<tr><td colspan="2"></td><td colspan="2"></td><td colspan="2"></td></tr>
<tr><td colspan="2"></td><td colspan="2"></td><td colspan="2"></td></tr>
<tr><td colspan="4">申请人签署证书印章</td><td colspan="2">签发机构审核意见及印章</td></tr>
</table>

工厂内主要加工、生产设备(按已安装情况填写)

设备名称	工序或用途	数 量	备 注

注:生产设备如有重大变更,须及时向签证机构申报。

A.2 原产地标记注册申请书

原产地标记注册申请书

申 请 单 位：________________

法 定 地 址：________________

电　　　 话：________________

传　　　 真：________________

网址或电邮：________________

申 请 日 期：________________

中华人民共和国国家质量监督检验检疫总局

产品名称	
H. S. 编码(8 位数)	
产品规格	
生产单位	
经营单位	
主要原料来源	
包装状况	
申请标记形式和种类	
提供的资料	
法人代表签名 （单位盖章）　　年　月　日	

（以下由检验检疫局填写）

<table>
<tr><td>审核依据：</td></tr>
<tr><td>审核过程：</td></tr>
<tr><td>审核结果：

审核人：　　　　　　　　组长：
年　月　日</td></tr>
<tr><td>国家质检总局审定结果：

审核人：　　　　　　　　负责人：
（局印）　　年　月　日</td></tr>
<tr><td>备注：</td></tr>
</table>

A.3 金伯利进程国际证书制度注册登记申请表

注册号	
注册日期	200 年 月 日
（检验检疫机构盖章）	

（由检验检疫机构填写）

中华人民共和国
实施金伯利进程国际证书制度

注 册 登 记
申 请 表

申请单位名称：____________________

中 华 人 民 共 和 国

国家质量监督检验检疫总局

郑 重 声 明

本企业了解本注册登记表内已填的全部内容，所有内容及呈交的文件资料真实准确，并保证做到：

一、严格按照《金伯利进程国际证书制度》和《中华人民共和国实施金伯利进程国际证书制度管理规定》的有关规定，对所经营的毛坯钻石进行管理。

二、随时准备接受检验检疫机构的监督检查，保证所提供资料、文件的真实性。

如有违反上述保证，本单位愿按照《中华人民共和国实施金伯利进程国际证书制度管理规定》的有关规定接受惩处。

<table>
<tr><td rowspan="2">申报人</td><td colspan="4">（中文）</td></tr>
<tr><td colspan="4">（英文）</td></tr>
<tr><td>地　址</td><td colspan="4"></td></tr>
<tr><td>邮　编</td><td colspan="2"></td><td>E-MAIL 邮箱</td><td></td></tr>
<tr><td>企业性质</td><td colspan="4">□专业外贸公司　□工贸生产企业　□三资企业　□其他类型企业</td></tr>
<tr><td>贸易方式</td><td colspan="4">□ 一般贸易　□ 加工贸易　□ 转口贸易　□ 其他方式</td></tr>
<tr><td rowspan="2">企业信息</td><td>厂房面积</td><td></td><td>设备数量</td><td></td></tr>
<tr><td>注册资金</td><td></td><td>员工人数</td><td></td></tr>
<tr><td rowspan="2">出口经营权的审批机关</td><td>批件号码</td><td colspan="3"></td></tr>
<tr><td>有效期</td><td colspan="3">自：　年　月　日　至　年　月　日</td></tr>
<tr><td rowspan="2">工商营业执照</td><td>执照号码</td><td colspan="3"></td></tr>
<tr><td>有效期</td><td colspan="3">自：　年　月　日　至　年　月　日</td></tr>
<tr><td colspan="3">主要经营范围</td><td colspan="2">商品输往国别</td></tr>
<tr><td colspan="3"></td><td colspan="2"></td></tr>
<tr><td>法人代表</td><td colspan="4">姓　名：
职　务：
联系电话：</td></tr>
</table>

<table>
<tr><td rowspan="4">毛坯钻石申报人</td><td>姓　名</td><td>部　门</td><td>职　务</td><td>联系电话</td></tr>
<tr><td></td><td></td><td></td><td></td></tr>
<tr><td></td><td></td><td></td><td></td></tr>
<tr><td></td><td></td><td></td><td></td></tr>
<tr><td>办理申报使用的印章</td><td colspan="2"></td><td>单位公章</td><td></td></tr>
<tr><td>受理机构审核意见</td><td colspan="4"></td></tr>
<tr><td>备注</td><td colspan="4">1. 申请单位须将营业执照、出口经营权批件的复印件、公司章程及有关材料附于本注册登记表后。
2. 经注册登记的申报人员或印章如有变动，应立即通知其注册登记地检验检疫机构，并办理更改或注销手续。</td></tr>
</table>

A.4 产品成本明细单

产品成本明细单

申请单位注册编号： 填写人： 填写日期： 年 月 日

申请单位			联系人		联系电话		
生产企业			联系人		联系电话		
品名(中英文)							
产品型号		H.S. 品目号		产品计算单位		货币单位	
原辅料、零部件名称	H.S. 编码	原产地国别	计算单位	单价	单位用料	原料价值(单价×单位用料)	
						原产	非原产
加工费					合计		
成品出厂价			非原产原料价值占成品出厂价的百分比				
加工工序							

以下栏目由出入境检验检疫局工作人员填写：

H.S. 品目号	初审意见	复审意见	分管领导审批意见

注：三资企业的成品出厂价按合同上的出厂价填；三来一补企业的成品出厂价＝原料价值＋加工费。

第 页 (共 页)

A.5 原产地异地调查结果单

________检验检疫局
原产地异地调查结果单

结果单编号：

<table>
<tr><td>申请单位</td><td colspan="4"></td></tr>
<tr><td>发票号码</td><td colspan="2"></td><td>发票日期</td><td></td></tr>
<tr><td colspan="5">被　查　产　品　情　况</td></tr>
<tr><td>被查产品中英文名称</td><td>数　量</td><td>H.S. 品目号</td><td>拟出口国别</td><td>原产地标准</td></tr>
<tr><td></td><td></td><td></td><td></td><td></td></tr>
<tr><td>商品批号或唛头</td><td colspan="4"></td></tr>
<tr><td>调查综合结论</td><td colspan="4">调查人：
×××检验检疫局(盖章)
年　月　日</td></tr>
</table>

注 1：如果被查产品为完全原产，“原产地标准”栏须填写“P”；

注 2. 如果被查产品含有进口成分，“原产地标准”须填写非原产成分占产品出厂价的百分比，同时提供该产品的《产品成本明细单》。

A.6　原产地调查记录

原产地调查记录

年　月　日

申请单位名称：			联系人：		电话：
企业性质：			员工人数：		投产日期：
地址：					邮政编码：
产品主要销售去向：					
原材料调查情况（详见原材料调查情况）					
主要生产设备	工序或用途	数量	主要生产设备	工序或用途	数量

材料调查情况

原辅料名称	包装种类	包　装　标　记

申请产品	H.S. 品目号	本厂加工工序	A	B	C	D	E	F
是(√) 否(×)	A. 国内工序是否完备　B. 是否在国内包装出口 C. 是否符合原产地标准　D. 是否要提交成本明细单 E. 是否需提供样品　F. 是否需提供原材料证明							

综合意见：

调查人(签名)：　　　　申请单位负责人(签名)：

初审意见：	复审意见：

领导审批意见：

A.7　原产地证注册登记证书

编号：

原　产　地　证
注 册 登 记 证 书

中 华 人 民 共 和 国

××出 入 境 检 验 检 疫 局

根据《中华人民共和国普遍优惠制原产地证明书签证管理办法》《中华人民共和国普遍优惠制原产地证明书签证管理办法实施细则》《〈曼谷协定〉优惠原产地证明书签证管理规定》《中华人民共和国进出口货物原产地条例》《中华人民共和国非优惠原产地签证管理办法》的有关规定，对______________________________（申请单位名称）及其申报产品进行调查、审核，确定该企业具备申请办理原产地证书的资格，同意予以办理注册登记手续，其注册编号为________________。自即日起可申请签发《注册产品清单》内所列产品的原产地证书。一般原产地证书注册有效期为 1 年；普惠制原产地证书和《〈亚太贸易协定〉优惠原产地证明书》的注册有效期为 2 年。

年　月　日

（检验检疫机构印章）

申请原产地证书产品清单

产品名称	H.S. 品目号	证书类别	输往国别	年审记录

______年度审核记录

经审核，该单位符合/不符合《中华人民共和国普遍优惠制原产地证明书签证管理办法》《中华人民共和国普遍优惠制原产地证明书签证管理办法实施细则》《〈曼谷协定〉优惠原产地证明书签证管理规定》《中华人民共和国出口货物原产地规则》《中华人民共和国出口货物原产地规则实施办法》的有关规定，同意/不同意继续申请原产地证。

年审日期：　年　月　日

（检验检疫机构印章）

______年度审核记录

经审核，该单位符合/不符合《中华人民共和国普遍优惠制原产地证明书签证管理办法》《中华人民共和国普遍优惠制原产地证明书签证管理办法实施细则》《〈曼谷协定〉优惠原产地证明书签证管理规定》《中华人民共和国出口货物原产地规则》《中华人民共和国出口货物原产地规则实施办法》的有关规定，同意/不同意继续申请原产地证。

年审日期：　年　月　日

（检验检疫机构印章）

______年度审核记录

经审核，该单位符合/不符合《中华人民共和国普遍优惠制原产地证明书签证管理办法》《中华人民共和国普遍优惠制原产地证明书签证管理办法实施细则》《〈曼谷协定〉优惠原产地证明书签证管理规定》《中华人民共和国出口货物原产地规则》《中华人民共和国出口货物原产地规则实施办法》的有关规定，同意/不同意继续申请原产地证。

年审日期：　年　月　日

（检验检疫机构印章）

______年度审核记录

经审核，该单位符合/不符合《中华人民共和国普遍优惠制原产地证明书签证管理办法》《中华人民共和国普遍优惠制原产地证明书签证管理办法实施细则》《〈曼谷协定〉优惠原产地证明书签证管理规定》《中华人民共和国出口货物原产地规则》《中华人民共和国出口货物原产地规则实施办法》的有关规定，同意/不同意继续申请原产地证。

年审日期：　年　月　日

（检验检疫机构印章）

A.8 原产地标记注册证

原 产 地 标 记 注 册 证

兹证明：

（单位名称及地址）________________________________

申请的原产地标记产品经过国家质检总局认定，符合《原产地标记管理规定》，特发此证。

注册范围：

注册证书号：

发证日期：

有 效 期：

年 月 日

A.9 金伯利进程国际证书制度注册登记证

中 华 人 民 共 和 国

实施金伯利进程国际证书制度

注

册

登

记

证

中 华 人 民 共 和 国

国家质量监督检验检疫总局

中华人民共和国实施金伯利进程
国际证书制度注册登记证

注　　册　　号：
注册单位名称：
注册单位地址：
经营方式/项目：

经审核，你单位符合《中华人民共和国实施金伯利进程国际证书制度管理规定》的有关规定，准予注册登记。

本证自发证之日起 2 年内有效。
发证日期：　　年　月　日

发证机构：　　　　　　　　　　　　中 华 人 民 共 和 国
（盖章）　　　　　　　　　　　　　×××出入境检验检疫

年 审 记 录

年 审 章	年 审 日 期

注意事项：

一、此证不得伪造、涂改和转借。

二、此证遗失须立即向原发证机构申报挂失，申明作废。

三、有效期满后，须及时申请办理年审手续。

A. 10　原产地证书申报员授权书

原产地证书申报员授权书

申请单位注册号：____________________

本人系______________________________________(申请单位名称)法人代表，现正式授权下述人员在__________年度代表本单位向贵机构办理原产地证书业务，在原产地证书及相关资料上签名，履行缴费等业务。未经授权的均属无效。本单位保证遵守《中华人民共和国普遍优惠制原产地证明书签证管理办法》、《中华人民共和国普遍优惠制原产地证明书签证管理办法实施细则》、《〈曼谷协定〉优惠原产地证明书签证管理规定》、《中华人民共和国出口货物原产地规则》、《中华人民共和国出口货物原产地规则实施办法》、《原产地标记管理规定》、《原产地标记管理规定实施办法》的有关规定。被授权人在办理原产地证书工作中如有违反有关规定，由我单位承担责任。

法人代表(签名)：

申请单位公章：

年　　月　　日

<table>
<tr><td>姓名：</td><td>性别：</td><td>出生年月：</td><td>文化程度：</td><td rowspan="3">照
片</td></tr>
<tr><td colspan="3">申报员证号：</td><td rowspan="2">手签笔迹：</td></tr>
<tr><td colspan="3">身份证号码：</td></tr>
<tr><td>姓名：</td><td>性别：</td><td>出生年月：</td><td>文化程度：</td><td rowspan="3">照
片</td></tr>
<tr><td colspan="3">申报员证号：</td><td rowspan="2">手签笔迹：</td></tr>
<tr><td colspan="3">身份证号码：</td></tr>
<tr><td>姓名：</td><td>性别：</td><td>出生年月：</td><td>文化程度：</td><td rowspan="3">照
片</td></tr>
<tr><td colspan="3">申报员证号：</td><td rowspan="2">手签笔迹：</td></tr>
<tr><td colspan="3">身份证号码：</td></tr>
</table>

A.11 金伯利进程国际证书申报员授权书

金伯利进程国际证书
申报员授权书

兹授权下列人员代表本企业办理金伯利进程国际证书项下的毛坯钻石的出入境申报工作，并遵守《中华人民共和国实施金伯利进程国际证书制度管理规定》的有关规定。

被授权人：

1. 姓　　名：　　　　文化程度：　　　　照片
   身份证号码：　　　　职　　务：
   （或护照号码）

2. 姓　　名：　　　　文化程度：　　　　照片
   身份证号码：　　　　职　　务：
   （或护照号码）

3. 姓　　名：　　　　文化程度：　　　　照片
   身份证号码：　　　　职　　务：
   （或护照号码）

授权人（企业法人代表）签字：______________

签署日期：_____年_____月_____日　　　　单位盖章：

A.12 原产地证书申报员证

正面内容：

中华人民共和国原产地证书申报员证

姓名：

证件号：

申请人名称：

申请人注册号：

手签笔迹：

发证日期：　　年　月　日

照片

（签证机构印章）

背面内容：

注意事项：

一、本证为申报员代表所属单位申办原产地证书的凭证。

二、本证应妥善保管，不得转借、损毁和涂改。

三、遗失本证或调换单位应及时向签证机构申请补证或换证。

版面要求：

1. 尺寸：长 85 mm，宽 55 mm。
2. 底色：天蓝
3. 字体：待定
4. 签证机构印章应骑压申报员照片。
5. 系统打印所属单位名称时，应根据需要进行折行处理。

A. 13 原产地标记准用证

原产地标记准用证

（法定地址）

申请的原产地标记产品，经过____________________________局审核评定，符合《原产地标记管理规定》，报国家质量监督检验检疫总局备案核准使用，特发此证。

准用产品名称：
准字号：
备案号：

发证日期：　　年　　月　　日
有效日期至：　　年　　月　　日

A. 14 原产地证书年审调查记录单

原产地证书年审调查记录单

年　月　日

申请单位名称及注册编号：							
产品主要销售去向：							
生产规模、生产设备情况：							
注册产品	H. S. 品目号	加工工序	A	B	C	D	E
是(√) 否(×)	A. 国内工序是否完备　B. 包装标记是否正常 C. 生产材料是否改变　D. 有无生产、出货记录　E. 是否符合原产地标准						

续表

<table>
<tr><td colspan="3">注册产品所用生产材料情况</td></tr>
<tr><td>原辅料名称</td><td>包装种类</td><td>包　装　标　记</td></tr>
<tr><td></td><td></td><td></td></tr>
<tr><td colspan="3">综合意见：

调查人(签名)：　　　　　　　申请单位负责人(签名)：</td></tr>
<tr><td colspan="2">初审意见：</td><td>复审意见：</td></tr>
<tr><td colspan="3">领导审批意见：</td></tr>
</table>

A.15 原产地标记地理标志年审调查记录单

原产地标记地理标志年审调查记录单

<table>
<tr><td colspan="2">评审机构</td><td colspan="2"></td><td>申请书号</td><td></td></tr>
<tr><td colspan="2">被评审方名称
（法定）地址</td><td colspan="4"></td></tr>
<tr><td colspan="2">标志产品地域</td><td colspan="4"></td></tr>
<tr><td colspan="2">标志产品范围</td><td colspan="4"></td></tr>
<tr><td colspan="2">标记模式
（式样）</td><td colspan="4">□ 加贴　□ 吊挂　□ 压模　□ 印刷</td></tr>
<tr><td colspan="2">审核依据标准
及
相关资料</td><td colspan="4"></td></tr>
<tr><td>审核内容</td><td colspan="5"></td></tr>
<tr><td rowspan="2">审核组人员</td><td>姓　名</td><td>职务（审核组中）</td><td>资　质</td><td colspan="2">证　号</td></tr>
<tr><td></td><td></td><td></td><td colspan="2"></td></tr>
<tr><td>审核结论</td><td colspan="5">

年　　月　　日</td></tr>
</table>

A.16　原产地证明书申请书

原产地证明书申请书

申请单位及注册号码(盖章)：　　　　　　　　　　　　证书号码：

申请人郑重声明：

本人是被正式授权代表申请单位申请办理原产地证明书和签署本申请书的。

本人所提供原产地证明书及所附单据内容正确无误，如发现弄虚作假，冒充证书所列货物，擅改证书，自愿按照有关规定接受处罚并负法律责任。现将有关情况申报如下：

<table>
<tr><td>生产单位</td><td colspan="2"></td><td>联系人</td><td></td><td>电话</td><td></td></tr>
<tr><td>中 文 品 名</td><td>H. S. 编码</td><td colspan="2">产品进口成分*</td><td>数(重)量</td><td colspan="2">FOB 值(美元)</td></tr>
<tr><td></td><td></td><td colspan="2"></td><td></td><td colspan="2"></td></tr>
<tr><td></td><td></td><td colspan="2"></td><td></td><td colspan="2"></td></tr>
<tr><td></td><td></td><td colspan="2"></td><td></td><td colspan="2"></td></tr>
<tr><td></td><td></td><td colspan="2"></td><td></td><td colspan="2"></td></tr>
<tr><td></td><td></td><td colspan="2"></td><td></td><td colspan="2"></td></tr>
<tr><td>发票号码</td><td colspan="2"></td><td colspan="2">商品 FOB 总值(以美元计)</td><td colspan="2"></td></tr>
<tr><td colspan="7">贸易方式(请在相应的“□”内处打“√”)</td></tr>
<tr><td>□　一般贸易</td><td>□　加工贸易</td><td colspan="2">□　零售贸易</td><td>□　展卖</td><td colspan="2">□　其他</td></tr>
<tr><td>中转国/地区</td><td></td><td colspan="2">最终销售国</td><td></td><td>出口日期</td><td></td></tr>
<tr><td colspan="7">申请证书类型：(请在相应的“□”内处打“√”)
1. □ 普惠制原产地证书；
2. □《亚太贸易协定》优惠原产地证书；
3. □《中国-东盟自由贸易区》优惠原产地证书；
4. □《中国-巴基斯坦优惠贸易安排》优惠原产地证书；
5. □ 输欧盟蘑菇罐头原产地证明书；
6. □ 烟草真实性证书；
7. □ 中华人民共和国出口货物原产地证书；
8. □ 加工装配证书；
9. □ 转口证明书；(货物来源地：__________)
10. □ 其他原产地证书。(请列明______________________________)</td></tr>
<tr><td colspan="3">备注：</td><td colspan="4">申报员(签名)：

电话：

日期：　年　月　日</td></tr>
</table>

现提交出口商业发票副本一份，原产地证明书一套，以及其他附件　　份，请予审核签证。

* “产品进口成分”栏是指产品含进口成分的情况，如果该产品不含进口成分，则填0%，若含进口成分，则此栏填进口成分占产品出厂价的百分比。

A.17 原产地标记证书申请书

原产地标记证书申请书

申请单位注册号：

申请人郑重声明：

本人被正式授权代表本单位办理和签署本申请书。

本申请书及提供的材料所列内容正确无误，如发现弄虚作假，冒充证书所列货物，擅改证书，本人愿按《中华人民共和国出口货物原产地规则》、《中华人民共和国出口货物原产地规则实施办法》、《原产地标记管理规定》、《原产地标记管理规定实施办法》的有关规定接受处罚。现将有关情况申报如下：

<table>
<tr><td colspan="2">申请单位名称</td><td colspan="3"></td><td colspan="2">发票号</td><td colspan="2"></td></tr>
<tr><td colspan="2">商品名称</td><td colspan="3"></td><td colspan="2">H. S. 编码（六位数）</td><td colspan="2"></td></tr>
<tr><td colspan="3">商品 FOB 总值（以美元计）</td><td colspan="2"></td><td colspan="2">最终目的地国/地区</td><td colspan="2"></td></tr>
<tr><td colspan="2">原产地</td><td colspan="3"></td><td colspan="2">转口国/地区</td><td colspan="2"></td></tr>
<tr><td colspan="9">贸易方式和企业性质（请在适用处划“√”）</td></tr>
<tr><td colspan="3">一般贸易</td><td colspan="3">加工贸易</td><td colspan="3">其他贸易方式</td></tr>
<tr><td>国有企业</td><td>三资企业</td><td>其他</td><td>国有企业</td><td>三资企业</td><td>其他</td><td>国有企业</td><td>三资企业</td><td>其他</td></tr>
<tr><td></td><td></td><td></td><td></td><td></td><td></td><td></td><td></td><td></td></tr>
<tr><td colspan="4">包装数量或毛重或其他数量</td><td colspan="5"></td></tr>
<tr><td colspan="2">标记式样</td><td colspan="2">图案</td><td colspan="2">证书</td><td colspan="3">其他</td></tr>
<tr><td>标记种类</td><td>原产国标记</td><td>地理标志</td><td colspan="2">服务贸易</td><td colspan="2">政府采购</td><td colspan="2">其他</td></tr>
<tr><td colspan="9">现提交资料如下：</td></tr>
<tr><td colspan="6">申请单位盖章：</td><td colspan="3">申请人：（签名）
电话：
日期：　　年　月　日</td></tr>
</table>

A.18　原产地证书更改/重发申请书

原产地证书更改/重发申请书

申请单位及注册号码(盖章)：　　　　　　　　　　证书号码：

申报员郑重声明：

本人是被正式授权代表申请单位签署本申请书和申请办理原产地证书更改/重发手续的。本人保证所提供原产地证书及所付单据内容正确无误，如发现弄虚作假，冒充证书所列货物，自愿按照有关规定接受处罚及负法律责任。现将有关情况申报如下：

<table>
<tr><td>证书类型</td><td></td><td>原证号码</td><td></td></tr>
<tr><td colspan="4">申请更改/重发原因：</td></tr>
<tr><td rowspan="2">更改/重发摘要</td><td>更改证书内容</td><td colspan="2"></td></tr>
<tr><td>原发证书内容</td><td colspan="2"></td></tr>
<tr><td colspan="2">备注：</td><td colspan="2">申报员(签名)：
联系电话：
日期：　　年　月　日</td></tr>
</table>

A.19 原产地证书电子签证申请表

原产地证书电子签证申请表

<table>
<tr><td>申请单位名称</td><td colspan="4"></td></tr>
<tr><td>英文名称</td><td colspan="4"></td></tr>
<tr><td>地　址</td><td colspan="4"></td></tr>
<tr><td>主要出口产品</td><td colspan="4"></td></tr>
<tr><td>公司负责人</td><td></td><td>电　话</td><td colspan="2"></td></tr>
<tr><td>联系人</td><td></td><td>传　真</td><td colspan="2"></td></tr>
<tr><td>业务员</td><td></td><td>邮　编</td><td colspan="2"></td></tr>
<tr><td colspan="5">硬件设备情况</td></tr>
<tr><td>内线转外线方式</td><td></td><td>计算机品牌型号</td><td colspan="2"></td></tr>
<tr><td>CPU</td><td></td><td>内　存</td><td colspan="2"></td></tr>
<tr><td>硬盘类型及容量</td><td colspan="4">容量：　　接口：　　□IDE　　□SCSI</td></tr>
<tr><td>光驱类型</td><td colspan="4">接口：　　□IDE　　□SCSI　　□其他</td></tr>
<tr><td>Modem</td><td colspan="4">速率：　　Kbps　　型号：</td></tr>
<tr><td>打印机</td><td colspan="4">类型：　　型号：　　驱动：</td></tr>
<tr><td>操作系统</td><td colspan="4"></td></tr>
<tr><td rowspan="5">用户应用软件</td><td colspan="4">监控类：</td></tr>
<tr><td colspan="4">游戏类：</td></tr>
<tr><td colspan="4">专用类：</td></tr>
<tr><td colspan="4">网络类：</td></tr>
<tr><td colspan="4">其　他：</td></tr>
<tr><td>FORM A 申报量</td><td>票/月</td><td colspan="2">CO 申报量</td><td>票/月</td></tr>
<tr><td rowspan="2">批复情况</td><td colspan="4">电子申报编码：</td></tr>
<tr><td colspan="4">电子信箱：</td></tr>
<tr><td colspan="5">申请单位声明：本单位申请安装原产地证书电子签证系统，并保证通过电子方式所传递的单据与实际发货相符。

申请时间：　　年　　月　　日　　　　公章</td></tr>
</table>

A.20 原产地证书电子签证保证书

原产地证书电子签证保证书

根据国家质检总局关于开展原产地证书电子签证工作的要求，国家质检总局已对各报检单位的登记编码进行了调整，该登记编码同时作为电子报检编码，是申请单位参加原产地证书电子签证的唯一识别标记。申请单位应仔细阅读申请单位声明等内容，并在实际以电子方式申报原产地证书时认真遵守。申请单位应详细填写以下申请单位信息，法人代表签字、加盖公章。

申请单位信息

<table>
<tr><td colspan="3">申请单位名称：</td></tr>
<tr><td colspan="3">英文名称：</td></tr>
<tr><td colspan="2">申请单位地址：</td><td>联系人：</td></tr>
<tr><td>原注册号</td><td>邮编：</td><td>联系电话：</td></tr>
<tr><td colspan="3">调整后注册登记号</td></tr>
<tr><td colspan="3">电子申报编码____________（该项内容由出入境检验检疫局审核后填写）</td></tr>
<tr><td colspan="3">申请单位声明如下：
1. 本单位在进行原产地证书电子申报时遵守国家法律及出入境检验检疫局法规。
2. 本单位保证做到以电子方式发送申报单据的内容真实、准确，证书各栏内容与出口发票等随附单据完全一致。
3. 本单位保证通过电子方式所传递的单据与实际发货相符。
4. 本单位承诺如弄虚作假，冒充证书所列货物，擅改证书，自愿接受签证机关的处罚及负法律责任。</td></tr>
<tr><td colspan="3">法人代表签字：

时间：　　年　　月　　日　　　　　　　　申请单位盖章</td></tr>
</table>

注：1. 申请单位签章后交由出入境检验检疫局登记。

2. 申请单位违反声明内容应负全部责任。

A.21 原产地证书电子签证申报员授权书

原产地证书电子签证申报员授权书

申请单位注册号：____________________

本人系____(申请单位名称)法人代表，现正式授权下述人员在____________________年度代表本单位向贵机构申办原产地证书电子签证业务，在原产地证书及相关资料上签名，履行缴费等业务。未经授权的均属无效。本单位保证遵守《中华人民共和国普遍优惠制原产地证明书签证管理办法》、《中华人民共和国普遍优惠制原产地证明书签证管理办法实施细则》、《〈曼谷协定〉优惠原产地证明书签证管理规定》、《中华人民共和国出口货物原产地规则》、《中华人民共和国出口货物原产地规则实施办法》、《原产地证电子签证管理办法》、《原产地标记管理规定》、《原产地标记管理规定实施办法》的有关规定。被授权人在办理原产地证书工作中如有违反有关规定，由我单位承担责任。

法人代表(签名)： 申请单位公章：

年 月 日

<table>
<tr><td>姓名：</td><td>性别：</td><td>出生年月：</td><td>文化程度：</td><td rowspan="3">照
片</td></tr>
<tr><td colspan="3">申报员证号：</td><td rowspan="2">手签笔迹：</td></tr>
<tr><td colspan="3">身份证号码：</td></tr>
<tr><td>姓名：</td><td>性别：</td><td>出生年月：</td><td>文化程度：</td><td rowspan="3">照
片</td></tr>
<tr><td colspan="3">申报员证号：</td><td rowspan="2">手签笔迹：</td></tr>
<tr><td colspan="3">身份证号码：</td></tr>
<tr><td>姓名：</td><td>性别：</td><td>出生年月：</td><td>文化程度：</td><td rowspan="3">照
片</td></tr>
<tr><td colspan="3">申报员证号：</td><td rowspan="2">手签笔迹：</td></tr>
<tr><td colspan="3">身份证号码：</td></tr>
</table>

A.22　中华人民共和国出入境检验检疫进口毛坯钻石申报单

中华人民共和国出入境检验检疫
进口毛坯钻石申报单

<table>
<tr><td>注册号</td><td colspan="3"></td><td colspan="3">金伯利进程国际证书编号</td><td colspan="2"></td></tr>
<tr><td rowspan="2">申报人</td><td colspan="8">（中文）</td></tr>
<tr><td colspan="8">（英文）</td></tr>
<tr><td rowspan="2">发货人</td><td colspan="8">（中文）</td></tr>
<tr><td colspan="8">（英文）</td></tr>
<tr><td colspan="2">毛坯钻石名称
（中/外文）</td><td>H.S.编码
（六位数）</td><td>原产国
（地区）</td><td>来源地</td><td>重量
（以克拉计）</td><td>货物 FOB 总值
（以美元计）</td><td colspan="2">包装种类
及数量</td></tr>
<tr><td colspan="2"></td><td></td><td></td><td></td><td></td><td></td><td colspan="2"></td></tr>
<tr><td>运输方式</td><td colspan="2"></td><td rowspan="2">进　　口
运输路线</td><td colspan="5">1. 直接运输：</td></tr>
<tr><td>入境口岸</td><td colspan="2"></td><td colspan="5">2. 转口运输：</td></tr>
<tr><td>贸易方式</td><td colspan="8">□ 一般贸易　　　　□ 加工贸易　　　　□ 转口贸易</td></tr>
<tr><td>合同号</td><td colspan="2"></td><td>发运日期</td><td></td><td>贸易国别</td><td colspan="3"></td></tr>
<tr><td>包裹号</td><td colspan="2"></td><td>到达日期</td><td></td><td>收到日期</td><td colspan="3"></td></tr>
<tr><td>发票号</td><td colspan="2"></td><td>发票日期</td><td></td><td>存放地点</td><td colspan="3"></td></tr>
<tr><td>随附单据</td><td colspan="2">□ 金伯利进程国际证书
□合同
□提/运单
□发票</td><td colspan="6">申报人郑重申明：
本人是被正式授权代表进口单位办理和签署本申报单的。
本申报单所列进口毛坯钻石为非冲突钻石，是合法的。
本申报单及所提供的单据所列内容正确无误，如发现弄虚作假、冒充申报单所列货物、擅改申报单，自愿接受签证机关的处罚及负法律责任。

申报人签名：____________单位盖章：
联系电话：____________申报日期：　年　月　日</td></tr>
<tr><td rowspan="5">由检验检疫机构填写</td><td>入境货物通关单号</td><td colspan="3"></td><td rowspan="4">验证费</td><td>总金额(RMB)</td><td colspan="2"></td></tr>
<tr><td>收到电子邮件日期</td><td colspan="3">年　月　日</td><td>计费人</td><td colspan="2"></td></tr>
<tr><td>金伯利进程国际证书</td><td colspan="3">审核人：</td><td>收费人</td><td colspan="2"></td></tr>
<tr><td>检验部门签收</td><td colspan="3"></td><td></td><td colspan="2"></td></tr>
<tr><td>备注</td><td colspan="7"></td></tr>
</table>

申报受理人：　　　　　　　　　　　　　　　　申报受理日期：　　年　月　日

A.23　中华人民共和国出入境检验检疫出口毛坯钻石申报单

中华人民共和国出入境检验检疫
出口毛坯钻石申报单

注册号		生产或加工单位	
申报人	（中文）		
	（英文）		
发货人	（中文）		
	（英文）		

毛坯钻石名称 （中/外文）	H.S.编码 （六位数）	原产国 （地区）	来源地	重量 （以克拉计）	货物 FOB 总值 （以美元计）	包装种类 及数量

运输方式		出　　口 运输路线	1. 直接运输：		
出境口岸			2. 转口运输：		
贸易方式	□一般贸易	□加工贸易	□转口贸易		
合同号		发运日期		贸易国别	
包裹号					
发票号		发票日期		存放地点	

随附单据		
随附单据	□合同 □信用证 □发票 □钻石来源证明 □原金伯利进程国际证书副本	申报人郑重申明： 本人是被正式授权代表出口单位办理和签署本申报单的。 本申报单所列出口的毛坯钻石为非冲突钻石，是合法的。 本申报单所列的出口毛坯钻石目的地为金伯利进程国际证书制度成员团。 本申报单及所提供的单据所列内容正确无误，如发现弄虚作假、冒充申报单所列货物、擅改申报单，自愿接受签证机构的处罚，并负法律责任。 申报人签名：＿＿＿＿＿＿＿单位盖章： 联系电话：＿＿＿＿＿＿＿申报日期：　年　月　日

由检验检疫机构填写					
由检验检疫机构填写	检验部门签收		验证费	总金额(RMB)	
	出境货物通关单号			计费人	
	金伯利进程国际证书号			收费人	
	发送电子邮件日期	年　月　日			
	备注				

申报受理人：　　　　　　　　　　申报受理日期：　年　月　日

A.24　原产地证书签证抽查记录

原产地证书签证抽查记录

申请单位名称：	注册号：
调查日期：	被查证书号码：
货物品名：	输往国别：
联系人：	电话：

经过实地调查，发现以下情况：

1. 货物是否在该单位生产？	是（　）	否（　）
2. 货物是否属于注册产品范围？	是（　）	否（　）
3. 货物是否已生产包装完毕？	是（　）	否（　）
4. 货物是否已离开中国？	是（　）	否（　）
5. 证书内容是否与实际货物相符？	是（　）	否（　）
6. 货物、说明书及内外包装是否有中国以外的原产地标记？	是（　）	否（　）
7. 国内加工工序是否完备？	是（　）	否（　）
8. 该证书项下货物是否符合原产地标准？	是（　）	否（　）
9. 该产品的原材料单据及生产记录是否完整？	是（　）	否（　）

调查人意见：

调查人签名：　　　　　　　　申请单位负责人签名：

根据以上调查，兹决定：

1. 同意签发该证书，该单位可继续申请证书
2. 不同意签发该证书，对申请单位：　暂停签证（　）　注销申领资格（　）
3. 其他处理意见：

签证部门分管领导意见：　　　　　　　　年　　月　　日

A.25 原产地证书国外查询调查审核单

原产地证书国外查询调查审核单

被查单位名称及编号：　　　　　　　　　　　　　　　　日期：　　年　月　日

查询问题摘要：

被查证书情况：

被查证书号码		进口国	
发票号码		品名/H.S.品目号	
运输方式		型号	
出货日期		具体数量	
与证书底案是否一致			

提供单据情况：

贸　易　单　据	单据日期	具体数量	与证书是否一致
大陆出口报关单			
转口地进口报关单			
船(空)运提单			
转口地出口商业发票			
装箱单			
订单/形式发票/销售合同(NO.　　　)			

产品注册情况：

被查产品	是否注册	是否与注册档案一致

实地调查基本情况：　　　　　　　　　　　　　　　　调查日期：

产品型号	是否在产	参考型号	加　工　工　序

原辅料名称	包装方式	包　装　标　识

综合结论：

调查人综合意见	调查人：
领导审批意见	

附录B

证书填制要求

B.1 普惠制原产地证书(Form A)填制要求

普惠制原产地证书标题栏(右上角),填上检验检疫机构编定的证书号。在证头横线上方填上“中华人民共和国”。国名必须填打英文全称,不得简化。

Issued in THE PEOPLE'S REPUBLIC OF CHINA

(国内印制的证书,已将此印上,无须再填打。)

第1栏出口商名称、地址、国家。此栏带有强制性,应填明详细地址,包括街道名、门牌号码等。例:

CHINA ARTEX (HOLDING) COPR. GUANGDONG CO.

NO. 119, LIUHUA ROAD, GUANGZHOU, CHINA

中国地名的英文译音应采用汉语拼音。如 GUANGDONG (广东)、GUANGZHOU (广州)、SHANTOU (汕头)等。

第2栏:收货人的名称、地址、国家。

该栏应填给惠国最终收货人名称(即信用证上规定的提单通知人或特别声明的受货人),如最终收货人不明确,可填发票抬头人。但不可填中间转口商的名称。

欧洲联盟、挪威对此栏是非强制性要求,如果货物直接运往上述给惠国,而且进口商要求将此栏留空时,则可以不填详细地址,但须填:To Order。

第3栏:运输方式及路线(就所知而言)。

一般应填装货、到货地点(始运港、目的港)及运输方式(如海运、陆运、空运)。例:

ON/AFTER NOV. 6, 2000 FROM GUANGZHOU TO HONG KONG BY TRUCK, THENCE TRANSHIPPED TO HAMBURG BY SEA.

转运商品应加上转运港,如 VIA HONGKONG。该栏还要填明预定自中国出口的日期,日期必须真实,不得捏造。对输往内陆给惠国的商品,如瑞士、奥地利,由于这些国家没有海岸,因此如系海运,都须经第三国,再转运至该国,填证时应注明。例 ON/AFTER NOV. 6, 2000 BY VESSEL FROM GUANGZHOU TO HAMBURG W/T HONG KONG, IN TRANSIT TO SWITZERLAND.

第4栏:供官方使用

此栏由签证当局填写,申请签证的单位应将此栏留空。正常情况下此栏空白。特殊情况下,签证当局在此栏加注,如:(1)货物已出口,签证日期迟于出货日期,签发“补发”证书时,此栏盖上“ISSUED RETROSPECTIVELY”红色印章。(2)证书遗失、被盗或损毁,签发“复本”证书时显示“DUPLICATE”字样,并在此栏注明原证书的编号和签证日期,并声明原发证书作废,其文字是”THIS CERTIFICATE IS IN REPLACEMENT OF CERTIFICATE OF ORIGIN NO. … DATED… WHICH IS CANCELLED”。

第5栏:商品顺序号

如同批出口货物有不同品种，则按不同品种、发票号等分列“1”、“2”、“3”……，以此类推。单项商品，此栏填“1”。

第6栏：唛头及包装号。

填具的唛头应与货物外包装上的唛头及发票上的唛头一致；唛头不得出现中国以外的地区或国家制造的字样，也不能出现香港、澳门、台湾原产地字样（如 MADE IN TAIWAN，HONG KONG PRODUCTS 等）；如货物无唛头应填“无唛头”、即“N/M”或“NO MARK”。如唛头中有图形，此栏打上“SEE THE ATTACHMENT”，用附页加贴带图形的唛头。

第7栏：包件数量及种类，商品的名称。

包件数量必须用英文和阿拉伯数字同时表示，例：

ONE HUNDRED AND FIFTY〈150〉CARTONS OF WORKING GLOVES。

具体填明货物的包装种类（如 CASE，CARTON，BAG 等），不能笼统填写“PACKAGE”。例“ONE HUNDRE(100) CARTONS OF GLOVES”。如无包装，应填明货物出运时的状态，如“NUDE CARGO”（裸装货）、“IN BULK”（散装货）、“HANGING GARMENTS”（挂装）等。

商品名称必须具体填明，应详细到可以准确判定该产品的 H. S. 编码，不能笼统填“MACHINE”（机器）、“GARMENT”（服装）等。对一些商品，如玩具电扇应注明为“TOYS：ELECTRIC FANS”，不能只列“ELECTRIC FANS”（电扇）。如果信用证中品名笼统或拼写错误，必须在括号内加注具体描述或正确品名。商品的商标、牌名（BRAND）及货号（ARTICLE NUMBER）一般可以不填。商品名称等项列完后，应在下一行加上表示结束的符号，以防止加填伪造内容。

国外信用证有时要求填具合同、信用证号码等，可加填在此栏空白处。

第8栏：原产地标准

完全原产品，不含任何非原产成分，出口到所有给惠国，填“P”；

含有非原产成分的产品，出口到欧盟、挪威、瑞士、列支敦士登、土耳其和日本，填“W”，其后加上出口产品的 H. S. 品目号，如“W”42. 02。条件：(1)产品列入了上述给惠国的“加工清单”符合其加工条件；(2)产品未列入“加工清单”，但产品生产过程中使用的非原产原材料和零部件要经过充分的加工，产品的 H. S. 品目号不同于所用的原材料或零部件的 H. S. 品目号。

含有非原产成分的产品，出口到加拿大，填“F”。条件：非原产成分的价值未超过产品出厂价的40%。

含有非原产成分的产品，出口到波兰，填“W”，其后加上出口产品的 H. S. 品目号，如“W”42. 02。条件：非原产成分的价值未超过产品离岸价的50%。

含有非原产成分的产品，出口到俄罗斯、乌克兰、白俄罗斯、哈萨克斯坦四国，填“Y”，其后加上非原产成分价值占该产品离岸价格的百分比，如“Y”38%。条件：非原产成分的价值未超过产品离岸价的50%。

输往澳大利亚、新西兰的货物，此栏可以留空。

第9栏：毛重或其他数量

注：此栏应以商品的正常计量单位填，如“只”、“件”、“双”、“台”、“打”等。例：3200 DOZ. 或6270 KG。

以重量计算的则填毛重，只有净重的，填净重亦可，但要标上 N. W. (NET WEIGHT)。

第 10 栏:发票号码及日期

注:此栏不得留空。月份一律用英文(可用缩写)表示,例:PHK50016 Nov. 2, 2000。

此栏的日期必须按照正式商业发票填具,发票日期不得迟于出货日期。

第 11 栏:签证当局的证明

此栏填打签证机构的签证地点、日期,例:GUANGZHOU NOV. 3,2000。

检验检疫局签证人经审核后在此栏(正本)签名,盖签证印章。

注:此栏日期不得早于发票日期(第 10 栏)和申报日期(第 12 栏)。

第 12 栏:出口商的申明

在生产国横线上填英文的“中国”(CHINA)。进口国横线上填最终进口国,进口国必须与第三栏目的港的国别一致。凡货物运往欧盟十五国范围内,进口国不明确时,进口国可填 EU。

另外,申请单位应授权专人在此栏手签,标上申报地点、日期,并加盖申请单位中英文印章。手签人手迹必须在检验检疫局注册登记,并保持相对稳定。

此栏日期不得早于发票日期(第 10 栏)(最早是同日)。盖章时应避免覆盖进口国名称和手签人姓名。本证书一律不得涂改,证书不得加盖校对章。

B.2 《中华人民共和国出口货物原产地证明书》的填制要求

证号栏 应在证书右上角填上证书编号,不得重号。

第 1 栏 (出口方) 填写出口方的名称、详细地址及国家(地区),此栏不得留空。出口方名称是指出口申报方名称,一般填写有效合同的卖方或发票出票人。若经其他国家或地区转口需填写转口商名称时,可在出口商后面加填英文 VIA,然后再填写转口商名称、地址和国家。示例:

SINOCHEM INTERNATIONAL ENGINEERING & TRADING CORP.

No. 40,FUCHENG ROAD,BEIJING,CHINA

VIA HONGKONG DAMING CO. LTD

NO. 656, GUANGDONG ROAD,HONGKONG

第 2 栏 (收货方) 应填写最终收货方的名称、详细地址及国家(地区),通常是外贸合同中的买方或信用证上规定的提单通知人。但由于贸易的需要,信用证规定所有单证收货人一栏留空,在这种情况下,此栏应加注“TO WHOM IT MAY CONCERN”或“TO ORDER”,但不得留空。若需填写转口商名称时,可在收货人后面加填英文 VIA,然后再填写转口商名称、地址、国家。

第 3 栏 (运输方式和路线) 应填写从装货港到目的港的详细运输路线。如经转运,应注明转运地。示例:FROM SHANGHAI TO HONGKONG ON APR. 1, 1999, THENCE TRANSHIPPED TO ROTTERDAM BY VESSEL 或 FROM SHANGHAI TO ROTTERDAM BY VESSEL VIA HONGKONG。

第 4 栏 (目的地国家/地区) 应填写货物最终运抵港,一般与最终收货人或最终目的港国别一致,不得填写中间商国别。

第 5 栏 (签证机构用栏) 此栏为签证机构在签发后发证书、重发证书或加注其他声明时使用。证书申领单位应将此栏留空。

第 6 栏 (运输标志) 应按照出口发票上所列唛头填写完整图案、文字标记及包装号码，不可简单地填写“AS PER INVOICE NO. . . . ”(按照发票)或者“AS PER B/L NO. . . . ”(按照提单)。包装无唛头，应填写“N/M”或者“NO MARK”。此栏不得留空。如唛头较多本栏填写不下，可填写在第 7、8、9 栏的空白处或用附页填写。

第 7 栏　(商品名称、包装数量及种类)　应填写具体商品名称，例如：“TENNIS RACKET”(网球拍)；不得用概括性表述，例如：“SPORTING GOODS”(运动用品)。包装数量及种类要按具体单位填写，例如：100 箱彩电，填写为“ONE HUNDRED (100) CARTONS ONLY OF COLOUR TV SETS”，在英文表述后注明阿拉伯数字。如货物系散装，在商品名称后加注“IN BULK”(散装)。如需要加注合同号、信用证号码等，可加在此栏。如证书有一页以上须注明“TO BE CONTINUED”(待续)；本栏的内容结束处要打上表示结束的截止线(* * * *)，以防加添内容。

第 8 栏　(商品编码)　此栏要求填写商品 H. S. 品目号。若同一份证书包含有几种商品，则应将相应的 H. S. 品目号全部填写。此栏不得留空。

第 9 栏　(量值)　填写出口货物的量值并与商品的计量单位联用。如果填重量的，应该以 KGS 为单位，同时应该注明 N. W. 或 G. W. 。

第 10 栏　(发票号码及日期)　应按照申请出口货物的商业发票填写。该栏日期应早于或同于实际出口日期。此栏不得留空。

第 11 栏　(出口方声明)　该栏由申领单位已在签证机构注册的申报员签字并加盖单位中英文印章，填写申领地点和日期。该栏日期不得早于发票日期。

第 12 栏　(签证机构证明)　由签证机构签字、盖章，并填写签证地点、日期。签发日期不得早于发票日期(第 10 栏)和申请日期(第 11 栏)。

有关一般原产地证书的其他注意事项是：证书一律用打字机缮制，证面要保持整齐、清洁。缮制证书一般使用英文，如信用证有特殊要求必须使用其他文种的，也可接受。为避免对月份、日期的误解，月份一律用文字表述，例如：“APR. 10，1999”，不得表述为“4. 10. 1999”。

B. 3　《亚太贸易协定》优惠原产地证书填制要求

总原则：享受关税减让优惠的货物必须符合以下条件：

1. 属于《亚太贸易协定》进口成员国关税减让优惠产品描述范围内。

2. 符合《亚太贸易协定》原产地规则。一批货物中的每项商品本身必须分别符合该规则。

3. 符合《亚太贸易协定》原产地规则规定的发运条件。总体而言，货物须按照第五条的规定从出口国直接发运到目的地国。

第 1 栏　货物发运自：注明出口人的名称、地址与国别。名称须与发票上的出口人一致。

第 2 栏　货物发运到：注明进口人的名称、地址与国别。名称须与发票上的进口人一致。对于第三方贸易，可以注明“待定”(To Order)。此栏不得出现香港、台湾等中间商名称。

第 3 栏　供官方使用：此栏仅供签证当局使用。

第 4 栏　运输方式与路线：详细注明出口货物的运输方式和路线。如信用证条款等无此详细要求，打上“空运”或“海运”。如货物途经第三国，可用如下方式表示：

例如，“空运”“经曼谷从老挝到印度”(By air from Laos to India via Bangkok.)

第 5 栏　税则号：注明货物 4 位数的 H. S. 编码。

第 6 栏　唛头与包装编号:注明证书所载货物的包装唛头及编号。该信息应与货物包装上的唛头及编号一致。

第 7 栏　包装数量与种类;货物描述:明确注明出口产品的货物描述。货物描述应与发票上对出口产品的描述相一致。确切的描述有助于目的国海关当局对产品的快速清关。

第 8 栏　原产地标准:根据《亚太贸易协定》原产地规则第二条的规定,受惠产品必须是完全原产自出口成员国;若非出口成员国完全原产的产品,必须符合第三条或第四条。

完全原产品:在第 8 栏填写字母"A"。

含有进口成分的产品:第 8 栏的填写方法如下:(1)符合第三条规定的原产地标准的产品,第 8 栏填写字母"B"。字母"B"后应填写原产于非成员国或原产地不明的原料、部件或产品的总货值占出口产品离岸价的百分比(例如"B"50%)。(2)符合第四条规定的原产地标准的产品,第 8 栏填写字母"C"。字母"C"后应填写原产于成员国领土内的累计含量的总值与出口产品离岸价的百分比(例如"C"60%)。(3)符合第十条特定原产地标准的产品,第 8 栏填字母"D"。

第 9 栏　毛重或其他数量:注明证书所载产品的毛重或其他数量(如件数、千克)。

第 10 栏　发票号码与日期:注明发票的号码与日期。发票日期不得迟于证书的签发日期。

第 11 栏　出口人的声明:"出口人"指发货人,他既可以是贸易商也可以是制造商。注明生产国和进口国的国别、申报地点和申报日期。该栏必须由公司授权签字人签署。

第 12 栏　签证当局的证明:该栏由签证当局签署。

B.4 《烟草真实性证书》填制说明

本证书应与普惠制产地证书 FORM A 同时使用方有效。本证书用英文或法文填制。

第 1 栏:出口商

填写出口商的名称、详细地址及国家(地区)。

第 2 栏:证书编号

与所附 FORM A 证书同号。

第 3 栏:签证机构

填写签发机构的具体名称,应注明国别。例:

THE PEOPLE'S REPUBLIC OF CHINA

GUANGDONG ENTRY-EXIT INSPECTION AND QUARANTINE BUREAU

第 4 栏:收货方

应填写最终收货方的名称、详细地址及国家(地区)。

第 6 栏:运输方式

一般应填装货、到货地址(始运港、目的港)及运输方式(如海运、陆运、空运)。转运商品应加上转运港,如 VIA HONGKONG。

第 7 栏　唛头及包装号,包装数量及种类

唛头及包装号应与所附 FORM A 第六栏一致;包装数量必须用文字和阿拉伯数字同时表示。

第 8 栏　毛重(公斤)

以公斤计算,用数字表示。

第 9 栏　净重(公斤)

以公斤计算，用数字表示。

第10栏 净重(公斤)(文字表示)

用文字表述商品的净重，以公斤计算。

第11栏：签证机构的证明

此栏填写签证地点、日期。经审核后签证人在此栏(正本)签名，盖FORM A签证章。

B.5 《原产地标记证书》填制要求

第5栏 填写标记种类

第6栏 填写货物原产地

第1、2、3、4、8、9、10、11、12、13、14栏内容和填制要求见B.2《中华人民共和国出口货物原产地证明书》第1、2、3、4、6、7、8、9、10、11、12栏的填制要求。

B.6 《加工装配证明书》的填制要求

证书右上角应填上证书编号，不得重号。

第1栏至第10栏的内容和填制要求见《中华人民共和国出口货物原产地证明书》的第1到第10栏填制要求。

第11栏(制造国家或地区)应填写所加工装配货物的材料或零部件的原制造国家或地区。

第12栏(在中国所进行的具体加工、装配工序及申请地点、日期，签字和盖章)。应填写在中国具体加工、装配工序的名称，例如：某批录音机只在中国进行了加工装配工序，此栏应填写"ASSEMBLY"(装配)。由申领单位已在签证机构注册的申报员签字并加盖单位中英文印章，签字和盖章不得重合。申请日期不得早于发票日期。

第13栏(签证机构证明)填写签证地点和日期，由签证机构签字、盖章，签字和盖章不得重合。签发日期不得早于发票日期(第10栏)和申请日期(第12栏)。

B.7 《转口证明书》的填制要求

证号栏 应在证书右上角填上证书编号，不得重号。

第1、2、4、10、11、12、13、14栏内容和填制要求见《中华人民共和国出口货物原产地证明书》第1、2、4、6、7、8、9、10栏的填制要求。

第3栏(离港日期)指货物离开中国的日期。

第5栏(运输工具名称及号码)应如实填写运输工具名称及号码。

第6栏(装运地)应填写实际装货地。

第7栏(卸货港)应按合同、信用证规定的卸货港填写。

第8栏(最终目的地)指货物最终运抵地。

第9栏(货物原产国)如实填写货物的原产国家，原产国家应与货物进口合同或其他能证明货物原产国的单据一致。

第15栏(签证机构证明)应如实填写货物原产国或地区，与第9栏一致。填写签证地点和日期，由签证机构签字、盖章。签字和盖章不得重合，签发日期不得早于第3栏离港日期及第14栏发票日期。

B.8 《中国—巴基斯坦自由贸易区原产地证书》填制说明

第1栏：注明出口人合法的全称、地址(包括国家)。

第2栏：注明收货人合法的全称、地址(包括国家)。

第 3 栏：注明生产商合法的全称、地址（包括国家）。如果证书上的货物生产商不止一个时，其他生产商的全称、地址（包括国家）也须列明。如果出口人或生产商希望对该信息保密时，也可接受在该栏注明“应要求向海关提供”（Available to Customs upon request）。如果生产商与出口商相同时，该栏只需填写“相同”（SAME）。

第 4 栏：注明运输方式和路线，并详细说明离港日期、运输工具号、装货港和卸货港。

第 5 栏：由进口成员方的海关当局在该栏简要说明根据协定是否给予优惠待遇。

第 6 栏：注明项目编号。

第 7 栏：该栏的商品名称描述必须详细，以便查验货物的海关官员可以识别，并使其能与发票上的货名及 H. S. 编码的货名对应。包装上的运输唛头及编号、包装件数和种类也应列明。每一项货物的 H. S. 编码应为货物进口国的六位 H. S. 编码。

第 8 栏：从一成员方出口到另一成员方可享受优惠待遇的货物必须符合下列要求之一：（根据特定原产地规则可做调整）

（1）符合中国—巴基斯坦自由贸易区原产地规则的规定，在出口成员方境内完全获得的产品；

（2）为实施中国—巴基斯坦自由贸易区原产地规则的规定，使用非原产于中国、巴基斯坦或无法确定原产地的原材料生产和加工产品时，所用这种原材料的总价值不超过由此生产或获得的产品的离岸价格的 60%，且最后生产加工工序在该出口成员方境内完成；

（3）符合中国—巴基斯坦自由贸易区原产地规则五的产品，且该产品在一成员方被用于生产可享受另一个成员方优惠待遇的最终产品时，如这部分成分在最终产品的中国—巴基斯坦自由贸易区成分累计中不少于最终产品的 40%，则该产品应视为原产于对最终产品进行生产或加工的成员方；或

（4）符合中国—巴基斯坦自由贸易区原产地规则产品特定原产地标准的产品应被视为原产于使该产品发生实质性改变的成员方。

若货物符合上述标准，出口商必须按照下列表格中规定的格式，在本证书第 8 栏中标明其货物申报享受优惠待遇所依据的原产地标准。

本表格第 12 栏列名的原产国生产或制造的详情	填入第 8 栏
(a) 出口成员方完全原产的产品（见上述第 8 栏(1)项）	P
(b) 符合上述第 8 栏(2)项的规定，在出口成员方加工但并非完全原产的产品	单一国家成分的百分比，例如 40%
(c) 符合上述第 8 栏(3)项的规定，在出口成员方加工但并非完全原产的产品	中国—巴基斯坦自由贸易区累计成分的百分比，例如 40%
(d) 符合产品特定原产地标准的产品	PSR

第 9 栏：该栏应注明毛重的公斤数。其他的按惯例能准确表明数量的计量单位，如体积、件数也可用于该栏；离岸价格应该是出口人向签证机构申报的价格。

第 10 栏：该栏应注明发票号和发票日期。

第 11 栏：如有要求，该栏可注明订单号，信用证号等。

第 12 栏：该栏必须由出口人填制，签名、签署日期和加盖印章。

第 13 栏：该栏必须由签证机构经授权的签证人员签名、签署日期和加盖签证印章。

B.9 《中国—东盟自由贸易区原产地证书》的填制要求

(1) 为享受中国—东盟自由贸易区优惠关税协议下优惠待遇而接受本证书的缔约各方:文莱、柬埔寨、中国、印度尼西亚、老挝、马来西亚、缅甸、菲律宾、新加坡、泰国、越南。

(2) 出口至上述任一方的产品,享受中国—东盟自由贸易区优惠关税协议下优惠待遇的主要条件是:

1) 必须是在目的国可享受关税减让的产品;

2) 必须符合产品由中国东盟自由贸易区任一方直接运至进口方的运输条件,但如果过境运输、转换运输工具或临时储存仅是由于地理原因或仅出于运输需要的考虑,运输途中经过一个或多个中国—东盟自由贸易区非缔约方境内的运输亦可接受;

3) 必须符合下述的原产地标准。

(3) 原产地标准:出口到上述国家可享受优惠待遇的货物必须符合下列要求之一:

1) 符合中国—东盟自由贸易区原产地规则三的规定,在出口成员方完全获得的产品;

2) 除上述第(1)项的规定外,为实施中国—东盟自由贸易区原产地规则二(二)的规定,使用原产于中国—东盟自由贸易区非缔约方或无法确定原产地的材料、零件或产物生产和加工产品时,所用材料、零件或产物的总值不超过生产或获得产品船上交货价格的60%,且最后生产工序在出口方境内完成;

3) 符合中国—东盟自由贸易区原产地规则二规定的原产地要求的产品,且该产品在一方用作生产在其他一个或多个缔约方可享受优惠待遇的最终产品的投入品,如最终产品中中国—东盟自由贸易区成分总计不少于最终产品的40%,则该产品应视为原产于对最终产品进行生产或加工的一方;或

4) 符合中国—东盟自由贸易区原产地规则附件二的产品特定原产地标准的产品应视为在一方进行了充分加工的货物。

若产品符合上述标准,出口商必须按照下列表格中规定的格式,在本证书第8栏中标明其产品申报享受优惠待遇所依据的原产地标准。

本表格第11栏列名的第一国生产或制造的详情	填入第8栏
(a) 出口国完全生产的产品(见上述第(3)款1)项)	完全获得(WO)
(b) 符合上述第(3)款2)项的规定,在出口方加工但并非完全获得的产品	单一国家成分的百分比,例如40%
(c) 符合上述第(3)款3)项的规定,在出口方加工但并非完全获得的产品	中国—东盟累计成分的百分比,例如40%
(d) 符合产品特定原产地标准(PSR)的产品	PSR

(4) 每一项商品都必须符合规定:应注意一批货物中的所有产品都必须各自符合规定,尤其是不同规格的类似商品或备件。

(5) 产品名称:产品名称必须详细,以使验货的海关官员可以识别。生产商的名称及任何商标也应列明。

(6) 协调制度编码应为进口方的编码。H.S.编码应填六位数。

(7) 第11栏"出口商"可包括制造商或生产商。作为流动证明时,"出口商"也包括中间方的出口商。

(8) 官方使用:不论是否给予优惠待遇,进口方海关必须在第4栏作出相应的标注(√)。

(9) 流动证明:作为流动证明时,按照签证操作程序规则十二条的规定,第13栏中的"流动证明"应予以标注(√)。成员方的原始签证机构名称、签发日期以及原始原产地证书(Form E)证书的编号也应在第13栏中注明。

(10) 第三方发票:当发票是由第三国开具时,第13栏中的"第三方发票"应予以标注(√)。该发票号码应在第10栏中注明。开具发票的公司名称及所在国家等信息应在第7栏中注明。

(11) 展览:当产品由出口方运至另一方展览并在展览期间或展览后销售给一方时,按照中国—东盟自由贸易区原产地规则二十二的规定,第13栏中的"展览"应予以标注(√)。展览的名称及地址应在第2栏中注明。

(12) 补发:在特殊情况下,由于非主观故意的差错、疏忽或者其他合理原因,可按照中国—东盟自由贸易区原产地规则十一的规定补发原产地证书(Form E)。第13栏中的"补发"应予以标注(√)。

B.10 《中国—智利自由贸易区原产地证书》填制说明

第1栏:注明出口人合法的全称、地址(包括国家)。

第2栏:注明生产商合法的全称、地址(包括国家)。如果证书包含一个以上生产商的商品,应该列出其他生产商的名称、地址(包括国家)。如果出口人或生产商希望对该信息予以保密,可以填写"应要求提供给主管政府机构(Available to competent governmental authority upon request)"。如果生产商和出口人相同,应填写"同上(SAME)"。如果不知道生产商,可填写"不知道(UNKNOWN)"。

第3栏:注明收货人合法的全称、地址(包括国家)。

第4栏:注明运输方式和路线,并详细说明离港日期、运输工具号、装货港和卸货港。

第5栏:由进口方的海关当局在该栏简要说明根据协定是否给予优惠待遇。

第6栏:如有要求,该栏可注明客户订单编号、信用证编号等。如果发票由非成员方经营者出具,应在此栏填写原产国生产商的名称、地址及国家。

第7栏:注明项目编号,但不得超过20个。

第8栏:注明包装上的运输唛头及编号。

第9栏:注明包装数量及种类,并列明每种货物的详细名称,以便查验的海关官员可以识别,并使其能与发票上的货名及H.S.编码上的货名相对应。如果货物无包装,应注明"散装(IN BULK)"。货物描述结束后,应在后面添加"* * *"或"\"(截止符)。

第10栏:对应第九栏中的货物名称注明相应的协调制度编码,以六位编码为准。

第11栏:若货物符合原产地规则,出口人必须按照下表中规定的格式,在本证书第11栏中注明其申报货物享受优惠待遇所依据的原产地标准。

出口人申报其货物享受优惠待遇所依据的原产地标准	填入第11栏
(1) 完全原产	P
(2) 含进口成分,区域价值≥40%	RVC
(3) 产品特定原产地标准	PSR

第12栏：该栏应注明毛重的公斤数，其他按惯例能准确表明数量的计量单位，如体积、件数等也可用于该栏。

第13栏：应注明发票号、发票日期及发票价值，发票价值填写FOB价。

第14栏：该栏必须由出口人填写，签名、签署日期和加盖印章。

第15栏：该栏必须由签证机构经授权的签证人员签名、签署日期并加盖签证印章，并应填写签证机构的电话号码、传真及地址。

B.11 《中国—新西兰自由贸易区原产地证书》填制说明

第1栏：填写出口商详细的依法登记的名称、地址(包括国家)。

第2栏：填写生产商详细的依法登记的名称、地址(包括国家)。如果证书包含一家以上生产商的商品，应列出其他生产商的详细名称、地址(包括国家)。如果出口商或生产商希望对信息予以保密，可以填写"应要求提供给授权机构(Available to the authorized body upon request)"。如果生产商和出口商相同，应填写"同上(SAME)"。如果不知道生产商，可填写"不知道(UNKNOWN)"。

第3栏：填写收货人详细的依法登记的名称、地址(包括国家)。

第4栏：填写运输方式及路线，详细说明离港日期、运输工具的编号、装货口岸和卸货口岸。

第5栏：不论是否给予优惠待遇，进口国海关当局必须在相应栏目标注(√)。

第6栏：可以填写顾客订货单号、信用证号等其他信息。

第7栏：填写项目号，但不得超过20项。

第8栏：填写唛头及包装号。

第9栏：详细列明包装数量及种类。详列每种货物的货品名称，以便于海关关员查验时加以识别。货品名称应与发票上的描述及货物的协调制度编码相符。如果是散装货，应注明"散装(in bulk)"。当商品描述结束时，加上"＊＊＊"(三颗星)或"\"(结束斜线符号)。

第10栏：对应第9栏中的每种货物填写协调制度税则归类编码，以六位数编码为准。

第11栏：若货物符合原产地规则，出口商必须按照下表所示方式，在本证书第11栏中标明其货物申明享受优惠待遇所依据的原产地标准。

出口商申明其货物享受优惠待遇所根据的原产地标准	填入第11栏
该货物符合第二十条规定(包括附件五所列规定)，在一方境内完全获得或生产	WO
该货物是在一方或双方境内，完全由其原产地符合相关规定的材料生产	WP
该货物是在一方或双方境内生产，所使用的非原产材料满足附件五所规定的税则归类改变、区域价值成分、工序要求或其他要求，且该货物符合其所适用的相关的其他规定	PSR[1]

第12栏：毛重应填写"千克"。可依照惯例，采用其他计量单位(例如体积、件数等)来精确地反映数量。

[1] 如果货物适用附件五所规定的区域价值成分(RVC)要求，应注明百分比。

第 13 栏:应填写发票号、发票日期及发票价格。

第 14 栏:填写签字的地点及日期。对于中国出口的货物,本栏必须由货物出口商填写、签字并填写日期;对于新西兰出口至中国的货物,不必填写此栏。

第 15 栏:本栏必须由授权机构的授权人员填写、签字、填写签证日期并盖章。

B. 12 《中国—新加坡自由贸易区原产地证书》填制说明

第 1 栏:应填写中国出口商的法人全称、地址(包括国家)。

第 2 栏:应填写新加坡收货人的法人全称、地址(包括国家)。

第 3 栏:应填写运输方式、路线,并详细说明离港日期、运输工具的编号及卸货口岸。

第 4 栏:不论是否给予优惠关税待遇,进口方海关必须在相应栏目标注(√)。

第 5 栏:应填写项目号码。

第 6 栏:应填写唛头及包装号码。

第 7 栏:应详细列明包装数量及种类。详细列明每种货物的商品描述,以便于海关关员查验时识别。商品描述应与发票所述及《协调制度》的商品描述相符。如果是散装货,应注明“散装”。在商品描述末尾加上“* * *”(三颗星)或“\”(斜杠结束号)。

第 7 栏的每种货物应填写《协调制度》六位数编码。

第 8 栏:若货物符合原产地规则,出口商必须按照下列表格中规定的格式,在第 8 栏中标明其货物享受优惠关税待遇所依据的原产地标准。

出口商申明其货物享受优惠关税待遇所依据的原产地标准	填入第 8 栏
(1) 中国—新加坡自贸区原产地规则规定在出口方完全获得的产品	P
(2) 区域价值成分≥40%的产品	RVC
(3) 符合产品特定原产地规则的产品	PSR

第 9 栏:毛重应填写“千克”。可依惯例填写其他计量单位,例如体积、数量等,以准确反映其数量。FOB 价格应在此栏中注明。

第 10 栏:应填写发票号码及开发票的日期。

第 11 栏:本栏必须由出口商填写、签名并填写日期。应填写签名的地点及日期。

第 12 栏:本栏必须由签证机构的授权人员填写、签名、填写签证日期并盖章。

B. 13 《中国—秘鲁自由贸易区原产地证书》填制说明

证书编号:授权机构签发原产地证书的序列号。

第 1 栏:详细填写出口商依法登记的名称、地址(包括国家)。

第 2 栏:详细填写生产商依法登记的名称、地址(包括国家)。如果证书包含一家以上生产商的商品,应详细列出其他生产商依法登记的名称、地址(包括国家)。如果出口商或生产商希望对信息予以保密,可以填写“应要求提供给授权机构”。如果生产商和出口商相同,应填写“同上”。如果不知道生产商,可填写“不知道”。

第 3 栏:详细填写居住在中国或秘鲁的收货人依法登记的名称、地址(包括国家)。

第 4 栏:填写运输方式及路线,详细说明离港日期、运输工具编号、装货口岸和卸货口岸。

第 5 栏:可以填写客户订货单号码、信用证号码等其他信息。如果发票是由非缔约方经营者开具的,则应在此栏详细注明非缔约方经营者和货物生产商依法登记的名称。

第 6 栏:填写项目号,但项目号不得超过 20 项。

第 7 栏：详细列明包装数量及种类。详列每种货物的货品名称，以便于海关关员查验时加以识别。货品名称应与发票及《协调制度》上的商品描述相符。如果是散装货，应注明"散装"。在商品描述末尾加上"＊＊＊"（三颗星）或"\"（结束斜线符号）。

第 8 栏：对应第 7 栏中的每种货物填写《协调制度》六位数税则归类编码。

第 9 栏：若货物符合原户地规则，出口商必须按照下表所示方式，在本证书第 9 栏中申明其货物享受优惠待遇所依据的原产地标准。

原产地标准	填入第 9 栏
该货物符合完全获得货物及产品特定原产地规则的相关规定，在缔约方境内完全获得或生产	WO
该货物是在缔约方境内，完全由符合原产地规则及与原产地相关的操作程序中的原产地规则规定的原产材料生产的	WP
该货物是在缔约方境内，使用符合产品特定原产地规则所规定的税则归类改变、区域价值成分、工序要求或其他要求的非原产材料生产的，同时该货物还满足原产地规则及与原产地相关的操作程序中的原产地规则的其他规定	PSR[2]

第 10 栏：毛重应填写"千克"。可依照惯例，采用其他计量单位（例如体积、件数等）来精确地反映数量。

第 11 栏：应填写发票号码、开发票日期。如果发票是由非缔约方经营者开具且不知道该商业发票号码及发票日期，则应在本栏注明出口方签发的原始商业发票号码及发票日期。

第 12 栏：应填写发票价格。如果发票是由非缔约方经营者开具且不知道该商业发票价格，则应在本栏注明原始商业发票的价格。

第 13 栏：本栏目必须由出口商填写、签名并填写日期。

第 14 栏：本栏必须由授权机构的授权人员填写、签名、填写签证日期并盖章。

B. 14　《海峡两岸经济合作框架协议原产地证书》填制说明

第 1 栏：应填写海峡两岸经济合作框架协议下在双方注册登记的海峡两岸双方出口商详细名称、地址、电话、传真和电子邮件等联系方式。如无传真或电子邮件，应填写"无"。

第 2 栏：应填写海峡两岸经济合作框架协议下在双方注册登记的海峡两岸双方生产商的详细名称、地址、电话、传真和电子邮件等联系方式。如无传真或电子邮件，应填写"无"。如果证书包含一家以上生产商，应详细列出所有生产商的名称、地址，如果证书填写不下，可以随附生产商清单。如果生产商和出口商相同，应填写"同上"。若本栏资料属机密性资料时，请填写"签证机构或相关机关要求时提供"。

第 3 栏：应填写海峡两岸经济合作框架协议下在双方注册登记的海峡两岸双方进口商的详细名称、地址、电话、传真和电子邮件等联系方式，如无传真或电子邮件，应填写"无"。

第 4 栏：应填写运输方式及路线，详细说明离港日期、运输工具（船舶、飞机等）的编号、装货口岸和到货口岸。如离港日期未最终确定，可填写预计的离港日期，并注明"预计"字样。

第 5 栏：不论是否给予优惠关税待遇，进口方海关可在本栏标注（√）。如果不给予优惠关税待遇，请在该栏注明原因。该栏应由进口方海关已获授权签字人签字。

---

[2] 如果货物适用附件五所规定的区域价值成分（RVC）要求，应注明百分比。

第 6 栏:如有需要,可填写订单号码、信用证号等。

第 7 栏:应填写项目编号,但不得超过 20 项。

第 8 栏:应对应第 9 栏中的每项货物填写《协调制度》编码,以进口方 8 位编码为准。

第 9 栏:应详细列明货品名称、包装件数及种类,以便于海关关员查验。货品名称可在中文名称外辅以英文,但不能仅以英文填写。货品名称应与出口商发票及《协调制度》上的商品描述相符。如果是散装货,应注明"散装"。当本栏货物信息填写完毕时,加上"* * *"(三颗星)或"\"(结束斜线符号)。

第 10 栏:每种货物的数量可依照海峡两岸双方惯例采用的计量单位填写,但应同时填写以国际计量单位衡量的数量,如毛重(用千克衡量),容积(用公升衡量),体积(用立方米衡量)等,以精确地反映货物数量。

第 11 栏:应填写唛头或包装号,以便于海关关员查验。

第 12 栏:若货物符合临时原产地规则,出口商必须按照下列表格中规定的格式,在本证书第 12 栏中标明其货物申报适用优惠关税待遇所根据的原产地标准。

本表格第 9 栏列名的货物生产或制造的详情	填入第 12 栏
(e) 出口方完全获得的货物	WO
(f) 完全是在一方或双方,仅由符合本附件的临时原产地规则的原产材料生产	WP
(g) 符合产品特定原产地标准的货物	PSR

此外,如果货物适用的原产地标准依据"累积规则"条款、"微小含量"条款或"可互换材料"条款,亦应于本栏相应填写"ACU"、"DMI"或"FG"。

第 13 栏:应填写海峡两岸经济合作框架协议下海峡两岸双方出口商开具的商业发票所载明的货物实际成交价格、发票编号及发票日期。

第 14 栏:应由出口商或已获授权人填写、签名,并应填写签名的地点及日期。

第 15 栏:应由签证机构的授权人员填写签证地点和日期,并签名、盖章。同时应提供签证机构的电话号码、传真及地址。

证书应以中文填写,必要时辅以英文,但不能仅以英文填写。所有栏目必须填写。证书如有续页,亦按照本须知填写,续页也应填写同一证书编码。同时请在证书下方填写"第×页,共×页"。如果证书仅有 1 页,亦应填写"第 1 页,共 1 页"。

B.15 《中国—哥斯达黎加自由贸易区原产地证书》填制说明

第 1 栏:详细填写中国或哥斯达黎加的出口商依法登记的名称、地址。

第 2 栏:详细填写生产商依法登记的名称、地址(包括国家)。如果证书包含一家以上生产商的商品,应详细列出其他生产商依法登记的名称、地址(包括国家)。如果出口商或生产商希望对信息予以保密,可以填写"应要求提供给主管机构或授权机构"。如果生产商和出口商相同,应填写"同上"。如果不知道生产商,可填写"不知道"。

第 3 栏:详细填写中国或哥斯达黎加的进口商(收货人)依法登记的名称、地址。

第 4 栏:应据所知填写运输方式及路线,详细说明离港日期、运输工具编号、装货口岸和卸货口岸。

第 5 栏:可以填写顾客订货单号码,信用证号码等其他信息。如果发票是由非缔约方经营者开具的，则应在此栏详细注明货物原产国生产商依法登记的名称、地址和国家。

第6栏：填写项目号，项目号不得超过20项。

第7栏：应填写唛头及包装号。

第8栏：详细列明包装数量及种类。详列每种货物的货品名称，以便于海关关员查验时加以识别。货品名称应与发票及《协调制度》上的商品描述相符。如果是散装货，应注明"散装"。在商品描述末尾加上"＊＊＊"（三颗星）或"\"（结束斜线符号）。

第9栏：对应第8栏中的每种货物填写《协调制度》六位数税则归类编码。

第10栏：若第8栏中的货物符合原产地规则，出口商必须按照下表所示方式申明货物享受优惠待遇所依据的原产地标准。原产地标准在原产地规则及相关操作程序和产品特定规则中予以明确：

原产地标准	填入第10栏
该货物是根据第二十二条（完全获得货物）的相关规定，在缔约一方或双方境内完全获得或生产	WO
该货物是在缔约一方或双方境内，完全由符合原产地规则及相关操作程序规定的原产材料生产的	WP
该货物是在缔约一方或双方境内，使用符合原产地规则及相关操作程序所规定的产品特定原产地规则及其他要求的非原产材料生产的	PSR

第11栏：对第8栏中的每种货物应填写毛重（用"千克"衡量）或用其他计量单位衡量的数量。可依照惯例，采用其他计量单位（例如，体积、件数等）来精确地反映数量。

第12栏：应填写第8栏中货物所对应的发票号码、发票日期及发票价格。

第13栏：本栏目必须由出口商填写、签字并填写日期。应包括货物的生产国和进口国，以及授权签字人的签名。

第14栏：本栏必须由授权机构的授权人员填写、签名、填写签证日期并盖章，并应注明授权机构的电话、传真和地址。

附录C

原产地标记

C.1 原产地标记注册审核程序

注册审核程序如图所示：

工作阶段	工作流程中主要环节	文件记录
申请受理阶段	开始 ↓ (1) 申请单位申请 ↓ (2) 申请单位填报申请表，提交相关文件资料 ↓ (3) 文件审核 ↓	《原产地标记注册申请书》
审核认定阶段	↓ (4) 确定原产地标记保护产品技术审核文件 ↓ (5) 现场审核准备 a. 制订审核计划 b. 组成审核组 c. 准备审核文件 ↓ (6) 现场审核实施 a. 现场审核 b. 审核记录 c. 形成现场审核报告 ↓ (7) 产品质量水平评定 ↓ (8) 形成项目评定认定报告 ↓ (9) 各直属局审核资料，推荐上报质检总局 ↓	产品技术审核文件 《审核计划》 《现场审核报告》 《项目认定报告》
注册发证阶段	↓ (10) 质检总局批准、注册 ↓ (11) 制证、发证 ↓ (12) 建立审核注册项目档案 ↓ (13) 原产地标记签发 ↓	《原产地标记注册证书》
监督管理阶段	↓ (14) 监督管理 ↓ (15) 续展 ↓ 结束	《原产地标记续展申请书》

C.2　原产地标记注册认证审核记录

<table>
<tr><td>受审核单位</td><td colspan="4"></td></tr>
<tr><td>审核部门</td><td colspan="2"></td><td>审核员</td><td></td></tr>
<tr><td>审核项目
（范围）</td><td colspan="4"></td></tr>
<tr><td>适用标准</td><td colspan="2"></td><td>陪同人员</td><td></td></tr>
<tr><td>现场审核情况</td><td colspan="4">年　月　日</td></tr>
<tr><td colspan="5">审核结论：</td></tr>
<tr><td>审核组长签字</td><td></td><td colspan="2">被审核单位代表签字</td><td></td></tr>
<tr><td colspan="5">质检总局原产地标记工作小组审核意见：
年　月　日</td></tr>
<tr><td colspan="5">批准注册：
签名：
（盖章）
年　月　日</td></tr>
</table>

C.3 原产地标记注册审核书面记录

单位名称	
注册产品名称	
审核文件	
现场审核记录	记录人： 年 月 日
审核结果	审核员： 年 月 日

C.4　原产地标记注册审核书面报告

<table>
<tr><td colspan="2">申请单位名称：</td></tr>
<tr><td colspan="2">产品名称：</td></tr>
<tr><td colspan="2">产品地域范围：</td></tr>
<tr><td colspan="2">产品范围：</td></tr>
<tr><td colspan="2">标示方法：</td></tr>
<tr><td rowspan="6">提供相关资料审核情况</td><td>原产地标记注册申请书：□</td></tr>
<tr><td>企业营业执照(复印件)：□</td></tr>
<tr><td>标记产品技术标准：□</td></tr>
<tr><td>省级原产地标记注册审核记录：□</td></tr>
<tr><td>省级原产地标记注册审核评定报告：□</td></tr>
<tr><td>其他相关资料：□</td></tr>
<tr><td colspan="2">审核结果：</td></tr>
<tr><td colspan="2">审核人签字：

年　　月　　日</td></tr>
<tr><td colspan="2">审核组长签字：

年　　月　　日</td></tr>
</table>

C.5 原产地标记注册认证审核报告

（共二页）2-1

评审机构		申请书号	
被评审方名称及（法定）地址			
标记产品地域			
标记产品范围			
标记模式（式样）	□ 加贴　□ 吊挂　□ 压模　□ 印刷		
审核依据标准及相关资料			
审核目的	□ 注册认证　□ 监督检查　□ 展期		
审核内容			

（共二页）2-2

<table>
<tr><td rowspan="2">审核组人员</td><td>姓　名</td><td>职务（审核组中）</td><td>资　质</td><td>证　号</td></tr>
<tr><td></td><td></td><td></td><td></td></tr>
<tr><td>审核组结论</td><td colspan="4">年　　月　　日</td></tr>
<tr><td>省局领导小组审核意见</td><td colspan="4">签名：　　　　年　　月　　日</td></tr>
<tr><td>审核结论</td><td colspan="4">签名：　　　　年　　月　　日</td></tr>
<tr><td>批准上报</td><td colspan="4">签名：
（盖章）　　　　年　　月　　日</td></tr>
</table>

第 6 章　检验检疫电子业务管理

6.1　检验检疫电子业务管理工作

6.1.1　目的和适用范围

6.1.1.1　目的

加强国家质检总局检验检疫电子业务管理工作，提高信息化项目的建设质量和应用成效，促进检验检疫电子业务工作的健康发展。

6.1.1.2　适用范围

适用于通关业务司对检验检疫电子业务建设及应用过程的管理工作。主要包括检验检疫电子业务年度工作计划的制订，检验检疫电子业务项目的立项、需求开发及评审，项目的推广应用以及在应用过程中的业务维护、升级等工作。

6.1.2　工作原则和工作职责

6.1.2.1　工作原则

检验检疫电子业务建设项目坚持“统一领导、统一规划、统一立项、统一开发、统一管理、统一维护”的管理原则；

项目开发遵循“统一的开发平台、统一的技术规范、统一的数据库格式、统一的标准代码、统一的数据接口和统一的身份认证”的技术原则。

6.1.2.2　工作职责

国家质检总局通关司是中国电子检验检疫电子业务的建设主管部门，负责检验检疫电子业务建设的规划、项目审批、建设管理、预算管理、组织验收，会同有关部门对建设项目实施监督管理等工作。主要履行以下职责：

（1）组织制定中国电子检验检疫电子业务建设的总体规划和相关管理规定。

（2）根据总局信息化建设领导小组的总体部署和工作重点，下达年度建设的工作计划和指导性意见。

（3）根据检验检疫业务工作实际需要，制定年度建设工作计划。

（4）负责建设项目的立项及评审工作。

（5）安排建设项目的建设经费，会同其他部门对经费的使用进行监督管理。

（6）组织建设项目的鉴定或验收。

（7）负责建设项目实施中的协调工作。

（8）完成总局领导交办的其他事项。

6.1.3　工作程序

6.1.3.1　检验检疫电子业务年度建设指导性意见

（1）拟定指导性意见：由检验检疫电子业务主管处室根据总局信息化总体发展规划和检验检疫业务工作的实际需要，拟定检验检疫电子业务年度工作计划、项目计划、编制经费预算、管理要求及指导性意见。

（2）确定指导性意见：检验检疫电子业务年度建设指导性意见由通关司办公会研究

确定。

6.1.3.2　检验检疫电子业务项目立项

（1）接收立项材料：接收各有关司局或直属局（以下统称项目单位）申报的立项材料，包括项目建议书（详见本章附录1）及随附的相关材料。

检验检疫业务应用系统申报材料包括项目申报表和项目建议书。项目申报表主要包括项目的名称、类型、申报单位、承建单位、项目概算、资金来源和项目的基本情况等内容。项目建议书主要包含项目建设的背景、必要性、项目目标、需求分析、建设周期、项目投资、经济效益分析等内容。

（2）审核立项材料：审核的内容主要包括：材料是否齐全、内容是否完整，项目的可行性等。审核通过的，准备评审会需要的汇报材料；未通过的，退回申报单位进行修改和补充，或不予立项。

（3）立项评审：组织专家小组对申报的立项材料进行评审，提出评审推荐意见，评审通过的，进入审核程序；未通过的，依据评审意见退回申报单位。

（4）审核推荐材料：审核专家小组推荐立项的项目申报材料和专家评审意见，并形成审核意见。

（5）报批：将专家组的推荐意见和审核意见报司办公会研究，同意后会签相关业务司局，报总局领导批准。

（6）审定：主管局领导同意后，提交信息办，报信息化领导小组审定。总局计划财务司根据信息化年度项目计划，提出有关预算安排。

（7）下达：通过审定的项目由通关司下达各项目单位执行。

6.1.3.3　检验检疫电子业务项目建设流程

（1）接收项目实施计划：接收项目单位提交的项目实施计划并备案，同时项目单位启动项目《用户需求分析说明书》的编制工作。

应用系统开发项目的《用户需求分析说明书》应包括业务需求、技术与软硬件设备需求、项目投资概算等，明确项目的建设目标，详细描述项目的建设内容、业务范围、业务流程、数据规模、应用范围、系统运行环境等内容。

（2）审核项目《用户需求分析说明书》：接收并审核项目单位提交的项目《用户需求分析说明书》，审核通过的，按程序进行专家评审；未通过的，退回项目单位修改。

（3）专家评审：组织专家对项目《用户需求分析说明书》进行评审，提出评审意见，评审通过的，按程序进行政府采购；未通过的，退回项目单位修改。

（4）项目采购：项目《用户需求分析说明书》通过专家评审后，由项目单位或计财司组织政府采购、拟定并送审采购合同。

（5）合同审核：对项目单位提交的采购合同进行审核。审核通过的，由项目单位与开发单位签订合同、按合同要求付款，并进入软件开发工作；未通过的，退回项目单位修改。

（6）监督协调：会同财务司监督并协调项目建设过程中的需求变更、时间进度、工作质量、经费使用等。

（7）监督协调的纠偏：项目建设目标和设计目标不相符的，依照《用户需求分析说明书》进行整改。

6.1.3.4 检验检疫电子业务项目测试和试点流程

(1) 接收计划、方案和用例:接收项目单位提交的项目测试计划、测试方案和选择的测试用例并进行审核。审核通过的按程序进行用户测试,未通过的退回修改。

(2) 用户测试:组织业务、技术专家对项目进行用户测试,根据测试计划填写测试数据并编制测试报告。测试通过的按程序进行试点应用,未通过的进行修改。

(3) 试点评估:组织专家对项目的试点情况进行评估。评估通过的按程序进行用户单位人员培训,未通过的修改程序。

6.1.3.5 检验检疫电子业务项目验收流程

(1) 申请

对拟安排验收计划的项目,由项目承办单位向通关司申请,需要递交的材料如下:

1) 项目验收申请;

2) 用户报告。

已在全系统推广应用的项目,应准备4家以上用户单位出具的用户报告。其他项目应提供不少于应用范围1/5的用户单位出具的用户报告。

(2) 递交项目验收材料电子文档

验收申请通过后,按合同约定在验收会前规定时间内(合同无要求的按10天计算),项目承办业务司(局)向通关司递交项目承办业务司(局)审核通过的验收材料电子文档。

验收材料电子文档组成详见《验收材料清单》(详见本章附录2)。

验收材料电子文档经审核不通过的,退回重新修改后重新递交通关司,审核通过后,最终以光盘形式提交验收材料电子文档。

(3) 第三方机构测试

根据需要对所提交材料进行第三方机构测试,测试合格,继续进行验收;测试不合格,退回项目单位进行修改。

(4) 准备纸质验收文档

验收材料电子文档由通关司审核通过后,打印装订成册,内容应与验收材料电子文档一致,册数为"验收会议评委数+2";草拟项目验收报告。

(5) 参加验收会

1) 项目组汇报。以PPT形式进行汇报,汇报时间控制在1 h之内。

2) 项目现场演示。验收会上由项目单位直接对真实系统进行现场演示、试用(不接受虚拟系统演示)。

3) 接受验收专家组质询。

(6) 验收结果

1) 验收通过的,验收会结束第二天,由项目开发单位至通关司领取验收报告中"开发单位结论"页,加盖公章后送回。

2) 验收不通过的,待修改达到验收标准后由项目承办单位重新申请验收。

6.1.3.6 检验检疫业务系统推广应用流程

(1) 用户培训:组织编写信息系统培训文档(应包括信息系统技术手册、用户使用手册与系统日常维护手册),搭建培训环境,开展用户培训。

(2) 推广应用:进行系统安装部署和初始化,分配用户权限等。

6.1.3.7 检验检疫业务系统运行维护流程

(1)接收运行维护方案:接收项目单位提交的项目运行维护方案。

(2)审核方案:对项目单位提交的运行维护方案所涉及的内容、分工、要求等进行审核,审核通过的,由项目单位起草运维合同;未通过的,退回项目单位修改。

(3)合同审核:对项目单位拟定的运维合同进行审核,审核通过的,由项目单位与运维单位签订合同;未通过的,退回项目单位修改。

(4)维护:项目运行维护单位承担业务系统日常运维工作,解决业务系统运行过程中项目单位、使用单位提出的问题,包括法律法规及标准更新、业务变更、程序逻辑错误修改、程序性能调优等。

(5)运行维护问题的协调:组织召开项目单位、项目使用单位等相关部门的协调会解决。

6.1.3.8 检验检疫业务系统升级工作流程

(1)系统升级申请:当检验检疫业务工作模式发生变化,需要对业务系统的部分功能、界面、流程等进行调整升级,或由于开发新系统后需要对原有其他系统建立接口、进行部分功能调整的,应由各有关司局或项目单位提出业务需求调整升级申请。

(2)系统升级审核:对各有关司局及项目单位提交的业务需求调整升级申请进行审核。审核通过的,交由承担系统维护部门,进行编码升级;未通过的,退回修改。

如系统调整升级规模过大,超过系统维护合同范围,应新增检验检疫电子业务立项程序管理。

(3)系统升级发布:交由系统维护部门发布。

6.1.4 记录及相关文件

6.1.4.1 记录

1)检验检疫电子业务应用系统需求申报材料;

2)检验检疫电子业务应用系统业务需求文档;

3)检验检疫电子业务应用系统需求变更文档;

4)信息化项目审批申请记录(局内签报等);

5)专家论证意见,审批合格批复记录等;

6)系统设计方案及投资概算;

7)招标文件、中标通知书、合同;

8)业务需求调研文件(需求分析说明书、需求评审记录等);

9)信息系统设计文件(系统概要设计、系统详细设计说明书、数据库设计说明书、设计评审记录等);

10)信息化项目实施方与实施计划文件等;

11)信息系统测试文件(系统测试方案与报告、系统安装调试记录等);

12)信息系统试运行计划与方案(系统试运行计划、方案与运行报告等);

13)信息系统推广方案与运行报告;

14)源代码修改记录与系统版本记录;

15)信息系统培训文档;

16)信息系统用户使用手册与系统日常维护手册;

17）系统应急预案；

18）业务需求变更与二次开发支持文档；

19）信息化项目验收方案与验收报告。

6.1.4.2 相关文件

1）《关于印发〈国家质量监督检验检疫总局各司（厅、局）主要职责内设机构和人员编制规定〉的通知》（国质检人〔2009〕336号）；

2）《国家电子政务工程建设项目管理暂行办法》；

3）《通关业务工作管理程序》；

4）《信息化工作管理程序》。

6.2 应用系统基础数据维护

中国电子检验检疫"大通关"建设，以电子申报、电子监管、电子放行为主要内容的信息化应用体系，在提速、减负、增效、严密监管中发挥了重要作用。随着业务系统的不断应用，业务基础信息维护工作日益突出，为保证中国电子检验检疫业务系统（以下简称"应用系统"）正常运行，切实做好业务系统基础信息的收集、整理和发布等工作，制定如下方案。

6.2.1 工作目标

业务系统基础信息的维护，主要是将检验检疫法律法规、符合国家及检验检疫的标准、风险预警等业务管理信息及时、准确地维护到各应用系统中，保证检验检疫监督管理的最新业务要求、工作内容和方法在各应用系统中快速更新和完善，确保相关业务工作的有效进行。

6.2.2 维护任务

中国电子检验检疫系统的业务基础信息维护以"大通关"在线运行的业务管理系统为重点进行，保证各应用系统中相关业务信息、代码信息标准的通用性、唯一性、规范性。主要内容见6.2.2.1～6.2.2.2。

6.2.2.1 业务规则维护

指应用系统中有关指令性规定、指导性提示、业务规范、业务流程和检验检疫项目等业务管理要求的维护。主要包括法律法规、多/双边协定、公告、局长令、疫情信息、警示通报、检验检疫监控项目和设限提示等。

6.2.2.2 公共代码维护

指应用系统中符合国家、行业标准，相对稳定的，并用以实现数据共享和数据交换的基础性、通用性的数据的维护。主要包括单位及人员类；地域类；货物属性类；证单类；类别、标识、依据、更改类；检验专项类、检疫专项类、鉴定专项类；编号类。

6.2.3 职责与分工

中国电子检验检疫系统的维护工作是一项系统工程，在实施过程中必须统一领导、统筹安排、精心组织。

6.2.3.1 维护工作的管理与协调

通关业务司负责应用系统业务基础信息维护的管理与协调工作，负责制定维护工作计划、部门间的协调、工作质量的监督和编制、审核维护经费预算等。同时也承担具体的维护任务：

负责应用系统中公共代码和与出入境检验检疫综合业务、检验检疫目录、证书签证、标志封识、产地证业务、计费标准、统计等相关业务基础信息的维护工作。主要包括：

1）公共代码维护；

2）与通关业务相关的法律法规、多/双边协定、规章、规范性文件等的维护。

6.2.3.2 各业务管理部门

各业务司（局）负责相应的应用系统业务基础信息的维护，主要按照各自业务管理职能进行收集、编辑和整理最新的业务管理。具体分工如下：

（1）卫生检疫监管司

负责应用系统中与出入境卫生检疫、传染病监测、卫生监督、国外有关传染病疫情等相关业务基础信息的维护工作。主要包括：

1）与卫生检疫工作相关的法律法规、多/双边协定、规章、规范性文件、警示通报等的维护；

2）卫生检疫监控项目维护；

3）传染病疫情信息维护；

4）其他相关业务规则维护。

（2）动植物检疫监管司

负责应用系统中与禁止入境动植物名录、出入境动植物及其产品检验检疫和监管、出入境转基因生物及其产品的检验检疫、国外有关动植物疫情信息、进出境动植物检疫注册等相关的业务基础信息的维护工作。主要包括：

1）与动植物检验检疫相关的法律法规、多/双边协定、规章、规范性文件、警示通报等的维护；

2）动植物及其产品检验检疫监控项目维护；

3）动植物疫情信息维护；

4）动植物检疫注册信息维护；

5）其他相关业务规则维护。

（3）检验监管司

负责应用系统中与进出口商品法定检验、鉴定、进口许可制度民用商品入境验证、包装检验、进出境集装箱检验检疫等相关业务基础信息的维护工作。主要包括：

1）与进出口商品管理相关的法律法规、多/双边协定、规章、规范性文件等的维护；

2）与进出境集装箱检验检疫相关的法律、法规、规范性文件、警示通报等的维护；

3）检验监控项目维护；

4）其他相关业务规则维护。

（4）进出口食品安全局

负责应用系统中与进出口食品和化妆品的检验检疫、国内外食品安全卫生质量信息、食品卫生风险分析评估和紧急预防措施等相关业务基础信息的维护工作。主要包括：

1）与进出口食品和化妆品检验检疫相关的法律法规、多/双边协定、规章、规范性文件、国际疫情动态、警示通报等的维护；

2）进出口食品和化妆品检验监控项目维护；

3）进出口食品、化妆品生产企业动态管理信息；

4）其他相关业务规则维护。

（5）信息中心

负责为业务基础信息维护提供相关的技术支持。主要包括：

1）负责制定数据结构标准、逻辑关系，并负责对相关人员进行技术培训；

2）负责基础业务信息平台的运行维护及技术支持；

3）根据需求开发基础信息维护相关软件。

6.2.4 工作程序

6.2.4.1 信息收集

各业务司（局）将所负责维护的业务基础信息内容和要求，以书面和电子方式及时、准确、完整地转交总局指定的业务基础信息编辑整理部门。

6.2.4.2 信息整理

编辑整理部门要根据各业务司（局）提供的业务基础信息，依照相关工作要求、编码规则、数据结构标准、逻辑关系等进行编辑整理。

6.2.4.3 信息审核

编辑整理完成的业务基础信息由业务司（局）负责审核；公共代码的编码规则由通关司进行审核。并由编辑整理部门在规定的时间内转交信息中心。

6.2.4.4 信息发布

信息中心根据编辑整理部门提交的经各业务司（局）审核通过的业务基础信息，统一在相关应用系统中发布。发布的具体时间，将根据升级内容的轻重缓急，由通关司、有关业务司（局）、信息中心协商确定。

有关业务司（局）负责提供应用系统升级后，按最新发布的标准、规定执行的具体要求；信息中心负责提供应用系统升级过程中有关注意事项；通关司负责进行汇总，并通知各直属局在规定的时间内对相关应用系统进行升级。

6.2.4.5 跟踪管理

各业务司（局）应加强对业务基础信息发布后运行情况的跟踪，研究反馈意见和建议，发现问题及时查找原因，并采取有效措施进行解决。

6.3 出入境检验检疫业务统计概述

出入境检验检疫业务统计是国家涉外经济统计的重要组成部分，是分析研究全国检验检疫业务活动情况和监督检查检验检疫法律、法规及各项任务贯彻执行情况的重要依据，检验检疫业务统计工作贯穿于整个检验检疫业务活动的全过程，它在业务活动管理、计划、决策中具有重要作用。

6.4 检验检疫业务统计数据的采集

6.4.1 出入境货物检验检疫数据的采集

总体要求：报检、检验检疫结果登记、通关、归档等各环节人员必须认真准确地在CIQ2000、出口电子监管等业务系统中输入各有关数据项。

6.4.1.1 报检数据的采集

6.4.1.1.1 报检数据来源

报检数据来源于报检环节中报检单及按报检规定所要求的各有关单据。

6.4.1.1.2 报检数据采集责任人

报检数据的采集责任人是受理报检的检务人员，采集方式主要有两种：一是检务人员要审核确认电子报检数据；二是检务人员直接受理报检并正确输入报检数据。

6.4.1.1.3　出境货物报检数据采集的数据项（见图 6-1）

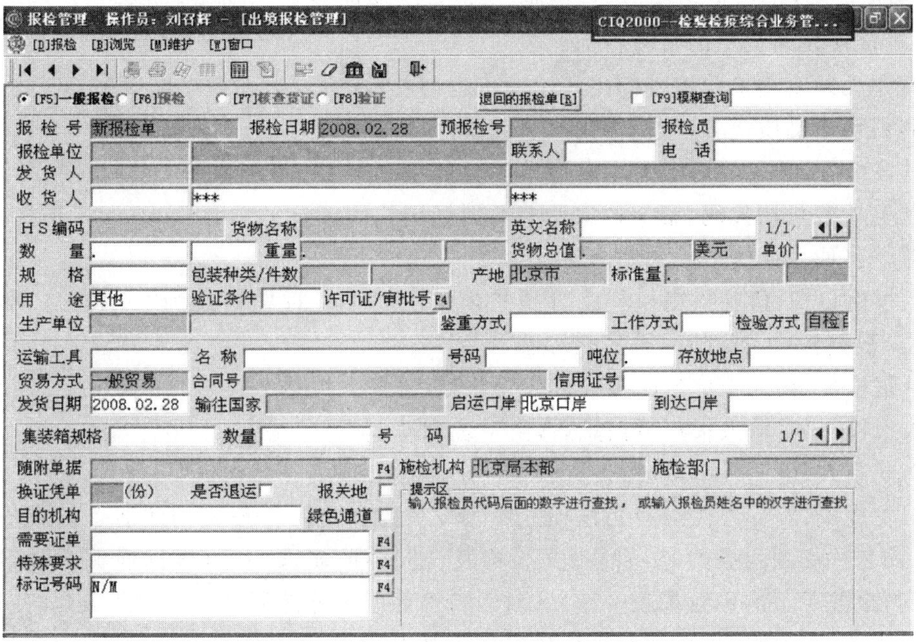

图 6-1　出境货物报检数据录入界面

（1）报检类别：出境货物报检类别分为：一般报检、预检、核查货证和验证，申请人申请出入境货物检验检疫的类别，根据报检实际情况采集。

1）一般报检。一般报检是报检人凭外贸合同等申报检验检疫的报检行为。有下列情况，需重新报检的，也归为一般报检：

- 超过检验检疫有效期限的；
- 变更输往国家或地区，并有不同检验检疫要求的；
- 改换包装或重新拼装的。

2）预检。出口货物尚未对外成交，或虽已成交、已签订了出口贸易合同，但尚未接到信用证，不能确定装运数量、运输工具，要暂缓出口的货物，出入境检验检疫机构应申请人要求预先进行检验的报检行为应归为“预检”。预检只能出具换证凭单而不能电子转单。

3）核查货证。凭《出境货物换证凭单》或《出境货物换证凭条》申报，须经口岸检验检疫部门进行查验货物的报检行为。包括以下几种情况：

- 产地预检的；
- 按规定比例对验证的货物进行的抽检；
- 产地进行品质检验，口岸进行检疫或鉴重的货物；
- 在口岸重新进行并批的；
- 在口岸拼柜的；
- 在口岸加换木质包装，出具通关单的；
- 出口活动物；
- 重点核查名单内的企业申报的货物；

- 国家质检总局确定其他需要口岸查验换证的货物；
- 超过证单有效期需重新报检但不需要重新检验检疫的。

4）验证。凭《出境货物换证凭单》或《出境货物换证凭条》申报，无须经口岸检验检疫部门查验，直接换发通关单的报检行为。

按规定无须实施检验检疫而出具出境货物通关单的情况，如根据出口加工区办法，区外入区原材料免于品质检验，但仍需出具通关单供企业通关的情况等。

（2）报检号：对每一货物报检申请单设置的序列编号。CIQ2000 自动生成 15 位数字，前 6 位检验检疫机构代码，第 7 位申请单类别标记代码，8～9 位年度，10～15 位流水号；实行全国唯一号码。系统自动采集。

（3）报检日期：检验检疫机构受理报检申请的日期。日期格式为“××××年××月××日”。根据报检实际情况采集。

（4）报检员：输入十位数的报检员代码，或直接输入报检员姓名。

（5）报检单位：输入报检员信息后，由系统自动生成。

（6）联系人、电话：填写报检人员联系信息。

（7）发货人：发货人代码为必输项。输入发货人在检验检疫机构注册登记或备案的代码，输入的名称必须与备案登记的中文名称及合同中的卖方一致（根据通关单联网核查要求，该项与报关单上的经营单位一致）。对因特殊原因不能注册登记的发货人（如使馆、科研单位和个人等），可使用本局特殊单位代码作为其发货人，各局对此现象应严格控制。

（8）收货人：根据合同据实完整输入。

（9）H.S. 编码：以最新公布的商品税则编码分类为准。按照货物的实际情况，输入正确的 H.S. 编码。录入后，要对 H.S. 编码的版本进行检查，如系统提示为旧编码，必须选取新版本的 H.S. 编码输入。多种货物，要按 Ctrl＋H 增加货物的方式进行报检。非法检货物带有木包装、集装箱或周转空集装箱，按 00 类编码输入。

（10）货物名称：H.S. 编码输入后，自动显示货物名称，应按货物真实名称进行修改，必须保证与申报的货物一致。

（11）英文名称：根据需要按照合同或信用证输入。

（12）数量/重量：根据 H.S. 编码对应的第一计量单位及计量单位类别（用于识别数/重量）输入实际的数量或重量数据。按实际情况可以同时输入数量和重量。但当标准量单位与第一标准计量单位没有固定的转换关系时，如个别服装第一标准主题单位为套，而标准量单位为件，则需人工计算后填入。

（13）货物总值和币种：按合同、对外发票所列的货值和币种输入。对于加工贸易生产的出口货物，填写原料费与加工费的总和，不能只填写加工费。对于无实际成交价格的货物，比如伴侣动物等，货物总值输入 0.1 美元，对非贸易性进出口货物，按照报关价申报。

（14）单价：根据合同实际情况输入。

（15）规格：根据合同实际情况输入。

（16）包装种类和件数：按正式运输包装实际情况进行输入，如同一货物、不同包装，可以通过增加货物（Ctrl＋H）的方式完成。有辅助包装的，必须输入辅助包装信息，可通过在包装种类栏按 F4 实现。包装种类可直接输入代码或中文名称或用下拉框选择。如出现多品名混装货物，则选择包装件数最多的包装种类和数量录入，并在特殊要求栏目中注明为混装货物。

(17) 产地:对于可以明确原产地的货物,具体到区县级行政区名称;对经过几个地区加工制造的货物,以最后一个对货物进行实质性加工的地区作为该货物的产地。异地货物口岸拼装的,以货值最大的货物产地作为整批货物的产地。难以判定具体区县级行政区名称的货物,如海洋资源,则可以输入“中国”。进口货物复出口的情况,产地选“境外”。

(18) 标准量:根据 H.S. 编码自动获取计量单位及计量单位类别(用于识别数/重量)的标准计量单位。当申报数/重量与标准量不一致且没有换算关系时,应录入与标准量单位一致的数量或重量。

(19) 用途:根据货物实际用途,通过下拉框选择。

(20) 许可证/审批号:需办理出境许可证或审批的货物应输入有关许可证号或审批号。

(21) 生产单位:此项为必输项。输入货物生产单位在检验检疫机构的备案登记代码,系统自动生成单位名称。对于特殊情况(如使馆、科研单位和个人等),可输入本局指定的特殊单位代码,各局对此现象应严格控制。

(22) 鉴重方式、工作方式:对需要进行鉴重的货物通过下拉框输入。

(23) 检验方式:必须选择输入实际的检验方式。自检自验是指检验检疫机构实施检验检疫或者监管的方式;共同检验是指检验检疫机构和企业共同检验,按全额50%收取品质检验费的检验方式。

(24) 运输工具:根据实际情况选择输入。如“船舶”,下一栏填写船名、航次等。运输工具应填写最终出境使用的运输工具。

(25) 存放地点:根据货物实际情况填写输入。注明具体的地点、厂库。

(26) 贸易方式:根据实际情况通过下拉框选择输入。

(27) 合同号:据实输入。

(28) 信用证号:据实输入。

(29) 发货日期:按年、月、日据实输入。如不能确定,按检验监装完毕的日期为发货日期。

(30) 输往国家:录入最终输往国家或地区,也可以通过下拉框进行查询选择(根据通关单联网核查要求,此项与报关单上的运抵国一致;当报关单上的运抵国是“中国”时,输往国家必须录入“保税区(991)”(含保税港区、监管仓)或“加工区(992)”)。对发生运输中转的货物,如中转地未发生任何商业性交易,则“输往国家”不变,如中转地发生商业性交易,则以中转地作为“输往国家”填报。

(31) 启运口岸:输入报关地的口岸。可以通过报检菜单下的系统设置中“国内口岸初值”进行设置。也可以根据实际情况输入。

(32) 到达口岸:输入出境货物的境外运抵口岸。

(33) 集装箱规格:输入载运货物的集装箱规格。集装箱规格使用总局编制的集装箱规格代码,可以通过下拉框选择输入。多规格的可以通过 Ctrl+K 增加。

(34) 数量:输入相应集装箱的数量。

(35) 号码:输入相应的集装箱的号码。

(36) 随附单据:输入报检单位必须提供的各类证明、凭单和其他证据文件。可以通过下拉框选择输入。

(37) 施检机构:输入对货物实施检验检疫的机构。

(38) 施检部门:输入对货物实施检验检疫的相关业务部门。

(39) 换证凭单:随附单据中有换证凭单的系统自动填入“1”,如有分证应根据实际份数进行修改。

(40) 是否退运:因退运而需出境的点选此框。

(41) 报关地:在当地报关的点选此框。

(42) 目的机构:输入电子转单的转入机构。

(43) 需要证单:输入货物贸易关系人要求取得的检验检疫证单,可通过下拉框选择输入,并可修改需要证单的实际数量。

(44) 特殊要求:指贸易合同或信用证中贸易双方对本批货物特别订立的质量、卫生等条款和报检单位对本批货物检验检疫的特别要求。可通过按 F4 按钮输入。通关单联网核查需要提供海关注册号的,此项为必输项,具体录入格式为:先录入“海关注册号”+10 位编号,再录入其他特殊要求。

(45) 标记号码:又称唛头,输入货物的运输包装上或其他能识别整批货物特征的标记及号码。没有标记的填写“N/M”,或注明“散装”、“裸装”。如有计算机无法录入的图案或内容,应输入“详见附页”,并另行用附页申报。

(46) 绿色通道:获准实施检验检疫绿色通道制度的出口企业及其产品选择此框。

(47) 木质包装和集装箱申报要求:法检货物的木质包装和集装箱应与货物一批申报,木质包装在包装种类和数量处输入,集装箱在集装箱描述区输入,不允许用 00 章编码输入;非法检货物的木质包装应以 00 章编码申报;木质包装物或集装箱作为货物出口的,按H.S.编码 44 章或 86 章申报;周转集装箱按 00 章编码申报。

(48) 货物进出保税区、出口加工区申报要求:境内企业出口到保税区、出口加工区的货物申报时,在不能明确输往国别情况下,“输往国家”必须录入“保税区(991)”(含保税港区、监管仓)或“加工区(992)”。此类货物出境申报时,原产地应录为“中国”。

从境外进入保税区内的货物出境申报时,货物原产地录为“境外”。

6.4.1.1.4 入境货物报检数据采集的数据项(见图 6-2)

(1) 报检类别:入境货物报检类别分为一般报检、流向和验证。

1) 一般报检。包括下列几种情况:

- 在报关地检验检疫机构完成全部检验检疫工作的;
- 非法检货物需对木质包装和集装箱(包括空箱)实施口岸检疫的;
- 口岸流向的货物,在指运地报检申请检验的;
- 非法检货物需对外出证索赔的。

进口汽车的口岸(仅限大连、天津新港、满洲里、上海、黄埔、深圳皇岗)检验检疫机构在受理进口汽车报检时,应在一般报检中输入。

对于已经归档需要再次出具证书(例如索赔证书)的,应该原号调档处理,而不应重新报检。

2) 流向。口岸未实施或部分实施检验检疫,需要指运地检验检疫机构完成全部检验检疫工作的口岸报检业务。

3) 验证。对列入《法检目录》中,检验检疫类别只为“L”且不属于前面一般报检和流向报检范围的入境货物的报检方式。检验检疫类别为“L、M”的，应按“一般报检”受理报检。

报检人持《进口机动车辆随车检验单》要求换发《进口机动车辆检验证明》的报检，须按“验证”报检输入。

入境食品异地换发卫生证书的，按“验证”报检输入。

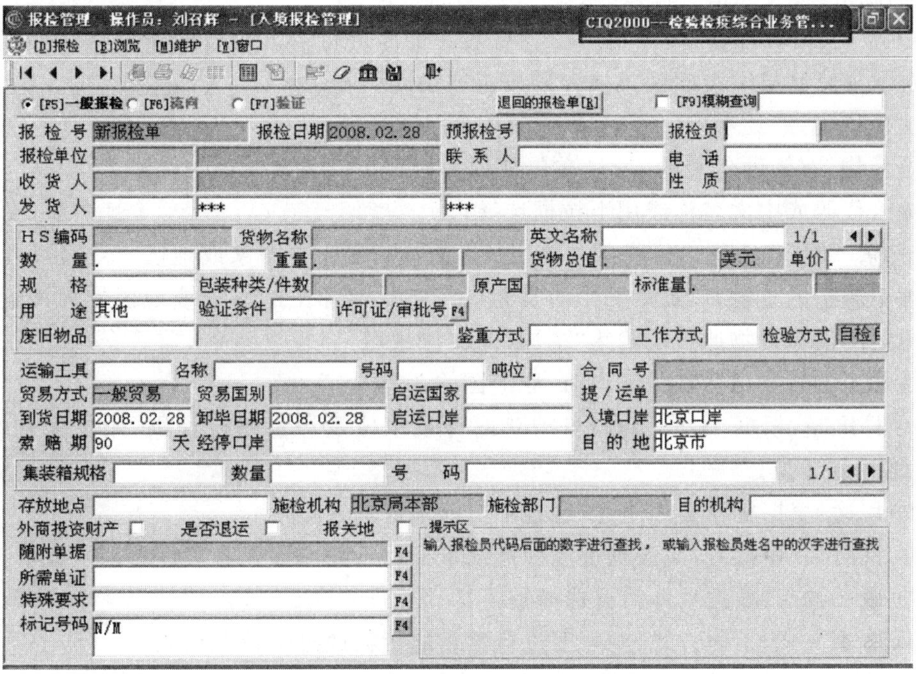

图 6-2　入境货物报检数据录入界面

(2) 报检员：输入十位数的报检员代码，或直接输入报检员姓名。

(3) 报检单位：输入报检员信息后，由系统自动生成。

(4) 联系人、电话：据实填写报检人员联系信息。

(5) 收货人：收货人代码为必输项。输入收货人在检验检疫机构注册登记或备案的代码，输入的名称必须与备案登记的中文名称及合同中的买方一致（根据通关单联网核查要求，此项与报关单上的经营单位一致）。因特殊原因不能注册登记的收货人（如使馆、科研单位和个人等），可使用本局特殊单位代码，各局对此现象应严格控制。

(6) 发货人：根据合同据实完整输入。

(7) H. S. 编码：以最新公布的商品税则编码分类为准。按照货物的实际情况，输入正确的 H. S. 编码。多种货物要按 Ctrl＋H 增加货物的方式进行报检。非法检货物带有木包装、集装箱或入境周转空集装箱，按 00 类编码输入。

(8) 货物名称：H. S. 编码输入后，自动显示货物名称，应按货物真实名称进行修改，修改后的货物名称要与合同一致，同时必须保证与申报的货物一致。

同一批货物、不同品种，可以通过 Ctrl＋H 的方式增加货物。

(9) 英文名称：按照合同或信用证据实输入。

(10) 数量/重量：根据 H. S. 编码对应的第一计量单位及计量单位类别（用于识别数/重量）输入实际的数量或重量数据。根据实际情况，可以同时输入数量和重量，重量一般采用净重,特殊要求除外。

(11) 货物总值和币种:按合同、对外发票所列的货值输入。对于分期付款,应按合同总值输入。

(12) 单价:根据合同实际情况输入。

(13) 规格:按实际情况输入。

(14) 包装种类/件数:按正式运输包装实际情况进行输入。若同一货物、不同包装,则可以通过增加货物 Ctrl+H 的方式分别按包装输入。

非法检货物,涉及木质包装的,以系统中商品编码 00 类录入。

法检货物,有辅助包装的,通过在包装种类栏按 F4,必须输入辅助包装信息;包装种类可直接输入代码或中文名称或用下拉框选择。

(15) 原产国:输入进口货物的生产、开采或加工制造的国家或地区。对经过几个国家或地区加工制造的货物,以最后一个对货物进行实质性加工的国家或地区作为该货物的产地。被退运的出口货物原产国输为“中国”。在保税区(含保税港区、监管仓)或加工区进行了实质性加工的货物出区输往国内时,原产国输为“中国”。

(16) 标准量:根据 H.S. 编码自动获取计量单位及计量单位类别(用于识别数量/重量)的标准计量单位。

(17) 用途:根据货物实际用途,通过下拉框选择输入。

(18) 许可证/审批号:需办理进境许可或审批的货物应输入有关许可证号或审批号。

(19) 废旧物品:根据具体情况选择是正常、废品还是旧品输入。

(20) 鉴重方式、工作方式:对需要进行鉴重的货物通过下拉框输入。

(21) 检验方式:选择输入实际的检验方式。

(22) 运输工具:根据实际情况选择输入。如“船舶”,下一栏输入船名、航次等。

(23) 合同号:据实输入。

(24) 贸易方式:根据实际情况通过下拉框选择输入。

(25) 贸易国别:指签订进口贸易成交协议的缔约方所属的有关国家或地区。可直接输入国家代码、字母码、国家名称的部分汉字、英文(不区分大小写)等系统自动显示并选择,也可以通过下拉框选择输入。

(26) 启运国家:系统根据贸易国别自动生成,应根据实际情况选择修改。对发生运输中转的货物,如中转地未发生任何商业性交易,则“启运国家”不变,如中转地发生商业性交易,则以中转地作为“启运国家”填报。当入境拟报关的启运国为“中国”时,该项应输入“保税区(991)”(含保税港区、监管仓)或“加工区(992)”等。

(27) 提/运单:输入货物提货单或运单编号。

(28) 到货日期:系统自动按报检日期生成,应输入货物抵达卸货口岸的日期。

(29) 卸毕日期:系统自动按报检日期生成,应输入确认货物已全部从运输工具卸离的日期。

(30) 启运口岸:系统根据贸易国别自动生成,应根据实际情况修改。

(31) 入境口岸:输入所申报货物从运输工具卸离的第一个境内口岸。

(32) 索赔期:输入贸易合同规定的进口货物不合格对外提出索赔要求的有效期限。

(33) 经停口岸:输入货物随运输工具离开第一个境外口岸后,在抵达中国入境口岸之前所抵靠的发生货物(含集装箱)装卸的境外口岸。

(34) 目的地:输入已知货物境内最终销售使用地。具体到县市行政区名称。

(35) 集装箱规格:输入载运货物的集装箱规格。集装箱规格使用总局编制的集装箱规格代码,按集装箱类型、用途和大小,通过下拉框选定输入。多规格的可以通过 Ctrl+K 增加。

(36) 数量:根据规格分别输入。

(37) 号码:根据规格分别输入。

(38) 存放地点:根据货物实际情况输入。

(39) 施检机构:输入对货物实施检验检疫的机构。

(40) 施检部门:输入对货物实施检验检疫的相关业务部门。

(41) 目的机构:输入入境货物流向的目的地检验检疫机构或电子转单的转入机构。

(42) 外商投资财产:根据货物是否属于外商投资财产鉴定进行选择。

(43) 是否退运:因退运而需入境的货物勾选此框。

(44) 随附单据:输入除报检单外,报检单位提供的各类证明和其他证据文件。可以通过下拉框进行选择。

(45) 所需单证:根据实际情况输入。

(46) 特殊要求:通过下拉框输入报检单位对入境货物检验检疫或出证的特殊要求。

(47) 标记号码:又称唛头,货物的运输或其他能识别整批货物特征的标记及号码。

6.4.1.1.5　出境货物运输包装报检数据采集的数据项(见图 6-3)

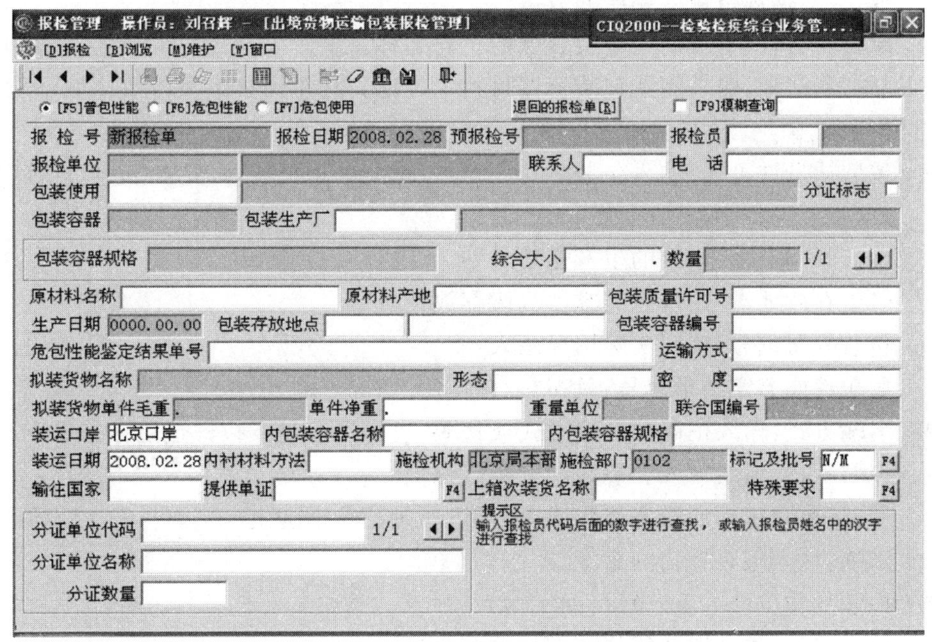

图 6-3　出境货物运输包装报检数据录入界面

(1) 报检类别:包装有三种报检类别:普包性能、危包性能和危包使用。

1) 普包性能:普包性能是指对一般货物运输包装进行的性能鉴定,以及对出口食品包装进行的安全卫生检验。

2）危包性能：危包性能是指对装运危险货物的包装进行的性能鉴定。

3）危包使用：危包使用是指对装运危险货物的包装进行的使用鉴定。

（2）报检员：输入十位数的报检员代码，或直接输入报检员姓名。

（3）报检单位：输入报检员信息后，由系统自动生成。

（4）联系人、电话：填写报检人员联系信息。

（5）包装使用：根据实际情况输入包装使用单位的报检注册或登记代码后，自动生成单位名称。或直接在包装使用的第2栏中输入具体使用单位名称。

（6）分证标志：对需要分证的报检，可直接在此项选定。并录入“分证单位代码”、“分证单位名称”和“分证数量”。

（7）包装容器：输入包装种类代码，或输入正确的包装名称，也可以通过下拉框选择。

（8）包装生产厂：输入包装生产单位的报检注册或登记代码后，自动生成单位名称，或直接在包装生产厂的第2栏中输入具体生产单位名称。

（9）包装容器规格：以实际规格输入。多规格的包装通过Ctrl＋H的方式增加。规格格式：

- 桶：直径（mm）×高度（mm）；
- 箱：长（mm）×宽（mm）×高（mm）。

注：输入时，可用“*”代替“×”。

（10）综合大小：根据输入的包装容器名称和规格，自动生成。

（11）数量：根据规格输入相应的数量。

（12）原材料名称：输入制造包装容器的材料名称。

（13）原材料产地：输入制造包装容器材料的产地。具体到县市级行政区域。从国外进口的，输入“境外”。

（14）包装质量许可证：输入包装生产单位的质量许可证号码，只在“危包性能”情况下输入。

（15）生产日期：输入包装的生产完毕日期。

（16）包装存放地点：输入包装容器具体存放地点。

（17）包装容器编号：按照实际情况录入。

（18）危包性能鉴定结果单号：只在“危包使用”情况下输入。

（19）运输方式：输入正确的运输方式或代码，也可以通过下拉框选定。

（20）拟装货物名称：输入要装载的货物名称。

（21）形态：输入正确的形态或代码，也可以通过下拉框选定。

（22）密度：输入拟装货物的密度。

（23）拟装货物单件毛重、净重：据实输入。

（24）重量单位：输入拟装货物的重量单位或代码，也可以通过下拉框选定。

（25）联合国编号：输入危险货物的联合国编号。

（26）装运口岸：输入报关地的口岸。可以通过报检菜单下的系统设置中“国内口岸初值”进行设置。也可以通过下拉框选择输入。

（27）内包装容器名称：据实输入。

（28）内包装容器规格：据实输入。

(29) 装运日期：系统根据报检日期自动生成，据实修改。

(30) 内衬材料方法：据实输入。

(31) 施检机构：输入对包装实施检验检疫的机构。

(32) 施检部门：输入对包装实施检验检疫的相关业务部门。

(33) 标记及批号：输入包装生产的批号。

(34) 输入国家：输入已知出境货物的最终运抵国家或地区。可以输入国家代码或具体名称，也可以通过下拉框进行选择。

(35) 提供单证：输入除报检单外，报检单位提供的证明文件。

(36) 上箱次装货物名称：输入重复使用的包装容器上次所装货物名称。

(37) 特殊要求：报检单位对包装容器检验的特殊要求。通过按 F4 键进行输入。

(38) 分证信息：属于分证报检并勾选了“分证”标记的，必须输入分证信息。分证信息允许输入多条，但是分证单位不能重复，分证数量之和不能超过包装数量。分别输入分证单位代码、分证单位名称和分证数量。

6.4.1.2 出入境货物检验检疫结果数据的采集

6.4.1.2.1 检验检疫结果数据来源

检验检疫结果数据来源于检验检疫环节中检验检疫原始记录、实验室检测报告单、检验检疫证书等。

6.4.1.2.2 检验检疫结果数据采集责任人

检验检疫结果数据采集责任人是检验检疫人员，在对货物实施检验检疫后，要在 CIQ2000 结果登记中输入相关数据项（见图 6-4）。

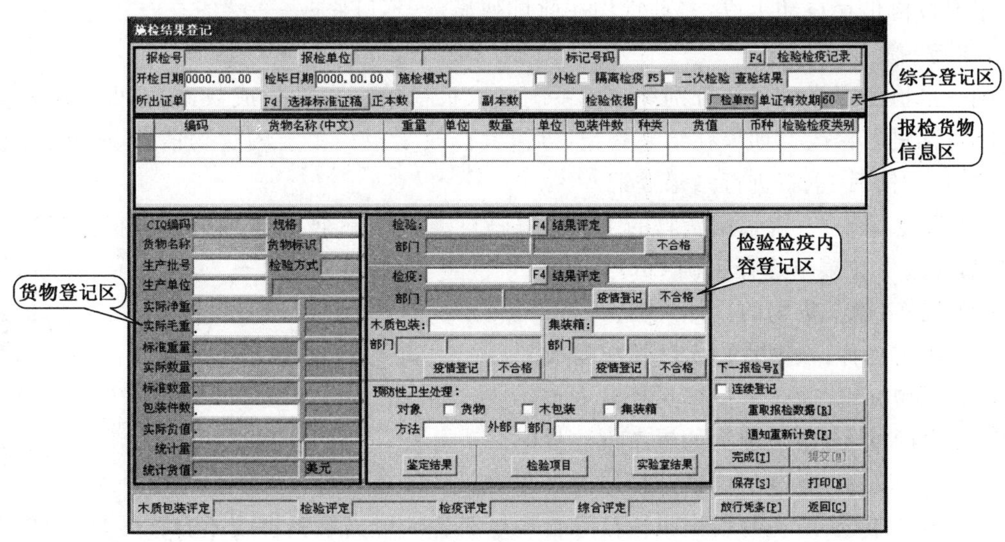

图 6-4 检验检疫结果登记界面

6.4.1.2.3 综合登记区

(1) 报检号、报检单位：由报检数据自动生成。

(2) 标记号码：系统可自动获取报检数据，如果报检数据与实际不符，按 F4 按钮修改。

(3) 检验检疫记录：可根据情况点击该按钮，输入检验检疫原始情况。

(4) 开检日期:系统默认为报检日期,应修改为货物开始检验检疫的实际日期。

(5) 检毕日期:系统默认为结果登记日期。

(6) 施检模式:通过下拉框选择实际的施检模式。

(7) 外检:如实施现场检验检疫,必须点选此框,未实施检验检疫的,不能点击此框。

(8) 隔离检疫:只有在入境施检结果登记时才有效。选定后,根据提示输入隔离天数、隔离场地代码及隔离场地面积等项。

(9) 二次检验:第一次检验检疫不合格后,经处理再一次进行的检验检疫,点选此框,并通知检务部门重新计费;如已归档,应调回原号,修改结果登记并重新计费,不应重新报检。

(10) 查验结果:在出口核查货证时为必输项。通过下拉框选择输入。

(11) 所出证单:系统可以根据报检时所需单证自动生成,也可以按 F4 按钮选择输入。

(12) 选择标准证稿:如果在所出证单栏中,选中的只有一份证单,那么点击此按钮后,系统可自动生成标准证稿名称及相应的种类等供选择,选定后自动根据报检数据拟稿并自动保存,供在拟稿环节进行修改或确认。

(13) 正本数、副本数:输入相应证单正本、副本的具体数量。系统根据所需证单的种类自动生成,可按照实际情况进行修改。

(14) 检验依据:输入检验所依据的有关标准。可通过下拉框选择输入。

(15) 厂检单:厂检单数据来自企业的电子报检数据,由系统自动生成。

(16) 单证有效期:根据签证管理办法规定的日期输入。同一报检批有多个有效期限制的,以最短有效期为准。

6.4.1.2.4 报检货物信息区

根据报检信息自动生成,多种货物在此排列显示,不可修改。

6.4.1.2.5 货物登记区

同一报检号下多种货物分别登记。系统提取报检信息自动生成数据,应根据施检货物的实际情况进行修改。如果在结果登记之后,又修改了报检单上的货物信息,应点击"重取报检数据"按钮后,重新进行结果登记。

(1) CIQ 编码:系统根据货物的 H. S. 编码自动对应一个 CIQ 编码。应根据货物的实际情况,通过下拉菜单选择正确 CIQ 编码。

(2) 规格:输入货物的具体规格。

(3) 货物名称:根据货物实际情况修改。

(4) 货物标识:通过下拉框选择输入。

(5) 生产批号:输入货物的生产批次号码。

(6) 检验方式:通过下拉框选择修改。

(7) 生产单位:出境时根据报检信息自动生成。入境当检验检疫不合格时,生产单位信息为必输项,点击"国外生产厂商登记"按钮录入。无法获取生产单位信息时将发货人信息填入。

(8) 实际净重、毛重、数量、包装件数及货值等:根据检验检疫实际情况进行修改。货物重量、数量及货值的修改比例不能超过系统维护的鉴定数重量允许超额的百分率值(系统维护中设置的 CHECKUP-QTY-RATE 值)。

(9) 标准重量、标准数量、统计量、统计货值:根据所输入的实际重量或数量及相应的货值自动生成。

6.4.1.2.6　检验检疫内容登记区(见图 6-5)

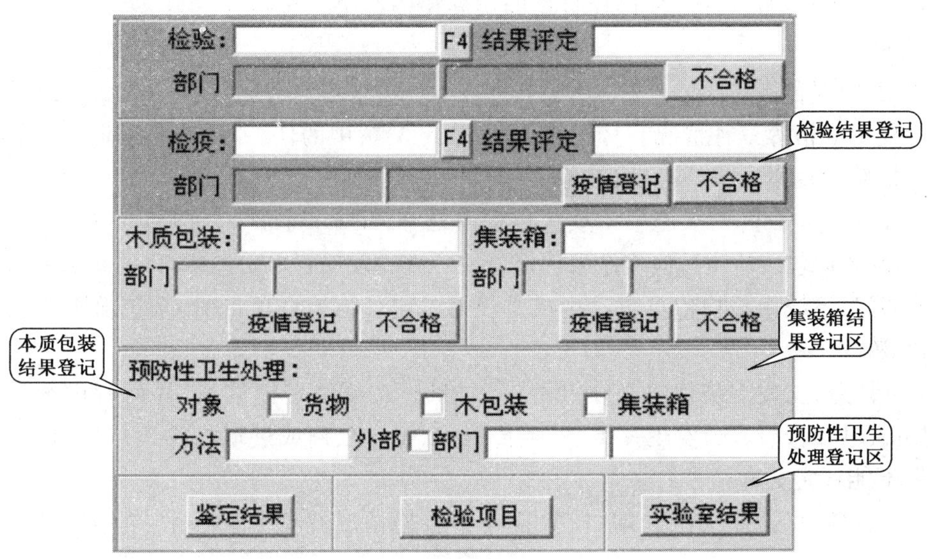

图 6-5　检验检疫内容登记区界面

检验检疫内容登记区包括检验、检疫、木质包装、集装箱、预防性卫生处理及鉴定结果、检验项目的登记以及实验室结果的调用等。检验检疫内容针对具体某一货物进行登记。系统自动带出的检验检疫项目默认值是为了方便录入,必须根据检验检疫实际工作情况进行修改。

6.4.1.2.7　检验结果登记区

(1) 检验:如果对货物进行了检验,点击检验栏后的 F4 按钮进入"选择检验项目"界面,点选已经进行的检验项目;如果没有进行检验,必须使所有的检验项目后面的空格内全部空白,在此情况下,系统自动锁定后面的"结果评定"一栏,不能输入。

入境验证商品按规定进行抽查检验时,检验项目必须选择"81(民用商品验证)"及所做的其他检验项目。

(2) 结果评定:通过下拉框选择输入货物实际检验结果。包括:

1) 合格;

2) 返工整理合格;

3) 修改合同;

4) 检验不合格;

5) 延期施检等五种情况。

其中,1)合格是指首次检验合格,此时应点击"检验项目"按钮,完成具体检验项目的录入(具体见 6.4.1.2.10);如果选定了 2)、3)或 4)项中的任一项,则必须依次完成"检验检疫不合格情况登记"(具体见 6.4.1.2.9)和"检验项目"(见 6.4.1.2.10)中相应信息的输入。

(3) 部门:系统根据报检信息自动生成。没有选定任何检验项目时,系统自动为空。此栏不能修改。

6.4.1.2.8　检疫结果登记区

(1) 检疫:如果对货物进行了检疫,点击检疫栏后的 F4 按钮进入"选择检疫项目"界面,点击选择已经进行的检疫项目;如果没有进行检疫,必须使所有的检疫项目后面的空格内全部空白,在此情况下,系统自动锁定后面的“结果评定”一栏,不能输入。

(2) 结果评定:通过下拉框选择货物的实际检疫结果。包括:

1) 合格;

2) 检疫处理合格;

3)检疫不合格等三种情况。如果选定了 2)或 3)项中的任一项,则必须点击“不合格”按钮,进入“检验检疫不合格情况登记”输入相应的信息(具体见 6.4.1.2.9)。

(3) 入境报检批中,对实施了木质包装检疫抽查,并未查验出木质包装的情况,则在检疫项目中选择“木质包装检疫”,检疫结果评定合格。查验发现有木质包装时,见 6.4.1.2.12。

(4) 部门:系统由报检信息自动生成。没有选定任何检疫项目时,系统自动为空。此栏不能修改。

(5) 疫情登记:发现疫情时必须点击该按钮进入“疫情登记数据”界面行详细疫情登记(具体见 6.4.1.2.11)。当发现一类、二类传染病、寄生虫病或进境植物检疫性有害生物时,检疫结果不能评定为合格。

(6) 不合格:点击该按钮进入“检验检疫不合格情况登记”输入相应的不合格信息(见 6.4.1.2.9)。

6.4.1.2.9 检验检疫不合格情况登记(见图 6-6)

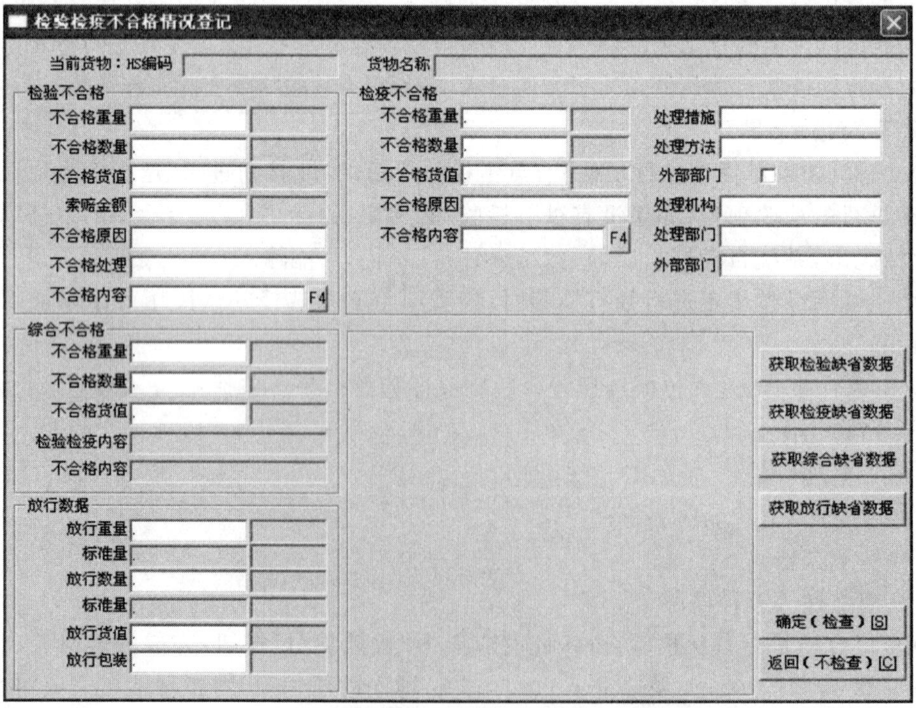

图 6-6 检验检疫不合格情况登记区界面

包括检验不合格区、检疫不合格区、综合不合格区和放行数据区。

1. 检验不合格区

(1) 不合格重量、不合格数量:系统根据报检信息自动选择不合格重量或数量为必输项。根据实际检验情况，输入检验不合格的重量或数量。

（2）不合格货值：输入对应于货物检验不合格部分的货物总值。

（3）索赔金额：输入对外索赔的金额，仅适用于入境货物。

（4）不合格原因：通过下拉框选择输入相应代码，此项为必输项。

（5）不合格处理：通过下拉框选择输入相应代码，此项为必输项。

（6）不合格内容：根据检验项目，点击 F4 按钮选择对应的检验不合格项目。此项为必输项。

注：成套设备多次索赔时，不合格重量、不合格数量、不合格货值、索赔金额输入累计值。

2. 检疫不合格区

（1）不合格重量、不合格数量：系统根据报检信息自动选择不合格重量或数量为必输项。根据实际检疫情况，输入检疫不合格的重量或数量。

（2）不合格货值：输入对应于货物检疫不合格部分的货物总值。

（3）不合格原因：通过下拉框选择输入相应代码，此项为必输项。

（4）不合格内容：根据检疫项目，点击 F4 按钮选择相对应的不合格内容。此项为必输项。

（5）处理措施：通过下拉框选择录入相应代码，此项为必输项。

（6）处理方法：通过下拉框选择输入相应代码，此项为必输项。

（7）处理机构和处理部门：系统默认为局内部部门进行处理，自动填入施检机构信息。

（8）外部部门：如果是由外部单位进行处理，则点选此框，并在下面的“外部部门”一栏中输入相应的外部单位名称。

3. 综合不合格区

（1）不合格重量、不合格数量：系统根据报检信息自动选择不合格重量或数量为必输项。根据实际检验检疫情况，输入不合格的重量或数量。

（2）不合格货值：按实际情况输入。

（3）检验检疫内容：根据所输入的检验和检疫项目，由系统自动生成。

（4）不合格内容：根据所输入的检验和检疫不合格内容，由系统自动生成。

4. 放行数据区

（1）放行重量（数量）、标准量：根据检验检疫情况，输入实际可以放行重量或数量，系统自动生成标准量。

（2）放行货值：按实际情况输入可放行部分货物的货值。

（3）放行包装：按实际情况输入可放行部分的包装件数。

6.4.1.2.10　检验项目登记（见图 6-7）

“检验结果登记区”登记了检验项目的，都必须在“检验项目”登记区登记项目结果。

（1）项目类别：系统根据检验结果登记区内容自动生成。

（2）项目代码和名称：根据实际检验情况通过下拉框进行选择，如果同一项目类别有多个项目代码，通过“增加”按钮进行添加。

（3）检验检疫依据、判定指标、检验检疫方法：系统根据检验项目代码自动生成。

（4）是否合格：系统根据检验不合格内容按项目类别自动生成。如果同一项目类别有多个项目代码，可根据实际判定情况进行修改。

(5) 检测结果:填入实际的检测项目值。

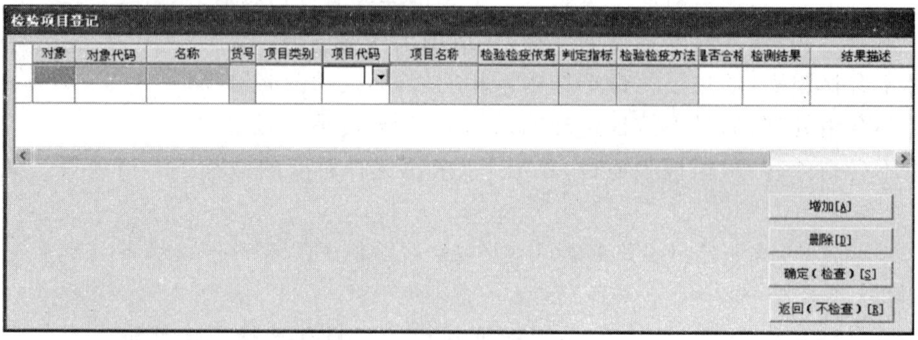

图 6-7　检验项目登记界面

(6) 结果描述:对具体的货物检验不合格情况对照合同或标准进行详细描述(例如“合同要求 Al_2O_3<1.35%,本室结果为 1.44%,与合同要求不符”)。不合格情况下为必输项。

6.4.1.2.11　疫情登记(见图 6-8)

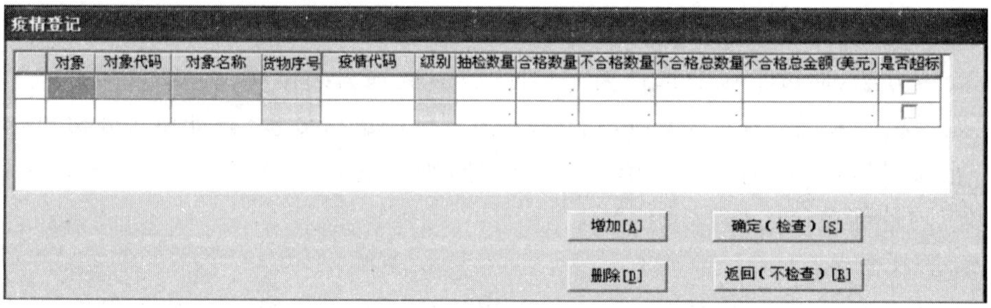

图 6-8　疫情登记界面

(1) 疫情代码:根据检疫结果通过下拉框选择输入相应的疫情名称。两种以上的疫情可点击下面的“增加”按钮输入。当无对应的疫情代码时,应选择归类其他。

(2) 级别:根据疫情代码自动生成。

(3) 抽检数量、合格数量、不合格数量、不合格总数量、不合格总金额:按实际检疫情况输入。不合格量应按标准量输入,不合格总金额的币种为美元。

(4) 是否超标:根据实际情况点选。

6.4.1.2.12　木质包装结果登记区

当报检信息中带有木质包装时,则需要完成本信息的录入。当入境报检无木质包装,而查验发现有木质包装时,则直接点击“不合格”按钮,选择“查验有木质包装”,然后完成相关信息的录入,见图 6-9。

(1) 木质包装:木质包装的检疫结果,通过下拉框选择下列三种情况之一:合格、检疫处理合格、检疫不合格。当选定“检疫处理合格”或“检疫不合格”时,则必须点击下面的“不合格”按钮输入相关信息。木质包装未按规定加施 IPPC 标识的,应选择“检疫不合格”。

(2) 部门:系统自动生成实施检疫的相关部门。

(3) 疫情登记:发现疫情必须点击此按钮进行登记(参见 6.4.1.2.11)。当发现进境植物检疫性有害生物,“木质包装”不能评定为“合格”。

(4) 不合格:点击此按钮输入相关信息。带有针叶木包装的必须打“√”。

木质包装不合格登记

☐ 查验有木包装

货号	包装种类	包装数量	不合格原因	处理措施	处理方法	外部	处理机构	处理部门	外部部门	有针叶木质包
						☐				☐
						☐				☐

确定(检查)[S]

返回(不检查)[C]

图 6-9　木质包装不合格登记界面

6.4.1.2.13　集装箱结果登记区

当报检数据中带有集装箱信息时,则需要完成本区数据录入。各数据项录入操作基本同木质包装(参见 6.4.1.2.12)。

6.4.1.2.14　预防性卫生处理登记区

用于登记对合格的施检对象进行预防性卫生处理的相关信息。

(1) 对象:选择进行预防性卫生处理的对象,可单选或多选。选择的处理对象需在报检数据中有相应信息。

(2) 方法:通过下拉菜单选择预防性卫生处理的方法。

(3) 外部:如果是由外部单位进行处理,则点选该可选框;否则系统默认为局内部施检部门进行处理。

6.4.1.2.15　鉴定结果登记(见图 6-10)

用于登记施检货物的重量或残损鉴定的信息。

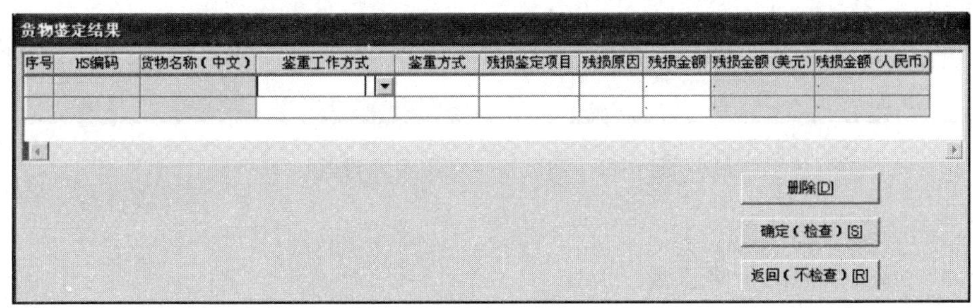

货物鉴定结果

序号	HS编码	货物名称(中文)	鉴重工作方式	鉴重方式	残损鉴定项目	残损原因	残损金额	残损金额(美元)	残损金额(人民币)

删除[D]

确定(检查)[S]

返回(不检查)[R]

图 6-10　货物鉴定结果登记界面

(1) 鉴重工作方式和鉴重方式:登记重量鉴定信息,根据下拉菜单据实选择。

(2) 残损鉴定项目和残损原因:登记残损鉴定信息,根据下拉菜单据实选择。

(3) 残损金额:录入货物残损部分的货值。按实际申报的币种录入,系统自动转换为美元和人民币。

6.4.1.2.16　包装鉴定结果登记录入(见图 6-11)

(1) 报检号、报检单位:由系统自动生成。

(2) 检验依据类别:通过下拉框进行选择输入。

(3) 开检日期、检毕日期:按照实际情况进行输入。

(4) 检验方式:通过下拉框进行选择输入。

(5) 生产日期、报检数量:系统根据报检信息自动生成,可以根据实际情况进行修改。

(6) 实际数量:系统缺省值为报检数量,应根据实际情况输入检验具体结果。

(7) 扦样数量:据实输入。

(8) 检验有效期(起始)、检验有效期(结束):根据实际情况输入。

(9) 包装种类:仅适用于危险货物运输包装。根据实际情况,通过下拉框选择输入。

(10) 结果评定:通过下拉框选择输入相应的检验结果。

(11) 包装容器标记及号码:该栏缺省值为"N/M",可根据实际情况进行修改。

(12) 所出证单:按 F4 键,输入实际所要拟制的相应证单。

(13) 检验项目、检测结果、结果描述、是否合格:依据检测报告据实录入。

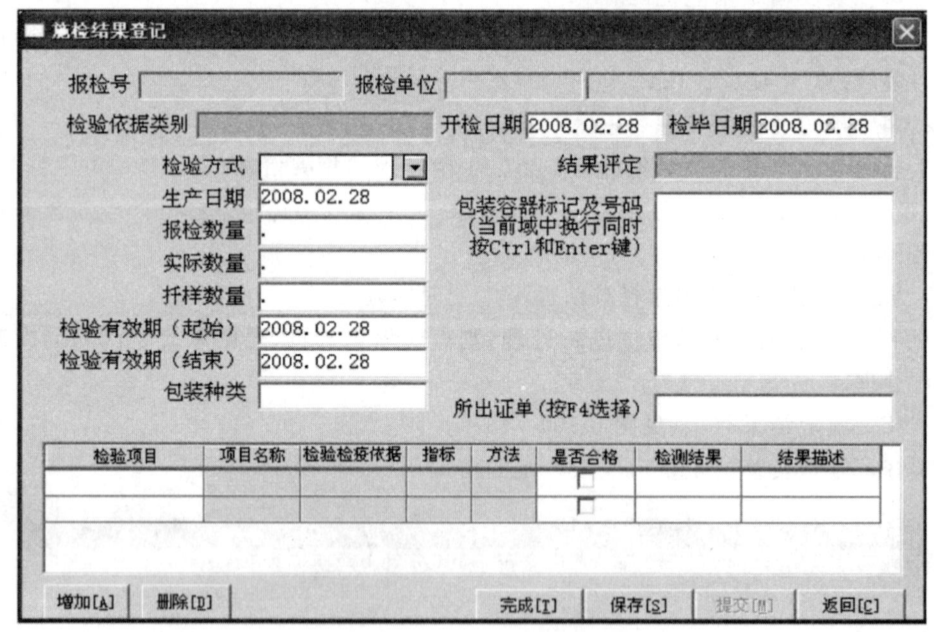

图 6-11 包装鉴定结果登记界面

6.4.1.3 通关数据的采集

6.4.1.3.1 通关数据的采集来源

通关数据来源于通关环节,通关货物情况根据报检号获取报检、检验检疫等环节的共享数据。

6.4.1.3.2 通关数据采集责任人

通关数据采集责任人是检务办理货物通关人员,要根据通关实际情况输入相关信息。

6.4.1.3.3 通关数据采集的数据项

(1) 通关类型:检验检疫货物通关放行类型。使用总局编制的通关类型代码。按实际通关情况采集。

(2) 通关数(重)量:经检验检疫货物实际通关的数(重)量。按 H.S. 编码所规定的计量单位计算。按实际通关情况采集。

(3) 通关货值:货物实际检验检疫通关货值。按发票所列币种和实际通关放行货值计。按实际通关情况采集。

(4) 通关单份数:对每一报检单所签发通关单的实际份数。按实际通关情况采集。

(5) 出运有效期:指检验检疫机构签发的出境通关单上列明的自签发日起计货物的有效通关出运时间。以天数计。检验或检疫有效期的剩余天数少于规定的报关出运期限时,通关单的有效期取实际剩余天数。

(6) 签证机构:签发通关单的机构名称。使用总局编制的检验检疫机构代码。按实际通关单签发情况采集。

(7) 签证人员:签发通关单的人员姓名。使用检验检疫人员代码,由各检验检疫机构自行设置。按实际通关单签发情况采集。

(8) 签发日期:签发通关单的日期。日期格式为"××××年××月××日"。按实际通关单签发情况采集。

6.4.2　鉴定业务数据采集

总体要求:对没有纳入CIQ2000系统的业务数据必须用手工登记台账的方式采集。台账的设计和登记由各有关业务部门和业务人员负责,并按国家质检总局规定的表式汇总报给综合统计人员,由综合统计人员将统计报表输入CIQ2000系统。已经纳入CIQ2000系统的业务必须在计算机中输入数据项。

6.4.2.1　外商投资财产价值鉴定业务

6.4.2.1.1　外商投资财产价值鉴定业务台账采集项目

(1) 申请日期:日期。

(2) 申请单位:申请单位名称。

(3) 鉴定内容:按国家质检总局规定的8项内容。

(4) 鉴定目的:按实际申请需要填写。

(5) 收货人:单位名称或人名。

(6) 投资方式:实物或现汇。

(7) 投资国别:投资国家(地区)名称。

(8) 财产名称:中文名称。

(9) 数量:数量。

(10) 申报物总值:申报的外商投资设备的价值,按美元计。

(11) 原产国:国名。

(12) 进口日期:日期。

(13) 价值基准日:由鉴定人员按规定填写。

(14) 鉴定方法:市场法、成本法、收益法等,按规定填写。

(15) 鉴定结果:实际鉴定值。

(16) 成新率:按实际鉴定的财产状态。

(17) 施检部门:施检部门的名称。

6.4.2.1.2　汇总报表

根据台账汇总统计报表表式十三"外商投资财产鉴定情况统计表"汇总。

6.4.2.2 重量鉴定业务

6.4.2.2.1 重量鉴定业务台账采集项目

（1）报验单位：填写单位名称。

（2）货名：货物名称。

（3）提单数/重量：报检数/重量。

（4）发票金额单位：美元。

（5）检验项目：岸罐计重、水尺计重、船舱计重、流量计计重、衡器计重等。

（6）相关鉴定项目：验舱、空距、空舱、验箱、拆箱、残损、舱口检视、积载鉴定、监装监卸、货载衡量、承退租鉴定、铅封、封样等。

（7）出证数/重量：鉴定证书确认的数/重量。

（8）船舱数：若检验项目与船舱有关时填写，单位：个。

（9）集装箱数：若检验项目与集装箱有关时填写，单位：标箱/个。

（10）岸罐数：若检验项目与岸罐有关时填写，单位：个。

（11）索赔数/重量：残损鉴定时填写，单位：吨。

（12）索赔金额：残损鉴定时填写，单位：美元。

6.4.2.2.2 汇总报表

根据台账汇总统计报表表式十二“鉴定业务情况统计表”汇总。

6.4.3 其他检疫业务数据的采集

总体要求：对没有纳入 CIQ2000 系统的业务数据必须用手工登记台账的方式采集。台账的设计和登记由各有关业务部门和业务人员负责，并按国家质检总局规定的表式汇总报给综合统计人员，由综合统计人员将统计报表输入 CIQ2000 系统。已经纳入 CIQ2000 系统的业务必须在计算机中输入数据项。

6.4.3.1 集装箱检疫业务

6.4.3.1.1 集装箱检疫业务台账采集项目

（1）报检类别：集装箱入境、出境、过境等类别。

（2）报检日期：集装箱检疫报检日期。

（3）入出境日期：根据报检单填写集装箱入出境日期。

（4）运输方式：分为海运、空运、陆运。

（5）规格：集装箱的尺寸规格，不同规格分栏登记。

（6）数量：不同规格的集装箱数量分栏登记。

（7）启运国家：集装箱装货或启运国家或地区名称。

（8）疫区判定：判定是否来自检疫传染病、监测传染病、动植物疫区或非疫区。

（9）检疫判定：检疫判定确定正常、染疫、染疫嫌疑、检出病虫害等。

（10）染疫问题：填入传染病或病虫害种类。

（11）检疫处理方法：实施卫生除害处理和其他检疫控制措施。

（12）检疫结论：放行、检查后放行、卫生处理后放行、禁止入境、退货或销毁等。

（13）检疫人员：判定检疫结论的人员姓名。

6.4.3.1.2 汇总报表

根据台账汇总统计报表表式八“集装箱检疫情况统计表”汇总。

6.4.3.2 交通工具检疫业务

按交通工具类型(船舶、飞机、火车、汽车)、出入境分别设置台账。

6.4.3.2.1 船舶检疫台账采集项目

(1) 编号:正式报检号。

(2) 船名(中、英):根据正式申报资料。

(3) 国籍:国家名。

(4) 船员(中)数:交通工具上中籍员工数。

(5) 船员(外)数:交通工具上外籍员工数。

(6) 旅客(中)数:交通工具上中籍旅客数。

(7) 旅客(外)数:交通工具上外籍旅客数。

(8) 来源地疫情:根据世界疫情,对来源地疫区种类进行判定。

(9) 检疫方式:根据疫情,决定所采取的检疫方式。

(10) 染疫:判定交通工具是否染疫或染疫嫌疑。

(11) 签发证书名称:根据检疫结果所签发的检疫证书名称。

(12) 签证时间:检疫证书的签发时间。

(13) 签证日期:检疫证书的签发日期。

(14) 电讯检疫时间:电讯检疫船舶应输入。电讯检疫通过时间。

(15) 卫生证书编号:最新有效卫生证书的编号、签发日期、签发港口。

(16) 除鼠/免除证书签发:最新有效除鼠/免除证书的签发日期、签发港口。

(17) 有效健康证:健康证数量,申请电讯检疫的中国籍交通工具要求填写,核对健康证。

(18) 无效健康证:无效健康证数量。

(19) 有效预防接种证书:预防接种证书数量,按规定必须实施任一种预防接种的人员无证书或持失效证书,均为无效证书。

(20) 无效预防接种证书:无效预防接种证书数量。

(21) 压舱水数量:交通工具所载压舱水数量(单位:吨)。

(22) 压舱水装载港:交通工具压舱水装载的港口。

(23) 压舱水装载日期:交通工具压舱水的装载日期。

(24) 食物装载港:交通工具食品装载的港口。

(25) 饮用水装载港:交通工具饮用水装载的港口。

(26) 伴侣动物和/或鸟类来源:交通工具上伴侣动物和/或鸟类来源国家(地区)。

(27) 水果和/或蔬菜来源:交通工具上水果和/或蔬菜来源国家(地区)。

(28) 花卉盆景来源:交通工具上花卉盆景来源国家(地区)。

(29) 肉类和/或家禽产品来源:交通工具上肉类和/或家禽产品来源国家(地区)。

(30) 其他类来源:交通工具上其他动植物产品来源国家(地区)。

(31) 动物疫情:动物疫情判定结果名称。

(32) 植物疫情:植物疫情判定结果名称。

(33) 采样:实施采样检验的对象名称。

(34) 检验结果:对检疫对象采样的检验结果。

(35) 检疫处理:实施检疫处理的方式。

(36) 封存动物产品:对动物产品封存的数量(单位:千克)。

(37) 封存植物产品:对植物产品封存的数量(单位:千克)。

(38) 发现媒介种类:发现病媒时要求填写。

(39) 发现媒介数量:发现病媒时要求填写。

(40) 检疫医师:执行本次检疫查验的所有医师名字。

6.4.3.2.2 航空器检疫台账采集项目

(1) 编号:统一编号。

(2) 日期:检疫日期。

(3) 航班号:所检疫交通工具执行的航班号。

(4) 国籍:航空器注册国籍。

(5) 机组人数:航空器机组人数。

(6) 旅客(中)(外)总人数:航空器旅客总人数。

(7) 机上卫生状况:航空器上卫生检查结果评定。

(8) 飞机客货舱消杀灭处理情况:飞机客货舱消杀灭处理情况评价。

(9) 发现检疫传染病或类似症状:出入境人员中是否发现检疫传染病或类似症状。

(10) 其他健康异常:出入境人员中是否发现其他健康异常情况。

(11) 染疫或染疫嫌疑旅客信息:发现检疫传染病或类似症状、其他异常情况的人员要求登记姓名、国籍、年龄、护照号码、国内住址、联系电话,多人时应当分栏登记。

(12) 收回声明卡:回收入境检疫申明卡数量。

(13) 携带物品名:携带物或截获禁止入境物品的名称。多批时应当与携带旅客相对应分栏登记。

(14) 数/重量:携带物或截获禁止入境物品的数/重量。

(15) 来自国家地区:携带物或截获禁止入境物品来自的国家或地区。

(16) 实验室检测结果:携带物或截获禁止入境物品实验室检测结果。

(17) 疫情类别:携带物或截获禁止入境物品检获疫情的危害性类别。

(18) 处理情况:对截获携带物的最终处理(如放行、销毁、截留待检、退回、其他等)。

(19) 截获人员:截获疫情的检疫人员。

(20) 签发证书:签发检疫证书名称。

(21) 签发时间:证书签发日期和时间。

(22) 检疫人员:检疫人员名字。

6.4.3.2.3 火车、汽车检疫台账

暂缺。

6.4.3.2.4 汇总报表

根据台账汇总统计报表表式七“交通工具检疫情况统计表”汇总。

6.4.3.3 出入境人员监测体检和预防接种业务

按出入境、监测体检和预防接种分别设置台账。

6.4.3.3.1 监测体检台账采集项目

(1) 姓名:人名。

(2) 国籍:体检人的国籍,填写国名。

(3) 人员分类:分为出国定居、公务人员、劳务人员、留学人员、交通员工、涉外婚姻、旅游探亲、来华定居、边民、其他。

(4) 检疫传染病及其他危害公共健康的疾病检查:填写体检人是否患有霍乱、黄热病、鼠疫、麻风、性病、开放性肺结核、HIV 感染及 AIDS、澳抗阳性、肝炎、疟疾、登革热、皮肤病、痢疾、伤寒、流感、其他传染病、其他非传染病。

(5) 体检日期:填写体检当日日期。

(6) 所出证书:填写证书名称。

6.4.3.3.2　预防接种台账采集项目

(1) 姓名:人名。

(2) 国籍:体检人的国籍,填写国名。

(3) 人员分类:分为出国定居、公务人员、劳务人员、留学人员、交通员工、涉外婚姻、旅游探亲、来华定居、边民、其他。

(4) 疫苗种类:填写疫苗名称,分为霍乱、黄热病、其他。

(5) 疫苗来源及批号:接种黄热疫苗时填写。

(6) 剂量:接种黄热、霍乱疫苗外的其他疫苗时填写。

(7) 禁忌疾病申明:若无则填“无”,若有则填写疾病名称。

(8) 接种日期:为接种当日日期。

(9) 接种医师:实施预防接种的医师。

(10) 所出证书:选择国际预防接种证书或禁忌证明。

6.4.3.3.3　汇总报表

根据台账汇总统计报表表式六“监测体检及预防接种统计表”汇总。

6.4.3.4　邮包检疫业务

邮包检疫业务台账采集项目:

(1) 邮件号:实施检疫查验的邮件的编号。

(2) 到达日期:邮件到达本口岸的日期。

(3) 收件人信息:所查验邮件的寄件人、收件人及其详细地址。

(4) 来源地:邮件来源地国家或地区名。

(5) 来源地疫情:根据世界疫情,对来源地疫区类型进行判断。

(6) 物品种类:邮件内物品的种类。

(7) 物品名称:邮件内物品的名称。

(8) 物品数量:邮件内物品的数量。

(9) 查验结果:描述对邮件的查验结果。

(10) 签发证单:根据查验结果所签发的证单名称。

(11) 检疫人员:执行检疫查验的所有人员名字。

(12) 检疫日期:检疫查验的日期。

(13) 检疫处理:对邮件实施检疫处理的方式。

(14) 处理结果:描述对邮件的检疫处理结果。

(15) 移交接收部门:接收暂扣邮件的部门。

(16) 接收人:接收部门经手人。

(17) 销毁审批部门:销毁截留邮寄物的审批部门。

(18) 审批人:审批部门的具体审批人。

(19) 销毁地点:对邮寄物实施销毁的具体地点。

(20) 销毁方法:对邮寄物实施销毁的具体方法。

(21) 签发证书名称:根据检疫处理所签发的证书名称。

(22) 检疫人员:实施检疫处理的所有人员的名字。

(23) 日期:实施检疫处理的日期。

6.4.3.5 木质包装检疫业务

总体要求:在CIQ2000系统中采集,报检信息由受理报检人员负责录入,检疫结果信息由检疫人员负责录入。

6.4.3.5.1 报检数据项

(1) 报检号:自动生成15位数字,实行全国唯一号码。

(2) 报检日期:受理报检的日期。

(3) 报检单位:输入报检单位代码,则代理单位名称由系统自动显示。

(4) 收货人:单位名称或人名。

(5) H.S. 编码:非货物类编码,单独申请木质包装检疫的使用0010 * * *编码申报,出具无木质包装证明的用主体货物H.S. 编码申报。

(6) 货物名称:系统设置的木质包装统计分类中文名称。

(7) 数量:申报检疫的木质包装件数。

(8) 货物总值:有主体木质包装报检的主体货物价值,用木质包装H.S. 编码时,不必输入。

(9) 币种:系统设置:美元。

(10) 包装种类:输入木箱或木质托的统计分类名称。

(11) 包装件数:申报检疫的木质包装件数,可不填写。

(12) 原产国:木质包装的原产地。

(13) 标准量:自动生成标准量单位,若系统不能自动计算,则要手工输入。

(14) 贸易国别:主体货物的贸易进口国。

(15) 启运国家:国家名,不含中国,疫区显示红色,核对报关单。

(16) 启运口岸:先选择启运国家名,再选择启运口岸名。

(17) 检验方式:方式名称,按系统提示“自检自验”。

(18) 目的地:县(区)名,木质包装的境内运输目的地。

(19) 货物存放地点:输入木质包装实施采样或检疫监督时的存放地点。

(20) 施检部门:输入施检部门的名称。

(21) 随附单据:随附报检资料和有关检疫证明、声明名称,木质包装所附单据熏蒸、非针叶木质包装、无木质包装只能选择其中一种。

6.4.3.5.2 检疫结果登记数据项

(1) 检验检疫依据:检疫判定标准,仅以法律法规为依据的输入“国家标准”。

(2) 结果评定:检疫判定结论。

(3) 有效期:检疫有效期。

(4) 所出证单:按实际出证项目输入或修改。

(5) 货物名:系统根据报检录入资料默认,可修改。

(6) 检验方式:按系统提示“自检自验”。

(7) 实际数量:木质包装数量,系统根据报检录入默认。

(8) 统计分类:系统根据 H.S. 编码自动归类。

(9) 货物总值:木包装的主体货物价值,无主体货物免输。

(10) 检验检疫内容:输入检验检疫项目代码,对木质包装报检和经查验有木质包装的,按木质包装检疫(代码 69)输入。经查实申明无木质包装的报检免输。

(11) 不合格内容:检疫处理、发现疫情时输入木质包装检疫(代码 69)。

(12) 不合格重量:输入不合格木质包装的数量(件)。

(13) 不合格金额:不合格木质包装的主体货物价值,无主体货物免输。

(14) 检疫不合格原因:实施检疫处理、发现疫情的木质包装要求输入。

(15) 检疫具体处理方法:除害处理、拆除销毁等具体方法。

(16) 疫情:当发现疫情时需详细填写,要求同货物疫情填写。

6.4.4 计收费数据的采集

6.4.4.1 计费数据来源

计费数据来源于计费环节,收费数据来源于收费环节,收费人员根据计费结果在计算机上完成收费操作。

6.4.4.2 计费数据采集责任人

计费数据采集责任人是各单位的计费人员,收费数据采集责任人是有关的收费人员。采集方式是自动计算和人工输入相结合。

6.4.4.3 计费数据采集的数据项

(1) 收费项目:收取检验检疫费的具体项目。使用总局编制的收费项目代码。按实际情况采集。

(2) 收费合计:根据计费结果实际收取的费用。按实际情况采集。

(3) 收费日期:实际收费的日期。日期格式为“××××年××月××日”。按实际情况采集。

6.5 统计指标和统计分组

6.5.1 出入境货物统计指标和统计分组

6.5.1.1 基本统计指标

(1) 批次:指按一份《报检申请单》为一批计算的出入境货物批量总和。本指标可以根据分析目的用于辅助说明出入境货物报检、检验检疫、检验检疫不合格等情况的规模和水平。

(2) 货物涉及批次:指出入境货物按《海关 H.S. 编码》或《出入境货物检验检疫分类代码》统计具体商品时所涉及的报检申请单的批次。一份报检单内包含多个不同商品编码的货物时,货物涉及批次应按不同商品分别统计为一批。本指标只有与具体商品结合起来才能使用,用于说明检验检疫出入境具体货物所涉及的报检批次。

(3) 重(数)量:指出入境货物以《海关 H.S. 编码》或《出入境货物检验检疫分类代码》所规定的计量单位统计的数量或重量。本指标只有与具体商品结合起来才能使用,用于说明出入境具体货物的检验检疫规模和水平。一份报检单包含多种货物时，分别统计货物的重(数)量。相同计量单位的重(数)量能够汇总相加，不同计量单位的重(数)量不能汇总相加，只能通过分组求和得到各种计量单位的分组和。

(4) 货值：指出入境货物的价值。计量单位为美元。本指标可以根据分析目的用于说明出入境货物报检、检验检疫、检验检疫不合格等情况的规模和水平。一份报检单内包含多个货物时，货值按具体货物种类分别进行统计。

6.5.1.2 反映出入境货物检验检疫任务和规模的统计指标

6.5.1.2.1 出入境货物报检量

(1) 定义：指报检申请人按有关规定向检验检疫机构申请办理出入境货物报检手续的批次或货值的总和。本指标用以反映检验检疫机构在一定时期内需要对出入境货物实施检验检疫的总任务。

(2) 统计范围：出境货物报检量包括报检类别为一般检验检疫和预检的批次或货值，不包括出境货物口岸验证和核查货证的申报批次或货值；入境货物报检量包括报检类别为一般检验检疫的批次或货值，不包括民用商品入境验证和入境货物流向通关的申报批次或货值。批次以唯一报检号为一批统计，货值以美元为单位统计。统计时段以报检日期为准。

6.5.1.2.2 检验检疫业务量

(1) 定义：指在一定时期内检验检疫机构对报检的出入境货物实施检验检疫并已完成检验检疫和签证等所有工作流程的批次或货值的总和。本指标用以反映检验检疫机构在一定时期内完成出入境货物检验检疫工作的总量。

(2) 统计范围：出境货物检验检疫业务量包括报检类别为一般检验检疫和预检的批次或货值，不包括出境货物口岸验证和核查货证通关的批次或货值；入境货物检验检疫业务量包括报检类别为一般检验检疫和入境货物流向但实施了检疫的批次或货值，不包括民用商品入境验证的批次或货值。批次以唯一报检号为一批统计，货值以美元为单位统计。统计时段以归档日期为准。

6.5.1.2.3 检验业务量

(1) 定义：指在一定时期内检验检疫机构对出入境货物实施检验，并完成检验和签证等全部流程的批次或货值。用于反映检验检疫机构检验出入境货物的工作量。

(2) 统计范围：出境货物检验业务量包括报检类别为一般检验检疫和预检并完成了检验工作的批次或货值，不包括出境货物口岸验证和核查货证通关的批次或货值；入境货物检验业务量包括报检类别为一般检验检疫并实施了检验的批次或货值，不包括民用商品入境验证和入境货物流向通关的申报批次或货值。批次以一个报检号为一批统计，货值以美元为单位统计。统计时段以归档日期为准。

6.5.1.2.4 检疫业务量

(1) 定义：指在一定时期内检验检疫机构对出入境货物实施检疫，并完成检疫和签证等全部流程的批次或货值。用于反映检验检疫机构检疫出入境货物的工作量。

(2) 统计范围：出境货物检疫业务量包括报检类别为一般检验检疫和预检并完成了检疫工作的批次或货值，不包括出境货物口岸验证和核查货证的批次或货值；入境货物检疫业务量包括报检类别为一般检验检疫和入境货物流向通关并完成了检疫工作的批次或货值。批次以唯一报检号为一批统计，货值以美元为单位统计。统计时段以归档日期为准。

6.5.1.2.5 出境货物查验业务量

（1）定义：指在一定时期内检验检疫机构对出境报检的货物实施口岸查验并已完成查验和签证等所有工作流程的批次或货值的总和。本指标用以反映检验检疫机构在一定时期内完成出入境货物查验工作的总量。

（2）统计范围：出境货物查验业务量包括出境货物口岸核查货证的批次或货值，不包括报检类别为一般检验检疫、预检和验证的批次或货值。批次以唯一报检号为一批统计，货值以美元为单位统计。统计时段以归档日期为准。

6.5.1.3 反映出入境货物检验检疫不合格情况的统计指标

6.5.1.3.1 检验检疫不合格量

（1）定义：指检验检疫机构对受理报检的出入境货物进行检验检疫，发现不符合有关法律、法规及相关标准、对外贸易合同、信用证条款以及截获各类病虫害等出入境货物的批次或货值。用于反映检验检疫机构对出入境货物实施检验检疫，把好国门的实际工作成效。

（2）统计范围：包括出口预检、出入境检验检疫中发现的不合格货物批次或货值，不包括出境核查货证中发现的不合格货物批次或货值。统计时段以归档日期为准。

6.5.1.3.2 检验不合格量

（1）定义：指检验检疫机构对受理报检的出入境货物进行检验，发现不符合有关法律、法规及相关标准、对外贸易合同、信用证条款等的出入境货物的批次或货值。用于反映检验检疫机构对出入境货物实施检验并查出不合格出入境货物的工作成效。

（2）统计范围：包括出口预检、出入境检验中发现的不合格货物批次或货值，不包括出境口岸查验中发现的不合格货物批次或货值。统计时段以归档日期为准。

6.5.1.3.3 检疫不合格量

（1）定义：指检验检疫机构对受理报检的出入境货物进行检疫，检出各类动植物病虫害并根据有关规定确定为不合格的出入境货物的批次或货值。用于反映检验检疫机构对出入境货物实施检疫并截获各类动植物病虫害的工作成效。

（2）统计范围：出境货物检疫不合格量包括报检类别为一般检验检疫和预检中发现的不合格货物批次或货值，不包括出境货物口岸核查货证中发现的不合格货物批次或货值；入境货物检疫不合格量包括报检类别为一般检验检疫和入境货物流向检疫中发现的不合格货物批次或货值。批次以唯一报检号为一批统计，货值以美元为单位统计。统计时段以归档日期为准。

6.5.1.3.4 出境货物查验不合格量

（1）定义：指检验检疫机构对受理报检的出境货物进行口岸核查货证，发现不符合有关法律、法规及相关标准、对外贸易合同、信用证条款等出境货物的批次或货值。用于反映检验检疫机构对出境货物实施口岸查验，把好国门的实际工作成效。

（2）统计范围：包括出境货物口岸核查货证中发现的不合格货物批次或货值，不包括出口预检、出境检验检疫中发现的不合格货物批次或货值。批次以唯一报检号为一批统计，货值以美元为单位统计。统计时段以归档日期为准。

6.5.1.3.5 动植物病虫害检出种类数

（1）定义：指检验检疫机构从出入境货物中检出各类动植物病虫害的种类数。不包括从交通运输工具、集装箱、木质包装中检出的病虫害。种类数不能重复统计。本指标用于反映检验检疫机构从出入境货物中截获各类病虫害的种类情况。

(2) 统计范围:包括从动物及其产品中检出的一、二类传染病、寄生虫种类数,从植物及其产品中检出的一、二、三类危险性病虫害和其他有害生物,以及有关法律法规列出的各类禁止进境物,如土壤、动物尸体等。

6.5.1.3.6 入境货物检验不合格提赔额

(1) 定义:指检验检疫机构对受理报检的入境货物进行检验,发现不符合有关法律、法规及相关标准、对外贸易合同、信用证条款等不合格情况,为挽回企业损失,对外出具检验检疫证书进行索赔的金额。用于反映检验检疫机构挽回企业损失、保障企业利益的工作成效。

(2) 统计范围:仅包括入境货物检验中发现不合格对外出证索赔的金额,不包括入境货物残损鉴定出证索赔金额和外商投资财产鉴定中低价高报的差额。金额以美元为单位统计。统计时段以归档日期为准。

6.5.1.4 反映经检验检疫签证通关业务的统计指标

6.5.1.4.1 经检验检疫通关额

(1) 定义:指检验检疫机构对出入境货物实施检验检疫并签发通关单的货值。本指标用于反映全国检验检疫系统经检验检疫的出入境货物实际通关的规模和水平,可以直接与海关总署的进出口额进行对比分析。

(2) 统计范围:包括对一般贸易、来料加工、进料加工、易货贸易、补偿贸易、边境贸易、无偿援助、外商投资、其他贸易等贸易方式的出入境货物签发通关单的货值,不包括过境或转运的货物、未进出境在境内以外汇结算的货物、一年以下的租赁进出境货物、无代价抵偿的进出境货物、退运货物、边民互市贸易进出境货物的通关货值。计量单位为美元。统计时段以签发通关单日期为准。

6.5.1.4.2 出境货物产地通关额

(1) 定义:指经检验检疫机构签发《出境货物通关单》的货物按产地统计的通关货物的金额。本指标可以反映直属局或分支机构所辖出境货物经产地检验检疫机构施检后实际通关的规模,适用于与当地海关统计的出口额进行对比分析。

(2) 统计范围:按照经检验检疫通关额的统计范围,出境货物无论经何检验检疫机构签发通关,均按产地管辖原则统计到产地所属机构中。计量单位为美元。统计时段以签发通关单日期为准。

6.5.1.4.3 入境货物目的地通关额

(1) 定义:指经检验检疫机构签发《入境货物通关单》的货物按货物到达的目的地统计的通关货物金额。本指标可以反映直属局或分支机构所辖入境货物经检验检疫机构施检后实际通关的规模,适用于与当地海关统计的进口额进行对比分析。

(2) 统计范围:按照经检验检疫通关额的统计范围,入境货物无论经何检验检疫机构签发通关,均按目的地管辖原则统计到目的地所属机构中。计量单位为美元。统计时段以签发通关单日期为准。

6.5.1.5 签证业务统计指标

(1) 检验检疫签证量:指检验检疫机构对受理报检的出入境货物、交通工具、集装箱等实施检验检疫,并向报检人员出具各种有效证单的份数量。本指标用于反映检验检疫机构的签证工作量。统计范围包括检验鉴定类、食品卫生类、兽医类、动物检疫类、植物检疫类、运输工具检验检疫类、检疫处理类、进口货物检验检疫类等 32 种证书和通关类、结果类、通知类、凭证类等13种凭单类;不包括国际旅行健康类证书、有关人员检疫类的凭单、抽采样凭证等证单;也不包括一般产地证和普惠制产地证的签证量。

(2) 普惠制产地证书签证量:指检验检疫机构对出口商品签发普惠制产地证书的份数或货值。用于反映检验检疫机构签发普惠制产地证书的工作量。

(3) 一般原产地证书签证量:指检验检疫机构对出口商品签发一般原产地证书的份数或货值。用于反映检验检疫机构签发一般原产地证书的工作量。

6.5.1.6　反映民用商品入境验证业务的统计指标

(1) 入境验证量:指在一定时期内由检验检疫机构对列入《入境验证商品目录》的货物进行入境验证,并完成入境验证全部流程的批次或货物价值总和。批次以一个报检号为一批,一份报检单包含多种货物的按一批统计;货值按入境验证商品的价值统计,计量单位为美元。本指标用于反映民用商品入境验证工作的规模。

(2) 入境验证不合格量:指在一定时期内检验检疫机构对入境货物进行入境验证工作中,发现证书不合格、标志不合格、实物检测不合格的批次或货值总和。以一个报检号作为一批,一份报检单内同时存在多种验证货物或发现证书不合格、标志不合格、实物检测不合格时,统计时计算为一批;货值按入境验证中发现的不合格部分的价值计算,计量单位为美元。本指标用于反映检验检疫机构在进行民用商品入境验证工作中发现问题的情况。

6.5.1.7　统计分组标志

(1) H.S.编码:海关编制的《商品名称及编码协调制度(H.S.)》代码。

(2) 生产单位:在检验检疫机构备案并获得统一代码的出入境货物的开采、生产、加工和制造单位。

(3) 报检单位:在检验检疫机构已办理登记备案的申请办理检验检疫业务的单位。

(4) 检验检疫类别:出入境货物实施检验检疫的类别。包括检验、检疫、检验检疫、民用商品验证、其他。

(5) 检验检疫方式:对货物实施检验检疫的方式。包括自检自验、共同检验、认可检验、免验。

(6) 检验检疫内容:根据法律法规的有关规定,对出入境货物实施检验检疫监管的内容。包括品质、规格、数量、重量、包装、标识、安全、卫生、环保、动物检疫、植物检疫、卫生检疫、其他、木质包装检疫、民用商品验证。

(7) 检验检疫依据:指国际贸易中具有法律约束力的技术法规依据,各国法律法规强制执行的限制性依据,区分进口商品赔偿责任的依据,常见的国际权威性依据及各类非强制性标准等。包括国际标准、双边协定标准、生产国标准、国家标准、行业标准、企业标准、其他标准(包括合同、信用证等)。

(8) 检验结果:货物的检验或查验结果。包括首次检验合格、首次检验不合格、经返工整理后合格、经返工整理不合格。

(9) 检疫结果:货物的检疫结果。包括检疫合格、经检疫处理后合格、检出疫情经检疫处理后合格、检出疫情经检疫处理后不合格、检出疫情不合格。

(10) 综合评定:对出入境货物检验检疫结果所作的综合评定,指对检验结果、检疫结果、实验室检测结论、鉴定结果等施检结果进行综合评定所得出的结论。包括检验检疫合格准予放行、检验检疫不合格不予放行、部分项目合格准予放行、合格部分准予放行、二次检验合格准予放行。

(11) 检验不合格原因:经检验的货物被判定为整批或部分不合格的原因。包括商品设计不良、商品制造或装配不良、商品数量短少、仓储或运输途中损毁或残损、其他问题。

(12) 检疫不合格原因:经检疫的货物被判定为整批或部分不合格的原因。包括检疫对象、带有疫情、不符审批、货主要求、不符协定、不符合同、不符法规、不符买方国家规定、禁止进口、禁止出口、关封物品、货单不符、其他原因。

(13) 检验检疫不合格处理方式:对检验检疫不合格货物所采取的处理措施。其中检验不合格处理方式包括返工整理合格出境、外商确认合格出境(含进口商同意修改合同、信用证)、不准出境、对外索赔、禁止入境、降级处理、其他;货物检疫处理方法包括隔离处理、转港处理、控制使用、销毁处理、退回处理、消毒处理、除害处理、药疗处理、其他处理。

(14) 出入境货物贸易国别(地区):签订进出口贸易成交协议的缔约方所属的有关国家或地区。

(15) 贸易方式:进出口的贸易方式。包括一般贸易、来料加工、进料加工、易货贸易、补偿贸易、边境贸易、无偿援助、外商投资、其他贸易。

6.5.1.8 鉴定业务统计指标和统计分组

鉴定业务的范围包括:法定检验进出口商品的数/重量鉴定;国家规定必须实施的外商投资财产的价值鉴定;需要检验检疫机构出证索赔的进口商品的残损鉴定;装运出口易腐烂变质食品的船舱、集装箱、飞机、车辆等运载工具的适载鉴定;出口危险货物包装容器的性能鉴定和使用鉴定等。

6.5.1.9 统计指标

6.5.1.9.1 进出口货物数重量鉴定统计指标

(1) 重量鉴定业务量:指检验检疫机构根据国家法律法规及外贸合同规定和不同商品的特性,结合国际惯例,采取不同的鉴定方法(如衡器计重、水尺计重、容量计重及流量计计重等),得出整批商品准确的重量结果的业务批次或重量。批次以一个报检号为一批,一份报检单包含多种货物的按一批统计。重量单位为吨。本指标用于反映检验检疫机构对出入境货物进行重量鉴定的工作量。

(2) 数量鉴定业务量:指检验检疫机构根据国家法律法规规定,对出入境货物的数量实施核点计数,证明整批商品的实际数量的业务批次或货值。批次以一个报检号为一批,一份报检单包含多种货物的按一批统计。货值按美元统计。本指标用于反映检验检疫机构对出入境货物进行数量鉴定的工作量。

6.5.1.9.2 外商投资财产价值鉴定业务统计指标

(1) 价值鉴定申报量:指申请人向检验检疫机构申报对外商投资企业及各种补偿贸易中,国外(包括港、澳、台等地区)投资者以实物作价投资的,或外商投资企业委托国外投资者用投资资金从境外购买的财产的价值进行鉴定的批次或金额。批次以一个报检号为一批,一份报检单包含多种货物的按一批统计;金额按财产总申报价统计,计量单位为美元。本指标用于反映外商投资财产价值鉴定业务的总任务。

(2) 价值鉴定认定金额:指一定时间范围内检验检疫机构对外商投资企业及各种补偿贸易中,国外(包括港、澳、台等地区)投资者以实物作价投资的,或外商投资企业委托国外投资者用投资资金从境外购买的财产的价值进行鉴定后认定的财产的总价值。计量单位为美元。本指标用于反映检验检疫机构对外商投资财产进行价值鉴定的工作成绩。

(3) 升降值率：指一定时间范围内经检验检疫机构进行外商投资财产价值鉴定的认定金额与申报金额的差值与申报金额的比值。低价高报和高价低报要分别统计，不能互相抵消。升降值率为正值的表示升值率，为负值的表示降值率。

升降值率（%）=（鉴定金额－申报金额）/申报金额×100%

6.5.1.9.3 残损鉴定业务统计指标

(1) 残损鉴定业务量：指检验检疫机构依据贸易关系人的申请，对遭损的进口商品的残、短、渍、毁等情况进行鉴定并出证索赔的批次或申报金额。金额单位为美元。本指标用于反映检验检疫机构实施残损鉴定业务的工作量。

(2) 残损金额：指货物发生残损部分的总金额。计量单位为美元。本指标用于反映残损货物的贬值程度。

(3) 索赔金额：指检验检疫机构对受损的入境货物进行残损鉴定，经定损贬值后残损货物的损失价值超过免赔范围，对外出具残损证书所标明的应索赔金额。计量单位为美元。本指标用于反映检验检疫机构实施残损鉴定业务的工作成效。

(4) 运载工具适载鉴定批次：指检验检疫机构根据国家法律法规规定，对装运出口易腐烂变质食品的船舱、集装箱、飞机、车辆等运输工具是否适宜装载进行鉴定的次数。本指标用于反映检验检疫机构实施运载工具适载鉴定的工作量。

6.5.1.9.4 出口危险货物包装容器的性能鉴定和使用鉴定业务统计指标

(1) 出口危险货物包装容器性能鉴定业务量：指检验检疫机构根据国家法律法规规定对出口危险货物包装容器的性能进行鉴定的总批次或总件数。用于反映检验检疫机构对出口危险货物包装容器实施性能鉴定的工作量。

(2) 出口危险货物包装容器使用鉴定业务量：指检验检疫机构根据国家法律法规规定对出口危险货物包装容器进行使用鉴定的总批次或总件数。用于反映检验检疫机构对出口危险货物包装容器实施使用鉴定的工作量。

6.5.1.10 统计分组标志

(1) 重量鉴定方式：分为衡器计重、容量计重、水尺计重、流量计重。

(2) 外商投资财产国别。

(3) 包装容器名称：分为开口钢桶、闭口钢桶、开口铝桶、闭口铝桶、铁桶、木桶、纸板桶、塑料桶、铁箱、木箱、胶合板箱、纸箱、塑料编织袋/包、塑料薄膜袋/包、集装袋、麻袋、纸袋、铁托、木托、竹笼、铁笼及其他。

(4) 包装鉴定类别：分为性能鉴定和使用鉴定。

(5) 申报不实程度。

6.5.2 其他检疫业务统计指标和统计分组

6.5.2.1 统计指标

6.5.2.1.1 出入境交通工具检疫业务统计指标

(1) 出入境交通工具检疫数量：指依法应由检验检疫机构实施检疫的出入境交通工具的数量。按出入境船舶、航空器、列车、汽车和其他车辆所对应的计量单位分别统计。本指标用于反映检验检疫机构对出入境交通工具实施检疫的规模。

(2) 出入境交通工具查验数量：指依法应由检验检疫机构实施现场查验的出入境交通工具的数量。按出入境船舶、航空器、列车、汽车和其他车辆所对应的计量单位分别统计。本指标用于反映检验检疫机构对出入境交通工具实施现场查验的规模。

（3）来自疫区数量：指来自国家公布的《中华人民共和国进出境运输工具动植物检疫疫区名单》所列动植物疫区的交通工具数量和来自世界卫生组织规定的鼠疫、霍乱、黄热病等三种检疫传染病和国务院规定的其他检疫传染病疫区的交通工具的数量。按出入境船舶、航空器、列车、汽车和其他车辆所对应的计量单位分别统计。本指标用于反映出入境交通工具来自疫区的规模。

（4）检出动植物病虫害的交通工具数量：指检验检疫机构从交通工具中检出动物传染病和植物病虫害的交通工具的数量。按出入境船舶、航空器、列车、汽车和其他车辆所对应的计量单位分别统计。本指标用于反映检验检疫机构从出入境交通工具中检出动植物病虫害的交通工具情况。

（5）检出禁止进境物的交通工具数量：指检验检疫机构从交通工具中检出动植物疫情流行的国家和地区的相关动植物、动植物产品和其他检疫物以及检出动物尸体、土壤的交通工具的数量。按出入境船舶、航空器、列车、汽车和其他车辆所对应的计量单位分别统计。本指标用于反映检验检疫机构从出入境交通工具中检出禁止进境物的交通工具情况。

（6）检出医学媒介生物的数量：指检验检疫机构从交通工具中检出鼠、蚊、蝇、蚤、蜱、螨、蠓、蟑螂等医学媒介生物的交通工具数量。按出入境船舶、航空器、列车、汽车和其他车辆所对应的计量单位分别统计。本指标用于反映检验检疫机构从出入境交通工具中检出医学媒介生物的交通工具情况。

（7）检出动植物病虫害种类数：指检验检疫机构从交通工具中检出动植物病虫害种类的数量。相同种类不重复统计。本指标用于反映检验检疫机构从出入境交通工具中截获各类动植物病虫害的种类情况。

（8）检出医学媒介生物的种类数：指检验检疫机构从交通工具中检出医学媒介生物种类的数量。相同种类不重复统计。本指标用于反映检验检疫机构从出入境交通工具中检出医学媒介生物的种类情况。

（9）实施卫生除害处理的数量：指经检验检疫机构注册、认可的卫生除害处理单位对出入境交通工具实施了卫生除害处理的数量。按出入境船舶、航空器、列车、汽车和其他车辆所对应的计量单位分别统计。本指标用于反映对出入境交通工具实施卫生除害处理的规模。

6.5.2.1.2　进出境集装箱检疫业务统计指标

（1）出入境集装箱检疫数量：指检验检疫机构对出入境集装箱实施检疫的数量。本指标用于反映检验检疫机构对出入境集装箱实施检疫的规模。

（2）出入境集装箱查验数量：指检验检疫机构对出入境集装箱实施现场查验的出入境集装箱的数量。本指标用于反映检验检疫机构对出入境集装箱实施现场查验的规模。

（3）来自疫区的入境集装箱数量：指来自动植物疫区和检疫、监测传染病疫区的入境集装箱数量。本指标用于反映来自疫区的入境集装箱的规模。

（4）检出携带病虫害及医学媒介生物的数量：指检验检疫机构检出携带动植物病虫害及医学媒介生物的出入境集装箱数量。本指标用于反映从出入境集装箱中检出携带病虫害及医学媒介生物的集装箱情况。

（5）检出携带动植物病虫害的种类数：指检验检疫机构从出入境集装箱中检出动植物

病虫害的种类数。按检出动植物病虫害的种类累计所得，相同种类不重复统计。本指标用于反映从出入境集装箱中检出携带动植物病虫害的种类情况。

(6) 检出携带医学媒介生物的种类数：指检验检疫机构从出入境集装箱中检出医学媒介生物的种类数。按检出医学媒介生物的种类累计所得，相同种类不重复统计。本指标用于反映从出入境集装箱中检出携带医学媒介生物的种类情况。

(7) 实施卫生除害处理的数量：指经检验检疫机构注册、认可的卫生除害处理单位对出入境集装箱实施了卫生除害处理的数量。本指标用于反映对出入境集装箱实施卫生除害处理的规模。

6.5.2.1.3　出入境包装物及铺垫材料检疫业务统计指标

(1) 受理报检业务量：指受理出入境货物包装物及铺垫材料报检的批次或货值。本指标用以反映检验检疫机构在一定时期内需要对出入境货物包装物及铺垫材料实施检疫的总任务。统计范围包括国家规定必须检疫的包装物、铺垫材料以及国家规定必须查验有无木质包装情况所涉及的货物批次或货值。

(2) 检疫业务量：指检验检疫机构对出入境货物的包装物及铺垫材料实施检疫的批次、件数、货值。用于反映检验检疫机构检疫出入境货物的包装物及铺垫材料的工作量。统计范围包括实际检疫的包装物、铺垫材料以及实际查验的有无木质包装情况所涉及的货物的批次、件数、货值。

(3) 发现问题量：指检验检疫机构对受理报检的出入境货物木质包装进行检疫，发现不符合有关法律、法规以及截获动植物病虫害的出入境货物的批次、件数、货值。用于反映检验检疫机构对出入境货物木质包装实施检疫的工作成效。统计范围包括对出入境木质包装及铺垫材料查验有关证书及包装声明等情况和截获动植物病虫害的情况。

(4) 植物病虫害检出量：指检验检疫机构在出入境包装物及铺垫材料检疫中检出植物病虫害的批次、件数、涉及货物的货值。用于反映检验检疫机构在出入境包装物及铺垫材料中检出植物病虫害的情况。

(5) 检疫处理业务量：指检验检疫机构对发现问题的出入境货物的包装物和铺垫材料进行退货、销毁、除害等检疫处理的批次、件数或货值。本指标用于反映对出入境货物的包装物和铺垫材料实施检疫处理的规模。

6.5.2.1.4　出入境人员检疫业务统计指标

(1) 出入境人员检疫数：指检验检疫机构对出入境旅客和交通员工实施检疫的总人次数。本指标用于反映检验检疫机构对出入境人员实施检疫的工作量。

(2) 验证人数：指在出入境口岸查验国际旅行健康证书、国际预防接种证书、入境检疫申明卡份数的总人次数。本指标用于反映检验检疫机构对出入境人员实施口岸查验的工作量。

(3) 染疫病例数：指检验检疫机构在实施出入境旅检过程中发现的各类传染病的染疫人次数。本指标用于反映检验检疫机构在出入境旅检中发现各类传染病的总量。

(4) 传染病监测体检人数：指检验检疫机构对出入境旅客、交通员工和其他出入境人员实施传染病监测体检的总人次数。本指标用于反映检验检疫机构对出入境旅客、交通员工和其他出入境人员实施传染病监测体检的总规模。

(5) 检出病例人数：指检验检疫机构在实施传染病监测体检中发现的各种疾病的人次

数。本指标用于反映检验检疫机构检出各类传染病病例的总规模。

（6）签发国际预防接种证书份数：指检验检疫机构对出入境人员实施预防接种后，签发国际预防接种证书的份数。用于反映检验检疫机构签发国际预防接种证书的工作量。

（7）签发国际旅行健康证明书份数：指检验检疫机构对出入境人员进行体检，向符合条件者发放国际旅行健康证明书的份数。用于反映检验检疫机构签发国际旅行健康证明书的工作量。

（8）预防接种人数：指检验检疫机构对接受免疫接种人员实施预防接种并签发国际预防接种证书的人次数。本指标用于反映检验检疫机构对出入境人员实施预防接种并签发国际预防接种证书的总规模。

6.5.2.1.5 旅客携带物

（1）检疫放行物品的批次：指对旅客携带物进行检疫合格后放行的批次。本指标用于反映检验检疫机构对出入境旅客携带物实施检疫并放行的总规模。

（2）截留销毁物品的批次：指对旅客携带物进行检疫发现有禁止进境物品或检出有害生物需截留或销毁的物品的批次。本指标用于反映检验检疫机构对出入境旅客携带物实施检疫并截留销毁物品的情况。

（3）伴侣动物的检疫监管批次：指对旅客携带的伴侣动物进行检疫监管的批次。本指标用于反映检验检疫机构对出入境旅客携带的伴侣动物进行检疫监管的工作量。

（4）特殊物品检出批次：指从旅客携带物中检出特殊物品的批次。本指标用于反映检验检疫机构从出入境旅客携带物中检出特殊物品的情况。

6.5.2.1.6 邮寄物

（1）邮寄物的检验检疫批次：指对邮寄物品进行检验检疫的批次。本指标用于反映检验检疫机构对出入境邮寄物实施检验检疫的工作量。

（2）邮寄物中检出应申报批次：指对邮寄物品进行检验检疫发现应申报检验检疫而未申报的批次。本指标用于反映检验检疫机构从出入境邮寄物中发现未申报检验检疫的情况。

6.5.2.1.7 出入境特殊物品统计指标

（1）出入境特殊物品检疫业务量：指检验检疫机构对出入境微生物、人体组织、生物制品、血液及其制品等特殊物品实施检疫的批次或货值。本指标用于反映检验检疫机构对出入境特殊物品实施检疫的总规模。

（2）发现问题的特殊物品的检疫量：指发现国家禁止入境的和遭受病原微生物污染或来自感染传染病的人体的特殊物品的批次或货值。本指标用于反映检验检疫机构对出入境特殊物品实施检疫并发现问题的工作成效。

6.5.2.1.8 卫生检疫监管统计指标

（1）卫生检疫监管注册证发放份数：指检验检疫机构对受卫生检疫监管的单位进行考核，并发放卫生检疫监管注册证书的数量。

（2）口岸储存场所及服务行业卫生许可证发放份数：指检验检疫机构对国境口岸出入境货物储存场所和国境口岸服务行业发放卫生许可证书的数量。

（3）从事食品、饮用水、公共场所服务工作人员的健康证发放份数：指检验检疫机构对在国境口岸、交通工具上从事食品、饮用水、公共场所服务工作人员发放健康证书的数量。

(4) 卫生监督次数：指检验检疫机构对国境口岸的港区、机场、车站、出入境交通及运输工具、生产加工企业、货物储存场所、口岸服务单位等实施卫生监督的次数。

(5) 卫生监督查出问题次数：指检验检疫机构在对国境口岸的港区、机场、车站、出入境交通及运输工具、生产加工企业、货物储存场所、口岸服务单位等实施卫生监督中查出问题的次数。

6.5.2.2 统计分组标志

(1) 出入境交通工具类型：包括船舶、航空器、列车、汽车和其他车辆。

(2) 出境集装箱类型：指国际标准化组织所规定的集装箱，包括出境、进境和过境的实箱及空箱，不包括作为货物进出境的新箱。

(3) 集装箱运输方式：包括海运、陆运和空运集装箱。

(4) 出入境人员构成：包括出国定居、来华定居、公务人员、劳务人员、留学人员、交通员工、涉外婚姻、旅游探亲、边民、其他。

(5) 国籍：分为中国籍和外国籍。

(6) 传染病类型：分为检疫传染病、监测传染病、禁止外国人入境的疾病、从业人员疾病和其他疾病。检疫传染病分为鼠疫、霍乱、黄热病。监测传染病分为脊髓灰质炎、流行性感冒、疟疾、登革热、流行性斑疹伤寒及回归热等。禁止外国人入境的疾病分为艾滋病、性病、麻风病、精神病、开放性肺结核。从业人员疾病分为病毒性肝炎、活动性肺结核、化脓性及渗出性皮肤病、伤寒、痢疾。

(7) 特殊物品种类：批出入境微生物、人体组织、生物制品、血液及其制品等。

(8) 检疫结果：未检出病虫害、检出病虫害。

(9) 来源地：物品最初来源地，主要指疫区和非疫区。

6.6 统计分析

6.6.1 统计分析的任务、原则

6.6.1.1 统计分析的任务

统计分析就是将加工整理好的资料加以分析研究，采用各种分析方法，计算各种分析指标，揭示研究对象的基本特征和发展规律，根据研究的目的，做出科学的判断和结论。

检验检疫业务统计分析就是对一定时期内的检验检疫业务基础数据进行整理、加工、汇总和提炼，对检验检疫业务中表现出的基本特征、一般规律、突出问题和发展趋势，进行归纳和总结并加以分析，做出科学的判断和预测。

统计分析的作用在于充分利用检验检疫综合数据库中各类数据资源，真实准确地反映出入境检验检疫货物的质量状况，出入境动植物及其产品的状况和疫情情况，出入境人员的健康状况以及其他检验检疫业务呈现出的特点和发展变化趋势，各地区检验检疫业务工作呈现出的特点和发展变化趋势，有针对性地提出相关的技术和服务措施，为各级检验检疫机构制定相关方针政策提供依据，为领导决策提供信息支持，为维护国家经济安全做出贡献。

6.6.1.2 统计分析的原则

(1) 坚持实事求是的原则。统计分析要根据检验检疫各个时期的中心任务，充分挖掘检验检疫综合数据库中各类数据资源，紧密联系检验检疫业务工作在各个时期的方针政

策，从实际出发，真实反映检验检疫业务状况。

（2）突出重点，坚持现状与未来发展相结合的原则。统计分析要系统地收集和研究统计资料，全面地看待问题，用科学的方法进行分析和研究，及时反映检验检疫业务动态，对存在的问题，提出相应的技术、服务手段和政策措施、建议。根据检验检疫业务变化的形式、历史联系和现实条件积极研究预测外经贸和检验检疫业务发展的未来趋势，积极地为检验检疫事业与社会经济协调发展提供决策支持，为各级检验检疫机构制定有关政策和领导决策提供信息支持。

（3）统计分析要坚持以科学的理论为指导。统计分析必须与检验检疫业务的发展相适应，以检验检疫业务中各种理论和方法为依据，以科学的理论为指导，正确运用统计资料，进行科学的研究与分析。

6.6.2 常用分析指标及计算方法

6.6.2.1 总量指标

总量指标是用来反映一定时期内检验检疫业务总体规模和水平的统计指标，也可以叫绝对数。检验检疫业务统计中总量指标有检验检疫总批次、总货值、不合格批次、不合格货值、体检人次等。总量指标是统计分析中常用的基础指标。

6.6.2.2 相对指标

相对指标是指两个相互联系的指标数值之比，用来反映相关事物之间数量联系程度，也叫相对数。一般用百分数表示。它有以下几种形式：

（1）结构相对指标：结构相对指标是在分组基础上，将总体区分为不同性质的各部分，以部分数值与总体数值对比求得的比重或比率，来反映总体内部的组成状况，也叫结构相对数。在检验检疫业务统计中可以用来分析各直属局业务量占全国业务量比重，动植物产品、食品、机电产品、纺织品占总业务量的比重分析，各种检验检疫方式占总业务量的比重分析等。计算公式：

结构相对数＝总体部分数值/总体全部数值×100％

（2）比例相对指标：比例相对指标是总体内部各组成部分之间对比求得的比率，来反映总体中各组成部分之间数量联系的程度和比例关系。也叫比例相对数。在检验检疫业务统计分析中运用不多。计算公式：

比例相对数＝总体中某一部分数值/总体中另一部分数值×100％

（3）强度相对指标：强度相对指标是两个性质不同但有一定联系的指标数值的比数，来表明现象的强度、密度和普遍程度，也叫强度相对数。在检验检疫业务统计分析中可用于计算某部门人均检验检疫费、人均检验检疫业务量、人均费用等。计算公式：

强度相对数＝某一总体的指标数值/另一有联系的指标数值×100％

（4）比较相对指标：比较相对指标是将同类指标做静态对比求得的比数，表明同类事物在不同空间条件下的数量对比关系，也叫比较相对数。在检验检疫业务统计分析中可用于比较分析各局之间的业务量水平的差异。计算公式：

比较相对数＝某条件下的某类指标数值/另一条件下的同类指标数值×100％

（5）计划完成情况相对指标：计划完成情况相对指标是指某一段时期内实际完成数值和计划任务的对比。在检验检疫业务统计分析中较少使用。

（6）动态相对指标：动态相对指标是将不同时期的同类现象进行对比计算的相对指

标，表明同类事物在不同时间状态下的对比关系，说明其在时间上的运动、发展和变化，也叫动态相对数。

1）发展速度和增长速度。这类指标在检验检疫业务统计分析中运用较为广泛，如某项业务比上月的增长率，比去年同期的增长率，比某历史时期的增长率等。计算公式：

发展速度＝报告期指标数值/基期指标数值×100％

增长速度＝发展速度－1 或 100％

发展速度根据采用的基期不同，分为定基发展速度和环比发展速度，定基发展速度是指报告期水平与某一固定时期水平之比，说明报告期水平对某一固定时期水平已发展到（增加到）若干倍（或百分之几），表明这种现象在较长时期内总的发展速度，因此，也叫“总速度”。环比发展速度是报告期水平与前一时期水平之比，说明报告期水平对前一时期水平一说，已发展到（增加到）若干倍（或百分之几），表明这种现象逐期的发展速度，如果计算时期为一年，也可叫“年速度”。

增长速度是表明某现象增长程度的相对指标，同样可分为定基增长速度和环比增长速度。计算方法可以根据增长量与基期水平对比求得，说明报告期水平比基期水平增加了若干倍或百分之几。因发展速度与增长速度仅相差一个基数而已，所以将发展速度减“1”（如用百分数表示则减 100％），也可求得增长速度。

2）平均发展速度和平均增长速度。平均速度指标是反映某现象在一个较长时期内的平均发展或增长程度，对各个环比速度的数量差异抽象化，计算各个环比速度的平均数。由于总速度不等于各年环比发展速度的相加和，而是各年环比发展速度的连乘积，所以平均发展速度的计算，不能用算术平均法。计算公式为：

平均发展速度＝报告期水平/基期水平×100％

n 指环比发展速度的个数，也可用指标值的总个数减 1。

平均增长速度＝平均发展速度－1（或 100％）

注意：计算某年到某年的平均增长速度的年份，均不包括基期年在内。如 1998 年至 2002 年平均每年增长速度，是以 1997 年为基期，2002 年为报告期，年份从 1998 年算起，共 5 年，表示为 1998～2002 年平均每年增长多少。

6.6.2.3 平均指标

平均指标是指同类现象在一定时间、地点条件下所达到的一般水平，也叫平均数。如全国各局平均检验检疫业务量、全年月平均检验检疫业务量、近五年平均检验检疫费收入等。在实际工件中运用较多的是简单算术平均数，加权平均数和调和平均数运用较少。简单算术平均数的计算公式：

简单算术平均数＝总体标志总量/总体单位总数

6.6.2.4 百分数和百分点

百分数是用一百作分母的分数，在数学中用“％”来表示，在文章中一般都写作“百分之多少”。百分数与倍数不同，它既可以表示数量的增加，也可以表示数量的减少。运用百分数时，也要注意概念的精确。如“比过去增长 30％”，即过去为 100，现在是 130；“比过去降低 30％”，即过去是 100，现在是 70；“降低到原来的 30％”，即原来是 100，现在是 30。

“占”、“超”、“为”、“增”的用法，“占计划百分之几”指完成计划的百分之几；“超计划的百分之几”，就应该扣除原来的基数（－100％）；“为去年的百分之几”就是等于或相当于去年的百分之几；"比去年增长百分之几"应扣掉原有的基数（－100%）。

百分点是指不同时期以百分数形式表示的相对指标的变动幅度。例如在出境检验商品中，机电产品的比重由1998年的35.2%增加到2002年的51.3%。可以说在出境检验商品中，机电产品的比重2002年比1998年增长16.1个百分点（51.3－35.2＝16.1），但不能说增长16.1%。

6.6.3 统计分析的形式、要求和步骤

6.6.3.1 统计分析的形式

统计分析的形式可以采用图表与文字说明等多种形式。

6.6.3.2 统计分析的要求

统计分析的要求包括现状分析、评价和监控，检验检疫业务发展规律性分析及其预测和决策建议。分述如下：

1）现状分析要对检验检疫工作现实状况和呈现出的问题进行总结和归纳，分析其基本特征和出现问题的原因，提出解决问题的措施与建议，为领导决策提供信息。

2）评价是通过数据比较对一定时期内的检验检疫业务运行情况进行评估，检验目标任务的实际完成情况，分析机构的运作效率，为领导和各级检验检疫机构提供决策支持。

3）监控包括对日常检验检疫业务工作中敏感问题、突出问题的监测和预警控制，及时发现问题、找出原因，利用科学的分析方法，对监测目标未来可能出现的发展趋势做出判断，为各级检验检疫机构制定相关政策和措施提供依据。

4）规律性分析指对一定时期内积累的各种检验检疫基础数据进行归纳和整理，计算各种综合指标，反映出一定时期内的检验检疫业务总体的一般数量特征，分析总体数量关系和变动趋势，为在一定条件下判断检验检疫业务的运行情况并对业务的发展趋势提供依据。

5）预测和决策建议是根据检验检疫业务状况和系统外部的经济环境状况，研究预测外经贸和检验检疫业务发展的趋势，提出措施和建议，为各级检验检疫机构制定有关政策和领导决策提供信息支持。

6.6.3.3 统计分析的步骤

1）明确分析的目的，选好分析的题目。

2）拟订分析提纲。

3）收集、整理、评价有关资料。

4）进行分析，得出结论，提出建议，写出统计分析报告。

6.6.4 统计分析报告的类型和内容

6.6.4.1 统计分析的类型

检验检疫业务统计分析可以分为综合分析、专题分析。

（1）综合分析的概念：综合分析指某一时期内检验检疫总体情况。主要反映检验检疫业务各环节的基本状况、内在关系和存在的问题，对其进行分析和研究，并对未来一定时期内检验检疫业务发展趋势做出判断。

（2）专题分析的概念：专题分析是针对检验检疫业务中某一专门问题或现象，进行集中而深入的分析研究。它既可以是现实性的问题，也可以是长远性的问题，研究的范围可大可小。这种分析的特点：内容单一，重点突出，选题准确，研究深入，分析的灵敏度高。

6.6.4.2 分析的范围和内容

(1) 出入境货物检验检疫情况

1) 总批次、货值、与去年同期增减情况。出境检验检疫批次、货值、与去年同期增减情况和入境检验检疫批次、货值、与去年同期增减情况。

2) 不合格批次和不合格金额，与去年同期比。疫情的总批次、货值(动植物应分开写)。

3) 主要进出口贸易国别(按出入境检验检疫货值排序)。

4) 海关进出口货值，出入境检验检疫总货值占海关总值比例。

(2) 商品检验情况

1) 检验进出口商品总批次、总金额、不合格批次和不合格金额与去年同期增减情况。

2) 出口商品批次、金额、不合格批次和不合格金额，与去年同期增减情况。按大类商品划分的批次、金额和不合格批次、不合格金额与去年同期增减情况。

3) 进口商品批次、金额、不合格批次和不合格金额，与去年同期增减情况。按大类商品划分的批次、金额和不合格批次、不合格金额与去年同期增减情况。

(3) 出入境动植物及其产品检疫

1) 检疫出入境动植物及其产品总批次、总金额与去年同期增减情况。发现疫情的批次，其中截获入境动物及其产品疫情批次，一、二类疫情批次，截获入境植物及其产品疫情批次，一、二类疫情批次；截获入境木质包装疫情批次。

2) 出入境动物及动物产品检疫总批次、总金额与去年同期增减情况。其中，出境动物及动物产品检疫总批次、总金额与去年同期增减情况；入境动物及动物产品检疫总批次、总金额与去年同期增减情况。

3) 出入境植物及植物产品检疫总批次、总金额与去年同期增减情况。其中，出境植物及植物产品检疫总批次、总金额与去年同期增减情况；入境植物及植物产品检疫总批次、总金额与去年同期增减情况。

4) 受理出入境木质包装报检批次，来自出口美国、日本、韩国、欧盟批次及比例及检出问题情况。

(4) 出入境食品卫生监督检验

完成出入境食品卫生监督检验批次、金额、不合格批次和不合格金额，与去年同期增减情况。其中，出境食品卫生监督检验批次、金额、不合格批次和不合格金额，与去年同期增减情况；入境食品卫生监督检验批次、金额、不合格批次和不合格金额，与去年同期增减情况。

(5) 出入境人员卫生检疫及监测体检

完成出入境人员监测体检人次，与去年同期相比。艾滋病监测人次，与去年同期相比。预防接种人次，与去年同期相比。发现病例数，与去年同期相比。主要病种及分布。

(6) 交通工具及集装箱检疫

1) 检疫出入境火车、汽车、轮船和飞机的数量。出境火车、汽车、轮船和飞机的数量，与去年同期相比，检出问题情况，原因分析。入境火车、汽车、轮船和飞机的数量，与去年同期相比，检出问题情况，原因分析。

2) 检疫出入境集装箱数量，与去年同期相比，检出问题数量，原因分析。检疫出境集装箱数量，与去年同期相比，检出问题数量。检疫出境集装箱数量，与去年同期相比，检出问题数量，原因分析。

（7）鉴定业务

1）完成重量鉴定批次、数量；运输工具适载鉴定批次、金额；残损鉴定批次、金额；货载衡量；外商投资财产鉴定批次；其他鉴定业务批次。

2）出境货物包装鉴定批次，与去年同期相比。包括普通包装性能鉴定批次，与去年同期相比，发现问题批次，检验批次合格率。危包性能鉴定批次，与去年同期相比，发现问题批次，检验批次合格率。危包使用鉴定批次，与去年同期相比，发现问题批次，检验批次合格率。

3）外商投资财产鉴定批次、申报金额、鉴定金额。降价批次、金额，降值率，升值批次、金额，升降值率各是多少。

（8）签证业务

1）签发各种检验检疫单证份数、检验检疫证书份数、检验检疫证单份数。签发出入境通关单的份数、金额，签发换证凭单的份数。

2）签发普惠制原产地证的份数、金额，与去年同期比。对欧盟、日本签发普惠制原产地证的份数、金额，与去年同期比。

3）签发一般产地证的份数、金额，与去年同期比。签发份数、金额国家及地区的排列、增减幅度、所占比例。

6.6.4.3　分析的内容

（1）出口货物检验检疫情况分析主要内容

1）出口货物检验检疫总批次、货值，同比增减情况及原因，主要出口货物检验检疫批次、货值，同比增减情况及原因，占出口货物检验检疫总批次、货值的比例。

2）检验检疫出口货物产品结构及其增减情况。

3）主要出口货物产地分布。

4）主要出口国别和地区。

5）同比增、减幅度较大货物（大类商品）或主要出口货物（大类商品）的增减原因，应采取的措施和建议。

6）检出不合格货物的批次、货值、结构，同比增减情况及原因，占出口货物检验检疫总批次、货值比例。

7）出口形势分析和进一步扩大出口的建议。

（2）进口货物检验检疫情况分析主要内容

1）进口货物检验检疫总批次、货值，同比增减情况及原因，其主要进口货物检验检疫批次、货值，同比增减情况及原因，占进口货物检验检疫总批次、货值比例。

2）检验检疫进口货物产品结构及其增减情况。

3）检出不合格货物的批次、货值、结构，同比增减情况及原因，占进口货物检验检疫总批次、货值比例。

4）主要进口国别和地区。

5）同比增、减幅度较大的货物（大类商品）或主要进口货物（大类商品）增、减变化的原因，应采取的措施和建议。

6）对某一段时期内进口货物呈现出的特征和问题，检验检疫管理应采取的措施和建议。

（3）出口商品检验情况分析主要内容

1）出口商品检验总批次、货值，同比增减情况；货物出口批次、货值、不合格批次、金额，批次、货值不合格率。

2）出口商品结构，同比增减情况及原因。

3）出口重点商品的批次、货值和质量情况。

4）主要出口国别和地区。

5）出口不合格商品结构，商品不合格原因及产生不合格的原因，应采取的措施和建议。

6）出口形势及提高产品质量、扩大出口的措施和建议。

（4）进口商品检验情况分析主要内容

1）进口商品检验批次、货值，同比增减情况；不合格批次、金额，批次、货值不合格率，索赔批次、金额。

2）进口商品结构、同比增减情况及原因。

3）重点进口商品的批次、货值和质量情况。

4）主要进口国别和地区。

5）进口不合格商品的结构，不合格的原因，对安全、健康、环保等方面产生的影响，对经济健康运行产生的危害程度。

6）对某一段时期内进口货物呈现出的特点和问题，在检验管理上应注意的问题，采取的措施和建议。

（5）出境动物疫病情况分析主要内容

1）检出批次，Ⅰ、Ⅱ类和其他疫病各是多少批。

2）检出的Ⅰ、Ⅱ类疫病的主要分布区域。

3）检出的Ⅰ类动物疫病在发病地区是否已造成大面种流行。流行地区有多广，流行速度有多快。检出的Ⅱ类动物疫病中对国计民生造成严重影响的、对国民经济危害程度较大的、传播速度较快的动物疫病，在发病地是否已经造成大面积流行，流行地域有多广，流行速度有多快。

4）发现的疫病是怎样造成的，采取了哪些措施。

5）在发病地区历史上是否流行这种疫病，造成的危害程度有多大，当时是怎样防治的。

6）建议采取防范措施。

（6）入境动物疫病情况分析主要内容

1）截获的批次，Ⅰ、Ⅱ类和其他疫病各是多少批。

2）截获的 Ⅰ、Ⅱ类疫病的入境口岸或截获地区（货物到达目的地）。

3）截获Ⅰ、Ⅱ类疫病的主要进口国别和地区。

4）截获的Ⅰ、Ⅱ类动物疫病是否来自疫区，是否进行过装载前检疫，是否出具了官方兽医证书。

5）截获的进口动物疫病是否已经造成传播，传播的区域有多大，造成的损失有多大。截获的动物疫病可能造成的危害程度有多大。

6）对防止疫病流行采取了哪些处理措施。

7）经验教训和建议采取的防范措施。

（7）出境植物危险性病虫害情况分析主要内容

1）检出批次，Ⅰ、Ⅱ类和其他植物危险性病虫害各是多少批。

2）检出的Ⅰ、Ⅱ类植物危险性病虫害的主要分布区域。

3）检出的Ⅰ类植物危险性病虫害在发现地区是否已造成大面种传播，传播区域有多广，传播速度有多快。检出的Ⅱ类植物危险性病虫害中对国计民生造成严重影响的、对国民经济危害程度较大的、传播速度较快的危险性病虫害，在发现地区是否已经造成大面积传播，传播区域有多广，传播速度有多快。

4）发现的植物危险性病虫害是由于什么原因造成大面积传播的或可能造成的危害有哪些，可能造成什么样的损失。传播的主要途径有哪些，有采取了哪些措施。

5）在发现地区的历史上是否出现过这种植物危险性病虫害大面积传播，造成的危害程度有多大，当时是怎样防治的。

6）建议采取的防范措施。

（8）截获入境植物危险性病虫害情况分析主要内容

1）截获的批次，Ⅰ、Ⅱ类和其他植物危险性病虫害各是多少批。

2）截获的Ⅰ、Ⅱ类植物危险性病虫害的入境口岸。

3）截获Ⅰ、Ⅱ类植物危险性病虫害的主要进口国别和地区。

4）截获的Ⅰ、Ⅱ类动物疫病是否来自疫区，是否出具了进口国的官方检疫证书。

5）截获的进口植物危险性病虫害是否已经造成传播，传播的区域有多大，造成的损失有多大。截获的植物危险性病虫害危害程度有多大，可能造成的危害有多大。

6）为防止植物危险性病虫害传播采取了哪些处理措施。

7）经验教训和建议采取的防范措施。

（9）人员疫病情况分析主要内容

1）监测体检人次或艾滋病监测总人次，同期增减情况，其中发现某种疫病人次，发病率。

2）该疫病发现口岸分布、发病率。

3）该疫病中国籍、外国籍人数及比例。中国籍地区分布，各类人员分布，性别比例；外国籍国别分布，各类人员分布，性别比例。该疫病是否已造成流行，危害程度有多大。

4）该疫病增、减原因。

5）该疫病的危害。

6）防止该疫病传入和国内疫病预防措施和建议。

7）分析对象的筛选。

① 按疫病分组人次排序，选择某疫病人次增加量大，或增长速度快，或传播速度快，或危害大的疫病。

② 按人员类别分组，按主要疫病人员增加量或增长速度排序，选择分析重点。主要疫病包括鼠疫、霍乱、黄热病、HIV 感染及 AIDS、性病、肺结核、麻风、肝炎、疟疾、登革热、皮肤病、痢疾、伤寒、流感、其他传染病。

③ 人员分类包括出国定居、公务人员、劳务人员、留学人员、交通员工、涉外婚姻、旅游探亲、边民、其他。

6.7 数据质量

出入境检验检疫业务统计在业务管理、计划、决策中具有重要作用，保证数据质量是提高统计准确性的重要手段。数据质量应从数据采集、数据校验、数据核查、数据比对等环节进行。

6.7.1　数据采集

数据采集涉及业务管理系统的各个环节，涉及人员众多，为保证在数据采集环节的数据质量，须严格按照业务管理系统各环节数据录入规范进行采集；对没有数据录入规范的，应要求相关管理部门在限定时间内进行编制；对数据采集人员进行相应培训。

6.7.2　数据校验

数据校验应在业务管理系统各环节保存时进行，一般分为两种情况：一是某环节数据采集结束，保存时需要进行数据校验；二是某环节数据变更后，要重新进行数据校验。数据校验主要完成下列工作：必填项校验、逻辑关系校验、关联关系校验、核销关系校验、数值准确性校验、标识（标记）校验等。

6.7.3　数据核查

数据核查是对业务数据进行阶段性检查，分为月度数据核查和年度数据核查。月度数据核查在每月月底进行，核查对象是本月业务数据；年度数据核查在每年 5 月至 6 月进行，核查对象是上年全年业务数据。核查内容包括：必填项为空、超大数重量、超大货值、数重量为零、货值为零、对应关系错误等。

6.7.4　数据比对

在总局和直属局层面每月月初，对上月基础数据和报表数据进行比对，以判别业务数据报送是否有出入。

6.8　统计报表样张

2008 年国家质检总局对检验检疫业务统计月报、季报和年报报表进行了全面的改版，在保留原有表报格式的基础上，编制了一套新的表报格式，并于 2009 年在全系统使用。2009 版检验检疫业务统计报表样张如 6.8.1～6.8.3 所示。

6.8.1　检验检疫业务统计月报表(2009 版)(见表 6-1～表 6-22)

表 6-1　××××年×月出入境货物检验检疫分类情况表

单位:金额(亿美元) 批次(万批)

<table>
<tr><th colspan="3" rowspan="3">货物类别</th><th colspan="14">检验检疫情况</th></tr>
<tr><th rowspan="2">批次</th><th rowspan="2">货值</th><th colspan="2">同比%</th><th colspan="2">占比%</th><th colspan="2">不合格</th><th colspan="2">不合格率%</th><th colspan="2">不合格率同比增幅%</th></tr>
<tr><th>批次</th><th>货值</th><th>批次</th><th>货值</th><th>批次</th><th>货值</th><th>批次</th><th>货值</th><th>批次</th><th>货值</th></tr>
<tr><td rowspan="9">×月</td><td rowspan="3">总计</td><td>出境</td><td></td><td></td><td></td><td></td><td></td><td></td><td></td><td></td><td></td><td></td><td></td><td></td></tr>
<tr><td>入境</td><td></td><td></td><td></td><td></td><td></td><td></td><td></td><td></td><td></td><td></td><td></td><td></td></tr>
<tr><td>合计</td><td></td><td></td><td></td><td></td><td></td><td></td><td></td><td></td><td></td><td></td><td></td><td></td></tr>
<tr><td rowspan="3">农产品</td><td>出境</td><td></td><td></td><td></td><td></td><td></td><td></td><td></td><td></td><td></td><td></td><td></td><td></td></tr>
<tr><td>入境</td><td></td><td></td><td></td><td></td><td></td><td></td><td></td><td></td><td></td><td></td><td></td><td></td></tr>
<tr><td>合计</td><td></td><td></td><td></td><td></td><td></td><td></td><td></td><td></td><td></td><td></td><td></td><td></td></tr>
<tr><td rowspan="3">食品及化妆品</td><td>出境</td><td></td><td></td><td></td><td></td><td></td><td></td><td></td><td></td><td></td><td></td><td></td><td></td></tr>
<tr><td>入境</td><td></td><td></td><td></td><td></td><td></td><td></td><td></td><td></td><td></td><td></td><td></td><td></td></tr>
<tr><td>合计</td><td></td><td></td><td></td><td></td><td></td><td></td><td></td><td></td><td></td><td></td><td></td><td></td></tr>
</table>

续表　　单位:金额(亿美元) 批次(万批)

货物类别			检验检疫情况											
			批次	货值	同比%		占比%		不合格		不合格率%		不合格率同比增幅%	
					批次	货值	批次	货值	批次	货值	批次	货值	批次	货值
×月	工业品	出境												
		入境												
		合计												
	其他	出境												
		入境												
		合计												
1~×月	总计	出境												
		入境												
		合计												
	农产品	出境												
		入境												
		合计												
	食品及化妆品	出境												
		入境												
		合计												
	工业品	出境												
		入境												
		合计												
	其他	出境												
		入境												
		合计												

表 6-2　××××年×月出入境农产品检验检疫分类情况表

单位:金额(亿美元) 批次(万批)

<table>
<tr><th colspan="3" rowspan="3">农产品</th><th colspan="12">检验检疫情况</th></tr>
<tr><th rowspan="2">批次</th><th rowspan="2">货值</th><th colspan="2">同比%</th><th colspan="2">占比%</th><th colspan="2">不合格</th><th colspan="2">不合格率%</th><th colspan="2">不合格率同比增幅%</th></tr>
<tr><th>批次</th><th>货值</th><th>批次</th><th>货值</th><th>批次</th><th>货值</th><th>批次</th><th>货值</th><th>批次</th><th>货值</th></tr>
<tr><td rowspan="15">×月</td><td rowspan="3">总计</td><td>出境</td><td></td><td></td><td></td><td></td><td></td><td></td><td></td><td></td><td></td><td></td><td></td><td></td></tr>
<tr><td>入境</td><td></td><td></td><td></td><td></td><td></td><td></td><td></td><td></td><td></td><td></td><td></td><td></td></tr>
<tr><td>合计</td><td></td><td></td><td></td><td></td><td></td><td></td><td></td><td></td><td></td><td></td><td></td><td></td></tr>
<tr><td rowspan="3">动物</td><td>出境</td><td></td><td></td><td></td><td></td><td></td><td></td><td></td><td></td><td></td><td></td><td></td><td></td></tr>
<tr><td>入境</td><td></td><td></td><td></td><td></td><td></td><td></td><td></td><td></td><td></td><td></td><td></td><td></td></tr>
<tr><td>合计</td><td></td><td></td><td></td><td></td><td></td><td></td><td></td><td></td><td></td><td></td><td></td><td></td></tr>
<tr><td rowspan="3">动物产品</td><td>出境</td><td></td><td></td><td></td><td></td><td></td><td></td><td></td><td></td><td></td><td></td><td></td><td></td></tr>
<tr><td>入境</td><td></td><td></td><td></td><td></td><td></td><td></td><td></td><td></td><td></td><td></td><td></td><td></td></tr>
<tr><td>合计</td><td></td><td></td><td></td><td></td><td></td><td></td><td></td><td></td><td></td><td></td><td></td><td></td></tr>
<tr><td rowspan="3">植物</td><td>出境</td><td></td><td></td><td></td><td></td><td></td><td></td><td></td><td></td><td></td><td></td><td></td><td></td></tr>
<tr><td>入境</td><td></td><td></td><td></td><td></td><td></td><td></td><td></td><td></td><td></td><td></td><td></td><td></td></tr>
<tr><td>合计</td><td></td><td></td><td></td><td></td><td></td><td></td><td></td><td></td><td></td><td></td><td></td><td></td></tr>
<tr><td rowspan="3">植物产品</td><td>出境</td><td></td><td></td><td></td><td></td><td></td><td></td><td></td><td></td><td></td><td></td><td></td><td></td></tr>
<tr><td>入境</td><td></td><td></td><td></td><td></td><td></td><td></td><td></td><td></td><td></td><td></td><td></td><td></td></tr>
<tr><td>合计</td><td></td><td></td><td></td><td></td><td></td><td></td><td></td><td></td><td></td><td></td><td></td><td></td></tr>
<tr><td rowspan="15">1～×月</td><td rowspan="3">总计</td><td>出境</td><td></td><td></td><td></td><td></td><td></td><td></td><td></td><td></td><td></td><td></td><td></td><td></td></tr>
<tr><td>入境</td><td></td><td></td><td></td><td></td><td></td><td></td><td></td><td></td><td></td><td></td><td></td><td></td></tr>
<tr><td>合计</td><td></td><td></td><td></td><td></td><td></td><td></td><td></td><td></td><td></td><td></td><td></td><td></td></tr>
<tr><td rowspan="3">动物</td><td>出境</td><td></td><td></td><td></td><td></td><td></td><td></td><td></td><td></td><td></td><td></td><td></td><td></td></tr>
<tr><td>入境</td><td></td><td></td><td></td><td></td><td></td><td></td><td></td><td></td><td></td><td></td><td></td><td></td></tr>
<tr><td>合计</td><td></td><td></td><td></td><td></td><td></td><td></td><td></td><td></td><td></td><td></td><td></td><td></td></tr>
<tr><td rowspan="3">动物产品</td><td>出境</td><td></td><td></td><td></td><td></td><td></td><td></td><td></td><td></td><td></td><td></td><td></td><td></td></tr>
<tr><td>入境</td><td></td><td></td><td></td><td></td><td></td><td></td><td></td><td></td><td></td><td></td><td></td><td></td></tr>
<tr><td>合计</td><td></td><td></td><td></td><td></td><td></td><td></td><td></td><td></td><td></td><td></td><td></td><td></td></tr>
<tr><td rowspan="3">植物</td><td>出境</td><td></td><td></td><td></td><td></td><td></td><td></td><td></td><td></td><td></td><td></td><td></td><td></td></tr>
<tr><td>入境</td><td></td><td></td><td></td><td></td><td></td><td></td><td></td><td></td><td></td><td></td><td></td><td></td></tr>
<tr><td>合计</td><td></td><td></td><td></td><td></td><td></td><td></td><td></td><td></td><td></td><td></td><td></td><td></td></tr>
<tr><td rowspan="3">植物产品</td><td>出境</td><td></td><td></td><td></td><td></td><td></td><td></td><td></td><td></td><td></td><td></td><td></td><td></td></tr>
<tr><td>入境</td><td></td><td></td><td></td><td></td><td></td><td></td><td></td><td></td><td></td><td></td><td></td><td></td></tr>
<tr><td>合计</td><td></td><td></td><td></td><td></td><td></td><td></td><td></td><td></td><td></td><td></td><td></td><td></td></tr>
</table>

表6-3　××××年×月出入境食品及化妆品检验检疫分类情况表

单位：金额（亿美元）批次（万批）

食品及化妆品			检验检疫情况											
			批次	货值	同比%		占比%		不合格		不合格率%		不合格率同比增幅%	
					批次	货值	批次	货值	批次	货值	批次	货值	批次	货值
×月	总计	出境												
		入境												
		合计												
	动物源性食品	出境												
		入境												
		合计												
	植物源性食品	出境												
		入境												
		合计												
	深加工食品	出境												
		入境												
		合计												
	化妆品	出境												
		入境												
		合计												
1～×月	总计	出境												
		入境												
		合计												
	动物源性食品	出境												
		入境												
		合计												
	植物源性食品	出境												
		入境												
		合计												
	深加工食品	出境												
		入境												
		合计												
	化妆品	出境												
		入境												
		合计												

表6-4　××××年×月出入境工业品检验检疫分类情况表

单位:金额(亿美元) 批次(万批)

工业品			检验检疫情况											
			批次	货值	同比%		占比%		不合格		不合格率%		不合格率同比增幅%	
					批次	货值	批次	货值	批次	货值	批次	货值	批次	货值
×月	总计	出境												
		入境												
		合计												
	机动车辆	出境												
		入境												
		合计												
	医疗器械	出境												
		入境												
		合计												
	成套设备	出境												
		入境												
		合计												
	特种设备	出境												
		入境												
		合计												
	消费类电子产品	出境												
		入境												
		合计												
	消费类机械产品	出境												
		入境												
		合计												
	轻工品	出境												
		入境												
		合计												
	纺织品	出境												
		入境												
		合计												

续表　　　　单位:金额(亿美元) 批次(万批)

工业品			检验检疫情况													
			批次	货值	同比%		占比%		不合格		不合格率%		不合格率同比增幅%	
					批次	货值	批次	货值	批次	货值	批次	货值	批次	货值
×月	金属及其产品	出境														
		入境														
		合计														
	化工品	出境														
		入境														
		合计														
	矿产品	出境														
		入境														
		合计														
	废物原料	出境														
		入境														
		合计														
	食品包装容器及用具	出境														
		入境														
		合计														
	烟花爆竹打火机	出境														
		入境														
		合计														
1～×月	总计	出境														
		入境														
		合计														
	机动车辆	出境														
		入境														
		合计														
	医疗器械	出境														
		入境														
		合计														
	成套设备	出境														
		入境														
		合计														

续表　　　　单位：金额（亿美元）批次（万批）

<table>
<tr><td colspan="3" rowspan="3">工业品</td><td colspan="14">检验检疫情况</td></tr>
<tr><td rowspan="2">批次</td><td rowspan="2">货值</td><td colspan="2">同比%</td><td colspan="2">占比%</td><td colspan="2">不合格</td><td colspan="2">不合格率%</td><td colspan="2">不合格率同比增幅%</td></tr>
<tr><td>批次</td><td>货值</td><td>批次</td><td>货值</td><td>批次</td><td>货值</td><td>批次</td><td>货值</td><td>批次</td><td>货值</td></tr>
<tr><td rowspan="30">1～×月</td><td rowspan="3">特种设备</td><td>出境</td><td></td><td></td><td></td><td></td><td></td><td></td><td></td><td></td><td></td><td></td><td></td><td></td></tr>
<tr><td>入境</td><td></td><td></td><td></td><td></td><td></td><td></td><td></td><td></td><td></td><td></td><td></td><td></td></tr>
<tr><td>合计</td><td></td><td></td><td></td><td></td><td></td><td></td><td></td><td></td><td></td><td></td><td></td><td></td></tr>
<tr><td rowspan="3">消费类电子产品</td><td>出境</td><td></td><td></td><td></td><td></td><td></td><td></td><td></td><td></td><td></td><td></td><td></td><td></td></tr>
<tr><td>入境</td><td></td><td></td><td></td><td></td><td></td><td></td><td></td><td></td><td></td><td></td><td></td><td></td></tr>
<tr><td>合计</td><td></td><td></td><td></td><td></td><td></td><td></td><td></td><td></td><td></td><td></td><td></td><td></td></tr>
<tr><td rowspan="3">消费类机械产品</td><td>出境</td><td></td><td></td><td></td><td></td><td></td><td></td><td></td><td></td><td></td><td></td><td></td><td></td></tr>
<tr><td>入境</td><td></td><td></td><td></td><td></td><td></td><td></td><td></td><td></td><td></td><td></td><td></td><td></td></tr>
<tr><td>合计</td><td></td><td></td><td></td><td></td><td></td><td></td><td></td><td></td><td></td><td></td><td></td><td></td></tr>
<tr><td rowspan="3">轻工品</td><td>出境</td><td></td><td></td><td></td><td></td><td></td><td></td><td></td><td></td><td></td><td></td><td></td><td></td></tr>
<tr><td>入境</td><td></td><td></td><td></td><td></td><td></td><td></td><td></td><td></td><td></td><td></td><td></td><td></td></tr>
<tr><td>合计</td><td></td><td></td><td></td><td></td><td></td><td></td><td></td><td></td><td></td><td></td><td></td><td></td></tr>
<tr><td rowspan="3">纺织品</td><td>出境</td><td></td><td></td><td></td><td></td><td></td><td></td><td></td><td></td><td></td><td></td><td></td><td></td></tr>
<tr><td>入境</td><td></td><td></td><td></td><td></td><td></td><td></td><td></td><td></td><td></td><td></td><td></td><td></td></tr>
<tr><td>合计</td><td></td><td></td><td></td><td></td><td></td><td></td><td></td><td></td><td></td><td></td><td></td><td></td></tr>
<tr><td rowspan="3">金属及其产品</td><td>出境</td><td></td><td></td><td></td><td></td><td></td><td></td><td></td><td></td><td></td><td></td><td></td><td></td></tr>
<tr><td>入境</td><td></td><td></td><td></td><td></td><td></td><td></td><td></td><td></td><td></td><td></td><td></td><td></td></tr>
<tr><td>合计</td><td></td><td></td><td></td><td></td><td></td><td></td><td></td><td></td><td></td><td></td><td></td><td></td></tr>
<tr><td rowspan="3">化工品</td><td>出境</td><td></td><td></td><td></td><td></td><td></td><td></td><td></td><td></td><td></td><td></td><td></td><td></td></tr>
<tr><td>入境</td><td></td><td></td><td></td><td></td><td></td><td></td><td></td><td></td><td></td><td></td><td></td><td></td></tr>
<tr><td>合计</td><td></td><td></td><td></td><td></td><td></td><td></td><td></td><td></td><td></td><td></td><td></td><td></td></tr>
<tr><td rowspan="3">矿产品</td><td>出境</td><td></td><td></td><td></td><td></td><td></td><td></td><td></td><td></td><td></td><td></td><td></td><td></td></tr>
<tr><td>入境</td><td></td><td></td><td></td><td></td><td></td><td></td><td></td><td></td><td></td><td></td><td></td><td></td></tr>
<tr><td>合计</td><td></td><td></td><td></td><td></td><td></td><td></td><td></td><td></td><td></td><td></td><td></td><td></td></tr>
<tr><td rowspan="3">废物原料</td><td>出境</td><td></td><td></td><td></td><td></td><td></td><td></td><td></td><td></td><td></td><td></td><td></td><td></td></tr>
<tr><td>入境</td><td></td><td></td><td></td><td></td><td></td><td></td><td></td><td></td><td></td><td></td><td></td><td></td></tr>
<tr><td>合计</td><td></td><td></td><td></td><td></td><td></td><td></td><td></td><td></td><td></td><td></td><td></td><td></td></tr>
<tr><td rowspan="3">食品包装容器及用具</td><td>出境</td><td></td><td></td><td></td><td></td><td></td><td></td><td></td><td></td><td></td><td></td><td></td><td></td></tr>
<tr><td>入境</td><td></td><td></td><td></td><td></td><td></td><td></td><td></td><td></td><td></td><td></td><td></td><td></td></tr>
<tr><td>合计</td><td></td><td></td><td></td><td></td><td></td><td></td><td></td><td></td><td></td><td></td><td></td><td></td></tr>
</table>

续表　　　　单位:金额(亿美元) 批次(万批)

工业品			检验检疫情况												
			批次	货值	同比%		占比%		不合格		不合格率%		不合格率同比增幅%	
					批次	货值	批次	货值	批次	货值	批次	货值	批次	货值
1～×月	烟花爆竹打火机	出境												
		入境												
		合计												

表 6-5　××××年×月(1～×月)出入境敏感商品检验检疫情况表(农产品部分)

单位:金额(亿美元)

敏感商品		检验检疫情况										主要不合格原因	主要输往/来自国家(地区)
		批次	货值	同比%		不合格		不合格率%		不合格率同期增幅%			
				批次	货值	批次	货值	批次	货值	批次	货值		
出境	水果												
	小麦												
	玉米												
	大豆												
	植物种子												
	植物苗木												
	球茎												
	切花												
	盆景												
	烟叶												
	木材												
	家畜												
	家禽												
	两栖类												
	爬行类												
	鱼												
	甲壳动物												
	软体动物												
	其他动物												
	动物胚胎												
	动物精液												

续表　　　　单位：金额(亿美元)

敏感商品		检验检疫情况												主要不合格原因	主要输往/来自国家(地区)
		批次	货值	同比%		不合格		不合格率%		不合格率同期增幅%					
				批次	货值	批次	货值	批次	货值	批次	货值				
出境	动物种蛋														
	饲料(含饲料添加剂)														
	宠物食品														
	皮														
	毛(不含羽绒(毛))														
	羽绒(毛)														
	动物油脂及分解物质														
入境	水果														
	大豆														
	小麦														
	大麦														
	玉米														
	植物种子														
	植物球茎苗木														
	切花														
	盆栽植物														
	油菜籽														
	木薯干														
	木材														
	烟叶														
	家畜														
	家禽														
	两栖类														
	爬行类														
	鱼														
	甲壳动物														
	软体动物														
	其他水生无脊椎动物														
	其他动物														
	动物胚胎														

续表

单位：金额（亿美元）

敏感商品		检验检疫情况												主要不合格原因	主要输往/来自国家（地区）
		批次	货值	同比%		不合格		不合格率%		不合格率同期增幅%					
				批次	货值	批次	货值	批次	货值	批次	货值				
入境	动物精液														
	动物种蛋														
	饲料（含饲料添加剂）														
	宠物食品														
	皮														
	毛（不含羽绒（毛））														
	羽绒（毛）														
	动物油脂及分解物质														

表 6-6 ××××年×月（1～×月）出入境敏感商品检验检疫情况表（食品及化妆品部分）

单位：金额（亿美元）

敏感商品		检验检疫情况												主要不合格原因	主要输往/来自国家（地区）
		批次	货值	同比%		不合格		不合格率%		不合格率同期增幅%					
				批次	货值	批次	货值	批次	货值	批次	货值				
出境	肉类														
	水产品														
	蔬菜														
	茶叶														
	食用菌														
	花生														
	蜂产品														
	粮食制品														
	调味品														
	罐头														
	蜜饯														
	蛋品类														
	肤用化妆品														
	发用化妆品														
	美容化妆品														
	口腔类化妆品														
	特殊功能化妆品														
	化妆品原料														

续表

单位：金额（亿美元）

<table>
<tr><th colspan="2" rowspan="3">敏感商品</th><th colspan="10">检验检疫情况</th><th rowspan="3">主要不合格原因</th><th rowspan="3">主要输往/来自国家（地区）</th></tr>
<tr><th rowspan="2">批次</th><th rowspan="2">货值</th><th colspan="2">同比%</th><th colspan="2">不合格</th><th colspan="2">不合格率%</th><th colspan="2">不合格率同期增幅%</th></tr>
<tr><th>批次</th><th>货值</th><th>批次</th><th>货值</th><th>批次</th><th>货值</th><th>批次</th><th>货值</th></tr>
<tr><td rowspan="17">入境</td><td>肉类</td><td></td><td></td><td></td><td></td><td></td><td></td><td></td><td></td><td></td><td></td><td></td><td></td></tr>
<tr><td>肠衣</td><td></td><td></td><td></td><td></td><td></td><td></td><td></td><td></td><td></td><td></td><td></td><td></td></tr>
<tr><td>植物油</td><td></td><td></td><td></td><td></td><td></td><td></td><td></td><td></td><td></td><td></td><td></td><td></td></tr>
<tr><td>豌豆</td><td></td><td></td><td></td><td></td><td></td><td></td><td></td><td></td><td></td><td></td><td></td><td></td></tr>
<tr><td>酒类</td><td></td><td></td><td></td><td></td><td></td><td></td><td></td><td></td><td></td><td></td><td></td><td></td></tr>
<tr><td>调味品</td><td></td><td></td><td></td><td></td><td></td><td></td><td></td><td></td><td></td><td></td><td></td><td></td></tr>
<tr><td>乳制品</td><td></td><td></td><td></td><td></td><td></td><td></td><td></td><td></td><td></td><td></td><td></td><td></td></tr>
<tr><td>保健品</td><td></td><td></td><td></td><td></td><td></td><td></td><td></td><td></td><td></td><td></td><td></td><td></td></tr>
<tr><td>糖类</td><td></td><td></td><td></td><td></td><td></td><td></td><td></td><td></td><td></td><td></td><td></td><td></td></tr>
<tr><td>水产品</td><td></td><td></td><td></td><td></td><td></td><td></td><td></td><td></td><td></td><td></td><td></td><td></td></tr>
<tr><td>蛋品类</td><td></td><td></td><td></td><td></td><td></td><td></td><td></td><td></td><td></td><td></td><td></td><td></td></tr>
<tr><td>肤用化妆品</td><td></td><td></td><td></td><td></td><td></td><td></td><td></td><td></td><td></td><td></td><td></td><td></td></tr>
<tr><td>发用化妆品</td><td></td><td></td><td></td><td></td><td></td><td></td><td></td><td></td><td></td><td></td><td></td><td></td></tr>
<tr><td>美容化妆品</td><td></td><td></td><td></td><td></td><td></td><td></td><td></td><td></td><td></td><td></td><td></td><td></td></tr>
<tr><td>口腔类化妆品</td><td></td><td></td><td></td><td></td><td></td><td></td><td></td><td></td><td></td><td></td><td></td><td></td></tr>
<tr><td>特殊功能化妆品</td><td></td><td></td><td></td><td></td><td></td><td></td><td></td><td></td><td></td><td></td><td></td><td></td></tr>
<tr><td>化妆品原料</td><td></td><td></td><td></td><td></td><td></td><td></td><td></td><td></td><td></td><td></td><td></td><td></td></tr>
</table>

表 6-7　××××年×月（1～×月）出入境敏感商品检验检疫情况表（工业品部分）

单位：金额（亿美元）

<table>
<tr><th colspan="2" rowspan="3">敏感商品</th><th colspan="10">检验检疫情况</th><th rowspan="3">主要不合格原因</th><th rowspan="3">主要输往/来自国家（地区）</th></tr>
<tr><th rowspan="2">批次</th><th rowspan="2">货值</th><th colspan="2">同比%</th><th colspan="2">不合格</th><th colspan="2">不合格率%</th><th colspan="2">不合格率同期增幅%</th></tr>
<tr><th>批次</th><th>货值</th><th>批次</th><th>货值</th><th>批次</th><th>货值</th><th>批次</th><th>货值</th></tr>
<tr><td rowspan="8">出境</td><td>插头插座</td><td></td><td></td><td></td><td></td><td></td><td></td><td></td><td></td><td></td><td></td><td></td><td></td></tr>
<tr><td>电池（不含锂电池）</td><td></td><td></td><td></td><td></td><td></td><td></td><td></td><td></td><td></td><td></td><td></td><td></td></tr>
<tr><td>锂电池</td><td></td><td></td><td></td><td></td><td></td><td></td><td></td><td></td><td></td><td></td><td></td><td></td></tr>
<tr><td>灯具（不含节日灯）</td><td></td><td></td><td></td><td></td><td></td><td></td><td></td><td></td><td></td><td></td><td></td><td></td></tr>
<tr><td>节日灯</td><td></td><td></td><td></td><td></td><td></td><td></td><td></td><td></td><td></td><td></td><td></td><td></td></tr>
<tr><td>小家电产品</td><td></td><td></td><td></td><td></td><td></td><td></td><td></td><td></td><td></td><td></td><td></td><td></td></tr>
<tr><td>大家电产品</td><td></td><td></td><td></td><td></td><td></td><td></td><td></td><td></td><td></td><td></td><td></td><td></td></tr>
<tr><td>电动工具</td><td></td><td></td><td></td><td></td><td></td><td></td><td></td><td></td><td></td><td></td><td></td><td></td></tr>
</table>

续表

单位:金额(亿美元)

敏感商品		检验检疫情况										主要不合格原因	主要输往/来自国家(地区)
		批次	货值	同比%		不合格		不合格率%		不合格率同期增幅%			
				批次	货值	批次	货值	批次	货值	批次	货值		
出境	手动工具												
	自行车												
	汽车(不含全地形车)												
	全地形车												
	摩托车												
	食品添加剂												
	玩具												
	食品接触材料及器皿												
	纺织服装												
	木制品												
	家具												
	鞋类												
	生丝												
	毛毯												
	地毯												
	烟花爆竹打火机												
入境	医疗器械												
	成套设备												
	锅炉及压力容器												
	电梯												
	汽车												
	电机												
	电池及零部件												
	视听设备												
	电光源及灯具												
	信息设备												
	小型家用电器												
	棉花												
	一次性使用卫生用品												
	玩具												
	纺织服装												
	羊毛羊绒												

表 6-8　××××年×月(1～×月)出境检验检疫不合格情况表(主要国家地区)

单位:金额(亿美元)

<table>
<tr><th rowspan="2">序号</th><th rowspan="2">国别/地区(或经济组织)</th><th rowspan="2">批次</th><th rowspan="2">货值</th><th colspan="2">不合格</th><th colspan="2">不合格率%</th><th colspan="2">不合格率同期增幅%</th><th colspan="8">主要不合格货物情况(按不合格批次排序)</th></tr>
<tr><th>批次</th><th>货值</th><th>批次</th><th>货值</th><th>批次</th><th>货值</th><th>序号</th><th>产品类别</th><th>批次</th><th>货值</th><th>不合格批次</th><th>不合格货值</th><th>占不合格批次比重%</th><th>主要不合格原因</th></tr>
<tr><td rowspan="3">1</td><td></td><td></td><td></td><td></td><td></td><td></td><td></td><td></td><td></td><td></td><td></td><td></td><td></td><td></td><td></td><td></td><td></td></tr>
<tr><td></td><td></td><td></td><td></td><td></td><td></td><td></td><td></td><td></td><td></td><td></td><td></td><td></td><td></td><td></td><td></td><td></td></tr>
<tr><td></td><td></td><td></td><td></td><td></td><td></td><td></td><td></td><td></td><td></td><td></td><td></td><td></td><td></td><td></td><td></td><td></td></tr>
<tr><td rowspan="3">…</td><td></td><td></td><td></td><td></td><td></td><td></td><td></td><td></td><td></td><td></td><td></td><td></td><td></td><td></td><td></td><td></td><td></td></tr>
<tr><td></td><td></td><td></td><td></td><td></td><td></td><td></td><td></td><td></td><td></td><td></td><td></td><td></td><td></td><td></td><td></td><td></td></tr>
<tr><td></td><td></td><td></td><td></td><td></td><td></td><td></td><td></td><td></td><td></td><td></td><td></td><td></td><td></td><td></td><td></td><td></td></tr>
<tr><td rowspan="3">12</td><td></td><td></td><td></td><td></td><td></td><td></td><td></td><td></td><td></td><td></td><td></td><td></td><td></td><td></td><td></td><td></td><td></td></tr>
<tr><td></td><td></td><td></td><td></td><td></td><td></td><td></td><td></td><td></td><td></td><td></td><td></td><td></td><td></td><td></td><td></td><td></td></tr>
<tr><td></td><td></td><td></td><td></td><td></td><td></td><td></td><td></td><td></td><td></td><td></td><td></td><td></td><td></td><td></td><td></td><td></td></tr>
</table>

表 6-9　××××年×月(1～×月)入境检验检疫不合格情况表(主要国家地区)

单位:金额(亿美元)

<table>
<tr><th rowspan="2">序号</th><th rowspan="2">国别/地区(或经济组织)</th><th rowspan="2">批次</th><th rowspan="2">货值</th><th colspan="2">不合格</th><th colspan="2">不合格率%</th><th colspan="2">不合格率同期增幅%</th><th colspan="8">主要不合格货物情况(按不合格批次排序)</th></tr>
<tr><th>批次</th><th>货值</th><th>批次</th><th>货值</th><th>批次</th><th>货值</th><th>序号</th><th>产品类别</th><th>批次</th><th>货值</th><th>不合格批次</th><th>不合格货值</th><th>占不合格批次比重%</th><th>主要不合格原因</th></tr>
<tr><td rowspan="3">1</td><td></td><td></td><td></td><td></td><td></td><td></td><td></td><td></td><td></td><td></td><td></td><td></td><td></td><td></td><td></td><td></td><td></td></tr>
<tr><td></td><td></td><td></td><td></td><td></td><td></td><td></td><td></td><td></td><td></td><td></td><td></td><td></td><td></td><td></td><td></td><td></td></tr>
<tr><td></td><td></td><td></td><td></td><td></td><td></td><td></td><td></td><td></td><td></td><td></td><td></td><td></td><td></td><td></td><td></td><td></td></tr>
<tr><td rowspan="3">…</td><td></td><td></td><td></td><td></td><td></td><td></td><td></td><td></td><td></td><td></td><td></td><td></td><td></td><td></td><td></td><td></td><td></td></tr>
<tr><td></td><td></td><td></td><td></td><td></td><td></td><td></td><td></td><td></td><td></td><td></td><td></td><td></td><td></td><td></td><td></td><td></td></tr>
<tr><td></td><td></td><td></td><td></td><td></td><td></td><td></td><td></td><td></td><td></td><td></td><td></td><td></td><td></td><td></td><td></td><td></td></tr>
<tr><td rowspan="3">12</td><td></td><td></td><td></td><td></td><td></td><td></td><td></td><td></td><td></td><td></td><td></td><td></td><td></td><td></td><td></td><td></td><td></td></tr>
<tr><td></td><td></td><td></td><td></td><td></td><td></td><td></td><td></td><td></td><td></td><td></td><td></td><td></td><td></td><td></td><td></td><td></td></tr>
<tr><td></td><td></td><td></td><td></td><td></td><td></td><td></td><td></td><td></td><td></td><td></td><td></td><td></td><td></td><td></td><td></td><td></td></tr>
</table>

表 6-10　××××年×月(1～×月)出境检验检疫分类不合格情况表(主要货物)

单位:金额(亿美元)

货物分类	序号	产品类别	批次	货值	不合格		不合格率%		不合格率同期增幅%		主要不合格货物类别(按不合格批次排序)							
					批次	货值	批次	货值	批次	货值	序号	国别/地区	批次	货值	不合格批次	不合格货值	占不合格批次比重%	主要不合格原因
农产品	1																	
	…																	
	5																	
食品及化妆品	1																	
	…																	
	5																	
工业品	1																	
	…																	
	5																	

表 6-11　××××年×月(1～×月)出境检验检疫分类不合格情况表(主要国家地区)

单位:金额(亿美元)

货物分类	序号	国别/地区(或经济组织)	批次	货值	不合格		不合格率%		不合格率同期增幅%		主要不合格货物类别(按不合格批次排序)							
					批次	货值	批次	货值	批次	货值	序号	产品类别	批次	货值	不合格批次	不合格货值	占不合格批次比重%	主要不合格原因
农产品	1																	
	…																	
	5																	
食品及化妆品	1																	
	…																	
	5																	
工业品	1																	
	…																	
	5																	

表6-12　××××年×月(1～×月)入境检验检疫分类不合格情况表(主要货物)

单位:金额(亿美元)

货物分类	序号	产品类别	批次	货值	不合格		不合格率%		不合格率同期增幅%		主要不合格货物类别(按不合格批次排序)							
					批次	货值	批次	货值	批次	货值	序号	国别/地区	批次	货值	不合格批次	不合格货值	占不合格批次比重%	主要不合格原因
农产品	1																	
	…																	
	5																	
食品及化妆品	1																	
	…																	
	5																	
工业品	1																	
	…																	
	5																	

表 6-13 ××××年×月(1～×月)入境检验检疫分类不合格情况表(主要国家地区)

单位:金额(亿美元)

货物分类	序号	国别/地区(或经济组织)	批次	货值	不合格		不合格率%		不合格率同期增幅%		主要不合格货物类别(按不合格批次排序)							
					批次	货值	批次	货值	批次	货值	序号	产品类别	批次	货值	不合格批次	不合格货值	占不合格批次比重%	主要不合格原因
农产品	1																	
	…																	
	5																	
食品及化妆品	1																	
	…																	
	5																	
工业品	1																	
	…																	
	5																	

表 6-14　××××年×月(1～×月)出境主要货物检验检疫情况表(按货值排名前 10 位)

单位:金额(亿美元)

货物分类	序号	产品类别	批次	货值	同比%		占比%		不合格		不合格率%		不合格率同期增幅%		主要不合格原因
					批次	金额	批次	货值	批次	货值	批次	货值	批次	货值	
农产品	1														
	2														
	…														
	10														
食品及化妆品	1														
	2														
	…														
	10														
工业品	1														
	2														
	…														
	10														

表 6-15　××××年×月(1～×月)入境主要货物检验检疫情况表(按货值排名前 10 位)

单位:金额(亿美元)

货物分类	序号	产品类别	批次	货值	同比%		占比%		不合格		不合格率%		不合格率同期增幅%		主要不合格原因
					批次	金额	批次	货值	批次	货值	批次	货值	批次	货值	
农产品	1														
	2														
	…														
	10														
食品及化妆品	1														
	2														
	…														
	10														
工业品	1														
	2														
	…														
	10														

表6-16　××××年×月出入境人员监管情况表

类　别	×月		1～×月	
	人次(万)	同比(%)	人次(万)	同比(%)
查验总数				
其中:发现症状				
发现病例				
监测体检总数				
其中:发现病例总数				
艾滋病监测				
其中:发现阳性				
预防接种				

表6-17　××××年×月出入境交通工具检疫情况表

交通工具		出境	入境	合计	同比%	其中:卫生处理				其中:除害处理			
						出境	入境	合计	同比%	出境	入境	合计	同比%
×月	汽车(万辆)												
	火车(万节)												
	轮船(万艘)												
	飞机(万架)												
1～×月	汽车(万辆)												
	火车(万节)												
	轮船(万艘)												
	飞机(万架)												

表6-18　××××年×月出入境集装箱检疫情况表　　单位:箱数(万箱)

项　目		×月				1～×月			
		重箱	空箱	合计	同比%	重箱	空箱	合计	同比%
出入境合计	报检箱数								
	查验箱数								
	检出疫情箱数								
	卫生除害处理箱数								
出境	报检箱数								
	查验箱数								
	检出疫情箱数								
	适载性检验箱数								
	卫生除害处理箱数								

续表 单位：箱数（万箱）

项　　目		×月				1～×月			
		重箱	空箱	合计	同比%	重箱	空箱	合计	同比%
入境	报检箱数								
	查验箱数								
	检出疫情箱数								
	卫生除害处理箱数								

表 6-19　××××年×月鉴定业务情况表

鉴定分类		×月		1～×月	
		批次（万）	同比%	批次（万）	同比%
重量鉴定					
残损鉴定					
出境货物包装鉴定					
外商投资财产鉴定					
其他鉴定业务					
适载鉴定	火车（节）				
	汽车（车）				
	飞机（舱）				
	船舱（舱）				
	集装箱（标箱）				

表 6-20　××××年×月鉴证业务情况表 单位：份数（万份）

鉴证类别	×月		1～×月	
	份数	同比%	份数	同比%
出境合计				
其中：检验检疫证书				
货物通关单				
换证凭单				
不合格通知单				
入境合计				
其中：检验检疫证书				
货物通关单				
货物检验检疫证明				

表 6-21　××××年×月(1～×月)各直属局出入境检验检疫概况表

单位:金额(亿美元)批次(万批)

机构	检验检疫情况										不合格情况								排名		
	出境		入境		合计		比重%		同比%		出境		入境		合计		比重%		批次	金额	金额不合格率%
	批次	金额	批次	金额	批次	金额	批次	金额	批次	金额	批次	金额	批次	金额	批次	金额	批次	金额			

表 6-22　××××年×月(1～×月)货值排名前 30 位国家/地区货物检验检疫概况表

单位:金额(亿美元)

国家/地区	检验检疫情况												不合格									
	出境					入境					合计		出境				入境				合计	
	批次	金额	同比%		货值占比%	批次	金额	同比%		货值占比%	批次	金额	批次	金额	不合格率%		批次	金额	不合格率%		批次	金额
			批次	金额				批次	金额						批次	金额			批次	金额		

6.8.2 检验检疫业务统计季度报表(2009版)(见表6-23～表6-30)

表6-23 ××××年1～×月出境货物检验检疫不合格情况统计表

货值单位:万美元

货物分类	CIQ类别(4位码)	产品类别	计量单位	检验检疫						其中:检验						检疫						主要不合格原因
				批次	数重量	货值	检验检疫不合格			批次	数重量	货值	检验不合格			批次	数重量	货值	检疫不合格			
							批次	数重量	货值				批次	数重量	货值				批次	数重量	货值	
农产品																						
食品及化妆品																						
工业品																						
其他																						

表 6-24 ××××年 1～×月入境货物检验检疫不合格情况统计表

货值单位：万美元

货物分类	CIQ类别（4位码）	产品类别	计量单位	检验检疫						其中：检验						检疫						主要不合格原因
				批次	数重量	货值	检验检疫不合格			批次	数重量	货值	检验不合格			批次	数重量	货值	检疫不合格			
							批次	数重量	货值				批次	数重量	货值				批次	数重量	货值	
农产品																						
食品及化妆品																						
工业品																						
其他																						

表 6-25　××××年1～×月出境货物检验不合格情况统计表

货值单位：万美元

货物分类	CIQ类别（4位码）	产品类别	计量单位	检验			不合格														
				批次	数重量	货值	批次	数重量	货值	返工整理合格			修改合同（信用证）合格			检验不合格			延迟检验		
										批次	数重量	货值	批次	数重量	货值	批次	数重量	货值	批次	数重量	货值
农产品																					
食品及化妆品																					
工业品																					
其他																					

续表　　　　货值单位：万美元

货物分类	检验项目																							
	安全						卫生						环保						品质规格					
	批次	数重量	货值	不合格			批次	数重量	货值	不合格			批次	数重量	货值	不合格			批次	数重量	货值	不合格		
				批次	数重量	货值				批次	数重量	货值				批次	数重量	货值				批次	数重量	货值
农产品																								
食品及化妆品																								
工业品																								
其他																								

续表

货值单位:万美元

货物分类	检验项目																							
	数量重量						包装						标识标签						其他					
	批次	数重量	货值	不合格			批次	数重量	货值	不合格			批次	数重量	货值	不合格			批次	数重量	货值	不合格		
				批次	数重量	货值				批次	数重量	货值				批次	数重量	货值				批次	数重量	货值
农产品																								
食品及化妆品																								
工业品																								
其他																								

表 6-26 ××××年1～×月入境货物检验不合格情况统计表

货值单位:万美元

货物分类	CIQ类别(4位码)	产品类别	计量单位	检验			不合格														
				批次	数重量	货值	批次	数重量	货值	返工整理合格			修改合同(信用证)合格			检验不合格			延迟检验		
										批次	数重量	货值	批次	数重量	货值	批次	数重量	货值	批次	数重量	货值
农产品																					
食品及化妆品																					
工业品																					
其他																					

续表　　　　　　　　　　　　　　　　货值单位:万美元

货物分类	检验项目																							
	安全						卫生						环保						品质规格					
	批次	数重量	货值	不合格			批次	数重量	货值	不合格			批次	数重量	货值	不合格			批次	数重量	货值	不合格		
				批次	数重量	货值				批次	数重量	货值				批次	数重量	货值				批次	数重量	货值
农产品																								
食品及化妆品																								
工业品																								
其他																								

续表　　　　货值单位：万美元

货物分类	检验项目																							
	数量重量						包　装						标识标签						其　他					
	批次	数重量	货值	不合格			批次	数重量	货值	不合格			批次	数重量	货值	不合格			批次	数重量	货值	不合格		
				批次	数重量	货值				批次	数重量	货值				批次	数重量	货值				批次	数重量	货值
农产品																								
食品及化妆品																								
工业品																								
其他																								

表 6-27　××××年 1～×月出境货物检疫不合格情况统计表

货值单位:万美元

货物分类	CIQ 类别（4 位码）	产品类别	计量单位	检　　疫			不合格					
							检疫处理合格			检疫不合格		
				批次	数重量	货值	批次	数重量	货值	批次	数重量	货值
农产品												
食品及化妆品												
工业品												
其他												

表 6-28 ××××年 1～×月入境货物检疫不合格情况统计表

货值单位:万美元

货物分类	CIQ 类别(4 位码)	产品类别	计量单位	检疫			不合格					
							检疫处理合格			检疫不合格		
				批次	数重量	货值	批次	数重量	货值	批次	数重量	货值
农产品												
食品及化妆品												
工业品												
其他												

表 6-29 ××××年 1～×月出境检验检疫不合格情况表(按货值不合格率排名)

货值单位:万美元

序号	国别/地区(或经济组织)	批次	货值	不合格		不合格率%		不合格率同期增幅%		主要不合格货物情况(按不合格批次排序)							
				批次	货值	批次	货值	批次	货值	序号	产品类别	批次	货值	不合格批次	不合格货值	占不合格批次比重%	主要不合格原因
1																	

续表

货值单位:万美元

序号	国别/地区(或经济组织)	批次	货值	不合格		不合格率%		不合格率同期增幅%		主要不合格货物情况(按不合格批次排序)							
				批次	货值	批次	货值	批次	货值	序号	产品类别	批次	货值	不合格批次	不合格货值	占不合格批次比重%	主要不合格原因
2																	
…																	

表 6-30 ××××年1～×月入境检验检疫不合格情况表(按货值不合格率排名)

货值单位:万美元

序号	国别/地区(或经济组织)	批次	货值	不合格		不合格率%		不合格率同期增幅%		主要不合格货物情况(按不合格批次排序)							
				批次	货值	批次	货值	批次	货值	序号	产品类别	批次	货值	不合格批次	不合格货值	占不合格批次比重%	主要不合格原因
1																	
2																	
…																	

6.8.3　检验检疫业务统计年报表(2009 版)(见表 6-31～表 6-81)

表 6-31　出入境货物检验检疫概况(按月份)　　货值单位:万美元

月份	项目	当月		累计				不合格		
		批次	货值	批次	同比%	货值	同比%	批次	货值	货值不合格率%
总计	合计									
	出境									
	入境									
××××-01	合计									
	出境									
	入境									
……	合计									
	出境									
	入境									
××××-12	合计									
	出境									
	入境									

表 6-32　出入境货物检验检疫概况(按年份)　　货值单位:万美元

年份	项目	检验检疫				不合格		
		批次	同比%	货值	同比%	批次	货值	货值不合格率%
总计	合计							
	出境							
	入境							
××××	合计							
	出境							
	入境							
……	合计							
	出境							
	入境							
2001	合计							
	出境							
	入境							

表 6-33　出入境货物检验检疫概况(按机构)　　货值单位:万美元

机构	项目	检验检疫				不合格		
		批次	比重%	货值	比重%	批次	货值	货值不合格率%
总计	合计							
	出境							
	入境							
北京局	合计							
	出境							
	入境							
……	合计							
	出境							
	入境							
××××××	合计							
	出境							
	入境							

表 6-34　出入境货物检验检疫概况(按国家/地区)　　货值单位:万美元

国家(地区)	项目	检验检疫				不合格		
		批次	同比%	货值	同比%	批次	货值	货值不合格率%
总计	合计							
	出境							
	入境							
美国	合计							
	出境							
	入境							
……	合计							
	出境							
	入境							
××××××	合计							
	出境							
	入境							

表 6-35 工业产品检验检疫概况(按月份) 货值单位:万美元

月份	项目	当月		累计				不合格		
		批次	货值	批次	同比%	货值	同比%	批次	货值	货值不合格率%
总计	合计									
	出境									
	入境									
××××-01	合计									
	出境									
	入境									
……	合计									
	出境									
	入境									
××××-12	合计									
	出境									
	入境									

表 6-36 工业产品检验检疫概况(按年份) 货值单位:万美元

年份	项目	检验检疫				不合格		
		批次	同比%	货值	同比%	批次	货值	货值不合格率%
总计	合计							
	出境							
	入境							
××××	合计							
	出境							
	入境							
……	合计							
	出境							
	入境							
2001	合计							
	出境							
	入境							

表 6-37　工业产品检验检疫概况(按机构)　　货值单位:万美元

机构	项目	检验检疫				不合格		
		批次	比重%	货值	比重%	批次	货值	货值不合格率%
总计	合计							
	出境							
	入境							
北京局	合计							
	出境							
	入境							
……	合计							
	出境							
	入境							
××××××	合计							
	出境							
	入境							

表 6-38　工业产品检验检疫概况(按国家/地区)　　货值单位:万美元

国家(地区)	项目	检验检疫				不合格		
		批次	同比%	货值	同比%	批次	货值	货值不合格率%
总计	合计							
	出境							
	入境							
美国	合计							
	出境							
	入境							
……	合计							
	出境							
	入境							
××××××	合计							
	出境							
	入境							

表 6-39 动物及其产品检验检疫概况(按月份) 货值单位:万美元

月份	项目	当月		累计				不合格		
		批次	货值	批次	同比%	货值	同比%	批次	货值	货值不合格率%
总计	合计									
	出境									
	入境									
××××-01	合计									
	出境									
	入境									
……	合计									
	出境									
	入境									
××××-12	合计									
	出境									
	入境									

表 6-40 动物及其产品检验检疫概况(按年份) 货值单位:万美元

年份	项目	检验检疫				不合格		
		批次	同比%	货值	同比%	批次	货值	货值不合格率%
总计	合计							
	出境							
	入境							
××××	合计							
	出境							
	入境							
……	合计							
	出境							
	入境							
2001	合计							
	出境							
	入境							

表 6-41　动物及其产品检验检疫概况(按机构)　　货值单位:万美元

机构	项目	检验检疫				不合格		
		批次	比重%	货值	比重%	批次	货值	货值不合格率%
总计	合计							
	出境							
	入境							
北京局	合计							
	出境							
	入境							
……	合计							
	出境							
	入境							
××××××	合计							
	出境							
	入境							

表 6-42　动物及其产品检验检疫概况(按国家/地区)　　货值单位:万美元

国家(地区)	项目	检验检疫				不合格		
		批次	同比%	货值	同比%	批次	货值	货值不合格率%
总计	合计							
	出境							
	入境							
美国	合计							
	出境							
	入境							
……	合计							
	出境							
	入境							
××××××	合计							
	出境							
	入境							

表 6-43　植物及其产品检验检疫概况(按月份)　　货值单位:万美元

月份	项目	当月		累计				不合格		
		批次	货值	批次	同比%	货值	同比%	批次	货值	货值不合格率%
总计	合计									
	出境									
	入境									
××××-01	合计									
	出境									
	入境									
……	合计									
	出境									
	入境									
××××-12	合计									
	出境									
	入境									

表 6-44　植物及其产品检验检疫概况(按年份)　　货值单位:万美元

年份	项目	检验检疫				不合格		
		批次	同比%	货值	同比%	批次	货值	货值不合格率%
总计	合计							
	出境							
	入境							
××××	合计							
	出境							
	入境							
……	合计							
	出境							
	入境							
2001	合计							
	出境							
	入境							

表 6-45　植物及其产品检验检疫概况（按机构）　　货值单位：万美元

机构	项目	检验检疫				不合格		
		批次	比重%	货值	比重%	批次	货值	货值不合格率%
总计	合计							
	出境							
	入境							
北京局	合计							
	出境							
	入境							
……	合计							
	出境							
	入境							
××××××	合计							
	出境							
	入境							

表 6-46　植物及其产品检验检疫概况（按国家/地区）　　货值单位：万美元

国家（地区）	项目	检验检疫				不合格		
		批次	同比%	货值	同比%	批次	货值	货值不合格率%
总计	合计							
	出境							
	入境							
美国	合计							
	出境							
	入境							
……	合计							
	出境							
	入境							
××××××	合计							
	出境							
	入境							

表 6-47　食品及化妆品检验检疫概况(按月份)　　　货值单位:万美元

月份	项目	当月		累计				不合格		
		批次	货值	批次	同比%	货值	同比%	批次	货值	货值不合格率%
总计	合计									
	出境									
	入境									
××××-01	合计									
	出境									
	入境									
……	合计									
	出境									
	入境									
××××-12	合计									
	出境									
	入境									

表 6-48　食品及化妆品检验检疫概况(按年份)　　　货值单位:万美元

年份	项目	检验检疫				不合格		
		批次	同比%	货值	同比%	批次	货值	货值不合格率%
总计	合计							
	出境							
	入境							
××××××	合计							
	出境							
	入境							
……	合计							
	出境							
	入境							
2001	合计							
	出境							
	入境							

表 6-49 食品及化妆品检验检疫概况(按机构) 货值单位:万美元

机构	项目	检验检疫				不合格		
		批次	比重%	货值	比重%	批次	货值	货值不合格率%
总计	合计							
	出境							
	入境							
北京局	合计							
	出境							
	入境							
……	合计							
	出境							
	入境							
××××××	合计							
	出境							
	入境							

表 6-50 食品及化妆品检验检疫概况(按国家/地区) 货值单位:万美元

国家(地区)	项目	检验检疫				不合格		
		批次	同比%	货值	同比%	批次	货值	货值不合格率%
总计	合计							
	出境							
	入境							
美国	合计							
	出境							
	入境							
……	合计							
	出境							
	入境							
××××××	合计							
	出境							
	入境							

表 6-51　主要货物出境检验检疫情况(按机构)　　货值单位:万美元

货物名称	机构	批次	数重量	计量单位	货值	不合格批次	不合格数重量	不合格货值	货值不合格率%
活猪(种猪除外)	合计								
	福建局								
	……								
……	合计								
	深圳局								
	…								
……	合计								
	浙江局								
	……								
××××××	合计								
	厦门局								
	……								

表 6-52　主要货物出境检验检疫情况(按国家/地区)　　货值单位:万美元

货物名称	贸易国家(地区)	批次	数重量	计量单位	货值	不合格批次	不合格数重量	不合格货值	货值不合格率%
活猪(种猪除外)	合计								
	美国								
	……								
……	合计								
	日本								
	……								
……	合计								
	德国								
	……								
××××××	合计								
	韩国								
	……								

表 6-53　主要货物入境检验检疫情况(按机构)　　货值单位:万美元

货物名称	机构	批次	数重量	计量单位	货值	不合格批次	不合格数重量	不合格货值	货值不合格率%
活猪(种猪除外)	合计								
	福建局								
	……								
……	合计								
	深圳局								
	……								
……	合计								
	浙江局								
	……								
××××××	合计								
	厦门局								
	……								

表 6-54　主要货物入境检验检疫情况(按国家/地区)　　货值单位:万美元

货物名称	贸易国家(地区)	批次	数重量	计量单位	货值	不合格批次	不合格数重量	不合格货值	货值不合格率%
活猪(种猪除外)	合计								
	美国								
	……								
……	合计								
	日本								
	……								
……	合计								
	德国								
	……								
××××××	合计								
	韩国								
	……								

表 6-55　出入境货物检验检疫与海关统计对比(按类章统计)

批次:万批 货值单位:万美元

<table>
<tr><th rowspan="2">类章</th><th rowspan="2">货物名称</th><th colspan="3">合计</th><th colspan="3">出境</th><th colspan="3">入境</th></tr>
<tr><th>检验检疫批次</th><th>检验检疫货值</th><th>海关货值</th><th>检验检疫批次</th><th>检验检疫货值</th><th>海关货值</th><th>检验检疫批次</th><th>检验检疫货值</th><th>海关货值</th></tr>
<tr><td>总计</td><td></td><td></td><td></td><td></td><td></td><td></td><td></td><td></td><td></td><td></td></tr>
<tr><td>第一类</td><td>活动物;动物产品</td><td></td><td></td><td></td><td></td><td></td><td></td><td></td><td></td><td></td></tr>
<tr><td>01 章</td><td>活动物</td><td></td><td></td><td></td><td></td><td></td><td></td><td></td><td></td><td></td></tr>
<tr><td>…</td><td></td><td></td><td></td><td></td><td></td><td></td><td></td><td></td><td></td><td></td></tr>
<tr><td>×××章</td><td></td><td></td><td></td><td></td><td></td><td></td><td></td><td></td><td></td><td></td></tr>
<tr><td>第二类</td><td>植物产品</td><td></td><td></td><td></td><td></td><td></td><td></td><td></td><td></td><td></td></tr>
<tr><td>…</td><td></td><td></td><td></td><td></td><td></td><td></td><td></td><td></td><td></td><td></td></tr>
<tr><td>×××章</td><td></td><td></td><td></td><td></td><td></td><td></td><td></td><td></td><td></td><td></td></tr>
<tr><td>×××类</td><td></td><td></td><td></td><td></td><td></td><td></td><td></td><td></td><td></td><td></td></tr>
<tr><td>×××章</td><td></td><td></td><td></td><td></td><td></td><td></td><td></td><td></td><td></td><td></td></tr>
<tr><td>…</td><td></td><td></td><td></td><td></td><td></td><td></td><td></td><td></td><td></td><td></td></tr>
</table>

表 6-56　出入境货物检验检疫按区域经济组织统计表　　货值单位:万美元

<table>
<tr><th rowspan="3">组织名称</th><th colspan="6">合计</th><th colspan="6">出境</th><th colspan="6">入境</th></tr>
<tr><th rowspan="2">批次</th><th rowspan="2">同比%</th><th rowspan="2">货值</th><th rowspan="2">同比%</th><th colspan="2">其中:不合格</th><th rowspan="2">批次</th><th rowspan="2">同比%</th><th rowspan="2">货值</th><th rowspan="2">同比%</th><th colspan="2">其中:不合格</th><th rowspan="2">批次</th><th rowspan="2">同比%</th><th rowspan="2">货值</th><th rowspan="2">同比%</th><th colspan="2">其中:不合格</th></tr>
<tr><th>批次</th><th>货值</th><th>批次</th><th>货值</th><th>批次</th><th>货值</th></tr>
<tr><td>欧洲联盟</td><td></td><td></td><td></td><td></td><td></td><td></td><td></td><td></td><td></td><td></td><td></td><td></td><td></td><td></td><td></td><td></td><td></td><td></td></tr>
<tr><td>德国</td><td></td><td></td><td></td><td></td><td></td><td></td><td></td><td></td><td></td><td></td><td></td><td></td><td></td><td></td><td></td><td></td><td></td><td></td></tr>
<tr><td>匈牙利</td><td></td><td></td><td></td><td></td><td></td><td></td><td></td><td></td><td></td><td></td><td></td><td></td><td></td><td></td><td></td><td></td><td></td><td></td></tr>
<tr><td>…</td><td></td><td></td><td></td><td></td><td></td><td></td><td></td><td></td><td></td><td></td><td></td><td></td><td></td><td></td><td></td><td></td><td></td><td></td></tr>
<tr><td>WTO 成员</td><td></td><td></td><td></td><td></td><td></td><td></td><td></td><td></td><td></td><td></td><td></td><td></td><td></td><td></td><td></td><td></td><td></td><td></td></tr>
<tr><td>加拿大</td><td></td><td></td><td></td><td></td><td></td><td></td><td></td><td></td><td></td><td></td><td></td><td></td><td></td><td></td><td></td><td></td><td></td><td></td></tr>
<tr><td>喀麦隆</td><td></td><td></td><td></td><td></td><td></td><td></td><td></td><td></td><td></td><td></td><td></td><td></td><td></td><td></td><td></td><td></td><td></td><td></td></tr>
<tr><td>…</td><td></td><td></td><td></td><td></td><td></td><td></td><td></td><td></td><td></td><td></td><td></td><td></td><td></td><td></td><td></td><td></td><td></td><td></td></tr>
<tr><td>××××××</td><td></td><td></td><td></td><td></td><td></td><td></td><td></td><td></td><td></td><td></td><td></td><td></td><td></td><td></td><td></td><td></td><td></td><td></td></tr>
</table>

表 6-57 出入境货物检验检疫按贸易方式统计表 货值单位:万美元

贸易方式	合计				出境					入境				
	批次	货值	其中:不合格		批次	货值	其中:不合格			批次	货值	其中:不合格		
			批次	货值			批次	货值	货值不合格率%			批次	货值	货值不合格率%
旅游购物														
一般贸易														
进料加工														
边境贸易														
来料加工														
外商投资														
其他贸易性货物														
……														

表 6-58 入境货物截获疫情统计表 货值单位:美元

H.S.编码	商品名称	原产国(地区)	计量单位	检疫			截获疫情			疫情级别及种类											
										一类				二类				其他			
				批次	数重量	货值	批次	数重量	货值	批次	数重量	货值	种类数	批次	数重量	货值	种类数	批次	数重量	货值	种类数

表 6-59 出境货物木质包装检疫统计表(按机构)

机构	受理报检总批次、总件数		不同处理方法批次			不同木质包装件数		
	总批次	总件数	熏蒸处理	热处理	防腐剂处理或其他	木托盘	木箱	其他
合计								
北京局								
天津局								
河北局								
……								
××××××								

表 6-60　出境货物木质包装检疫统计表(按国家/地区)

输往国家或地区	受理报检总批次、总件数		不同处理方法批次			不同木质包装件数		
	总批次	总件数	熏蒸处理	热处理	防腐剂处理或其他	木托盘	木箱	其他
合计								
美国								
中国香港								
日本								
……								
××××××								

表 6-61　入境货物木质包装检疫统计表(按机构)

机构	受理报检情况		出具官方检疫证书				出具非针叶树木包装声明情况			出具无木质包装声明情况				无证书或声明情况		
	总批次	总件数	总批次	抽查批次	截获线虫或媒介昆虫批次	截获其他疫情批次	总批次	查出具针叶树木包装批次	截获疫情批次	总批次	抽查批次	查出有木质包装批次	截获疫情批次	总批次	查出有木质包装批次	截获疫情批次
合计																
北京局																
天津局																
河北局																
……																
××××××																

表 6-62　入境货物木质包装检疫统计表(按国家/地区)

输出国家或地区	受理报检情况		出具官方检疫证书				出具非针叶树木包装声明情况			出具无木质包装声明情况				无证书或声明情况		
	总批次	总件数	总批次	抽查批次	截获线虫或媒介昆虫批次	截获其他疫情批次	总批次	查出具针叶树木包装批次	截获疫情批次	总批次	抽查批次	查出有木质包装批次	截获疫情批次	总批次	查出有木质包装批次	截获疫情批次
合计																
美国																
德国																
日本																
……																
××××××																

表 6-63　卫生检疫监督业务统计表(合计)

机构	出入境类别	检疫查验								卫生处理(次数)					突发公共卫生事件(起)
		出入境人员查验(人次)			特殊物品(批)	行李(件)	快件(件)	邮包(件)	尸体/棺柩、骸骨(具)	小计	消毒	除虫	除鼠	其他	
		查验总数	发现症状人次	发现疾病人次											
合计	合计														
	出境														
	入境														
北京局	合计														
	出境														
	入境														
……	合计														
	出境														
	入境														
××××××	合计														
	出境														
	入境														

表 6-64　卫生检疫监督业务统计表(B)

机构	口岸从业人员体检(人次)									发现医学媒介数(只)	签发除鼠证书(份)	签发卫生证书(份)	签发灭蚊证书(份)	签发卫生许可证(份)			
	体检总数	发现病例数							发放从业人员健康证份数					小计	食品生产经营单位	口岸服务行业	储存场地
		小计	活动性肺结核	肝炎	痢疾	伤寒	皮肤病	其他									
合计																	
北京局																	
天津局																	
河北局																	
……																	
××××××																	

表 6-65 出入境人员健康检查及预防接种统计表

机构	职业	健康检查										发放国际旅行健康证份数	预防接种										
		健康检查数	艾滋病监测数	发现病例数									合计	黄热病	霍乱	乙肝	流感	麻风腮(MMR)	流脑	白百破/白破(DTP/DT)	乙脑	水痘	其他
				小计	艾滋病	性病	肺结核	肝炎	其他传染病	澳抗阳性	非传染病												
总计	合计																						
	境内人员小计																						
	移民																						
	商务人员																						
	公务人员																						
	劳务人员																						
	……																						
北京局	合计																						
	境内人员																						
	境外人员																						
天津局	合计																						
	境内人员																						
	境外人员																						
……	合计																						
	境内人员																						
	境外人员																						

表 6-66　出入境交通工具检疫情况统计表

机构/类别		出境											入境										
		检疫数量	来自疫区交通工具数量		检出问题交通工具数量		检出种类数		检出动植物病虫害及医学媒介生物实际数量		卫生除害处理交通工具数量		检疫数量	来自疫区交通工具数量		检出问题交通工具数量		检出种类数		检出动植物病虫害及医学媒介生物实际数量		卫生除害处理交通工具数量	
			动植物	人类传染病	动植物病虫害	医学媒介生物	动植物病虫害	医学媒介生物	动植物病虫害	医学媒介生物	卫生处理数量	除害处理数量		动植物	人类传染病	动植物病虫害	医学媒介生物	动植物病虫害	医学媒介生物	动植物病虫害	医学媒介生物	卫生处理数量	除害处理数量
总计	船舶(艘)																						
	中籍																						
	外籍																						
	飞机(架)																						
	中籍																						
	外籍																						
	火车(节)																						
	中籍																						
	外籍																						
	汽车(辆)																						
	中籍																						
	外籍																						
北京局	飞机(架)																						
	中籍																						
	外籍																						
	火车(节)																						
	中籍																						
天津局	船舶(艘)																						
	……																						
××××××	××××																						
	……																						

表 6-67 出入境集装箱检疫情况统计表

机构	类别	出入境合计					入境											出境							
				卫生除害处理					来自疫区箱数			疫情检出情况			卫生除害处理					问题检出情况			卫生除害处理		
		报检总数	查验总数	卫生除害处理总数	卫生除害处理总数	卫生处理总数	报检箱数	查验箱数	来自疫区总箱数	来自检疫传染病疫区箱数	来自动植物检疫区箱数	来自国家或地区数量	箱数	疫情种类数	卫生除害处理箱数	卫生处理箱数	除害处理箱数	报检箱数	查验箱数	箱数	疫情种类数	其他问题数量	卫生除害处理箱数	卫生处理箱数	除害处理箱数
总计	总计																								
	重箱																								
	空箱																								
	海运集装箱(标箱)																								
	重箱																								
	空箱																								
	陆运集装箱(个)																								
	重箱																								
	空箱																								
	空运集装箱(个)																								
	重箱																								
	空箱																								
北京局	总计																								
	重箱																								
	海运集装箱(标箱)																								
	重箱																								
天津局	总计																								
	重箱																								
	空箱																								
	海运集装箱(标箱)																								
	重箱																								
	空箱																								
……	总计																								
	……																								
	……																								

表 6-68　鉴定业务情况统计表　　数量/金额单位：件/美元

<table>
<tr><th rowspan="3">机构</th><th colspan="10">重量鉴定（吨）</th><th colspan="5" rowspan="2">适载鉴定</th><th colspan="2" rowspan="2">残损鉴定</th><th colspan="8">出口货物包装鉴定</th><th colspan="2" rowspan="2">其他鉴定业务</th></tr>
<tr><th colspan="2">小计</th><th colspan="2">衡器计重</th><th colspan="2">水尺计重</th><th colspan="2">容量计重</th><th colspan="2">流量计重</th><th colspan="2">小计</th><th colspan="2">一般包装性能</th><th colspan="2">危险货物包装性能</th><th colspan="2">危险货物包装使用</th></tr>
<tr><th>批次</th><th>重量</th><th>批次</th><th>重量</th><th>批次</th><th>重量</th><th>批次</th><th>重量</th><th>批次</th><th>重量</th><th>火车（节）</th><th>汽车（车）</th><th>飞机（舱）</th><th>船舱（舱）</th><th>集装箱（标箱）</th><th>批次</th><th>提赔金额</th><th>批次</th><th>数量</th><th>批次</th><th>数量</th><th>批次</th><th>数量</th><th>批次</th><th>数量</th><th>批次</th><th>金额</th></tr>
<tr><td>合计</td><td></td><td></td><td></td><td></td><td></td><td></td><td></td><td></td><td></td><td></td><td></td><td></td><td></td><td></td><td></td><td></td><td></td><td></td><td></td><td></td><td></td><td></td><td></td><td></td><td></td><td></td><td></td></tr>
<tr><td>北京局</td><td></td><td></td><td></td><td></td><td></td><td></td><td></td><td></td><td></td><td></td><td></td><td></td><td></td><td></td><td></td><td></td><td></td><td></td><td></td><td></td><td></td><td></td><td></td><td></td><td></td><td></td><td></td></tr>
<tr><td>天津局</td><td></td><td></td><td></td><td></td><td></td><td></td><td></td><td></td><td></td><td></td><td></td><td></td><td></td><td></td><td></td><td></td><td></td><td></td><td></td><td></td><td></td><td></td><td></td><td></td><td></td><td></td><td></td></tr>
<tr><td>河北局</td><td></td><td></td><td></td><td></td><td></td><td></td><td></td><td></td><td></td><td></td><td></td><td></td><td></td><td></td><td></td><td></td><td></td><td></td><td></td><td></td><td></td><td></td><td></td><td></td><td></td><td></td><td></td></tr>
<tr><td>山西局</td><td></td><td></td><td></td><td></td><td></td><td></td><td></td><td></td><td></td><td></td><td></td><td></td><td></td><td></td><td></td><td></td><td></td><td></td><td></td><td></td><td></td><td></td><td></td><td></td><td></td><td></td><td></td></tr>
<tr><td>……</td><td></td><td></td><td></td><td></td><td></td><td></td><td></td><td></td><td></td><td></td><td></td><td></td><td></td><td></td><td></td><td></td><td></td><td></td><td></td><td></td><td></td><td></td><td></td><td></td><td></td><td></td><td></td></tr>
</table>

表 6-69　普惠制原产地证签证情况统计表（按机构/国家）　　金额单位：万美元

<table>
<tr><th rowspan="2">机构</th><th colspan="2">签证合计</th><th rowspan="2">国家</th><th colspan="2">签证合计</th></tr>
<tr><th>份数</th><th>金额</th><th>份数</th><th>金额</th></tr>
<tr><td>合计</td><td></td><td></td><td>合计</td><td></td><td></td></tr>
<tr><td>北京局</td><td></td><td></td><td>爱尔兰</td><td></td><td></td></tr>
<tr><td>天津局</td><td></td><td></td><td>爱沙尼亚</td><td></td><td></td></tr>
<tr><td>河北局</td><td></td><td></td><td>奥地利</td><td></td><td></td></tr>
<tr><td>山西局</td><td></td><td></td><td>保加利亚</td><td></td><td></td></tr>
<tr><td>……</td><td></td><td></td><td>……</td><td></td><td></td></tr>
</table>

表 6-70　一般原产地证书签证情况统计表（按机构）　　金额单位：万美元

<table>
<tr><th rowspan="2">机构</th><th colspan="2">签证合计</th></tr>
<tr><th>份数</th><th>金额</th></tr>
<tr><td>合计</td><td></td><td></td></tr>
<tr><td>北京局</td><td></td><td></td></tr>
<tr><td>天津局</td><td></td><td></td></tr>
<tr><td>河北局</td><td></td><td></td></tr>
<tr><td>山西局</td><td></td><td></td></tr>
<tr><td>……</td><td></td><td></td></tr>
</table>

表 6-71 一般原产地证书签证情况统计表(按国家/地区) 金额单位:万美元

国家(地区)	签证合计		国家(地区)	签证合计		国家(地区)	签证合计	
	份数	金额		份数	金额		份数	金额
合计			尼日利亚			安道尔		
美国			阿曼			纳米比亚		
德国			利比亚			塞拉利昂		
英国			巴林			斯瓦巴德群岛		
法国			苏丹			毛里塔尼亚		
……			……			……		

表 6-72 中智、中巴、中新(西兰)、中新(加坡)自贸区原产地证书签证统计表(按 H.S.章)

金额单位:万美元

H.S.章	中国-智利自贸区		中国-巴基斯坦自贸区		中国-新西兰自贸区		中国-新加坡自贸区	
	签证份数	签证金额	签证份数	签证金额	签证份数	签证金额	签证份数	签证金额
合计								
H.S.第 3 章								
H.S.第 4 章								
H.S.第 5 章								
H.S.第 6 章								
……								

表 6-73 中智、中巴、中新(西兰)、中新(加坡)自贸区原产地证书签证统计表(按机构)

金额单位:万美元

机构	中国-智利自贸区		中国-巴基斯坦自贸区		中国-新西兰自贸区		中国-新加坡自贸区	
	签证份数	签证金额	签证份数	签证金额	签证份数	签证金额	签证份数	签证金额
合计								
北京局								
天津局								
河北局								
山西局								
……								

表 6-74　中国—东盟自贸区 Form E 原产地证书签证情况统计表(按 H. S. 章和国别)

金额单位:万美元

H. S. 章	合计		泰国		越南		印度尼西亚		马来西亚		新加坡		缅甸		柬埔寨		文莱		老挝		菲律宾	
	签证份数	签证金额	签证份数	签证金额	签证份数	签证金额	签证份数	签证金额	签证份数	签证金额	签证份数	签证金额	签证份数	签证金额	签证份数	签证金额	签证份数	签证金额	签证份数	签证金额	签证份数	签证金额
合计																						
H. S. 第 2 章																						
H. S. 第 3 章																						
H. S. 第 4 章																						
H. S. 第 5 章																						
……																						

表 6-75　中国—东盟自贸区 Form E 原产地证书签证情况统计表(按机构和国别)

金额单位:万美元

直属局	合计		泰国		越南		印度尼西亚		马来西亚		新加坡		缅甸		柬埔寨		文莱		老挝		菲律宾	
	签证份数	签证金额	签证份数	签证金额	签证份数	签证金额	签证份数	签证金额	签证份数	签证金额	签证份数	签证金额	签证份数	签证金额	签证份数	签证金额	签证份数	签证金额	签证份数	签证金额	签证份数	签证金额
合计																						
北京局																						
天津局																						
河北局																						
山西局																						
……																						

表 6-76　《亚太贸易协定》原产地证书签证情况统计表(按国别和 H. S. 章)

金额单位:万美元

H. S. 章	合计		韩国		印度		斯里兰卡		孟加拉国	
	签证份数	签证金额	签证份数	签证金额	签证份数	签证金额	签证份数	签证金额	签证份数	签证金额
合计										
H. S. 第 3 章										
H. S. 第 5 章										
H. S. 第 6 章										
H. S. 第 7 章										

表 6-77　《亚太贸易协定》原产地证书签证情况统计表(按机构和国别)

金额单位:万美元

机构	合计		韩国		印度		斯里兰卡		孟加拉国	
	签证份数	签证金额	签证份数	签证金额	签证份数	签证金额	签证份数	签证金额	签证份数	签证金额
合计										
北京局										
天津局										
河北局										
山西局										
……										

表 6-78　金伯利进程业务情况汇总统计表

金额单位:美元

局名称	入境金伯利进程证书			出境金伯利进程证书		
	份数	金额	重量克拉	份数	金额	重量克拉
总计						
北京局						
上海局						
浙江局						
山东局						
……						

表 6-79　签发出境检验检疫证单统计表

单位:份

机构	证								单			
	小计	检验证书	卫生类证书	兽医类证书	动物检疫类证书	植物检疫类证书	检疫处理类证书	其他证书	小计	通关单	换证凭单	货物不合格通知单
合计												
北京局												
天津局												
河北局												
山西局												
……												

表 6-80　签发入境检验检疫证单统计表　　单位：份

机构	证							单		
	小计	检验证书	卫生证书	兽医卫生证书	动物检疫证书	植物检疫证书	其他证书	小计	通关单	货物检验检疫证明
合计										
北京局										
天津局										
河北局										
山西局										
……										

表 6-81　出入境货物检验检疫明细表(按 H. S. 编码)　　货值单位：万美元

H. S. 编码	货物名称	计量单位	出境						入境					
			批次	数重量	货值	不合格批次	不合格数重量	不合格货值	批次	数重量	货值	不合格批次	不合格数重量	不合格货值
0101101010	改良种用濒危野马													
0101101090	其他改良种用马													
0101901090	非改良种用马													
0101901090	非改良种用马													
0102100090	其他改良种用牛													

6.9　检验检疫统计管理

6.9.1　检验检疫统计管理总体要求与原则

6.9.1.1　检验检疫统计管理的原则

(1) 垂直管理。统计管理实行统一领导、分级负责的管理。由国家质检总局、各直属局、分支局及相关检验检疫分支机构组成检验检疫的统计网络。业务统计数据、资料按行政隶属，逐级上报。

(2) 归口管理。业务统计数据、资料由各级统计管理部门统一管理。报送、对外提供或公布统计数据、资料，须经统计管理部门核实及主管领导批准。

(3) 全员管理。业务统计数据来源于检验检疫原始数据的收集、处理的各个业务环节，因此，统计管理对象涉及所有与统计业务有关的检验检疫业务部门和业务人员。

(4) 数据共享。检验检疫业务统计数据来源于各项业务活动，其目的应服务于业务管理和业务决策。凡统计管理部门能提供或在业务统计数据库能查询到的统计数据，不重复调查；凡上级可提供的统计数据，应采取适当方式及时下发。

(5) 保密管理。由于检验检疫业务统计数据中出境疫情和疫病资料等，有相关的保密要求。在检验检疫统计数据管理工作中应按不同的数据密级要求对检验检疫业务统计数据资料进行必要的数据控制，在传递、使用和保存这些统计数据时按密级进行管理。

6.9.1.2　检验检疫统计管理内容

国家质检总局对全国检验检疫业务统计工作进行管理。

各直属检验检疫局对辖区内以下业务统计工作进行管理：落实检验检疫业务统计规章制度，指导检验检疫统计业务；制定检验检疫业务统计管理规定；监督检查业务统计数据质量，定期或不定期开展统计工作质量检查并通报有关的业务统计工作情况；对专兼职业务统计人员进行业务培训。

6.9.1.3　检验检疫统计管理工作要求

(1) 管理体制集中统一：检验检疫系统的管理体制实行垂直管理，要求检验检疫业务统计工作按集中统一管理，各级检验检疫机构在开展日常统计活动时，按照行政隶属，进行统计工作的管理、指导和统计数据资料的汇总和上报。

(2) 全员参与：检验检疫业务原始数据的收集、处理，以及业务统计数据的采集、整理、加工和使用等各个统计工作环节和过程涉及多个检验检疫工作部门及其相应的工作人员，这些部门和工作人员都具有相应的统计行为责任，要求检验检疫统计工作实行全员参与的管理。

(3) 数据保密要求较高：检验检疫业务统计数据中的出境动植物疫情数据和人、畜传染病等疫病数据，有较高的保密要求，有的数据资料甚至是属于国家机密，要求对检验检疫业务统计数据资料进行必要的数据控制，在传递、使用和保存这些统计数据时，严防泄密事件的发生。

6.9.2　原始数据采集、归档管理

6.9.2.1　原始数据采集的管理

(1) 采集责任人：原始数据由相关的业务部门及其业务人员负责采集，有关检验检疫业务人员应对本部门登记的原始数据的准确性、完整性和有效性进行审核，并对原始数据的质量负责。

(2) 采集方式：业务统计数据根据数据源的获得途径，分为计算机系统和手工两种方式采集。

(3) 采集规范：在采集原始数据时，为准确、完整和有效地反映检验检疫业务状况，规范原始数据登记行为，各级机构相关部门及其业务人员应严格执行《出入境货物检验检疫业务数据规范》中对业务原始数据登记项目、内容作出的规定。

(4) 采集审核检查：下一个工作环节应对上一工作环节的业务数据进行检查，发现不符合要求的，应及时纠正或退回纠正。

统计人员应定期检查采集到的业务统计数据质量，发现问题，要分析原因，采取措施解决；对于不能解决的，须及时向上级机构报告。业务统计人员对通过计算机系统采集到的业务统计数据和报表数据，经必要处理后形成电子统计基础数据和电子报表数据(以下简称“电子数据”)，对于通过手工方式采集到的业务统计数据则应当形成书面报表数据，按总局《检验检疫业务统计报表填制说明》规定的报表种类、格式、内容和要求填制。

6.9.2.2　原始数据归档管理

(1) 归档责任人：数据归档工作由检务部门或具有归档职能的部门的有关人员完成。

(2) 归档时限：对已完成检验检疫业务工作流程的数据一般应在三个工作日内及时归档。对归档后因更改、撤销申请等原因被调回的，必须重新人工归档，并将修改过的证单归

回原归档日期。

(3) 归档检查:统计部门定期或不定期对数据归档情况进行检查。

6.9.2.3 统计时间

(1) 报检统计:对正式受理的报检数据进行统计。监视的控制点是受理报检。

(2) 检验检疫归档统计:对归档后的业务数据进行统计。监视的控制点是数据归档。

(3) 通关统计:对归档后的业务数据进行统计。监视的控制点是通关单打印。

(4) 签证统计:对签发检验检疫证书后的业务数据进行统计。

(5) 收费数据统计:对完成了收费操作的收费数据进行统计。监视的控制点是收费。

6.9.3 数据审核与更正管理

6.9.3.1 数据审核的管理

(1) 数据审核的机构职责

1) 下级机构向上级机构报送业务统计数据资料前,应按照三级审核制度,对报送的数据资料作全面检查,发现问题,应及时更正。

2) 上级机构在对下级机构报送的业务统计资料进行审核时,如发现问题,应及时通知下级机构重新报送,并记录报送的时间和审核中发现的问题。

(2) 审核的要求

对业务统计基础数据、报表数据等电子数据和书面统计报表进行审核的范围和内容包括:

1) 检查有无漏报、虚报、瞒报及错报业务统计数据现象;

2) 检查电子数据是否有遗漏、录入错误或逻辑错误等问题,并根据有关信息提示,分析并确定电子数据存在问题的原因;

3) 检查报表填制是否规范、数字是否清晰,有无填表人、审核人、单位负责人审核签字和加盖报送机构单位公章等记录;

4) 审核各主要业务统计数据(书面的和电子的)间的逻辑性、平衡性和一致性等问题。

6.9.3.2 数据更正的管理

各级统计管理部门发现本级及下级机构的业务统计数据中存在问题的,应及时通知下级责任机构或本机构有关部门;下级责任机构或本机构有关部门需在一个工作日内给予答复,并提出纠正措施或加以纠正。

6.9.3.3 统计数据报送管理

(1) 数据报送部门:业务统计数据资料一般由各级检验检疫机构的业务统计主管部门报送。临时调查的业务统计资料一般应由具体负责该统计资料调查的业务主管部门报送。

(2) 报送总体要求:各级检验检疫机构应按上级机构规定的统计数据内容、要求、程序和方法报送本级机构的业务统计数据资料。

1) 统计资料的报送原则上实行归口管理,应以本单位业务统计部门提供的统计数据为准,未经统计部门审核的统计数据不得上报,以保证业务数据使用的一致性,避免数出多门现象。

2) 检验检疫机构工作人员在使用业务统计数据、资料时,应采用规范的业务统计项目和统计指标。

(3) 报送内容:业务统计资料应当包括统计基础数据、报表数据等电子数据及其他要求报送的电子的或书面的统计资料。

(4) 报送方式:下级机构向上级机构报送电子数据应当采用广域网数据库传递方式,不具备广域网传递或情况特殊的，可用电子邮件或电子文件存储介质以及书面文件报送，并附情况说明。

（5）书面统计资料的报送要求：在报送书面统计报表时，要采用国家总局规定的纸张格式打印，并经业务统计人员、本机构统计管理部门的主管领导复核和本机构主管领导审核签字，加盖公章后才上报。

（6）报送时间：按国家质检总局规定的时限上报。

6.9.4 统计资料使用和档案管理

6.9.4.1 统计资料的使用管理

（1）数据查询：数据查询包括咨询查询和自行查询，前者指有关单位或部门向业务统计主管部门申请查询统计资料的统计查询活动，后者指数据查询部门在统计部门许可或经授权许可的业务统计资料查询范围内的数据查询活动。查询途径包括计算机系统查询和书面文字查询。咨询查询一般由统计主管部门负责查询，自行查询一般由有关单位或部门自己负责查询，但对业务统计数据资料负有保密的责任。

（2）统计资料的提供：业务统计信息的发布归口统计管理部门管理，有关部门需要对外提供统计数据时，应经统计管理部门审核同意。装有计算机电子数据查询系统的用户，应遵守保密制度，不得随意向外公布业务统计数据。

6.9.4.2 统计资料档案的管理

按国家质检总局的档案管理办法或规定进行管理。

附录1

《中国电子检验检疫电子业务建设项目建议书》

中国电子检验检疫电子业务建设

项目建议书

项目名称：____________________

业务类别：____________________

建议单位：__________（盖章）

起止时间：____________________

填表日期：____________________

注 意 事 项

一、《中国电子检验检疫电子业务建设项目立项建议书》各项内容要实事求是，逐条认真填写。表达明确、严谨。

二、建议书原件一式三份，附可行性分析报告，由项目建议单位填写并报送中国电子检验检疫电子业务建设主管部门。

三、建议书中项目编号和审批意见由中国电子检验检疫电子业务建设主管部门填写。

四、项目预算应列明需求分析、软件开发及测试，培训及推广等费用明细和其他需要支付的合理费用。

一、项目背景

二、项目目标和应用范围

三、项目内容
项目完成后交付成果及相关资料清单

四、项目时间安排

<table>
<tr><td colspan="5">五、经费预算</td></tr>
<tr><td>总预算(万元)</td><td>年</td><td>年</td><td>年</td><td>年</td></tr>
<tr><td></td><td></td><td></td><td></td><td></td></tr>
<tr><td rowspan="4">其他经费来源及金额
(万元)</td><td colspan="4"></td></tr>
<tr><td colspan="4"></td></tr>
<tr><td colspan="4"></td></tr>
<tr><td colspan="4"></td></tr>
<tr><td>经费支出明细</td><td>金额
(万元)</td><td colspan="3">计算根据及理由</td></tr>
<tr><td></td><td></td><td colspan="3"></td></tr>
<tr><td></td><td></td><td colspan="3"></td></tr>
<tr><td></td><td></td><td colspan="3"></td></tr>
<tr><td></td><td></td><td colspan="3"></td></tr>
<tr><td></td><td></td><td colspan="3"></td></tr>
<tr><td></td><td></td><td colspan="3"></td></tr>
<tr><td></td><td></td><td colspan="3"></td></tr>
<tr><td></td><td></td><td colspan="3"></td></tr>
<tr><td></td><td></td><td colspan="3"></td></tr>
<tr><td></td><td></td><td colspan="3"></td></tr>
<tr><td></td><td></td><td colspan="3"></td></tr>
<tr><td></td><td></td><td colspan="3"></td></tr>
</table>

六、参加单位、人员及任务分工

单位	人员名称	出生年月	职称/职务	专业特长	任务分工

项目建议单位负责人(签字)

年　月　日

<table>
<tr><td>七、专家评审意见：

年 月 日</td></tr>
<tr><td>八、总局主管业务司(局)意见：

（公章）
负责人： 年 月 日</td></tr>
</table>

<table>
<tr><td>九、总局主管部门审批意见：

（公章）
年 月 日</td></tr>
</table>

附录2

《验收材料清单》

<table>
<tr><td colspan="7">验　收　清　单</td></tr>
<tr><td colspan="2">项目名称/版本：</td><td colspan="5">×××系统</td></tr>
<tr><td></td><td>文档类型
（一级文件夹）</td><td>验收文件名称</td><td>文档格式</td><td>文档大小</td><td>介质存放路径</td><td>备注</td></tr>
<tr><td rowspan="3">1</td><td rowspan="3">工作材料总结</td><td>工作报告</td><td>doc</td><td></td><td></td><td>装订</td></tr>
<tr><td>工作汇报</td><td>ppt</td><td></td><td></td><td></td></tr>
<tr><td>验收报告（草拟）</td><td>doc</td><td></td><td></td><td></td></tr>
<tr><td rowspan="2">2</td><td rowspan="2">需求说明</td><td>用户需求说明书</td><td></td><td></td><td></td><td>装订</td></tr>
<tr><td>……</td><td></td><td></td><td></td><td>装订</td></tr>
<tr><td rowspan="4">3</td><td rowspan="4">设计说明</td><td>概要设计说明书</td><td></td><td></td><td></td><td>装订</td></tr>
<tr><td>详细设计说明书</td><td></td><td></td><td></td><td>装订</td></tr>
<tr><td>数据字典</td><td></td><td></td><td></td><td>装订</td></tr>
<tr><td>调整方案</td><td></td><td></td><td></td><td>装订</td></tr>
<tr><td rowspan="3">4</td><td rowspan="3">安装部署</td><td>安装部署手册</td><td></td><td></td><td></td><td>装订</td></tr>
<tr><td>维护手册</td><td></td><td></td><td></td><td>装订</td></tr>
<tr><td>软件部署、升级包</td><td></td><td></td><td></td><td></td></tr>
<tr><td>5</td><td>用户使用</td><td>用户手册</td><td></td><td></td><td></td><td>装订</td></tr>
<tr><td rowspan="5">6</td><td rowspan="5">测试</td><td>测试方案</td><td></td><td></td><td></td><td>装订</td></tr>
<tr><td>性能测试方案</td><td></td><td></td><td></td><td>装订</td></tr>
<tr><td>模块测试用例</td><td></td><td></td><td></td><td>装订</td></tr>
<tr><td>系统测试用例</td><td></td><td></td><td></td><td>装订</td></tr>
<tr><td>测试报告</td><td></td><td></td><td></td><td>装订</td></tr>
<tr><td rowspan="2">7</td><td rowspan="2">源代码</td><td>……</td><td></td><td></td><td></td><td></td></tr>
<tr><td>……</td><td>rar</td><td></td><td></td><td></td></tr>
<tr><td rowspan="2">8</td><td rowspan="2">其他</td><td>项目合同（原件1份带入会场）</td><td></td><td></td><td></td><td>装订</td></tr>
<tr><td>由业务司局准备：资金批复文件、各类评审报告等，用户使用报告（由业务司局通知使用单位提供）</td><td></td><td></td><td></td><td>用户使用报告装订</td></tr>
<tr><td colspan="7">以上验收文件、需求、合同中如还提及其他与系统相关文件，请适当补充；
按照文档类型建立一级文件夹，分类存储验收文件；
另需要按照提交的源代码生成部署包，准备系统在验收会议上现场演示环境。
注：以上材料应在验收会议前10个工作日提交并通过业务司局、通关司的审核，最终以光盘形式提交。
“备注”里注明为“装订”的材料，需要装订带入会场，份数不得少于专家人数。</td></tr>
</table>

法律法规篇

第 7 章　出入境检验检疫的法律体系

7.1　概述

法律体系是指一个国家的全部现行法律规范按不同部门、层次所组成的有机整体。检验检疫法律法规作为我国现行法律的一个分支，具有相对的独立性和完整性。检验检疫法律法规不仅综合性强、数量多、内容繁杂，而且具有分支清楚、层次明显和相互协调、联系密切的特点。各分支、各层次的检验检疫法律法规既相互区分又相互联系，构成了独立、完整、严密的检验检疫法律体系。由于我国检验检疫管理任务艰巨，日常管理事务庞杂，涉及面广，管理手段多样，管理技术性强，而检验检疫管理又要求把一切管理活动均纳入法制轨道，因而必须制定一系列的检验检疫法律规范。这些法律规范仅靠国家最高权力机关立法较难适应实际需要。所以，我国对检验检疫采取了国家最高权力机关、国务院和国家质检总局三级立法的体制。这种法律体系在结构上形成了以国家最高权力机关制定的法律为母法，以国务院制定的行政法规和质检总局制定的部门规章为补充的三级检验检疫法律体系。

《商检法》及其实施条例、《动植物检疫法》及其实施条例、《卫生检疫法》及其实施细则、《食品安全法》及其实施条例等相关的法律、法规分别规定了出入境检验检疫宗旨、范围、出入境检验检疫机关职责／权限、出入境检验检疫规范／程序、司法与法律责任。中国出入境检验检疫法律体系，还要适应国际公约。中国已加入世界贸易组织（WTO）、联合国食品法典委员会（CODEX）、亚太地区植物保护委员会（APPPC），签署了《关于持久性有机污染物（POPs）的斯德哥尔摩公约》等规约，并与世界许多国家签订了双边协定。这些国际规约、双边协定以及对外贸易合同，使中国出入境检验检疫法律体系逐步规范并与国际接轨。

7.2　检验检疫法律

7.2.1　《中华人民共和国进出口商品检验法》

1989 年 2 月 21 日第七届全国人民代表大会常务委员会第六次会议通过，1989 年 8 月 1 日起施行。根据 2002 年 4 月 28 日第九届全国人民代表大会常务委员会第二十七次会议《关于修改〈中华人民共和国进出口商品检验法〉的决定》修正。

7.2.2　《中华人民共和国进出境动植物检疫法》

1991 年 10 月 30 日第七届全国人民代表大会常务委员会第二十二次会议通过，1992 年 4 月 1 日起施行。

7.2.3　《中华人民共和国国境卫生检疫法》

1986 年 12 月 2 日第六届全国人民代表大会常务委员会第十八次会议通过，根据 2007 年12 月 29 日第十届全国人民代表大会常务委员会第三十一次会议《关于修改〈中华人民共和国国境卫生检疫法〉的决定》修正，2007 年 12 月 29 日公布，自公布之日起施行。

7.2.4　《中华人民共和国食品安全法》

2009 年 2 月 28 日第十一届全国人民代表大会常务委员会第七次会议通过，2009 年 2 月28 公布，2009 年 6 月 1 日起施行。

7.3 检验检疫行政法规

7.3.1 《中华人民共和国进出口商品检验法实施条例》

2005 年 8 月 10 日国务院第 101 次常务会议通过,2005 年 8 月 31 日国务院令第 447 号发布,2005 年 12 月 1 日起施行。

7.3.2 《中华人民共和国进出境动植物检疫法实施条例》

1996 年 12 月 2 日国务院令第 206 号发布,1997 年 1 月 1 日起施行。

7.3.3 《中华人民共和国国境卫生检疫法实施细则》

1989 年 2 月 10 日国务院批准,1989 年 3 月 6 日卫生部发布,2010 年 4 月 19 日国务院第 108 次常务会议通过修改,2010 年 4 月 24 日国务院令第 574 号公布,自公布之日起施行。

7.3.4 《中华人民共和国食品安全法实施条例》

2009 年 7 月 8 日国务院第 73 次常务会议通过,2009 年 7 月 20 日国务院令第 447 号公布,自公布之日起施行。

7.4 检验检疫规章及规范性文件

检验检疫行政规章主要是由国家质检总局单独或会同有关部门制定的,是检验检疫日常工作中引用数量最多、内容最广、操作性最强的法律依据,其效力等级低于法律和行政法规。检验检疫行政规章以质检总局令的形式对外公布。

规范性文件是指国家质检总局及各直属检验检疫局按照规定程序制定的涉及行政管理相对人权利、义务,具有普遍约束力的文件。国家质检总局制定的规范性文件要求行政管理相对人遵守或执行的,应当以质检总局公告形式对外发布,但不得设定对行政管理相对人的行政处罚。直属检验检疫局在限定范围内制定的关于本辖区某一方面行政管理关系的涉及行政管理相对人权利义务的规范,应当以公告形式对外发布。

第 8 章　通关业务适用的法律法规、国际协定及原产地规范性文件选编

8.1　中华人民共和国进出口商品检验法

中华人民共和国进出口商品检验法

（1989 年 2 月 21 日第七届全国人民代表大会常务委员会第六次会议通过，根据 2002 年4 月 28 日第九届全国人民代表大会常务委员会第二十七次会议《关于修改〈中华人民共和国进出口商品检验法〉的决定》修正）

第一章　总　　则

第一条　为了加强进出口商品检验工作，规范进出口商品检验行为，维护社会公共利益和进出口贸易有关各方的合法权益，促进对外经济贸易关系的顺利发展，制定本法。

第二条　国务院设立进出口商品检验部门（以下简称国家商检部门），主管全国进出口商品检验工作。国家商检部门设在各地的进出口商品检验机构（以下简称商检机构）管理所辖地区的进出口商品检验工作。

第三条　商检机构和经国家商检部门许可的检验机构，依法对进出口商品实施检验。

第四条　进出口商品检验应当根据保护人类健康和安全、保护动物或者植物的生命和健康、保护环境、防止欺诈行为、维护国家安全的原则，由国家商检部门制定、调整必须实施检验的进出口商品目录（以下简称目录）并公布实施。

第五条　列入目录的进出口商品，由商检机构实施检验。

前款规定的进口商品未经检验的，不准销售、使用；前款规定的出口商品未经检验合格的，不准出口。

本条第一款规定的进出口商品，其中符合国家规定的免予检验条件的，由收货人或者发货人申请，经国家商检部门审查批准，可以免予检验。

第六条　必须实施的进出口商品检验，是指确定列入目录的进出口商品是否符合国家技术规范的强制性要求的合格评定活动。

合格评定程序包括：抽样、检验和检查；评估、验证和合格保证；注册、认可和批准以及各项的组合。

第七条　列入目录的进出口商品，按照国家技术规范的强制性要求进行检验；尚未制定国家技术规范的强制性要求的，应当依法及时制定，未制定之前，可以参照国家商检部门指定的国外有关标准进行检验。

第八条　经国家商检部门许可的检验机构，可以接受对外贸易关系人或者外国检验机构的委托，办理进出口商品检验鉴定业务。

第九条　法律、行政法规规定由其他检验机构实施检验的进出口商品或者检验项目，依

照有关法律、行政法规的规定办理。

第十条 国家商检部门和商检机构应当及时收集和向有关方面提供进出口商品检验方面的信息。

国家商检部门和商检机构的工作人员在履行进出口商品检验的职责中，对所知悉的商业秘密负有保密义务。

第二章 进口商品的检验

第十一条 本法规定必须经商检机构检验的进口商品的收货人或者其代理人，应当向报关地的商检机构报检。海关凭商检机构签发的货物通关证明验放。

第十二条 本法规定必须经商检机构检验的进口商品的收货人或者其代理人，应当在商检机构规定的地点和期限内，接受商检机构对进口商品的检验。商检机构应当在国家商检部门统一规定的期限内检验完毕，并出具检验证单。

第十三条 本法规定必须经商检机构检验的进口商品以外的进口商品的收货人，发现进口商品质量不合格或者残损短缺，需要由商检机构出证索赔的，应当向商检机构申请检验出证。

第十四条 对重要的进口商品和大型的成套设备，收货人应当依据对外贸易合同约定在出口国装运前进行预检验、监造或者监装，主管部门应当加强监督；商检机构根据需要可以派出检验人员参加。

第三章 出口商品的检验

第十五条 本法规定必须经商检机构检验的出口商品的发货人或者其代理人，应当在商检机构规定的地点和期限内，向商检机构报检。商检机构应当在国家商检部门统一规定的期限内检验完毕，并出具检验证单。

对本法规定必须实施检验的出口商品，海关凭商检机构签发的货物通关证明验放。

第十六条 经商检机构检验合格发给检验证单的出口商品，应当在商检机构规定的期限内报关出口；超过期限的，应当重新报检。

第十七条 为出口危险货物生产包装容器的企业，必须申请商检机构进行包装容器的性能鉴定。生产出口危险货物的企业，必须申请商检机构进行包装容器的使用鉴定。使用未经鉴定合格的包装容器的危险货物，不准出口。

第十八条 对装运出口易腐烂变质食品的船舱和集装箱，承运人或者装箱单位必须在装货前申请检验。未经检验合格的，不准装运。

第四章 监督管理

第十九条 商检机构对本法规定必须经商检机构检验的进出口商品以外的进出口商品，根据国家规定实施抽查检验。

国家商检部门可以公布抽查检验结果或者向有关部门通报抽查检验情况。

第二十条 商检机构根据便利对外贸易的需要，可以按照国家规定对列入目录的出口商品进行出厂前的质量监督管理和检验。

第二十一条　为进出口货物的收发货人办理报检手续的代理人应当在商检机构进行注册登记；办理报检手续时应当向商检机构提交授权委托书。

第二十二条　国家商检部门可以按照国家有关规定，通过考核，许可符合条件的国内外检验机构承担委托的进出口商品检验鉴定业务。

第二十三条　国家商检部门和商检机构依法对经国家商检部门许可的检验机构的进出口商品检验鉴定业务活动进行监督，可以对其检验的商品抽查检验。

第二十四条　国家商检部门根据国家统一的认证制度，对有关的进出口商品实施认证管理。

第二十五条　商检机构可以根据国家商检部门同外国有关机构签订的协议或者接受外国有关机构的委托进行进出口商品质量认证工作，准许在认证合格的进出口商品上使用质量认证标志。

第二十六条　商检机构依照本法对实施许可制度的进出口商品实行验证管理，查验单证，核对证货是否相符。

第二十七条　商检机构根据需要，对检验合格的进出口商品，可以加施商检标志或者封识。

第二十八条　进出口商品的报检人对商检机构作出的检验结果有异议的，可以向原商检机构或者其上级商检机构以至国家商检部门申请复验，由受理复验的商检机构或者国家商检部门及时作出复验结论。

第二十九条　当事人对商检机构、国家商检部门作出的复验结论不服或者对商检机构作出的处罚决定不服的，可以依法申请行政复议，也可以依法向人民法院提起诉讼。

第三十条　国家商检部门和商检机构履行职责，必须遵守法律，维护国家利益，依照法定职权和法定程序严格执法，接受监督。

国家商检部门和商检机构应当根据依法履行职责的需要，加强队伍建设，使商检工作人员具有良好的政治、业务素质。商检工作人员应当定期接受业务培训和考核，经考核合格，方可上岗执行职务。

商检工作人员必须忠于职守，文明服务，遵守职业道德，不得滥用职权，谋取私利。

第三十一条　国家商检部门和商检机构应当建立健全内部监督制度，对其工作人员的执法活动进行监督检查。

商检机构内部负责受理报检、检验、出证放行等主要岗位的职责权限应当明确，并相互分离、相互制约。

第三十二条　任何单位和个人均有权对国家商检部门、商检机构及其工作人员的违法、违纪行为进行控告、检举。收到控告、检举的机关应当依法按照职责分工及时查处，并为控告人、检举人保密。

第五章　法律责任

第三十三条　违反本法规定，将必须经商检机构检验的进口商品未报经检验而擅自销售或者使用的，或者将必须经商检机构检验的出口商品未报经检验合格而擅自出口的，由商检机构没收违法所得，并处货值金额百分之五以上百分之二十以下的罚款；构成犯罪的，依法追究刑事责任。

第三十四条 违反本法规定，未经国家商检部门许可，擅自从事进出口商品检验鉴定业务的，由商检机构责令停止非法经营，没收违法所得，并处违法所得一倍以上三倍以下的罚款。

第三十五条 进口或者出口属于掺杂掺假、以假充真、以次充好的商品或者以不合格进出口商品冒充合格进出口商品的，由商检机构责令停止进口或者出口，没收违法所得，并处货值金额百分之五十以上三倍以下的罚款；构成犯罪的，依法追究刑事责任。

第三十六条 伪造、变造、买卖或者盗窃商检单证、印章、标志、封识、质量认证标志的，依法追究刑事责任；尚不够刑事处罚的，由商检机构责令改正，没收违法所得，并处货值金额等值以下的罚款。

第三十七条 国家商检部门、商检机构的工作人员违反本法规定，泄露所知悉的商业秘密的，依法给予行政处分，有违法所得的，没收违法所得；构成犯罪的，依法追究刑事责任。

第三十八条 国家商检部门、商检机构的工作人员滥用职权，故意刁难的，徇私舞弊，伪造检验结果的，或者玩忽职守，延误检验出证的，依法给予行政处分；构成犯罪的，依法追究刑事责任。

第六章 附 则

第三十九条 商检机构和其他检验机构依照本法的规定实施检验和办理检验鉴定业务，依照国家有关规定收取费用。

第四十条 国务院根据本法制定实施条例。

第四十一条 本法自1989年8月1日起施行。

8.2 中华人民共和国进出口商品检验法实施条例（节选）

中华人民共和国进出口商品检验法实施条例（节选）

（2005年8月10日国务院第101次会议通过，2005年12月1日起施行）

第四章 监督管理

第四十三条 出入境检验检疫机构依照有关法律、行政法规的规定，签发出口货物普惠制原产地证明、区域性优惠原产地证明、专用原产地证明。办理原产地证明的申请人应当依法取得出入境检验检疫机构的注册登记。

出口货物一般原产地证明的签发，依照有关法律、行政法规的规定执行。

第五章 法律责任

第五十九条 出入境检验检疫机构的工作人员滥用职权，故意刁难当事人的，徇私舞弊，伪造检验结果的，或者玩忽职守，延误检验出证的，依法给予行政处分；违反有关法律、行政法规规定签发出口货物原产地证明的，依法给予行政处分，没收违法所得；构成犯罪的，依法追究刑事责任。

8.3 中华人民共和国进出口货物原产地条例

中华人民共和国进出口货物原产地条例

(2004年8月18日国务院第61次常务会议通过,2005年1月1日起施行)

第一条 为了正确确定进出口货物的原产地,有效实施各项贸易措施,促进对外贸易发展,制定本条例。

第二条 本条例适用于实施最惠国待遇、反倾销和反补贴、保障措施、原产地标记管理、国别数量限制、关税配额等非优惠性贸易措施以及进行政府采购、贸易统计等活动对进出口货物原产地的确定。

实施优惠性贸易措施对进出口货物原产地的确定,不适用本条例。具体办法依照中华人民共和国缔结或者参加的国际条约、协定的有关规定另行制定。

第三条 完全在一个国家(地区)获得的货物,以该国(地区)为原产地;两个以上国家(地区)参与生产的货物,以最后完成实质性改变的国家(地区)为原产地。

第四条 本条例第三条所称完全在一个国家(地区)获得的货物,是指:

(一) 在该国(地区)出生并饲养的活的动物;

(二) 在该国(地区)野外捕捉、捕捞、搜集的动物;

(三) 从该国(地区)的活的动物获得的未经加工的物品;

(四) 在该国(地区)收获的植物和植物产品;

(五) 在该国(地区)采掘的矿物;

(六) 在该国(地区)获得的除本条第(一)项至第(五)项范围之外的其他天然生成的物品;

(七) 在该国(地区)生产过程中产生的只能弃置或者回收用作材料的废碎料;

(八) 在该国(地区)收集的不能修复或者修理的物品,或者从该物品中回收的零件或者材料;

(九) 由合法悬挂该国旗帜的船舶从其领海以外海域获得的海洋捕捞物和其他物品;

(十) 在合法悬挂该国旗帜的加工船上加工本条第(九)项所列物品获得的产品;

(十一) 从该国领海以外享有专有开采权的海床或者海床底土获得的物品;

(十二) 在该国(地区)完全从本条第(一)项至第(十一)项所列物品中生产的产品。

第五条 在确定货物是否在一个国家(地区)完全获得时,不考虑下列微小加工或者处理:

(一)为运输、贮存期间保存货物而作的加工或者处理;

(二)为货物便于装卸而作的加工或者处理;

(三)为货物销售而作的包装等加工或者处理。

第六条 本条例第三条规定的实质性改变的确定标准,以税则归类改变为基本标准;税则归类改变不能反映实质性改变的,以从价百分比、制造或者加工工序等为补充标准。具体标准由海关总署会同商务部、国家质量监督检验检疫总局制定。

本条第一款所称税则归类改变,是指在某一国家(地区)对非该国(地区)原产材料进行制造、加工后，所得货物在《中华人民共和国进出口税则》中某一级的税目归类发生了变化。

本条第一款所称从价百分比，是指在某一国家(地区)对非该国(地区)原产材料进行制造、加工后的增值部分，超过所得货物价值一定的百分比。

本条第一款所称制造或者加工工序，是指在某一国家(地区)进行的赋予制造、加工后所得货物基本特征的主要工序。

世界贸易组织《协调非优惠原产地规则》实施前，确定进出口货物原产地实质性改变的具体标准，由海关总署会同商务部、国家质量监督检验检疫总局根据实际情况另行制定。

第七条 货物生产过程中使用的能源、厂房、设备、机器和工具的原产地，以及未构成货物物质成分或者组成部件的材料的原产地，不影响该货物原产地的确定。

第八条 随所装货物进出口的包装、包装材料和容器，在《中华人民共和国进出口税则》中与该货物一并归类的，该包装、包装材料和容器的原产地不影响所装货物原产地的确定；对该包装、包装材料和容器的原产地不再单独确定，所装货物的原产地即为该包装、包装材料和容器的原产地。

随所装货物进出口的包装、包装材料和容器，在《中华人民共和国进出口税则》中与该货物不一并归类的，依照本条例的规定确定该包装、包装材料和容器的原产地。

第九条 按正常配备的种类和数量随货物进出口的附件、备件、工具和介绍说明性资料，在《中华人民共和国进出口税则》中与该货物一并归类的，该附件、备件、工具和介绍说明性资料的原产地不影响该货物原产地的确定；对该附件、备件、工具和介绍说明性资料的原产地不再单独确定，该货物的原产地即为该附件、备件、工具和介绍说明性资料的原产地。

随货物进出口的附件、备件、工具和介绍说明性资料在《中华人民共和国进出口税则》中虽与该货物一并归类，但超出正常配备的种类和数量的，以及在《中华人民共和国进出口税则》中与该货物不一并归类的，依照本条例的规定确定该附件、备件、工具和介绍说明性资料的原产地。

第十条 对货物所进行的任何加工或者处理，是为了规避中华人民共和国关于反倾销、反补贴和保障措施等有关规定的，海关在确定该货物的原产地时可以不考虑这类加工和处理。

第十一条 进口货物的收货人按照《中华人民共和国海关法》及有关规定办理进口货物的海关申报手续时，应当依照本条例规定的原产地确定标准如实申报进口货物的原产地；同一批货物的原产地不同的，应当分别申报原产地。

第十二条 进口货物进口前，进口货物的收货人或者与进口货物直接相关的其他当事人，在有正当理由的情况下，可以书面申请海关对将要进口的货物的原产地作出预确定决定；申请人应当按照规定向海关提供作出原产地预确定决定所需的资料。

海关应当在收到原产地预确定书面申请及全部必要资料之日起150天内，依照本条例的规定对该进口货物作出原产地预确定决定，并对外公布。

第十三条 海关接受申报后，应当按照本条例的规定审核确定进口货物的原产地。

已作出原产地预确定决定的货物，自预确定决定作出之日起3年内实际进口时，经海关审核其实际进口的货物与预确定决定所述货物相符，且本条例规定的原产地确定标准未发生变化的，海关不再重新确定该进口货物的原产地；经海关审核其实际进口的货物与预确定决定所述货物不相符的，海关应当按照本条例的规定重新审核确定该进口货物的原产地。

第十四条　海关在审核确定进口货物原产地时，可以要求进口货物的收货人提交该进口货物的原产地证书，并予以审验；必要时，可以请求该货物出口国（地区）的有关机构对该货物的原产地进行核查。

第十五条　根据对外贸易经营者提出的书面申请，海关可以依照《中华人民共和国海关法》第四十三条的规定，对将要进口的货物的原产地预先作出确定原产地的行政裁定，并对外公布。

进口相同的货物，应当适用相同的行政裁定。

第十六条　国家对原产地标记实施管理。货物或者其包装上标有原产地标记的，其原产地标记所标明的原产地应当与依照本条例所确定的原产地相一致。

第十七条　出口货物发货人可以向国家质量监督检验检疫总局所属的各地出入境检验检疫机构、中国国际贸易促进委员会及其地方分会（以下简称签证机构）申请领取出口货物原产地证书。

第十八条　出口货物发货人申请领取出口货物原产地证书，应当在签证机构办理注册登记手续，按照规定如实申报出口货物的原产地，并向签证机构提供签发出口货物原产地证书所需的资料。

第十九条　签证机构接受出口货物发货人的申请后，应当按照规定审查确定出口货物的原产地，签发出口货物原产地证书；对不属于原产于中华人民共和国境内的出口货物，应当拒绝签发出口货物原产地证书。

出口货物原产地证书签发管理的具体办法，由国家质量监督检验检疫总局会同国务院其他有关部门、机构另行制定。

第二十条　应出口货物进口国（地区）有关机构的请求，海关、签证机构可以对出口货物的原产地情况进行核查，并及时将核查情况反馈进口国（地区）有关机构。

第二十一条　用于确定货物原产地的资料和信息，除按有关规定可以提供或者经提供该资料和信息的单位、个人的允许，海关、签证机构应当对该资料和信息予以保密。

第二十二条　违反本条例规定申报进口货物原产地的，依照《中华人民共和国对外贸易法》、《中华人民共和国海关法》和《中华人民共和国海关行政处罚实施条例》的有关规定进行处罚。

第二十三条　提供虚假材料骗取出口货物原产地证书或者伪造、变造、买卖或者盗窃出口货物原产地证书的，由出入境检验检疫机构、海关处5 000元以上10万元以下的罚款；骗取、伪造、变造、买卖或者盗窃作为海关放行凭证的出口货物原产地证书的，处货值金额等值以下的罚款，但货值金额低于5 000元的，处5 000元罚款。有违法所得的，由出入境检验检疫机构、海关没收违法所得。构成犯罪的，依法追究刑事责任。

第二十四条　进口货物的原产地标记与依照本条例所确定的原产地不一致的，由海关责令改正。

出口货物的原产地标记与依照本条例所确定的原产地不一致的，由海关、出入境检验检疫机构责令改正。

第二十五条 确定进出口货物原产地的工作人员违反本条例规定的程序确定原产地的，或者泄露所知悉的商业秘密的，或者滥用职权、玩忽职守、徇私舞弊的，依法给予行政处分；有违法所得的，没收违法所得；构成犯罪的，依法追究刑事责任。

第二十六条 本条例下列用语的含义：

获得，是指捕捉、捕捞、搜集、收获、采掘、加工或者生产等。

货物原产地，是指依照本条例确定的获得某一货物的国家（地区）。

原产地证书，是指出口国（地区）根据原产地规则和有关要求签发的，明确指出该证中所列货物原产于某一特定国家（地区）的书面文件。

原产地标记，是指在货物或者包装上用来表明该货物原产地的文字和图形。

第二十七条 本条例自2005年1月1日起施行。1992年3月8日国务院发布的《中华人民共和国出口货物原产地规则》、1986年12月6日海关总署发布的《中华人民共和国海关关于进口货物原产地的暂行规定》同时废止。

8.4 中华人民共和国普遍优惠制原产地证明书签证管理办法

中华人民共和国普遍优惠制原产地证明书签证管理办法

（1989年8月21日国家商检局发布）

第一章 总　　则

第一条 根据联合国贸发会议关于普惠制的决议和《中华人民共和国进出口商品检验法》，为加强普遍优惠制产地证明书（以下简称普惠制产地证书）的签证管理工作，保证签证符合给惠国有关规定，使我国出口商品在给惠国顺利通关，获得减免关税的优惠待遇，特制定本办法。

第二条 普惠制产地证书是具有法律效力的官方证明文件。我国普惠制产地证书的签证工作由国家进出口商品检验局（以下简称国家商检局）负责统一管理，由国家商检局设在各地的进出口商品检验局及其分支机构（以下统称商检机构）负责签发。

对需要在香港签署“未再加工证明”的普惠制产地证书，经给惠国确认，国家商检局委托香港中国检验有限公司负责签署。

第三条 普惠制产地证书的签发，限于给惠国已公布法令并正式通知我国实行普惠制待遇的国家所给予关税优惠的商品。这些商品必须符合给惠国原产地规则及直运规则。

第四条 申请单位向商检机构申请签发普惠制产地证书，应严格按照各给惠国普惠制实施方案及本办法的规定，切实做到申请和填报的内容真实、准确。

第二章 注 册 和 申 请

第五条 申请办理普惠制产地证书的单位：

（一）有进出口经营权的国内企业；

（二）中外合资、中外合作和外商独资企业；

（三）国外企业、商社常驻中国代表机构；

（四）对外承接来料加工、来图来样加工、来件装配和补偿贸易的企业；

（五）经营旅游商品的销售部门；

（六）参加国际经济文化交流活动需出售展品、样品等的有关单位。

第六条 凡申请办理普惠制产地证书的单位，必须预先在当地商检机构办理注册登记手续。

第七条 办理注册登记时，申请单位必须提交审批机关的批件、营业执照、协议书以及其他有关文件。商检机构经过审核和调查，对符合注册登记条件的予以注册登记。

第八条 申请单位的印章和证书手签人员必须在注册的同时进行登记。手签人员应是申请单位的法人代表并应保持相对稳定，如有变动，应及时向商检机构申报。

第九条 申请签证时，必须向当地商检机构提交《普惠制产地证书申请书》，填制正确清楚的普惠制产地证书和出口商品的商业发票副本，以及必要的其他证件。含有进口成分的产品，还必须交《含进口成分受惠商品成本明细单》。

第十条 申请单位原则上向所在地商检机构申请办理签证，特殊情况需在异地申请签证时，必须提供所在地商检机构注册登记的证明文件。

第十一条 对使用外国商标的商品，凡符合原产地规则的，可以申请签证。但是，该商品及其包装不得标有香港、台湾、澳门及中国以外的产地制造的字样。

第十二条 申请单位应于货物装运前向商检机构提出申请，申请单位若需要申请后发证书，必须向商检机构提交货物确已出运的证明文件。

第十三条 如果已签发的证书正本遗失或损毁，申请单位必须向商检机构书面申明理由和提供依据，经商检机构审核确认后方准予申请重发证书，同时声明原证书作废。

第十四条 申请单位要求更改已签发证书的内容，必须申明更改的理由和提供依据，经商检机构核实并收回原发证书后方准予换发新证书。

第十五条 申请重发或更改证书内容，申请单位均须重新履行申请手续。

第十六条 经香港转口至给惠国的产品，在获得商检机构签发的普惠制产地证书后，凡给惠国要求签署“未再加工证明”的，申请人需持上述证书及有关单证，向香港中国检验有限公司申请办理。

第十七条 申请单位应按规定交纳签证费和注册费。

第三章 制 证

第十八条 普惠制原产地证书由申请单位填制。

第十九条 普惠制原产地证书采用联合国贸发会议规定的统一格式。

第二十条 申请单位的手签人员应熟悉各给惠国普惠制实施方案，采用的商品名称和编码及填制普惠制证书的方法；熟悉所经营的出口受惠商品，尤其是含有进口成分的商品的原材料构成情况；自觉执行本办法及有关规定，切实保证普惠制产地证书的真实性和准确性；证面清洁美观，不得涂改。

第二十一条 证书一般使用英文填制，如给惠国有要求，也可以使用法文。

第四章　签　　证

第二十二条　商检机构在接受申请时，要查看单证资料是否齐全，填写是否完整，文字是否清晰，印章、签字有无错漏。如发现不符合规定不接受申请。

第二十三条　商检机构证书签发人，必须经过严格培训并向给惠国主管当局注册备案。

第二十四条　接受正式申请后，证书一般用两个工作日签出，特殊情况做急件处理。

第二十五条　每套证书只签发一份正本，商检机构不在副本上签字盖章。

第五章　调　　查

第二十六条　为确保普惠制原产地证书的真实性和准确性，商检机构将进行下列调查：

（一）在申请单位申请注册登记时，商检机构将审核有关书面材料并对其产品的原料及加工情况进行查核。

（二）签证过程中的调查。商检机构在接受办理普惠制产地证书的申请后，审核《含有进口成分受惠商品成本明细单》并对含进口成分的商品进行实地调查。

（三）签证后的调查。商检机构对所签发的证书项下的商品，将进行不定期抽查。

（四）给惠国查询的调查。在收到给惠国主管当局的退证查询时，商检机构将会同有关部门对产品的原料、零部件来源、成本构成情况及加工工序等进行核查，并在规定时限内将核查结果答复给惠国主管当局。

第二十七条　被调查的有关单位应及时提供有关资料、证件，为调查工作提供必需的交通工具和食宿条件。

第六章　惩　　处

第二十八条　由于申请单位填报内容有误或不真实而导致签证差错造成不良后果，视情节轻重给予批评、通报或罚款处理。

第二十九条　申请单位和人员隐瞒产品原材料来源或进口成分；或在申请书、证书内填报打印虚假情况，伪造、变造证书；或擅自涂改、加添证书内容，按情节轻重，对直接责任人员比照《商检法》第二十七条的规定追究刑事责任；情节轻微的，由商检机构处以罚款和通报。

第三十条　凡签证人员玩忽职守，给国家造成政治影响或经济损失者，应给予批评教育，直至比照《商检法》第二十九条的规定追究刑事责任。

第三十一条　货物运抵香港后，对申请办理“未再加工证明”项下的商品进行任何加工的，或伪造、变造“未再加工证明”的，国家商检局授权香港中国检验有限公司收回普惠制产地证书并停止对其签署“未再加工证明”。

第七章　附　　则

第三十二条　国家商检局根据本办法制定实施细则。

第三十三条　本办法由国家商检局制订下达，由各地商检机构实施。本办法由国家商检局负责解释。

第三十四条　本办法自公布之日起实施，1982 年 12 月 1 日起实施的《国家进出口商品检验局普惠制产地证明书签证管理办法》同时废止。

8.5　中华人民共和国普遍优惠制原产地证明书签证管理办法实施细则

中华人民共和国普遍优惠制原产地证明书签证管理办法实施细则

(1990年9月28日国家商检局发布)

第一章　总　　则

第一条　根据《中华人民共和国普遍优惠制原产地证明书签证管理办法》(以下简称《办法》)第三十二条之规定,特制定本实施细则。

第二条　普惠制原产地证明书是具有法律效力的官方证明文件。我国普惠制原产地证明书的签证管理工作由国家进出口商品检验局(以下称国家商检局)统一负责;证书的签发和对出口产品申请原产地证明书的单位的监督检查工作由国家商检局设在各地的进出口商品检验机构(以下简称商检机构)负责。

对需要在香港签署"未再加工证明"的普惠制原产地证明书,经给惠国确认,国家商检局委托香港中国检验有限公司在香港负责办理签署工作。

第三条　普惠制原产地证明书的签发,限于给惠国法令公布并正式通知对我国实行普惠制待遇的国家所给予关税优惠的商品,受惠商品必须符合给惠国原产地规则。

第四条　申请办理普惠制原产地证明书的单位必须严格执行《办法》和本实施细则的规定,切实保证申请和填报的内容真实、准确。

授权签发普惠制原产地证明书的商检机构必须严格执行《办法》和本实施细则的规定,切实做到加强管理,认真签证,及时准确,维护信誉。

第二章　申请、注册和考核

第五条　下列单位可以向商检机构申请办理普惠制原产地证明书:

(一)有进出口经营权的国内企业;

(二)中外合资、中外合作和外商独资企业;

(三)国外企业、商社常驻中国代表机构;

(四)对外承接来料加工、来图来样加工、来件装配和补偿贸易业务的企业;

(五)经营旅游商品的销售部门;

(六)参加国际经济、文化交流及拍卖等活动需出售展品、样品等的有关单位。

第六条　凡申请办理普惠制原产地证明书的单位,必须预先在当地商检机构办理注册登记手续。第五条(六)项所列单位可酌情处理。

第七条　注册登记的程序如下:

(一)申请单位向当地商检机构领取《申请签发普惠制原产地证明书(FORM A)注册登记表》,并按要求填写。

(二)申请单位将填制的《申请签发普惠制原产地证明(FORM A)注册登记表》,呈交商检机构,并按规定提交审批机关的批件和营业执照。"三来一补"企业还应提交协议副本。

申请单位使用的中英文对照的签证印章和手签人员姓名及手签笔迹都必须在注册时进行登记备案。

（三）商检机构对申请单位提交的表格和资料进行严格审查，并派员深入调查、经审查合格的，准予注册，发给《普惠制原产地证明书注册登记证》。对注册登记实行每两年复查一次。

第八条 为确保普惠制原产地证明书的真实性和准确性，各地商检机构在受理注册登记过程中，应着重调查和考核下列内容：

（一）生产加工单位的性质、经营管理和设备等状况；

（二）生产出口商品的能力和加工工序情况；

（三）所用原料、零部件以及包装物料的来源及所占比例；

（四）完成检验和最后包装的情况；

（五）出口产品的包装，商标及唛头情况。

经过认真调查，应对申请单位的生产条件、管理情况、出口商品的受惠资格、申请单位是否能注册，作出结论。

第九条 已经注册的企业、工厂必须建立完整的进料记录、生产记录和出货记录。其中，出货记录必须记载出口产品的品名、规格、数量、重量、包装、标记唛头、出厂价格、出运日期和进口国别等内容。上述记录和资料应保存两年以上，供商检机构及给惠国海关复查。

第三章 申请签证和制证

第十条 申请单位的证书手签人员应是该单位的法人代表或由法人代表指定的其他人员。原则上，每个单位可有三名以内手签人员，并须经过商检机构培训。经考核合格者方能在证书上签字。

手签人员应保持相对稳定，如有变动，申请单位应提前一个月向商检机构申报。

第十一条 申请办理普惠制原产地证明书的单位必须向商检机构提交下列文件资料：

（一）《普惠制原产地证明书申请书》一份。

（二）《普惠制原产地证明书 FORM A》一套。

（三）正式的出口商业发票副本一份，申请单位使用的发票需盖章或手签，发票不得手写，并应注明包装、数量、毛重或另附装箱单和重量单。

（四）含有进口成分的商品，必须提交《含进口成分受惠商品成本明细单》。

（五）对以来料加工、进料加工方式生产的出口商品，还应提交有关的进料凭证。

必要时，申请单位还应提交信用证、合同、提单及报关单。

第十二条 申请单位原则上向产品所在地商检机构申请办理普惠制原产地证明书。

属于下列情况之一者，亦可向异地商检机构申请签证：

（一）货物由当地运到异地口岸出口；

（二）在异地组织货源并直接出口。

第十三条 申请单位办理异地签证时，应向异地商检机构出示《普惠制原产地证明书注册登记证》，提交本实施细则第九条规定的文件资料。

申请异地签证的商品，凡含有进口成分的，还应提交产地商检机构出具的《GSP 原产地标准调查结果单》。

第十四条 对使用外国商标的商品，凡符合原产地规则的，申请单位可以向商检机构申请签发普惠制原产地证明书。但是，该商品及其包装上不得出现香港、澳门、台湾及中国以外的产地制造的字样。

第十五条　申请单位应于货物出运前五天向商检机构申请签证。

货物出运前未能及时申请，亦可事后申请签证。

办理“后发证书”，申请单位应提交报关单或提单或运单，由商检机构在证书第 4 栏加盖“后发”印章(ISSUED RETROSPECTIVELY)。

第十六条　如果已签发证书的正本被盗、遗失或损毁，申请单位请求重新签发证书时，必须做到以下两点：

(一) 提交由法人签字的书面检查；

(二) 在市级以上的报纸上声明原发证书作废。

经商检机构审查、同意重发证书时，应由商检机构在证书的第四栏加盖“复本”印章(DUPLICATE)，并加上文字批注：“此证为××××年××月××日所发第×××××号证书的复本，原证书作废”，英文为：THIS CERTIFICATE IS IN REPLACEMENT OF CERTIFICATE OF ORIGIN No. …DATED. …WHICH IS CANCELLED。

第十七条　如果申请单位要求更改已签发证书的内容时，必须申述合理的原因和提供真实可靠的依据，同时应退回原证书。商检机构经核实并收回原发证书后，可签发新证书。原证无法追回的，将按第十六条有关遗失证书处理，同时由商检机构在新证书的第四栏注明“××××年××月××日签发的第××××××号证书作废”(THE CERTIFICATE OF ORIGIN No. … DATED. …IS CANCELLED)。

第十八条　经给惠国确认，货物经香港转运时，需在普惠制原产地证明书上签署“未再加工证明”的，有关申请人可向香港中国检验有限公司提出申请。

第十九条　申请重发证书或更改证书内容，申请单位均须重新履行申请手续，并提交《重发或更改 FORM A 证书申请单》。

第二十条　申请单位应按规定缴纳费用。

凡申请重发证书和更改证书的，均应重新缴纳签证费。

第二十一条　普惠制原产地证明书(FORM A)由申请单位填制。

第二十二条　FORM A 证书是国际上通用的普惠制原产地证明书格式。申请单位所需证书原则上由我国统一印制，但也可以使用其他国家按联合国贸发会规定格式印制的证书。

第二十三条　FORM A 证书一般使用英文填制，应进口商要求，也可使用法文。特殊情况下，第二栏可以使用给惠国的文种。唛头标记不受文种限制，可据实填制。

第二十四条　申请单位的手签人员应熟悉各给惠国普惠制实施方案、给惠商品名称和编码，熟悉所经营的出口商品，尤其是含有进口成分的商品的原材料构成情况及加工工序情况，自觉执行《办法》、本实施细则和其他有关规定，切实保证所填制的证书真实、准确。

第二十五条　证书各栏目内容均用打字机填制，证面必须保持清洁，不得涂改和污损。

FORM A 证书的填制方法，详见本实施细则的附件。

第四章　商检机构签证

第二十六条　签发普惠制原产地证明书是一项政策性和专业性很强的工作。商检机构的签证人员应符合下列要求：

（一）必须经过严格培训，考试合格，并向给惠国主管当局注册备案；

（二）熟悉各给惠国的普惠制实施方案，普惠制原产地证明书的格式内容及其填制方法；

（三）了解国际贸易惯例和我国对外贸易的方针政策；

（四）熟悉本地区出口商品，尤其是含有进口成分的商品的原料构成和加工工序情况；

（五）正确执行《办法》和本实施细则的规定；

（六）具有一定的外语水平，胜任签证工作。

第二十七条 签发 FORM A 证书的步骤如下：

（一）接受申请：应查看单证资料是否齐全，填写是否完整，文字是否清晰；印章、签字有无错漏。如发现不符合规定的，不予接受。

（二）审核签发：必须审查证书与申请书、发票是否一致，各栏内容是否真实，商品归类和文字缮打是否准确。对含有进口成分的商品，核查成本明细单等资料，必要时，对产品进行实地调查。

（三）商检机构在审核异地商品签证的过程中，发现问题或者产生疑问，应及时与产地商检机构联系。

符合要求的证书，由授权的官员在证书正本的第 11 栏签名并加盖商检机构的签证章。

第二十八条 商检机构正式接受申请后，一般用两个工作日完成证书的签发工作。特殊情况，可以签发急件。需要到申请单位或工厂进行调查的，不受两个工作日时间的限制。

第二十九条 每套证书只签发一份正本，商检机构不在副本上签字、盖章。

第三十条 留底的证书副本、申请书、发票副本和其他有关资料应及时整理归档。档案资料应存放在专柜内，应有专人负责管理，保存期不少于两年。

第三十一条 为防止伪造、假冒证书，避免盲目签证，确保证书的真实性和准确性，维护商检机构的签证信誉，在国际经济、文化交流及拍卖等活动中需要办理普惠制产地证明书的，商检机构可派官员随团(组)到境外签证。

第五章 调　　查

第三十二条 在审核签证过程中，商检机构调查的重点是含进口成分的商品。除审阅资料外，必要时应实地调查证书项下商品的原材料情况，进口成分的比例及加工工序情况，据此判断该商品是否符合有关给惠国的原产地标准。

第三十三条 对生产出口商品的工厂，尤其是生产含进口成分的商品的工厂，商检机构应加强监督管理。对生产“完全原产”产品的工厂，每年抽查数不少于 5%，对生产含进口成分产品的工厂，每年抽查数不少于 10%。检查结果应填写《FORM A 证书签证后的抽查或查询调查记录》，并妥善保存，以备查核。

第六章 处理退证查询

第三十四条 商检机构收到给惠国主管普惠制的有关当局的退证查询后，应及时地、认真地进行核实调查：

（一）先将退证与存档的有关资料逐一核对；

（二）再会同有关人员到出口单位和生产厂调查核实产品的原材料、零部件来源、成本明细情况及加工工序。对专题查询，还要进行有针对性的调查。

第三十五条　根据调查结果，通过分析对方意图，找出问题的关键所在，制定解决问题的办法，有的放矢地拟出复函用语。

处理退证查询，应本着实事求是，统一对外的原则，既要符合给惠国普惠制方案的规定，又要有利于扩大我国出口，维护我国的政治和经济利益，维护我商检机构的信誉。

第三十六条　答复处理查询函，实行分级管理、各负其责。

（一）凡给惠国主管当局对我提出的退证查询（包括国家商检局转给各地商检机构的）由各商检机构（不包括下属处级机构）负责对外答复。对例行查询的答复函件，一般由主管处领导负责核签，对专题查询的答复函件，应由局领导核签。各商检机构应将国外对方来函、退证复印本、答复函件及附件抄报国家商检局及有关单位备案。如有重大问题，还要抄报我驻有关给惠国大使馆商务处。

（二）给惠国主管当局同时向几个签证的商检机构对同一种商品进行查询，或经调查认为本商检机构没有把握答复的函件，各有关商检机构应在两个月内将调查结果、对方来函及有关附件的复印本、答复函稿等报国家商检局审核，然后决定由谁对外答复。如指定签证的商检机构答复的，其处理办法同前所述，如由国家商检局答复的，国家商检局将答复函抄给有关商检机构备案。

（三）如被查询的产品非属签证机构所在地区生产的，该商检机构可将查询函复印给生产地区商检机构。后者应根据来函提出的问题协助调查核实。在两个月内将调查结果函告有关签证商检机构，由该商检机构对外答复。答复函应抄送协助调查的商检机构备案。

第三十七条　处理退证查询的时限，从收到查询函之日起，一般不得超过两个月，特殊情况，最多不得超过三个月。如在给惠国方案规定的期限内无法做出答复的，应向对方说明原因，取得谅解，不得无故拖延或置之不理。

第三十八条　对给惠国主管当局的退证查询，应按国家商检局规定的统一格式，做好登记和统计工作，并按要求及时上报国家商检局。

第三十九条　在上述调查工作中，被调查和监督检查的单位应积极配合商检机构开展工作，提供必需的资料和证件，提供必要的工作条件。

第七章　惩　　处

第四十条　下列行为属违反《办法》和本实施细则的规定：

（一）伪造、变造普惠制原产地证明书 FORM A；

（二）擅自涂改、加添商检机构签发证书的内容；

（三）填报不真实的内容，隐瞒进口成分；

（四）提供假单据；

（五）转借、转让或冒领证书或《申请签发普惠制原产地证明书注册登记证》；

（六）货物经香港转运，对申请签署了“未再加工证明”项下的商品进行除为了使货物处于良好状态以外的任何形式的再加工。

第四十一条　凡属本实施细则第四十条中所列行为之一者，商检机构将按照《中华人民共和国进出口商品检验法》第二十七条之规定追究刑事责任，同时撤销注册，取消申请普惠制原产地证明书的资格；情节轻微的，给予罚款或通报处理。

当事人对商检机构的处罚决定不服的，可按《中华人民共和国进出口商品检验法》有关条款的规定申请复议或向法院起诉。

第四十二条 货物运抵香港后，对申请办理了“未再加工证明”项下的商品进行了再加工；或者伪造“未再加工证明”的，一经发现，国家商检局将授权香港中国检验有限公司今后停止对有关申请单位签署“未再加工证明”，收回普惠制原产地证明书，并通知有关商检机构停止有关出口商的出口商品签发普惠制原产地证明书。

第四十三条 凡签证人员玩忽职守，给国家造成政治影响或经济损失者，给予批评教育，直至按《中华人民共和国进出口商品检验法》第二十九条之规定惩处。

第四十四条 凡商检机构违反本实施细则关于办理“异地申请” 的规定者；第一次处以警告处分，第二次通报批评，第三次则取消签发证书的权利。

第八章 附 则

第四十五条 授权签证的商检机构应在每年的一月十五日以前向国家商检局上报下列材料：

（一）普惠制签证管理工作总结；

（二）退证查询情况报表；

（三）应按国家商检局的规定及时上报微机统计软盘。

第四十六条 各地商检机构可根据《办法》和本实施细则的规定，结合本地区的具体情况制定补充规定。

第四十七条 本实施细则的制定、修改和解释由国家商检局负责。

第四十八条 本实施细则自发布之日起实施。

8.6 中华人民共和国非优惠原产地证书签证管理办法

中华人民共和国非优惠原产地证书签证管理办法

（2009 年 5 月 26 日国家质量监督检验检疫总局局务会议审议通过，2009 年 8 月 1 日起施行）

第一章 总 则

第一条 为规范中华人民共和国非优惠原产地证书签证管理工作，促进对外贸易发展，根据《中华人民共和国进出口商品检验法》及其实施条例、《中华人民共和国进出口货物原产地条例》及有关法律法规规定，制定本办法。

第二条 本办法所称中华人民共和国非优惠原产地证书（以下简称原产地证书）是指适用于实施最惠国待遇、反倾销和反补贴、保障措施、原产地标记管理、国别数量限制、关税配额等非优惠性贸易措施以及进行政府采购、贸易统计等活动中为确定出口货物原产于中华人民共和国境内所签发的书面证明文件。

第三条 国家质量监督检验检疫总局（以下简称国家质检总局）对原产地证书的签证工作实施管理。

国家质检总局设在各地的出入境检验检疫机构（以下简称检验检疫机构）和中国国际贸易促进委员会及其地方分会按照分工负责原产地证书签证工作。

检验检疫机构和中国国际贸易促进委员会及其地方分会以下统称签证机构。

第四条　向签证机构申请签发原产地证书的申请人（以下简称申请人）应当是出口货物的发货人。

第五条　申请人应当向签证机构提供真实的资料和信息。

国家质检总局和签证机构的工作人员对在签证工作中所知悉的商业秘密负有保密义务。

第六条　国家质检总局和签证机构对涉及生命和健康、环境保护、防止欺诈、国家安全等质量安全要求的产品，应当加强原产地签证管理。

第二章　原产地证书的申请与签发

第七条　申请人应当于货物出运前向申请人所在地、货物生产地或者出境口岸的签证机构申请办理原产地证书签证。申请人在初次申请办理原产地证书时，向所在地签证机构提供下列材料：

（一）填制真实准确的《中华人民共和国非优惠原产地证书申请企业登记表》；

（二）营业执照有效复印件并同时交验原件；

（三）《对外贸易经营者登记表》或者其他对外贸易资格证书的有效复印件并同时交验原件；外商投资企业应当同时提供《中华人民共和国外商投资企业批准证书》有效复印件并同时交验原件；台港澳投资企业应当同时提供《中华人民共和国台港澳侨投资企业批准证书》有效复印件并同时交验原件；

（四）《组织机构代码证》有效复印件并同时交验原件；

（五）《原产地证书申报员授权书》及申报人员相关信息；

（六）原产地标记样式；

（七）中华人民共和国非优惠原产地证书申请书；

（八）按规定填制的《中华人民共和国非优惠原产地证书》；

（九）出口货物商业发票；

（十）申请签证的货物属于异地生产的，应当提交货源地签证机构出具的异地货物原产地调查结果；

（十一）对含有两个以上国家（地区）参与生产或者签证机构需核实原产地真实性的货物，申请人应当提交《产品成本明细单》；

以电子方式申请原产地证书的，还应当提交《原产地证书电子签证申请表》和《原产地证书电子签证保证书》。

第八条　签证机构根据第七条前六项的规定对申请人及其申报产品、原产地申报人员相关信息、原产地标记等信息进行核对无误后，向申请人发放《原产地证书申请企业登记证》。

第九条　第七条前六项登记内容发生变更时，申请人应当及时到签证机构办理变更手续。

第十条　申请人取得《原产地证书申请企业登记证》再次申请办理原产地证书时，应出示《原产地证书申请企业登记证》，可免予提供第七条前六项的材料。

第十一条 进口方要求出具官方机构签发的原产地证书的，申请人应当向检验检疫机构申请办理；未明确要求的，申请人可以向检验检疫机构、中国国际贸易促进委员会或者其地方分会申请办理。

第十二条 申请签证的货物属于异地生产的，申请人应当向货源地签证机构申请出具货物原产地调查结果。签证机构需要进一步核查的，货源地签证机构应当予以配合。

第十三条 签证机构接到原产地证书签证申请后，签证人员应当按照《中华人民共和国进出口货物原产地条例》和《关于非优惠原产地规则中实质性改变标准的规定》规定，对申请人的申请进行审核。

第十四条 签证机构可以对申请人申报的产品进行实地调查，核实生产设备、加工工序、原料及零部件的产地来源、制成品及其说明书和内外包装等，填写《原产地调查记录》。

第十五条 申请原产地证书的货物及其内、外包装或者说明书上，不得出现其他国家或者地区制造、生产的字样或者标记。

第十六条 参加国外展览的货物，申请人凭参展批件可以申请原产地证书。

货物在中国加工但未完成实质性改变的，申请人可以向签证机构申请签发加工、装配证书。

经中国转口的非原产货物，申请人可以向签证机构申请签发转口证书。

第十七条 签证机构应当在受理签证申请之日起2个工作日内完成审核，审核合格的，予以签证。

申请人未在签证机构登记的，签证机构应当自登记信息核对无误之日起2个工作日内完成签证申请的审核，审核合格的，予以签证。

调查核实所需时间不计入在内。

第十八条 国家鼓励申请人采用电子方式申办原产地证书。

申请人采用电子方式申报应当使用经统一评测合格的电子申报软件，并保证电子数据真实、准确。

签证机构在收到电子数据后，应当及时审核、签发原产地证书。

电子申报软件商应当确保电子申报软件的质量，并提供相关技术支持。

第十九条 一批货物只能申领一份原产地证书，申请人对于同一批货物不得重复申请原产地证书。

第二十条 原产地证书为正本1份、副本3份。其中正本和两份副本交申请人，另一份副本及随附资料由签证机构存档3年。

申请人因实际需要申请增加原产地证书副本的，签证机构应当予以办理。

原产地证书自签发之日起有效期为1年。更改、重发证书的有效期同原发证书。

第二十一条 已签发的证书正本遗失或者毁损，申请人可以在证书有效期内向签证机构提交《中华人民共和国非优惠原产地证书更改/重发申请书》，申请重发证书。

第二十二条 要求更改已签发的证书内容时，申请人应当在原产地证书有效期内提交《中华人民共和国非优惠原产地证书更改/重发申请书》，并退回原发证书。签证机构经核实后，方可签发新证书。

更改后的证书遗失或者毁损，需要重新发证的，应当按照本办法规定申请办理重新发证。

第二十三条 特殊情况下，申请人可以在货物出运后申请补发原产地证书。

申请补发原产地证书，除依照本办法第七条、第十条的规定提供相关资料外，还应当提交下列资料：

（一）补发原产地证书申请书；

（二）申请补发证书原因的书面说明；

（三）货物的提单等货运单据；

（四）其他证明文件。

签证机构应当在原产地证书的签证机构专用栏内加注“补发”字样。

对于退运货物或无法核实原产地的货物，签证机构不予补发原产地证书。

第二十四条 进口方要求在商业发票及其他单证、货物包装上对货物原产地作声明的，对于完全原产的货物，申请人可以直接声明；对于含有非原产成分的货物，申请人必须向签证机构申领原产地证书后方可作原产地声明。

第三章 原产地调查

第二十五条 签证机构根据需要可以对申请原产地证书的货物实行签证调查，并填写《原产地调查记录》。

第二十六条 应进口国家（地区）有关机构的请求，签证机构应当对出口货物的原产地情况进行核查，并在收到查询函后3个月内将核查情况反馈进口国家（地区）有关机构。

被调查人应当配合调查工作，及时提供有关资料。

第二十七条 国家对出口货物原产地标记实施管理。

出口货物及其包装上标有原产地标记的，其原产地标记所标明的原产地应当与依照《中华人民共和国进出口货物原产地条例》所确定的原产地相一致。

出口货物的原产地标记标明的原产地与真实原产地不一致的，检验检疫机构应当责令当事人改正。

第四章 监督管理

第二十八条 国家质检总局会同国务院有关部门对原产地签证工作进行监督和检查。

第二十九条 申请人应当建立签证产品相关档案。

出口货物生产企业应当建立原料来源、生产加工、成品出货等单据和记录档案。

前两款规定的档案应当至少保存3年。

第三十条 签证机构可以根据签证要求对申请人和签证产品进行核查。核查不合格的，签证机构应当责令整改或者注销登记。

第三十一条 签证机构应当对原产地证书签证印章和空白证书实行专门管理制度，不得将签字盖章的空白原产地证书交给申请人。

第三十二条 国家质检总局应当会同国务院有关部门制定原产地证书签证统计规范、确定统计项目。

签证机构负责本机构原产地证书的签证统计。中国国际贸易促进委员会负责汇总贸促会系统的签证统计数据。

各直属检验检疫局和中国国际贸易促进委员会定期向国家质检总局以电子数据方式报送签证统计数据。每年 7 月 20 日前报送上半年签证统计数据，次年 1 月 20 日前报送上一年度签证统计数据。

国家质检总局负责统一汇总各签证机构的签证统计数据，并向国务院有关部门通报。

第五章　法 律 责 任

第三十三条　违反本办法规定的，由违法行为发生地的检验检疫机构予以行政处罚。

贸促会系统在签证过程中发现违反本办法规定的，应当移交当地检验检疫机构予以处理。

第三十四条　伪造、变造、买卖或者盗窃检验检疫机构签发的原产地证书的，依法追究刑事责任；尚不够刑事处罚的，由检验检疫机构按照《中华人民共和国进出口商品检验法》第三十六条规定责令改正，没收违法所得，并处货值金额等值以下罚款。

第三十五条　使用伪造、变造的检验检疫机构签发的原产地证书的，构成犯罪的，依法追究刑事责任；尚不够刑事处罚的，由检验检疫机构按照《中华人民共和国进出口商品检验法实施条例》第四十九条规定责令改正，没收违法所得，并处货物货值金额等值以下罚款。

第三十六条　伪造、变造、买卖或盗窃中国国际贸易促进委员会及其地方分会签发的原产地证书的，由检验检疫机构按照《中华人民共和国进出口货物原产地条例》第二十三条规定处以 5 000 元以上 10 万元以下的罚款；伪造、变造、买卖或者盗窃作为海关放行凭证的中国国际贸易促进委员会及其地方分会签发的原产地证书的，处货值金额等值以下的罚款，但货值金额低于 5 000 元的，处 5 000 元罚款。有违法所得的，由检验检疫机构没收违法所得。构成犯罪的，依法追究刑事责任。

第三十七条　提供虚假材料骗取原产地证书的，由检验检疫机构按照《中华人民共和国进出口货物原产地条例》第二十三条规定处以 5 000 元以上 10 万元以下的罚款；骗取作为海关放行凭证的原产地证书的，处货值金额等值以下的罚款，但货值金额低于 5 000 元的，处 5 000 元罚款。有违法所得的，由检验检疫机构没收违法所得。构成犯罪的，依法追究刑事责任。

第三十八条　申请人提供虚假材料骗取登记的，有违法所得的，由检验检疫机构处以违法所得 3 倍以下罚款，最高不超过 3 万元；没有违法所得的，处以 1 万元以下罚款。

第三十九条　签证机构的工作人员有下列情形之一的，依法给予通报批评、取消签证资格或者行政处分；有违法所得的，没收违法所得；构成犯罪的，依法追究刑事责任：

（一）违反法律法规规定签证；

（二）无正当理由拒绝签证；

（三）泄露所知悉的商业秘密；

（四）滥用职权、玩忽职守、徇私舞弊。

第六章　附　　则

第四十条　政府采购、反倾销、反补贴、反欺诈、原产地标记等需要出具原产地证书的，由检验检疫机构按照本办法执行。

其他需要出具原产地证书的，或者需要在与原产地证书有关的贸易单证上盖章确认的，参照本办法执行。

第四十一条 证书格式正本为带长城图案浅蓝色水波纹底纹。证书内容用英文填制。国家质检总局和中国国际贸易促进委员会统一印制本系统使用的空白证书。

第四十二条 签发原产地证书，按照国家有关规定收取费用。

第四十三条 本办法由国家质检总局负责解释。

第四十四条 本办法自2009年8月1日起施行。本办法施行前制定的有关出口货物非优惠原产地证书签发管理的规定与本办法不符的，以本办法为准。

8.7 关于非优惠原产地规则中实质性改变标准的规定

关于非优惠原产地规则中实质性改变标准的规定

第一条 为正确确定进出口货物的原产地，根据《中华人民共和国进出口货物原产地条例》的有关规定，制定本规定。

第二条 本规定适用于非优惠性贸易措施项下确定两个以上国家(地区)参与生产货物的原产地。

第三条 进出口货物实质性改变的确定标准，以税则归类改变为基本标准，税则归类改变不能反映实质性改变的，以从价百分比、制造或者加工工序等为补充标准。

第四条 “税则归类改变”标准，是指在某一国家(地区)对非该国(地区)原产材料进行制造、加工后，所得货物在《中华人民共和国进出口税则》中的四位数级税目归类发生了变化。

第五条 “制造、加工工序”标准，是指在某一国家(地区)进行的赋予制造、加工后所得货物基本特征的主要工序。

第六条 “从价百分比”标准，是指在某一国家(地区)对非该国(地区)原产材料进行制造、加工后的增值部分超过了所得货物价值的30%。用公式表示如下：

$$\frac{\text{工厂交货价}-\text{非该国(地区)原产材料价值}}{\text{工厂交货价}}\times 100\%\geqslant 30\%$$

“工厂交货价”是指支付给制造厂生产的成品的价格。

“非该国(地区)原产材料价值”是指直接用于制造或装配最终产品而进口原料、零部件的价值(含原产地不明的原料、零配件)，以其进口“成本、保险费加运费”价格(CIF)计算。

上述“从价百分比”的计算应当符合公认的会计原则及《中华人民共和国进出口关税条例》。

第七条 以制造、加工工序和从价百分比为标准判定实质性改变的货物在《适用制造或者加工工序及从价百分比标准的货物清单》(见附件)中具体列明，并按列明的标准判定是否发生实质性改变。未列入《适用制造或者加工工序及从价百分比标准的货物清单》货物的实质性改变，应当适用税则归类改变标准。

第八条 《适用制造或者加工工序及从价百分比标准的货物清单》由海关总署会同商务部、国家质量监督检验检疫总局根据实施情况修订并公告。

第九条 本规定自2005年1月1日起施行。

附件：

适用制造或者加工工序及从价百分比标准的货物清单

说明：本《清单》是根据《中华人民共和国进出口税则》(简称《税则》)的类、章和税则号进行编排。

“税则号列”中除具体列出四位数级税目号外，对包含《税则》中某章全部四位数级税目号的货物，只列出该章的标题；对特指四位数级税目号中的某一货物，在该税目号前加注“*”标记。

“实质性改变标准”为其所对应的货物适用的制造或者加工工序、从价百分比的标准。

“裁剪”是指对全部衣片(或工料)的裁剪。

税则号列	货物描述	实质性改变标准
第一类 活动物；动物产品		
第3章		
*03.03	冻鱼卵	取卵、分选和冷冻
03.04	鲜、冷、冻鱼片及其他鱼肉(不论是否绞碎)	清除内脏和剔骨刺
*03.06	虾仁、蟹肉	去皮壳和冷冻
*03.07	冷冻的或干的墨鱼、鱿鱼及章鱼	清除内脏、冷冻或干燥
第5章		
*05.04	动物肠衣	清洗、分拣、盐渍或干燥
第二类 植物产品		
第8章		
*08.01	腰果仁	去壳和去皮
第四类 食品；饮料、酒及醋；烟草、烟草及烟草代用品的制品		
第17章		
*17.01	砂糖和绵白糖	由原糖制成
第18章		
18.04	可可脂、可可油	由可可豆制成；或满足从价百分比标准
18.05	未加糖或其他甜物质的可可粉	由可可豆制成；或满足从价百分比标准
18.06	巧克力及其他含有可可的食品	由可可豆制成；或满足从价百分比标准
第24章		
*24.02	雪茄烟及卷烟	由烟草制成
*24.03	其他烟草制品	由烟草制成

续表

第六类　化学工业及其相关工业的产品		
第 28 章	无机化学品；贵金属、稀土金属、放射性元素及其同位素的有机及无机化合物	使用货物本身税目号以外的原料制成；或满足从价百分比标准
第 29 章	有机化学品	使用货物本身税目号以外的原料制成；或满足从价百分比标准
第 30 章		
30.03	两种或两种以上成分混合而成的治病或防病用药品(不包括税号 30.02、30.05 或 30.06 的货品)，未配定剂量或制成零售包装	使用货物本身税目号以外的原料制成；或满足从价百分比标准
30.04	由混合或非混合产品构成的治病或防病用药品(不包括税号 30.02、30.05 或 30.06 的货品)，已配定剂量或(包括制成皮肤摄入形式的)制成零售包装	使用货物本身税目号以外的原料制成；或满足从价百分比标准
第 31 章	肥料	使用货物本身税目号以外的原料制成；或满足从价百分比标准
第 32 章	鞣料浸膏及染料浸膏；鞣酸及其衍生物；染料、颜料及其他着色料；油漆及清漆；油灰及其他类似胶粘剂；墨水、油墨	使用货物本身税目号以外的原料制成；或满足从价百分比标准
第 33 章	精油及香膏；芳香料制品及化妆盥洗品	使用货物本身税目号以外的原料制成；或满足从价百分比标准
第 34 章	肥皂、有机表面活性剂、洗涤剂、润滑剂、人造蜡、调制蜡、光洁剂、蜡烛及类似品、塑型用膏、“牙科用蜡”及牙科用熟石膏制剂	使用货物本身税目号以外的原料制成；或满足从价百分比标准
第 38 章	杂项化学产品	使用货物本身税目号以外的原料制成；或满足从价百分比标准
第七类　塑料及其制品；橡胶及其制品		
第 39 章		
39.17	塑料制的管子及其附件(例如接头、肘管、法兰)	由 39.01—39.14 的原料加工成型
39.18	块状或成卷的塑料铺地制品，不论是否胶粘；本章注释九所规定的塑料糊墙品	由 39.01—39.14 的原料加工成型
39.19	自粘的塑料板、片、膜、箔、带、扁条及其他扁平形状材料，不论是否成卷	由 39.01—39.14 的原料加工成型
39.20	其他非泡沫塑料的板、片、膜、箔及扁条，未用其他材料强化、层压、支撑或用类似方法合制	由 39.01—39.14 的原料加工成型
39.21	其他塑料板、片、膜、箔、扁条	由 39.01—39.14 的原料加工成型
39.22	塑料浴缸、淋浴盘、洗涤槽、盥洗盆、坐浴盆、便盆、马桶坐圈及盖、抽水箱及类似卫生洁具	由 39.01—39.14 的原料加工成型
39.23	供运输或包装货物用的塑料制品；塑料制的塞子、盖子及类似品	由 39.01—39.14 的原料加工成型

续表

39.24	塑料制的餐具、厨房用具、其他家庭用具及盥洗用具	由 39.01—39.14 的原料加工成型
39.25	其他税号未列名的建筑用塑料制品	由 39.01—39.14 的原料加工成型
39.26	其他塑料制品及税号 39.01—39.14 所列其他材料的制品	由 39.01—39.14 的原料加工成型
第 40 章		
40.07	硫化橡胶线及绳	由橡胶板、片、条材料制成;或满足从价百分比标准
40.08	硫化橡胶(硬质橡胶除外)制的板、片、带、杆或型材及异型材	由橡胶板、片、条材料制成;或满足从价百分比标准
40.09	硫化橡胶(硬质橡胶除外)制的管子,不论是否装有附件(例如接头、肘管、法兰)	由橡胶板、片、条材料制成;或满足从价百分比标准
40.10	硫化橡胶制的传动带或输送带及带料	由橡胶板、片、条材料制成;或满足从价百分比标准
40.11	新的充气橡胶轮胎	由橡胶板、片、条材料制成;或满足从价百分比标准
40.12	翻新的或旧的充气橡胶轮胎;实心或半实心橡胶轮胎、橡胶胎面及橡胶轮胎衬带	由橡胶板、片、条材料制成;或满足从价百分比标准
40.13	橡胶内胎	由橡胶板、片、条材料制成;或满足从价百分比标准
40.14	硫化橡胶(硬质橡胶除外)制的卫生及医疗用品(包括奶嘴),不论是否装有硬质橡胶制的附件	由橡胶板、片、条材料制成;或满足从价百分比标准
40.15	硫化橡胶(硬质橡胶除外)制的衣着用品及附件(包括手套)	由橡胶板、片、条材料制成;或满足从价百分比标准
40.16	硫化橡胶(硬质橡胶除外)制的其他制品	由橡胶板、片、条材料制成;或满足从价百分比标准
40.17	各种形状的硬质橡胶(例如纯硬质胶),包括废碎料;硬质橡胶制品	由橡胶板、片、条材料制成;或满足从价百分比标准
第八类　生皮、皮革、毛皮及其制品;鞍具及挽具;旅行用品、手提包及类似容器;动物肠线(蚕胶丝除外)制品		
第 41 章		
41.04	经鞣制的不带毛牛皮(包括水牛皮)、马皮及其坯革,不论是否剖层,但未经进一步加工	鞣制或复鞣,整饰
41.05	经鞣制的不带毛绵羊或者羔羊皮及其坯革,不论是否剖层,但未经进一步加工	鞣制或复鞣,整饰
41.06	经鞣制的其他不带毛动物皮及其坯革,不论是否剖层,但未经进一步加工	鞣制或复鞣,整饰

续表

41.07	经鞣制或半硝处理后进一步加工的不带毛的牛皮革(包括水牛皮革)及马皮革,包括羊皮纸化处理的皮革,不论是否剖层,但税目 41.14 的皮革除外	鞣制或复鞣,整饰
41.12	经鞣制或半硝处理后进一步加工的不带毛的绵羊或羔羊皮革,包括羊皮纸化处理的,不论是否剖层,但税目 41.14 的皮革除外	鞣制或复鞣,整饰
41.13	经鞣制或半硝处理后进一步加工的不带毛的其他动物皮革,包括羊皮纸化处理的,不论是否剖层,但税目 41.14 的皮革除外	鞣制或复鞣,整饰
第 42 章		
*42.02	皮革或再生皮革、塑料薄膜、纺织材料、钢纸或纸板制成或全部或主要以此材料覆盖的衣箱、提箱、小手提箱、公文包、公务包、书包、眼镜盒、望远镜盒、乐器盒、照相机盒、枪套及类似的盒套;钱夹、地图盒、烟盒、工具盒、运动袋、珠宝盒、刀叉餐具及类似盛具	裁剪、缝制、成型
42.03	皮革或再生皮革制的衣服及衣着附件	裁剪、缝制
第 43 章		
43.02	未缝制或已缝制的已鞣毛皮	鞣制
43.03	毛皮制的衣服、衣着附件及其他物品	裁剪、缝制
*43.04	人造毛皮制品	裁剪、缝制
第十类　木浆及其他纤维状纤维素浆、回收(废碎)纸或纸板;纸、纸板及其制品		
第 48 章		
48.17	纸或纸板制的信封、封缄信片、素色明信片及通信卡片;纸或纸板制的盒子、袋子及夹子,内装各种纸制文具	裁切,装订或印刷
48.18	卫生纸及类似纸,家庭或卫生用纤维素絮纸及纤维素纤维网纸,成卷宽度不超过 36 厘米或切成一定尺寸或形状的;纸浆、纸、纤维素絮纸或纤维素纤维网纸制的手帕、面巾、台布、餐巾、尿布、止血塞、床单及类似的家庭、卫生或医院用品、衣服及衣着附件	裁切,消毒
48.19	纸、纸板、纤维素絮纸或纤维素纤维网纸制的箱、盒、匣、袋及其他包装容器;纸或纸板制的卷宗盒、信件盘及类似品,供办公室、商店及类似场所使用的	裁切,装订或印刷
48.20	纸或纸板制的登记本、账本、笔记本、定货本、收据本、信笺本、记事本、日记本及类似品、练习本、吸墨纸本、活动封面 (活页及非活页)、文件夹、卷宗皮、多联商业表格纸、页间夹有复写纸的本及其他文具用品;纸或纸板制的样品簿、粘贴簿及书籍封面	裁切,装订或印刷

续表

48.21	纸或纸板制的各种标签,不论是否印制	裁切,装订或印刷
48.22	纸浆、纸或纸板(不论是否穿孔或硬化)制的筒管、卷轴、纡子及类似品	裁切,装订或印刷
48.23	切成一定尺寸或形状的其他纸、纸板、纤维素絮纸及纤维素纤维网纸;纸浆、纸、纸板、纤维素絮纸及纤维素纤维网纸制的其他制品	裁切,装订或印刷
第十一类　纺织原料及纺织制品		
第51章		
51.06	粗梳羊毛纱线,非供零售用	由毛纤维或毛条经纺制
51.07	精梳羊毛纱线,非供零售用	由毛纤维或毛条经纺制
51.08	动物细毛(粗梳或精梳)纱线,非供零售用	由毛纤维或毛条经纺制
51.09	羊毛或动物细毛的纱线,供零售用	由毛纤维或毛条经纺制
51.10	动物粗毛或马毛的纱线(包括马毛粗松螺旋花线),不论是否供零售用	由毛纤维或毛条经纺制
51.11	粗梳羊毛或粗梳动物细毛的机织物	织造
51.12	精梳羊毛或精梳动物细毛的机织物	织造
51.13	动物粗毛或马毛的机织物	织造
第52章		
52.04	棉制缝纫线,不论是否供零售用	由两股或以上纱捻制
52.05	棉纱线(缝纫线除外),按重量计含棉量在85%及以上,非供零售用	由纤维经纺制
52.06	棉纱线(缝纫线除外),按重量计含棉量在85%以下,非供零售用	由纤维经纺制
52.07	棉纱线(缝纫线除外),供零售用	由纤维经纺制
52.08	棉机织物,按重量计含棉量在85%及以上,每平方米重量不超过200克	织造或印染
52.09	棉机织物,按重量计含棉量在85%及以上,每平方米重量超过200克	织造或印染
52.10	棉机织物,按重量计含棉量在85%以下,主要或仅与化学纤维混纺,每平方米重量不超过200克	织造或印染
52.11	棉机织物,按重量计含棉量在85%以下,主要或仅与化学纤维混纺,每平方米重量超过200克	织造或印染
52.12	其他棉机织物	织造或印染
第53章		
53.06	亚麻纱线	由纤维经纺制

续表

53.07	黄麻纱线或税号53.03的其他纺织用韧皮纤维纱线	由纤维经纺制
53.08	其他植物纺织纤维纱线；纸纱线	由纤维经纺制
53.09	亚麻机织物	织造
53.10	黄麻或税号53.03的其他纺织用韧皮纤维机织物	织造
53.11	其他纺织用植物纤维机织物；纸纱线机织物	织造
第54章		
54.01	化学纤维长丝纺制的缝纫线，不论是否供零售用	由两股或以上长丝捻制
54.02	合成纤维长丝纱线（缝纫线除外），非供零售用，包括细度在67分特以下的合成纤维单丝	纺丝
54.03	人造纤维长丝纱线（缝纫线除外），非供零售用，包括细度在67分特以下的人造纤维单丝	纺丝
54.04	截面尺寸不超过1毫米，细度在67分特及以上的合成纤维单丝；表观宽度不超过5毫米的合成纤维纺织材料制扁条及类似品（例如人造草）	纺丝
54.05	截面尺寸不超过1毫米，细度在67分特及以上的人造纤维单丝；表观宽度不超过5毫米的人造纤维纺织材料制扁条及类似品（例如人造草）	纺丝
54.06	化学纤维长丝纱线（缝纫线除外），供零售用	纺丝
54.07	合成纤维长丝纱线的机织物，包括税号54.04所列材料的机织物	织造
54.08	人造纤维长丝纱线的机织物，包括税号54.05所列材料的机织物	织造
第55章		
55.08	化学纤维短纤纺制的缝纫线，不论是否供零售用	由两股或以上纱捻制
55.09	合成纤维短纤纺制的纱线（缝纫线除外），非供零售用	由纤维或化纤毛条经纺制
55.10	人造纤维短纤纺制的纱线（缝纫线除外），非供零售用	由纤维或化纤毛条经纺制
55.11	化学纤维短纤纺制的纱线（缝纫线除外），供零售用	由纤维或化纤毛条经纺制
55.12	合成纤维短纤纺制的机织物，按重量计合成纤维短纤含量在85%及以上	织造
55.13	合成纤维短纤纺制的机织物，按重量计合成纤维短纤含量在85%以下，主要或仅与棉混纺，每平方米重量不超过170克	织造

续表

55.14	合成纤维短纤纺制的机织物，按重量计合成纤维短纤含量在85%以下，主要或仅与棉混纺，每平方米重量超过170克	织造
55.15	合成纤维短纤纺制的其他机织物	织造
55.16	人造纤维短纤纺制的机织物	织造
第56章		
56.03	无纺织物，不论是否浸渍、涂布、包覆或层压	成网至成品
*56.07	麻或合成纤维纺制的线、绳、索、缆	由两股或以上纱、线捻制或编织
56.08	线、绳或索结制的网料；纺织材料制成的鱼网及其他网	编结或织造
第57章		
57.01	结织栽绒地毯及纺织材料的其他结织栽绒铺地制品，不论是否制成的	由纤维或纱、线经织造
57.02	机织地毯及纺织材料的其他机织铺地制品，未簇绒或未植绒，不论是否制成的，包括"开来姆"、"苏麦克"、"卡拉马尼"及类似的手织地毯	由纤维或纱、线经织造
57.03	簇绒地毯及纺织材料的其他簇绒铺地制品，不论是否制成的	由纤维或纱、线经织造
57.04	毡呢地毯及纺织材料的其他毡呢铺地制品，未簇绒或未植绒，不论是否制成的	由纤维或纱、线经织造
57.05	其他地毯及纺织材料的其他铺地制品，不论是否制成的	由纤维或纱、线经织造
第58章		
58.01	起绒机织物及绳绒织物，但税号58.02或58.06的织物除外	织造或编结或黏合或簇绒
58.02	毛巾织物及类似的毛圈机织物，但税号58.06的狭幅织物除外；簇绒织物，但税号57.03的产品除外	织造或编结或黏合或簇绒
58.03	纱罗，但税号58.06的狭幅织物除外	织造或编结或黏合或簇绒
58.04	网眼薄纱及其他网眼织物，但不包括机织物、针织物或钩编织物；成卷、成条或成小块图案的花边，但税号60.02的织物除外	织造或编结或黏合或簇绒
58.05	"哥白林"、"弗朗德"、"奥步生"、"波微"及类似式样的手织装饰毯，以及手工针绣嵌花装饰毯（例如，小针脚或十字绣），不论是否制成的	织造或编结或黏合或簇绒
58.06	狭幅机织物，但税号58.07的货品除外；用黏合剂黏合制成的有经纱而无纬纱的狭幅织物（包扎匹头用带）	织造或编结或黏合或簇绒

续表

58.07	非绣制的纺织材料制标签、徽章及类似品，成匹、成条或裁成一定形状或尺寸	织造或编结或黏合或簇绒
58.08	成匹的编带；非绣制的成匹装饰带，但针织或钩编的除外；流苏、绒球及类似品	织造或编结或黏合或簇绒
58.09	其他税号未列名的金属线机织物及税号 56.05 所列含金属纱线的机织物，用于衣着、装饰及类似用途	织造或编结或黏合或簇绒
58.10	成匹、成条或成小块图案的刺绣品	经刺绣，并满足从价百分比标准
*58.11	用一层或几层纺织材料与胎料经绗缝制成的被褥状纺织品	裁剪、缝纫、绗缝
第 59 章		
59.01	用胶或淀粉物质涂布的纺织物，作书籍封面及类似用途的；描图布；制成的油画布；作帽里的硬衬布及类似硬挺纺织物	由机织或编织物制成
59.02	尼龙或其他聚酰胺，聚酯或粘胶纤维高强力纱制的帘子布	由机织或编织物制成
59.03	用塑料浸渍、涂布、包覆或层压的纺织物，但税号 59.02 的货品除外	由机织或编织物制成
59.04	列诺伦（亚麻油地毡），不论是否剪切成形；以织物为底布经涂布或覆面的铺地制品，不论是否剪切成形	由机织或编织物制成
59.05	糊墙织物	由机织或编织物制成
59.06	用橡胶处理的纺织物，但税号 59.02 的货品除外	由机织或编织物制成
59.07	用其他材料浸渍、涂布或包覆的纺织物；作舞台、摄影布景或类似用途的已绘制画布	由机织或编织物制成
59.09	纺织材料制的水龙软管及类似的管子，不论有无其他材料作衬里、护套或附件	织造或针刺
59.10	纺织材料制的传动带或输送带及带料，不论是否用塑料浸渍、涂布、包覆或层压，也不论是否用金属或其他材料加强	织造或针刺
59.11	本章注释七所规定的作专门技术用途的纺织产品及制品	织造或针刺
第 60 章	针织物及钩编织物	针织或编结
第 61 章		
61.01	针织或钩编的男式大衣、短大衣、斗篷、短斗篷、带风帽的防寒短上衣（包括滑雪短上衣）、防风衣、防风短上衣及类似品，但税号 61.03 的货品除外	裁剪、缝纫至成衣或针织或编结

续表

61.02	针织或钩编的女式大衣、短大衣、斗篷、短斗篷、带风帽的防寒短上衣(包括滑雪短上衣)、防风衣、防风短上衣及类似品,但税号61.04的货品除外	裁剪,缝纫至成衣或针织或编结
61.03	针织或钩编的男式西服套装、便服套装、上衣、长裤、护胸背带工装裤、马裤及短裤(游泳裤除外)	裁剪,缝纫至成衣或针织或编结
61.04	针织或钩编的女式西服套装、便服套装、上衣、连衣裙、裙子、裙裤、长裤、护胸背带工装裤、马裤及短裤(游泳服除外)	裁剪、缝纫至成衣或针织或编结
61.15	针织或钩编的连裤袜、紧身裤袜、长统袜、短袜及其他袜类,包括用以治疗静脉曲张的长统袜和无外绱鞋底的鞋类	裁剪,缝制或针织或编结
61.16	针织或钩编的分指手套、连指手套及露指手套	裁剪,缝制或针织或编结
61.17	其他制成的针织或钩编的衣着附件;服装或衣着附件的针织或钩编的零件	裁剪,缝制或针织或编结
第62章		
62.01	男式大衣、短大衣、斗篷、短斗篷、带风帽的防寒短上衣(包括滑雪短上衣)、防风衣、防风短上衣及类似品,但税号62.03的货品除外	裁剪,缝纫至成衣
62.02	女式大衣、短大衣、斗篷、短斗篷、带风帽的防寒短上衣(包括滑雪短上衣)、防风衣、防风短上衣及类似品,但税号62.04的货品除外	裁剪,缝纫至成衣
62.03	男式西服套装、便服套装、上衣、长裤、护胸背带工装裤、马裤及短裤(游泳裤除外)	裁剪,缝纫至成衣
62.04	女式西服套装、便服套装、上衣、连衣裙、裙子、裙裤、长裤、护胸背带工装裤、马裤及短裤(游泳服除外)	裁剪,缝纫至成衣
62.05	男衬衫	裁剪,缝纫至成衣
62.06	女衬衫	裁剪,缝纫至成衣
62.07	男式背心及其他内衣、内裤、三角裤、长睡衣、睡衣裤、浴衣、晨衣及类似品	裁剪,缝纫至成衣
62.08	女式背心及其他内衣、长衬裙、衬裙、三角裤、短衬裤、睡衣、睡衣裤、浴衣、晨衣及类似品	裁剪,缝纫至成衣
62.09	婴儿服装及衣着附件	裁剪,缝纫至成衣
62.10	用税号56.02、56.03、59.03、59.06或59.07的织物制成的服装	裁剪,缝纫至成衣
62.11	运动服、滑雪服及游泳服;其他服装	裁剪,缝纫至成衣
62.12	胸罩、束腰带、紧身胸衣、吊裤带、吊袜带、束袜带和类似品及其零件,不论是否针织或钩编的	钩编的经编结;其他的经裁剪、缝制或针织,并满足从价百分比标准

续表

62.13	手帕	裁剪、缝制，并满足从价百分比标准
62.14	披巾、领巾、围巾、披纱、面纱及类似品	裁剪、缝制，并满足从价百分比标准
62.15	领带及领结	裁剪、缝制，并满足从价百分比标准
62.16	分指手套、连指手套及露指手套	裁剪、缝制
62.17	非针织或非钩编的衣着附件和零件	裁剪、缝制，并满足从价百分比标准
第 63 章		
63.01	毯子及旅行毯	织造
63.02	床上、餐桌、盥洗及厨房用的织物制品	裁剪、缝制或针织或编结，并满足从价百分比标准
63.03	窗帘(包括帷帘)及帐幔；帘帷或床帷	裁剪、缝制或针织或编结，并满足从价百分比标准
63.04	其他装饰用织物制品，但税号 94.04 的货品除外	裁剪、缝制或针织或编结，并满足从价百分比标准
63.05	货物包装用袋	编织或织造，裁剪，缝合
*63.06	天篷及遮阳篷、帐篷、风帆、充气褥垫	裁剪，缝制或黏合，装配
63.08	由机织物及纱线构成的零售包装成套物品，不论是否带有附件，用以制作小地毯、装饰毯，绣花台布、餐布或类似的纺织物品	裁剪、缝制或针织或编结
第十二类 鞋、帽、伞、杖、鞭及其零件；已加工的羽毛及其制品；人造花；人发制品		
第 64 章		
64.01	橡胶或塑料制外底及鞋面的防水鞋靴，其鞋面不是用缝、铆、钉、旋、塞或类似方法固定在鞋底上	制鞋面或鞋底，合成
64.02	橡胶或塑料制外底及鞋面的其他鞋靴	制鞋面或鞋底，合成
64.03	橡胶、塑料、皮革或再生皮革制外底，皮革制鞋面的鞋靴	制鞋面或鞋底，合成
64.04	橡胶、塑料、皮革或再生皮革制外底，用纺织材料制鞋面的鞋靴	制鞋面或鞋底，合成
64.05	其他鞋靴	制鞋面或鞋底，合成
第 65 章		
65.03	用税号 65.01 的帽身、帽兜或圆帽片制成的毡呢帽类，不论有无衬里或装饰物	热压定型
65.04	编结帽或用任何材料的条带拼制而成的帽类，不论有无衬里或装饰物	裁剪，缝制或编结
*65.05	针织或钩编，或用花边或其他细片状纺织物制成的帽子	针织或钩编或缝制
*65.06	安全帽、橡胶或塑料制帽类	裁料，成型

续表

第 66 章		
66.01	雨伞、阳伞(包括手杖伞、庭园伞及类似的伞)	裁切伞面,装配
第 67 章		
67.02	人造花、叶、果实及其零件;用人造花、叶或果实制成的物品	成型,组合
*67.04	假发	编结,缝制或黏结
第十三类 玻璃及其制品		
第 70 章		
*70.09	镶框的玻璃镜,包括后视镜	裁镜片,制框,装配
*70.18	玻璃珠、仿珍珠,仿宝石或仿半宝石	切割,琢磨或包镶,镶装
第十四类 天然或养殖珍珠、宝石或半宝石、贵金属、包镀贵金属及其制品;仿首饰;硬币		
第 71 章		
*71.13	贵金属或包贵金属制的首饰	制模或倒模,镶嵌或成型,抛光,电镀
*71.16	珍珠及宝石制品	钻孔或切割,琢磨或镶嵌或穿串
71.17	仿制首饰	倒模或切割,胶粘或包镀,抛光
第十五类 贱金属及其制品		
第 73 章		
*73.23	钢铁制的桌子、炊具及其他家用制品及其零件	切料、成型、表面处理
第 82 章	贱金属工具、器具、利口器、餐匙和餐叉及其零件	切料或铸造,机械加工,表面处理
第 83 章	贱金属杂项制品	切料、成型、表面处理
第十六类 机电类		
第 84 章		
*84.14	电风扇	经全部组装工序,并满足从价百分比标准
84.15	空气调节器,装有电扇及调温、调湿装置,包括不能单独调湿的空调器	制造壳体,总装,并满足从价百分比标准
*84.18	冰箱、冷藏箱及其他冷冻及冷藏设备	制造壳体,组装,并满足从价百分比标准
*84.23	衡量器(人体秤及其他秤)	制造壳体、组装,并满足从价百分比标准
84.50	家用型或洗衣房用洗衣机,包括洗涤干燥两用机	制造壳体、组装,并满足从价百分比标准
*84.52	非家用缝纫机	制造壳体、组装,并满足从价百分比标准
*84.67	自带电机的电动手工工具	经全部组装工序,并满足从价百分比标准

续表

*84.70	计算器	焊接、装配，并满足从价百分比标准
第 85 章		
*85.01	输出功率 37.5 瓦以下的电动机	绕线、装配，并满足从价百分比标准
85.04	变压器、静止式变流器(例如整流器)及电感器	绕线、装配，并满足从价百分比标准
*85.09	自带电机的家用电动器具(吸尘器、打蜡机、搅拌机、磨碎机等)	经全部组装工序，并满足从价百分比标准
*85.10	电动剃须刀及电动毛发推	经全部组装工序，并满足从价百分比标准
*85.12	机动车辆的照明和信号装置	制外壳、装配，并满足从价百分比标准
85.13	自供能源(例如，使用干电池、蓄电池、永磁发电机)的手提式电灯，但税号 85.12 的照明装置除外	制外壳、组装，并满足从价百分比标准
*85.16	电热水器、电热理发用具(电吹风、电卷发器)和干手器；电熨斗；其他家用电热器具(面包炉、制咖啡器)	制外壳、组装，并满足从价百分比标准
85.17	有线电话、电报设备，包括无绳电话机、有线载波通讯设备及有线数字通信设备；可视电话	插件、焊接、装配，并满足从价百分比标准
85.18	传声器(麦克风)及其座架；扬声器，不论是否装成音箱；耳机、耳塞机，不论是否装有传声器，由传声器及一个或多个扬声器组成的组合机；音频扩大器；电气扩音机组	经全部组装工序，并满足从价百分比标准
*85.19	唱机、盒式磁带放音机及其他声音重放设备	制外壳、装配，并满足从价百分比标准
85.20	磁带录音机及其他声音录制设备，不论是否装有声音重放装置	插件、焊接、装配，并满足从价百分比标准
*85.21	录像机和放像机	插件、焊接、装配，并满足从价百分比标准
*85.23	未录制的录音带、录像带磁盘	制外壳、裁切、绕带、装配，并满足从价百分比标准
*85.24	已录制的录音带、录像带磁盘	制外壳、裁切、绕带、装配，并满足从价百分比标准
*85.25	无线电话、对讲机	插件、焊接、装配，并满足从价百分比标准
*85.27	收音机、收录机、汽车接收机、钟控收音机	插件、焊接、装配，并满足从价百分比标准
*85.28	电视机	插件、焊接、装配，并满足从价百分比标准
85.34	印刷电路	制版、腐蚀、打孔，并满足从价百分比标准
*85.41	二极管、晶体管；光敏半导体器件；发光二极管	焊接、封装，并满足从价百分比标准

续表

第十七类　车辆		
第 87 章		
87.12	自行车及其他非机动脚踏车(包括运货三轮脚踏车)	经全部组装工序,并满足从价百分比标
*87.14	鞍座	裁切或模压,装配
第十八类　光学、照相、计量、医疗仪器及设备;钟表;乐器		
第 90 章		
90.04	矫正视力、保护眼睛或其他用途的眼镜、挡风镜及类似品	制镜片、制框架和装配,并满足从价百分比标准
90.06	照相机(电影摄像机除外);照相闪光灯装置及闪光灯泡,但税号 85.39 的放电灯泡除外	经全部组装工序,并满足从价百分比标准
90.09	装有光学系统的或接触式的感光式复印设备及热敏复印设备	经全部组装工序,并满足从价百分比标准
*90.19	按摩器	经全部组装工序,并满足从价百分比标准
*90.28	工业用电量计	经全部组装工序,并满足从价百分比标准
90.30	万用表	经全部组装工序,并满足从价百分比标准
第 91 章		
91.01	手表、怀表及其他表,包括秒表,表壳用贵金属或包贵金属制成的	经全部组装工序,并满足从价百分比标准
91.02	手表、怀表及其他表,包括秒表,但税号 91.01 的货品除外	经全部组装工序,并满足从价百分比标准
91.03	以表芯装成的钟,但不包括税号 91.04 的钟	制钟壳和装配
91.04	仪表板钟及车辆、航空器、航天器或船舶用的类似钟	制钟壳和装配
91.05	其他钟	制钟壳和装配
91.08	已组装的完整表芯	经全部组装工序,并满足从价百分比标准
第 92 章		
92.07	通过电产生或扩大声音的乐器(例如电风琴、电吉他、电手风琴)	插件、焊接和装配,并满足从价百分比标准
第二十类　杂项制品		
第 94 章		
*94.04	睡袋	裁剪和缝制

续表

*94.05	其他税号未列明的灯具及照明装置，包括探照灯、聚光灯及其零件	制灯架和装配
第 95 章		
95.02	玩偶	经全部组装工序，并满足从价百分比标准
95.03	其他玩具；缩小的（按比例缩小）的模型及类似的娱乐用模型，无论是否活动；各种智力玩具	经全部组装工序，并满足从价百分比标准
*95.04	室内游戏用品	经全部组装工序，并满足从价百分比标准
*95.05	圣诞节用品	经全部组装工序，并满足从价百分比标准
*95.06	室外运动及游戏用品	经全部组装工序，并满足从价百分比标准
*95.07	渔具	经全部组装工序，并满足从价百分比标准
第 96 章		
*96.01	动物雕刻材料制品	雕刻
*96.02	植物或矿物质雕刻材料制品	雕刻
96.05	个人梳妆、缝纫或清洁鞋靴、衣服用的成套旅行用具	从价百分比标准
*96.06	纽扣	由金属片、板、条或塑料颗粒制成
*96.07	拉链	制链带和装链齿
*96.13	纸烟打火机及其他打火机，不论是否机械还是电气的	制外壳和装配
*96.17	带壳的真空瓶和其他真空器皿	外壳由金属片、板或塑料颗粒经冲压或模塑料制成和装配

8.8　原产地证电子签证管理办法

原产地证电子签证管理办法

第一章　总　　则

第一条　为加强我国原产地证电子签证管理，便利出口企业申请原产地证，提高原产地证签证管理水平和签证效率，根据《中华人民共和国出口货物原产地规则》、《中华人民共和国普遍优惠制原产地证明书签证管理办法》等有关规定，制定本办法。

第二条　本办法所称原产地证电子签证（简称电子签证）是指：申领原产地证的企业，通过网络将申报原产地证的有关数据以电子方式发送给检验检疫机构。

第三条 国家出入境检验检疫局(以下简称国家检验检疫局)统一管理全国电子签证工作,国家检验检疫局设在各地的出入境检验检疫机构(以下简称检验检疫机构)负责电子签证工作的实施。

第四条 本办法适用于以电子方式签发的普惠制原产地证书FORM A和一般原产地证书C.O。开展原产地证电子签证业务的检验检疫机构、自愿申请办理原产地证电子签证的企业及原产地证电子签证企业端软件开发商均必须遵守本办法。

第二章 原产地证电子签证的申请与考核

第五条 申请电子签证的企业(以下简称申请企业)必须具备以下条件:

(一)已在检验检疫机构办理普惠制原产地证明书/一般原产地证明书注册登记手续;

(二)具有经检验检疫机构培训考试合格取得原产地证手签员证并经电子签证培训取得合格证书的人员;

(三)使用全国组织机构统一代码(法人代码);

(四)在签证工作中无违法行为;

(五)具备开展电子签证业务所必需的硬件设备。

第六条 企业申请电子签证时,应提供以下文件:

(一)《企业申请签发原产地证注册登记表》;

(二)《原产地证电子签证申请表》;

(三)由企业法人代表签字的《申请原产地证电子签证保证书》。

第七条 检验检疫机构接到企业申请后,应按有关规定对企业进行考核,对符合条件的申请企业,准予办理原产地证电子签证业务。

第三章 原产地证电子申报与签证

第八条 电子签证的报文应符合中华人民共和国出入境检验检疫相关及行业标准。

第九条 检验检疫机构办理原产地证电子签证时应统一采用经国家检验检疫局评测合格的“原产地证电子签证管理系统”,利用国家检验检疫局“中国检验检疫电子业务服务平台”进行通讯。

第十条 申请企业应使用经国家检验检疫局评测合格并认可的“原产地证电子签证系统企业端软件”。

第十一条 申请企业将已生成的原产地证及其相关单据通过电子方式发送给检验检疫机构,所发送申报单据和证书的内容应真实、准确,与实际出口完全一致。

第十二条 检验检疫机构接收电子数据后,应按规定进行电子审单,对符合要求的,发出正确回执,予以打印证书,办理签证手续;审核发现有误的,发出不受理回执,并将有错项明细反馈给申请企业。

第十三条 申请企业在领取原产地证时,须向检验检疫机构提交用“原产地证电子签证系统企业端软件”打印出的商业发票并加盖公章。

第十四条 申请企业在领取原产地证时,在证书上签字并加盖企业中英文印章,所盖印章必须与注册时的印章一致。检验检疫机构发现证书上的印章与注册的印章不相符,就取消该证书或对外宣布其无效。

第十五条　电子签证工作完毕后，检验检疫机构应及时将纸面证书副本及随附单据整理归档。

第十六条　检验检疫机构应定期对数据库中统计数据进行审核，并定期上报国家检验检疫局。

第十七条　申请办理原产地证电子签证的企业应按国家有关收费标准缴纳签证费。

第十八条　国家检验检疫局对原产地证电子签证企业端软件实施测试认可制度，具体要求按有关规定办理。

第十九条　检验检疫机构要加强对申请电子签证企业的日常监督和管理，发现有违规或欺骗行为的，应立即暂停其电子签证的资格。

第四章　附　　则

第二十条　本办法未述及的有关原产地证签证管理方面的内容均按《中华人民共和国出口货物原产地规则》、《中华人民共和国普遍优惠制原产地证明书签证管理办法》及其实施细则的要求办理。

第二十一条　违反本办法规定的，依照有关法律法规予以处罚。

第二十二条　本办法由国家检验检疫局负责解释。

第二十三条　本办法自 2000 年 12 月 1 日起施行。

8.9　实施"未再加工证明"签证管理规定(试行)

实施"未再加工证明"签证管理规定(试行)

根据中国与欧盟达成的协议精神，中华人民共和国对外贸易经济合作部授权中华人民共和国国家进出口商品检验局(以下简称国家商检局)直属的香港中国检验有限公司(以下简称香港中检公司)对中国以香港转输欧盟普惠制项下的出口商品，在港签发"未再加工证明"，作为中国经香港转输欧盟普惠制项下的出口商品在港未进行加工的证明。为使"未再加工证明"的签发工作顺利实施，保证签证质量，制定本规定。

第一条　签发"未再加工证明"的职责任务

国家商检局负责签发"未再加工证明"的监督、检查、指导和协调管理工作；香港中检公司负责签发"未再加工证明"、签证抽查、国外对"未再加工证明"退证查询的调查处理和咨询服务工作；各地商检机构应当协助配合香港中检公司签发"未再加工证明"及国外退证查询的工作。

第二条　"未再加工证明"的申请

(一) 中国经香港转输欧盟普惠制项下的出口商品，没有联运提单的，从 1996 年 4 月 1 日起，由转口申请人在香港持各地商检机构签发的普惠制产地证书格式 A 及其影印件各一份，向香港中国检验有限公司申请签发"未再加工证明"。

(二) 货物抵达香港后，转口申请人须按香港中国检验有限公司的签证要求，填写"未再加工证明申请单"，据实申报货物的详细情况，并提供有关贸易、运输单证。

(三) 转口申请人申请签发"未再加工证明"，应不迟于货物装船出运前两个工作日提出。

第三条 “未再加工证明”的签发

（一）香港中检公司受理申请后，应认真审核“未再加工证明申请单”和有关转口文件是否与有关各地商检机构签发的普惠制产地证书格式 A 及有关出口文件内容一致。经审核无误，符合要求，签发“未再加工证明”，即：

香港中检公司在有关各地商检机构签发的普惠制产地证书格式 A 第四栏内加签“兹证明该证书所列商品在香港停留/转运其间未进行任何加工”之英文字样（THIS IS TO CERTIFY THAT THE GOODS STATED IN THIS CERTIFICATE HAD NOT BEEN SUBJECT TO ANY PROCESSING DURING THEIR STAY/TRANSHIPMENT IN HONG KONG）并加盖香港中检公司印章（已在欧盟注册备案），签证人员手签并注明日期。

（二）香港中检公司对申请“未再加工证明”的货物发现违反欧盟普惠制方案规定而进行任何加工或拆箱、检验、再包装及替换产品的，不予以签证。

（三）对经香港转输欧盟的出口受惠商品，转口时对持有普惠制产地证书格式 A，未申请“未再加工证明”的，事后香港中检公司一般不再受理“未再加工证明”的申请。

第四条 签证抽查

（一）香港中检公司在签证过程中，发现问题，应及时对申请转口的货物实施检查，根据检查结果决定是否予以签证。

（二）香港中检公司应对申请“未再加工证明”的转口货物 在发运前进行一定比例的随机抽查。

第五条 退证查询的处理

（一）欧盟成员国主管当局进行退证查询时，各地商检机构应与香港中检公司互相配合，各负其责。

（二）香港中检公司负责对“未再加工证明”国外退证查询的核查工作。如查询内容除“未再加工证明”外，还涉及其他方面的内容，香港中检公司应将国外查询函及其有关附件复印给有关各地商检机构，后者应根据来函提出的问题协助调查核实，在一个月内将调查结果函告香港中检公司，由香港中检公司对外答复，抄送有关各地商检机构，抄报国家商检局备案。

（三）欧盟成员国主管当局直接向中国签证机构退证查询，所查询内容涉及“未再加工证明”的，有关各地商检机构应与香港中检公司联系并将查询函及其有关附件复印给中检公司，香港中检公司应协助调查核实，并及时将在香港签发“未再加工证明”及其对货物的监管核查情况提供给有关各地商检机构，由有关各地商检机构直接对外答复，并抄送香港中检公司，抄报国家商检局备案。

（四）欧盟成员国主管当局同时向中国签证机构和香港中检公司对同一份普惠制产地证书格式 A 进行查询的，或退证查询涉及重要问题的，有关各地商检机构应在一个月内将调查结果、对方来函及有关附件的复印件、答复函稿等报国家商检局审核，由国家商检局指定对外答复。被指定答复的有关各地商检机构应将国外海关查询函、证书复印件、对外答复函件及附件抄送有关各地商检机构，抄报国家商检局备案。

（五）处理退证查询的时限，从收到查询函之日起，不得超过一个月，特殊情况，不得超过两个月。如在欧盟规定的期限内无法做出答复的，应向对方说明原因，不得无故拖延或置之不理。

第六条　统计

香港中检公司应当做好签发“未再加工证明”的统计、国外退证查询的统计以及签证工作总结，并定期（半年度和全年度）将统计报表、分析报告和工作总结及时上报国家商检局，并抄送各地商检机构。

第七条　归档

香港中检公司对签发“未再加工证明”的普惠制产地证书格式 A 的影印件、“未再加工证明”申请单、中国出口发票影印件、香港转口发票副本及其他有关资料应及时整理归档，并由专人负责管理。档案保存期不少于三年，退证查询档案应长期保存。

第八条　处罚

（一）对伪造、变造、盗用或者买卖、涂改普惠制产地证书格式 A，申请“未再加工证明”的，国家商检局授权香港中检公司代有关各地商检机构收回签发的普惠制产地证书格式 A，并通知有关各地商检机构，由有关各地商检机构根据《商检法》的有关规定对其做出相应处罚。

（二）对伪造、变造、盗用或者买卖、涂改“未再加工证明”的，香港中检公司暂停对其签发“未再加工证明”，同时登报通告。

（三）“未再加工证明”签证人员玩忽职守，延误签证的，给予批评教育，暂停或取消其签证资格。“未再加工证明”签证人员滥用职权，徇私舞弊，或属违反规定行为的，按照香港中检公司章程规定处理。

第九条　收费

香港中检公司签发“未再加工证明”，可参照当地收费标准收取签证费。

第十条　香港中检公司根据本规定，制定具体签证操作规程，并报国家商检局审核备案。

第十一条　本规定由国家商检局负责解释。

第十二条　本规定自 1996 年 4 月 1 日起试行。

8.10　原产地标记管理规定

原产地标记管理规定

第一章　总　　则

第一条　为加强原产地标记管理工作，规范原产地标记的使用，保护生产者、经营者和消费者的合法权益，根据《中华人民共和国进出口商品检验法》及其实施条例、《中华人民共和国出口货物原产地规则》等有关法律法规和世界贸易组织《原产地规则协议》等国际条约、协议的规定，制定本规定。

第二条　本规定适用于对原产地标记的申请、评审、注册等原产地标记的认证和管理工作。

第三条　国家出入境检验检疫局（以下简称国家检验检疫局）统一管理全国原产地标记工作，负责原产地标记管理办法的制定、组织协调和监督管理。国家检验检疫局设在各地的出入境检验检疫局（以下简称检验检疫机构）负责其辖区内的原产地标记申请的受理、评审、报送注册和监督管理。

第四条 本规定所称原产地标记包括原产国标记和地理标志。原产地标记是原产地工作不可分割的组成部分。

原产国标记是指用于指示一项产品或服务来源于某个国家或地区的标识、标签、标示、文字、图案以及与产地有关的各种证书等。

地理标志是指一个国家、地区或特定地方的地理名称，用于指示一项产品来源于该地，且该产品的质量特征完全或主要取决于该地的地理环境、自然条件、人文背景等因素。

第五条 原产地标记的使用范围包括：

（一）标有“中国制造/生产”等字样的产品；

（二）名、优、特产品和传统的手工艺品；

（三）申请原产地认证标记的产品；

（四）涉及安全、卫生、环境保护及反欺诈行为的货物；

（五）涉及原产地标记的服务贸易和政府采购的商品；

（六）根据国家规定须标明来源地的产品。

第六条 检验检疫机构对原产地标记实施注册认证制度。

第七条 原产地标记的注册坚持自愿申请原则，原产地标记经注册后方可获得保护。

涉及安全、卫生、环境保护及反欺诈行为的入境产品，以及我国法律、法规、双边协议等规定须使用原产地标记的进出境产品或者服务，按有关规定办理。

第八条 经国家检验检疫局批准注册的原产地标记为原产地认证标记，国家检验检疫局定期公布《受保护的原产地标记产品目录》，对已列入保护的产品，在检验检疫、放行等方面给予方便。已经检验检疫机构施加的各种标志、标签，凡已标明原产地的可视作原产地标记，未标明原产地的，按本规定有关条款办理。

第九条 取得原产地标记认证注册的产品或服务可以使用原产地认证标记，原产地认证标记包括图案、证书或者经国家检验检疫局认可的其他形式。

第十条 原产地标记的评审认定工作应坚持公平、公正、公开的原则。

第二章 原产地标记的申请、评审、注册和使用

第十一条 原产地标记的申请人包括国内外的组织、团体、生产经营企业或者自然人。

第十二条 申请出境货物原产地标记注册，申请人应向所在地检验检疫机构提出申请，并提交相关的资料。

申请入境货物原产地标记注册的，申请人应向国家检验检疫局提出申请，并提交相关的资料。

第十三条 检验检疫机构受理原产地标记注册申请后，按相关程序组织评审。经评审符合条件的，由国家检验检疫局批准注册并定期发布《受保护的原产地标记产品目录》。

第十四条 使用“中国制造”或“中国生产”原产地标记的出口货物须符合下列标准：

（一）在中国获得的完全原产品；

（二）含有进口成分的，须符合《中华人民共和国出口货物原产地规则》要求，并取得中国原产地资格。

第三章 原产地标记的保护与监督

第十五条 国家检验检疫局可根据有关地方人民政府和社会团体对原产地标记产品保护的建议，组织行业主管部门、行业协会、生产者代表以及有关专家进行评审，符合要求的，列入《受保护的原产地标记产品目录》。

第十六条 取得原产地认证标记的产品、服务及其生产经营企业，应接受检验检疫机构的监督检查。

第十七条 对违反本规定使用原产地标记的行为，依法追究其法律责任。

第十八条 从事原产地标记工作的人员滥用职权、徇私舞弊、泄露商业秘密的，给予行政处分；构成犯罪的，依法追究刑事责任。

第十九条 对原产地标记的申请受理、评审认证、注册、使用认定和管理工作有异议的，可以向所在地检验检疫机构或国家检验检疫局提出复审。

第四章 附　　则

第二十条 检验检疫机构办理原产地标记，按有关规定收取费用。

第二十一条 国家检验检疫局根据本规定制定实施办法。

第二十二条 本办法由国家检验检疫局负责解释。

第二十三条 本规定自2001年4月1日起施行。

8.11 原产地标记管理规定实施办法

原产地标记管理规定实施办法

第一章 总　　则

第一条 根据《原产地标记管理规定》，制定本办法。

第二条 国家出入境检验检疫局(以下简称国家检验检疫局)设立原产地标记工作小组及其办公室，主要职责是：

(一) 原产地标记的有关管理办法的制、修订；

(二) 受理入境原产地标记申请，办理原产地标记的注册审批；

(三) 统一发布原产地标记认证的种类和形式；

(四) 原产地标记管理工作的协调和监督管理。

第三条 各地出入境检验检疫局(以下简称检验检疫机构)按照相应的模式，负责其辖区内的原产地标记的申请受理、评审、报送注册和监督管理。

第四条 对已取得国家检验检疫局批准注册的原产地标记，由国家检验检疫局每半年一次公开发布《受保护的原产地标记产品目录》。

第二章 原产地标记的使用范围

第五条 使用原产国标记的产品包括：

(一) 在生产国获得的完全原产品；

（二）含有进口成分，并获得原产资格的产品；

（三）标有原产国标记的涉及安全、卫生及环境保护的进口产品；

（四）国外生产商申请原产地标记保护的商品；

（五）涉及反倾销、反补贴的产品；

（六）服务贸易和政府采购中的原产地标记的产品。

第六条 使用地理标志的产品包括：

（一）用特定地区命名的产品，其原材料全部、部分或主要来自该地区，或来自其他特定地区，其产品的特殊品质、特色和声誉取决于当地的自然环境和人文因素，并在该地采用传统工艺生产；

（二）以非特定地区命名的产品，其主要原材料来自该地区或其他特定地区，但该产品的品质、风味、特征取决于该地的自然环境和人文因素以及采用传统工艺生产、加工、制造或形成的产品，也视为地理标志产品。

第三章 原产地标记的申请、评审和注册

第七条 申请地理标志注册的，申请人必须填写《原产地标记注册申请书》，并提供以下资料：

（一）所适用的产地范围；

（二）生产或形成时所用的原材料、生产工艺、流程、主要质量特性；

（三）生产产品的质量情况与地理环境（自然因素、人文因素或二者结合）的相关资料；

（四）检验检疫机构要求的其他相关资料。

第八条 检验检疫机构受理地理标志申请后，依据如下原则进行评审：

（一）产品名称应由其原产地地理名称和反映其真实属性的通用产品名称构成；

（二）产品的品质、品味、特征、特色和声誉能体现原产地的自然环境和人文因素，并具有稳定的质量、历史悠久、享有盛名；

（三）在生产中采用传统的工艺生产或特殊的传统的生产设备生产；

（四）其原产地是公认的，协商一致的并经确认的。

第九条 检验检疫机构评审的依据如下：

（一）历史渊源、当地的自然条件和人文因素；

（二）标记产品原有的标准（包括工艺）；

（三）申请人提供的经确认的感官特性，理化、卫生指标和试验方法；

（四）涉及安全、卫生、环保的产品要求应符合国家标准的规定；

（五）申请人提供的其他与审核有关的文件。

第十条 国家检验检疫局对所受理的入境货物原产地认证标记的申请，组织专家进行评审，评审合格的，予以注册。

第十一条 检验检疫机构受理出境货物地理标记认证申请后，由直属检验检疫局依据《原产地标记注册程序》进行评审，评审合格的，报国家检验检疫局审批。经审批合格的，国家检验检疫局批准注册并颁发证书。

出境货物原产国标记注册的申请，检验检疫机构按照《中华人民共和国出口货物原产地规则》签发原产地证书的要求进行审核。经审核符合要求的，生产制造厂商可在其产品上施

加原产地标记“中国制造/生产”字样；不符合要求的，不得施加。

第十二条　服务贸易中的原产地标记，申请人应提供该项服务的权利证明和服务特殊性的依据，由检验检疫机构组织验证，对符合标准的，签发《原产地标记证明书》。

第四章　原产地认证标记的使用

第十三条　经国家检验检疫局注册的原产地标记为原产地认证标记。标记使用人应按照原产地标记注册证书核准的产品及标示方法的范围使用相应的原产地标记。

第十四条　原产地认证标记的形式和种类：

（一）标记图案：CIQ-Origin

标记图案的图形为椭圆形，底色为瓷蓝色，字体为白色。标记的材质为纸制，有耐热要求时为铝箔。

标记的规格分为5号，各种规格的外围尺寸见下表：

标志规格	1号	2号	3号	4号	5号
直径/mm	60	45	30	20	10

标记图案的长、短半径比例为1.5∶1。

（二）证书

1. 原产地标记注册证书；

2. 原产地标记的书面证明。

（三）经国家检验检疫局认可的其他形式

第十五条　原产地认证标记的标示方法有：

（一）直接加贴或吊挂在产品或包装物上；

（二）图案压模，适用于金属、塑料等产品或包装物上；

（三）原产地标记证书；

（四）直接印刷在标签或包装物上；

（五）应申请人的要求或根据实际情况，采用相应的标示方法。

第十六条　对土特产品、传统手工艺品、名牌优质产品，申请人提出申请原产地标记后，检验检疫机构应组织评审，经注册后方可使用原产地认证标记。

第五章　监督管理

第十七条　下列标记不受保护：

（一）不符合规定的原产国标记和地理标志；

（二）违反道德或公共秩序的标记，特别是在商品的品质、来源、制造方法、质量特征或用途等方面容易引起误导的标记；

（三）已成为普通名称或公知公用的原产地标记；

（四）未经注册，自行施加或自我声明“中国制造”的标记。

第十八条　原产地标记的使用不得有下列情形：

（一）使用虚假的、欺骗性的或引起误解的原产地标记，使用虚假、欺骗性说明或者仿造原产地名称的；

（二）在原产地标记上加注了诸如“类”、“型”、“式”等类似用语以混淆原产地的；

（三）使用原产地标记与实际货物不符合的；

（四）未经许可使用、变更或伪造原产地标记的。

第十九条 检验检疫机构对已注册原产地标记的企业实行监督管理，发现不符合要求的，给予暂停使用或停止使用的处罚。对暂停使用的注册单位，改进后经审核合格的，可恢复使用；

对停止使用的注册单位，以公告形式予以公布。

第二十条 对违反本规定的行为，情节轻微的，由检验检疫机构依法予以行政处罚；情节严重构成犯罪的，依法追究其刑事责任。

第六章 附 则

第二十一条 检验检疫机构办理原产地标记注册、加贴认证标志，以及实施有关检验、鉴定、测试等应按规定收取费用。

第二十二条 政府采购中的原产地标记，国家检验检疫局将根据我国政府采购的法律和法规，对政府采购中的原产地标记进行认定。

第二十三条 国家规定的“西部地区”的产品，可标有特定的“西部地区”标记，该标记视为原产地标记。

本条所称的“西部地区”是指国家公开发布的省、市、自治区。

第二十四条 本办法由国家检验检疫局负责解释。

第二十五条 本办法自2001年4月1日起施行。

8.12 地理标志产品保护规定

地理标志产品保护规定

第一章 总 则

第一条 为了有效保护我国的地理标志产品，规范地理标志产品名称和专用标志的使用，保证地理标志产品的质量和特色，根据《中华人民共和国产品质量法》、《中华人民共和国标准化法》、《中华人民共和国进出口商品检验法》等有关规定，制定本规定。

第二条 本规定所称地理标志产品，是指产自特定地域，所具有的质量、声誉或其他特性本质上取决于该产地的自然因素和人文因素，经审核批准以地理名称进行命名的产品。地理标志产品包括：

（一）来自本地区的种植、养殖产品。

（二）原材料全部来自本地区或部分来自其他地区，并在本地区按照特定工艺生产和加工的产品。

第三条 本规定适用于对地理标志产品的申请受理、审核批准、地理标志专用标志注册登记和监督管理工作。

第四条 国家质量监督检验检疫总局（以下简称“国家质检总局”）统一管理全国的地理标志产品保护工作。各地出入境检验检疫局和质量技术监督局（以下简称各地质检机构）依照职能开展地理标志产品保护工作。

第五条　申请地理标志产品保护，应依照本规定经审核批准。使用地理标志产品专用标志，必须依照本规定经注册登记，并接受监督管理。

第六条　地理标志产品保护遵循申请自愿，受理及批准公开的原则。

第七条　申请地理标志保护的产品应当符合安全、卫生、环保的要求，对环境、生态、资源可能产生危害的产品，不予受理和保护。

第二章　申请及受理

第八条　地理标志产品保护申请，由当地县级以上人民政府指定的地理标志产品保护申请机构或人民政府认定的协会和企业（以下简称申请人）提出，并征求相关部门意见。

第九条　申请保护的产品在县域范围内的，由县级人民政府提出产地范围的建议；跨县域范围的，由地市级人民政府提出产地范围的建议；跨地市范围的，由省级人民政府提出产地范围的建议。

第十条　申请人应提交以下资料：

（一）有关地方政府关于划定地理标志产品产地范围的建议。

（二）有关地方政府成立申请机构或认定协会、企业作为申请人的文件。

（三）地理标志产品的证明材料，包括：

1. 地理标志产品保护申请书；

2. 产品名称、类别、产地范围及地理特征的说明；

3. 产品的理化、感官等质量特色及其与产地的自然因素和人文因素之间关系的说明；

4. 产品生产技术规范（包括产品加工工艺、安全卫生要求、加工设备的技术要求等）；

5. 产品的知名度，产品生产、销售情况及历史渊源的说明。

（四）拟申请的地理标志产品的技术标准。

第十一条　出口企业的地理标志产品的保护申请向本辖区内出入境检验检疫部门提出；按地域提出的地理标志产品的保护申请和其他地理标志产品的保护申请向当地（县级或县级以上）质量技术监督部门提出。

第十二条　省级质量技术监督局和直属出入境检验检疫局，按照分工，分别负责对拟申报的地理标志产品的保护申请提出初审意见，并将相关文件、资料上报国家质检总局。

第三章　审核及批准

第十三条　国家质检总局对收到的申请进行形式审查。审查合格的，由国家质检总局在国家质检总局公报、政府网站等媒体上向社会发布受理公告；审查不合格的，应书面告知申请人。

第十四条　有关单位和个人对申请有异议的，可在公告后的 2 个月内向国家质检总局提出。

第十五条　国家质检总局按照地理标志产品的特点设立相应的专家审查委员会，负责地理标志产品保护申请的技术审查工作。

第十六条　国家质检总局组织专家审查委员会对没有异议或者有异议但被驳回的申请

进行技术审查，审查合格的，由国家质检总局发布批准该产品获得地理标志产品保护的公告。

第四章　标准制订及专用标志使用

第十七条　拟保护的地理标志产品，应根据产品的类别、范围、知名度、产品的生产销售等方面的因素，分别制订相应的国家标准、地方标准或管理规范。

第十八条　国家标准化行政主管部门组织草拟并发布地理标志保护产品的国家标准；省级地方人民政府标准化行政主管部门组织草拟并发布地理标志保护产品的地方标准。

第十九条　地理标志保护产品的质量检验由省级质量技术监督部门、直属出入境检验检疫部门指定的检验机构承担。必要时，国家质检总局将组织予以复检。

第二十条　地理标志产品产地范围内的生产者使用地理标志产品专用标志，应向当地质量技术监督局或出入境检验检疫局提出申请，并提交以下资料：

（一）地理标志产品专用标志使用申请书。

（二）由当地政府主管部门出具的产品产自特定地域的证明。

（三）有关产品质量检验机构出具的检验报告。

上述申请经省级质量技术监督局或直属出入境检验检疫局审核，并经国家质检总局审查合格注册登记后，发布公告，生产者即可在其产品上使用地理标志产品专用标志，获得地理标志产品保护。

第五章　保护和监督

第二十一条　各地质检机构依法对地理标志保护产品实施保护。对于擅自使用或伪造地理标志名称及专用标志的；不符合地理标志产品标准和管理规范要求而使用该地理标志产品的名称的；或者使用与专用标志相近、易产生误解的名称或标识及可能误导消费者的文字或图案标志，使消费者将该产品误认为地理标志保护产品的行为，质量技术监督部门和出入境检验检疫部门将依法进行查处。社会团体、企业和个人可监督、举报。

第二十二条　各地质检机构对地理标志产品的产地范围，产品名称，原材料，生产技术工艺，质量特色，质量等级、数量、包装、标识，产品专用标志的印刷、发放、数量、使用情况，产品生产环境、生产设备，产品的标准符合性等方面进行日常监督管理。

第二十三条　获准使用地理标志产品专用标志资格的生产者，未按相应标准和管理规范组织生产的，或者在2年内未在受保护的地理标志产品上使用专用标志的，国家质检总局将注销其地理标志产品专用标志使用注册登记，停止其使用地理标志产品专用标志并对外公告。

第二十四条　违反本规定的，由质量技术监督行政部门和出入境检验检疫部门依据《中华人民共和国产品质量法》、《中华人民共和国标准化法》、《中华人民共和国进出口商品检验法》等有关法律予以行政处罚。

第二十五条　从事地理标志产品保护工作的人员应忠于职守，秉公办事，不得滥用职权、以权谋私，不得泄露技术秘密。违反以上规定的，予以行政纪律处分；构成犯罪的依法追究刑事责任。

第六章 附 则

第二十六条 国家质检总局接受国外地理标志产品在中华人民共和国的注册并实施保护。具体办法另外规定。

第二十七条 本规定由国家质检总局负责解释。

第二十八条 本规定自2005年7月15日起施行。原国家质量技术监督局公布的《原产地域产品保护规定》同时废止。原国家出入境检验检疫局公布的《原产地标记管理规定》、《原产地标记管理规定实施办法》中关于地理标志的内容与本规定不一致的,以本规定为准。

8.13 中华人民共和国实施金伯利进程国际证书制度管理规定

中华人民共和国实施金伯利进程国际证书制度管理规定

(2002年12月31日国家质量监督检验检疫总局局务会议审议通过
自2003年1月1日起施行)

第一章 总 则

第一条 为履行国际义务,维护非洲地区的和平与稳定,制止冲突钻石非法交易,根据我国有关法律法规规定和联合国大会第55/56号决议以及金伯利进程国际证书制度的要求制定本规定。

第二条 本规定所称的毛坯钻石是指未经加工或经简单切割或者部分抛光,归入《商品名称及编码协调制度》7102.10、7102.21和7102.31的钻石。

第三条 中华人民共和国国家质量监督检验检疫总局(以下简称国家质检总局)是我国实施金伯利进程国际证书制度的管理部门,国家质检总局指定的出入境检验检疫机构(以下简称检验检疫机构)负责对进出口毛坯钻石的原产国(地)或者来源国(地)进行核查,并对毛坯钻石进行验证、检验、签证。

第四条 金伯利进程国际证书是具有法律约束力的官方证明文件。

第五条 本规定适用于金伯利进程国际证书制度成员国(以下简称成员国)之间的毛坯钻石进出口贸易,检验检疫机构只受理成员国之间的毛坯钻石进出口贸易的申报。

第六条 一般贸易项下进出口毛坯钻石的受理申报、核查检验和签发《出/入境货物通关单》,由国家质检总局设在上海钻石交易所内的办事机构办理。金伯利进程国际证书制度中的有关价值核定工作由国家质检总局许可上海钻石研究鉴定中心在上海钻石交易所内承担。

加工贸易项下进出境毛坯钻石的受理申报、核查检验和签发《出/入境货物通关单》,由国家质检总局指定的检验检疫机构办理。

从境外进入保税区、保税仓库和出口加工区以及从保税区、保税仓库、出口加工区和出口监管仓库出境的毛坯钻石的受理申报、核查检验和签发《出/入境货物通关单》,由国家质检总局指定的检验检疫机构办理。

第二章 注册登记

第七条 国家对毛坯钻石进出口实施注册登记管理。

凡在中华人民共和国境内从事毛坯钻石进出口的企业或者其代理人以及承运人必须向检验检疫机构申请并获得注册登记后，方可从事毛坯钻石进出口相关业务。

第八条 申请注册登记时应当提供以下资料：

（一）《中华人民共和国实施金伯利进程国际证书制度注册登记申请表》（附件 1）；

（二）遵守金伯利进程国际证书制度的声明；

（三）企业工商营业执照复印件；

（四）其他需要提供的材料。

第九条 检验检疫机构经审核和调查，对符合注册登记条件的予以办理注册登记手续，并签发《中华人民共和国实施金伯利进程国际证书制度注册登记证》（以下简称注册登记证）（附件 2）。注册登记证的有效期为 2 年，期满前 1 个月内，可以申请延期。

第三章 进口核查检验

第十条 毛坯钻石入境前，毛坯钻石的进出口企业或者其代理人以及承运人（以下简称申报人）应当向其注册登记地检验检疫机构提交注册登记证、《中华人民共和国进口毛坯钻石申报单》（附件 3）、毛坯钻石出口国政府主管机构签发的金伯利进程国际证书正本等有关资料，办理入境申报手续。未提供上述单证的，不予受理申报。

第十一条 检验检疫机构受理申报后，应当严格审查所提交的金伯利进程国际证书，必要时进行成员国间核对，并按照金伯利进程国际证书制度的要求，审核申报内容是否与出口国政府主管机构签发的金伯利进程国际证书相符。

第十二条 检验检疫机构应当在指定地点及申报人在场的情况下，核查货物原产地标记、封识及内外包装；检查原产国（地）/来源国（地）、受货人、证书编号等是否与随附的金伯利进程国际证书所列内容一致；对申报金额进行核定；对毛坯钻石的克拉重量（数量）等按照金伯利进程国际证书制度的要求实施检验。

经查验，对符合要求的，签发《入境货物通关单》，海关凭《入境货物通关单》验放。

第十三条 核查、检验结束后，检验检疫机构应当签发进口毛坯钻石确认书，发送至货物原产国（地）/来源国（地）政府主管机构，同时以电子邮件方式确认该批钻石已到达目的地。

第十四条 检验检疫机构应当将《中华人民共和国进口毛坯钻石申报单》、毛坯钻石出口国政府主管机构签发的金伯利进程国际证书正本和进口毛坯钻石确认书（副本）等有关资料一并归档。档案保存期为 3 年。

第四章 出口核查检验

第十五条 毛坯钻石出境前，申报人应当向其注册登记地检验检疫机构提交注册登记证、《中华人民共和国出口毛坯钻石申报单》（附件 4），声明所申报的出口毛坯钻石为非冲突钻石，目的国为成员国，并保证出口的毛坯钻石储存在防损容器中运输，同时提供合同、发票及价值证明文件以及其他证明毛坯钻石合法性的有关资料。

第十六条　检验检疫机构受理申报后，应当在指定地点及申报人在场的情况下，对毛坯钻石原产地的真实性等进行核实，对毛坯钻石的克拉重量（数量）进行检验，并对申报金额进行核定。在确认申报人所申报的内容正确无误后，对符合金伯利进程国际证书制度要求的毛坯钻石及其包装容器进行封识，加施原产地注册标记，并签发《金伯利进程国际证书》和《出境货物通关单》，海关凭《出境货物通关单》验放。

检验检疫机构签发《金伯利进程国际证书》后，应当以电子邮件方式将相关信息发送至进口国。

第十七条　检验检疫机构在收到进口国政府主管机构发出的进口毛坯钻石确认书后，应当将确认书、《中华人民共和国出口毛坯钻石申报单》、《金伯利进程国际证书》副本以及合同、发票等有关资料一并归档。档案保存期为 3 年。

第五章　统 计 管 理

第十八条　检验检疫机构应当将按照金伯利进程国际证书制度要求，对毛坯钻石进出口贸易相关数据进行统计管理，建立统计数据库。统计数据包括：H. S. 编码、原产国（地）和来源国（地）、贸易国别、进出口企业、克拉重量（数量）、金额、签证份数、证书编号、确认证书份数等。统计信息保存期为 3 年。

第十九条　国家质检总局按照金伯利进程国际证书制度的要求及时交换数据，统一对外发布有关信息。

第二十条　申报人要保存完整的贸易证单，同时对有关贸易数据进行统计，统计内容主要包括：客户名称、进出口毛坯钻石的克拉重量（数量）和金额等。贸易证单和统计数据保存期为 3 年。

第六章　附　　则

第二十一条　对过境毛坯钻石，检验检疫机构在申报人确保毛坯钻石密封包装容器未开封和未受损情况下，可以不予核查金伯利进程国际证书。

第二十二条　为方便贸易，便于监管，有关钻石交易机构应当配合检验检疫机构工作，并提供必要的条件。

第二十三条　对未如实申报毛坯钻石的原产国（地）和来源国（地）、伪造、涂改金伯利进程国际证书等有关证单的；违反金伯利进程国际证书制度有关规定、从事冲突钻石进出口的，按有关法律法规规定予以处罚。

第二十四条　与本规定有关的金伯利进程国际证书制度术语定义见附件 5。

第二十五条　本规定由国家质检总局负责解释。

第二十六条　本规定自 2003 年 1 月 1 日起施行。

附件（略）。

8.14　签发旅游零售商品普惠制原产地证明书的管理规定（试行）

签发旅游零售商品普惠制原产地证明书的管理规定（试行）

第一条　为了适应我国进一步对外开放和旅游业迅速发展的需要，鼓励和吸引给予我国普惠制待遇国家的来访者、旅游者购买我国旅游零售商品，使其享受给惠国给予减免关税的优惠待遇，根据《中华人民共和国普惠制原产地证明书签证管理办法》的有关规定，特制定本规定。

第二条 国家商检局负责全国签发旅游零售商品普惠制原产地证明书(以下简称普惠制原产地证)的统一管理工作。各地商检局负责本地区旅游零售商品普惠制产地证的签证管理工作。

第三条 签发旅游零售商品普惠制原产地证的范围限于给予我国普惠制待遇的给惠国及其确定的给惠产品，并须符合给惠国的普惠制原产地规则。

为确保旅游零售商品符合给惠国的原产地规则，签证商检局必须对商品构成、加工等原产地情况预先进行调查。

第四条 申请签发旅游零售商品普惠制产地证的销售单位必须是经工商机构注册的旅游零售商品销售单位，并应预先向当地商检局办理普惠制产地证的注册登记手续。

第五条 国家重点旅游区的旅游零售商品销售单位，经国家商检局批准，发给《代发旅游零售商品普惠制原产地证明书准许证》，准许其代发普惠制产地证。

第六条 准许代发普惠制产地证的销售单位(以下简称代发证单位)，必须指定至少两人负责证书代发工作，并具备必要的外文制证条件。有关人员必须接受签证商检局的普惠制业务培训，掌握普惠制的基本知识，熟悉普惠制签证的有关规定，了解本单位经营商品的原产地情况，具备一定的外语水平，能正确地填制证书，并经考试合格，代发证单位的经办人员应相对稳定，如需更换，必须预先通知签证商检局。

第七条 代发证单位应按以下要求办理代发的普惠制原产地证：

1. 由代发证单位填写《代发旅游零售商品普惠制原产地证明书领证单》(见附表一)，交签证商检局，经审核同意后，领取经商检局编号的证书。

2. 代发证单位的普惠制产地证用毕再次申领时，必须将上阶段已代发的证书副本一份、申请书和正式商业发票副本(或影印件)退交签证商检局存档备查。作废证书必须如数退回，不得自行销毁。

签证商检局须对已代发的证书进行核查，确认所代发证书无误，副本和作废证书全部清退后，方可再予以办理领证手续。

3. 代发证单位对代发的普惠制产地证要妥善保管，不得丢失。每填制代发一份证书，须同时填制《普惠制原产地证书申请书》一份，经两人或两人以上审核，并在证书第十二栏签名、加盖公章。

4. 代发证单位须对已发出的证书逐批登记(见附表二)，自留证书副本一份和发票存档。存档副本、登记表及有关单据保存两年以上。每季度须向签证商检局报送登记表副本。

第八条 未获准代发证的销售单位，必须逐批向签证商检局申请办理普惠制产地证。

申请普惠制产地证时，须提交填制正确、清晰的《普惠制原产地证书》(英文或法文)一式三份，《普惠制原产地证书申请书》一份，正式商业发票副本(或影印件)以及签证商检局认为必要的其他单据。

第九条 签证商检局可根据需要，派签证人员到当地重点旅游区和重点旅游点现场办理普惠制产地证。

第十条 代发证单位按有关规定交纳签证费。

第十一条　《普惠制原产地证明书》一般在售货时签发，对于要求事后补发《普惠制原产地证明书》或已签发的证书正本被盗、遗失、损坏而要求重发或更改证书的，须向签证商检局申请办理。更改证书的，应退回原发证书正本。

第十二条　给惠国主管当局对旅游零售商品的《普惠制原产地证明书》进行退证查询时，由签证商检局负责调查和对外答复。有关的代发证单位必须积极配合，提供必要的单据和资料及调查工作条件。

第十三条　凡不按规定代发证的或因玩忽职守造成差错而引起不良后果的，或伪造、涂改、虚报证书内容的，按《商检法》的有关规定予以惩处。

第十四条　签证商检局可以根据本规定，结合本地具体情况制定管理办法。

第十五条　本规定自一九九三年一月一日起执行。

附件(略)。

8.15　关于加强普惠制产地证签证调查管理几点意见

关于加强普惠制产地证签证调查管理几点意见

为了进一步加强普惠制签证管理工作，根据《中华人民共和国普惠制原产地证书签证管理办法》及其《实施细则》，现对加强普惠制签证调查管理提出如下意见，请各局遵照执行。

一、调查

(一) 注册调查

商检签证机构对申请办理普惠制原产地证书注册的生产企业，必须严格按照给惠国规定的原产地标准，进行实地调查，建立完整的注册档案。

对于新的高科技产品的注册申请，要严格调查，提出意见，报请领导审批，并向国家商检局备案。

对注册企业每年复查一次。经复查合格，准予重新注册。

(二) 签证调查

注册签证的产品，商检签证机构在签证过程中，如对申请书和证书有关内容，特别是原产地标准有怀疑时，要及时核对有关注册资料，并做进一步的实地调查，核实无误，方可予以签证。

各地商检签证机构应根据给惠国原产地规则要求的宽严程度，结合本地区签证商品的特点和日常签证工作，对签证商品分类，进行重点抽查管理。

(三) 退证查询调查

商检签证机构对给惠国的退证查询要做到批批实地调查，调查人员要根据普惠制原产地规则，对查询内容作好详细的调查结果记录，提出处理意见，报领导审批后，方可对外答复。地区局必须将调查结果和处理意见上报省局审查，由省局统一对外答复。对于重大的专题查询，必须上报国家商检局审批。所有退证查询案例均须保存完整的调查档案。

二、签证商品分类原则及抽查比例

1. 一类产品：

(1) 凡列入加工清单的给惠产品，其给惠要求和加工标准非常严格的；

(2) 产品科技水准要求高，其重要零部件国内基本不能生产或国产质量一般达不到要求的；

(3) 按普惠制规定要求必须采用的国产原料及零部件，其质量不过关或供应不足或价格过高，生产企业容易采用进口原材料及零部件代替的；

(4) 给惠国海关重点查询的产品；

(5) 被给惠国列入反倾销调查对象的产品。

2. 二类产品：

(1) 凡列入加工清单的给惠产品，其给惠要求和加工标准比较严格；

(2) 按普惠制规定要求必须采用的国产原料及零部件，出口生产企业可以自己生产，或在国内可采购到的；

(3) 给惠国海关查询的一般产品。

3. 三类产品：

(1) 列入加工清单的给惠产品，其给惠要求和加工标准不太严的；

(2) 属劳动密集型或非技术密集型产品的；

(3) 加工工序简单、设备要求不高，出口生产企业可以生产或国内采购原材料、零部件加工的。

各局按上述分类原则，制定详细的分类产品目录，确定重点抽查比例，并报国家局备案。

三、对于使用国内转厂(指经海关进出口核销过的)，出口复进口的原材料、零部件的产品，商检签证机构要建立严格的调查制度。

对于国内转厂的原材料、零部件，申请单位必须提供《国内转厂原材料、零部件产地来源情况申报单》(见附件)以及有关的证明文件，足以证明符合给惠国规定的普惠制原产地标准，则视为国产成分。

对于出口复出口的原材料、零部件，申请单位如能提供足以证明符合产地标准的有关文件，则可视为国产成分，否则，视为来源不明的进口成分。

四、对列入加工清单的商品申请异地签证时，申请单位须出示产地商检机构出具的《GSP原产地标准调查结果单》，签证局凭此单及有关资料核实无误后，签发普惠制产地证书，否则，不予以签证。

产地商检局出具《GSP原产地标准调查结果单》，参照有关规定收取费用。

五、商检签证机构对签证产品的成本价、出厂价等必须进行严格的审查。必要时，可请会计事务所等部门协助核实。

六、各商检签证机构应根据总签证量的情况，配备或充实合理数量的签证调查人员。各商检签证机构应加强对签证人员的业务培训和考核，设置专职专岗的签证局，应对签证人员实行定期岗位轮换制度，使其全面熟悉业务。

附件(略)。

8.16 产地证签证人员签证资格审批管理规定(试行)

产地证签证人员签证资格审批管理规定(试行)

第一章 总 则

第一条 签发普惠制原产地证明书和一般原产地证明书是一项政策性、专业性较强的涉外工作。为了进一步做好产地证的签证管理工作，保证产地证签证人员的素质和签证质量，根据《商检法》及其《实施条例》、《出口货物原产地规则》和《中华人民共和国普惠制原产地证明书签证管理办法》及其《实施细则》，特制定本规定。

第二章 产地证签证人员应具备的条件

第二条 具有大专或相当大专以上的文化程度。

第三条 非外语专业毕业的人员，必须达到国家教委规定的英语四级考试水平或国家局组织的英语四级考试水平。

第四条 接受过签证局的产地证业务培训并上岗实习半年以上，掌握一定的产地证业务知识和具体签证要求，熟悉我国的《出口货物原产地规则》和各给惠国的普惠制方案，熟悉原产地证书的填制方法，了解我国的对外贸易政策和国际贸易惯例。

第五条 具备一定的商品知识，熟悉本地区的出口签证商品结构，尤其是含有进口成分商品的原材料构成及加工工序情况。

第三章 产地证签证人员签证资格的申报

第六条 产地证签证人员应由各直属局统一组织业务培训，国家商检局统一组织考试。考试合格者，由有关直属局填写《产地证签证人员签证资格申请表》(见附件 1)，上报国家商检局审核。

第四章 产地证签证人员签证资格的审批

第七条 经国家商检局审查批准获得签证资格的人员，由国家商检局统一发给《产地证签证人员签证资格证》(见附件 2)，并办理注册备案手续。

第八条 《产地证签证人员签证资格证》自发证之日起，有效期为五年。有效期满需要延期的，由各直属局提出延期报告，上报国家商检局主管部门审查备案。

第九条 国家商检局对各直属局上报的签证人员，实行定期审批，第年两次，具体时间为每年 6 月和 12 月。

第五章 附 则

第十条 为保证产地证工作的顺利进行，产地证签证人员经国家商检局批准注册，须保持相对稳定。

第十一条 产地证签证人员如离开签证岗位，应退回《产地证签证人员签证资格证》，并由签证局书面上报国家商检局主管部门备案，办理注销手续。

第十二条 产地证签证人员滥用签证职权，徇私舞弊，玩忽职守，由各直属局按《商检法实施条例》第五十八条的有关规定予以处分，并将处分情况书面上报国家商检局，由国家商检局撤销手续。

第十三条 本规定自公布之日执行。

附件：1.《产地证签证人员签证资格申请表》(略)

2.《产地证签证人员签证资格证》(略)

8.17 关于签发《亚太贸易协定》原产地证书的通知

关于签发《亚太贸易协定》原产地证书的通知

各直属检验检疫局：

近日，《亚太贸易协定》各成员国已经全部完成国内法律审批程序，将从 2006 年 9 月 1 日开始正式实施《亚太贸易协定》(见附件 1)。现将有关事宜通知如下：

一、自 2006 年 9 月 1 日起，各地检验检疫局对出口至《亚太贸易协定》成员国降税清单(见附件 2)内的货物签发《亚太贸易协定》优惠原产地证明书。

我国可享受印度 570 项 6 位税目、韩国 1367 项 10 位税目、斯里兰卡 427 项 6 位税目和孟加拉 209 项 8 位税目产品的优惠关税(根据 2005 年税则计算)。

二、鉴于成员国尚未就《亚太贸易协定》原产地规则和签证操作程序达成一致，仍将沿用原《曼谷协定》原产地规则及相关程序。原产地证书仍以普遍优惠制原产地证书 Form A 代替，在证书第四栏注明“亚太贸易协定原产地证书”(英文即 Certificate of Origin under the ASIA-PACIFIC Trade Agreement)。其他签证要求不变。

三、请各局积极向企业宣传，使出口企业充分利用区域关税优惠贸易政策，使我国出口产品享受关税优惠待遇。

附件：1.《亚太贸易协定》文本

2.《亚太贸易协定》各成员国降税清单(略)

二〇〇六年八月三十日

附件 1：

亚洲及太平洋经济和社会委员会
发展中成员国关于贸易谈判的第一协定修正案
曼 谷 协 定

(亚太贸易协定)

序 言

认识到按照亚洲经济合作部长理事会《喀布尔宣言》的决议，并在《喀布尔宣言》设立之政府间贸易发展规划委员会通过的《亚洲贸易发展规划》框架内迫切需要采取行动，实施亚太经社会发展中成员国之间的贸易发展规划。

在亚太经社会第三十一届大会通过的《新德里宣言》所含原则的指引下。

认识到贸易之扩大可通过利用专业化和规模经济的好处来扩大投资和生产机会，从而为人们提供更多的就业机会和保证更高的生活水平，是对国家经济发展的强大推动力。

铭记着通过实施优惠来扩大各自的货物进入对方市场的机会并达成贸易安排，促进合理、外向的生产和贸易的重要性。

注意到国际大家庭已充分认识到鼓励发展中国家在国际、区域和次区域各个层次建立优惠制的重要性，特别是联大关于制定《联合国第二个发展十年的国际发展战略》的决议、《建立新的国际经济秩序宣言》和《建立新的国际经济秩序行动纲领》，第二届贸发会议通过的《关于发展中国家之间贸易发展、经济合作和区域一体化的共同宣言》、《关贸总协定》第四部分以及《服务贸易总协定》第 5 条和相关决议。

进一步注意到发展中国家已经作出了一些重大决定，以促进发展中国家之间诸如全球贸易优惠制的优惠贸易安排。

深信亚太经社会发展中成员国优惠制的建立与其他国际论坛所作的努力互为补充，能为发展中国家之间的贸易发展作出重要贡献。

孟加拉人民共和国政府、中华人民共和国政府、印度共和国政府、老挝人民民主共和国政府、大韩民国政府和斯里兰卡民主社会主义共和国政府达成如下协议：

第一章　总　　则

第一条　定　　义

为本协定之目的，应适用以下定义：

（一）“参加国”指向亚太经社会执行秘书交存加入书或批准书，并同意遵守本协定义务的国家。

（二）“原参加国”指孟加拉人民共和国、印度共和国、老挝人民民主共和国、大韩民国和斯里兰卡民主社会主义共和国。

（三）“亚太经社会发展中成员国”指亚太经社会工作大纲第三段和第四段中的国家，包括将来对工作大纲所做的任何修正。

（四）“最不发达国家”指由联合国确认的最不发达国家。

（五）“产品”指包括以原材料、半加工和加工形式出现的所有制成品和初级产品。

（六）“同类产品”指与考虑中的产品完全相同的产品或者如无此种产品，则为尽管并非在各方面都相同，但具有与考虑中的产品极为相似特点的另一种产品。

（七）“关税”指参加国国别税则中的关税。

（八）“边境税费”指除关税外，在外贸交易中只对进口产品征收的类似关税作用的费用，而非以同样方式对同类国内产品征收的间接税费。对特定服务征收的进口费用不属于边境税费。

（九）“非关税措施”指除关税和边境税费之外，对进口起限制作用或严重扭曲贸易的任何措施、法规或做法。

（十）“优惠幅度”指最惠国税率和同类产品优惠税率之间的百分比差，而非这两者之间的绝对差。所以

$$\text{优惠幅度} = \frac{\text{最惠国税率} - \text{协定优惠关税}}{\text{最惠国税率}} \times 100\%$$

（十一）“减让价值”指其他参加国按照各参加国在本协定项下同意的国别减让表的关税或非关税优惠所获得的好处的总和。在实行关税优惠的情况下，如保持了优惠幅度，减让价值应视为得到了保持。

（十二）“严重损害”指优惠进口产品剧增，对国内同类产品的生产者造成严重损害，出现收入剧减，短期生产和就业不可持续的情况。对国内相关产业的影响评估也应包括对影响该产品国内产业的其他相关经济因素和指标的评估。

（十三）“严重损害威胁”指优惠产品进口剧增的状况会对国内生产者造成严重损害，这种损害尽管还不存在，但却即将发生。确定严重损害威胁应基于事实而不仅仅是指控、推测、间接或假设的可能性。

第二条　目　　标

本协定的目标是通过持续扩大亚太经社会发展中成员国之间的贸易来促进经济发展，采取互利的与各国现在及将来发展和贸易需求相一致的贸易自由化措施，进一步加强国际经济合作。

第三条　原　　则

本协定应遵循以下总原则：

（一）为使所有参加国能公平地享受利益，本协定应以总体互惠和互利的原则为基础；

（二）参加国之间的贸易关系应遵循透明度、国民待遇和最惠国待遇原则；

（三）应清楚地认识到最不发达参加国的特殊需求，并就对其有利的具体优惠措施达成一致。

第二章　贸易自由化规划

第四条　减让谈判

本协定还应包括以下有关安排：（一）关税；（二）边境税费；（三）非关税措施。参加国可按照以下任何一种或多种方法和步骤进行关税减让的谈判：（一）产品对产品；（二）全面关税减让；（三）部门减让。关税减让谈判应以各参加国适用的现行最惠国关税为基础。为进一步扩大本协定及实现本协定的目标，参加国应定期进行谈判。

第五条　减让的实施

各参加国应对列入本国减让表的原产于所有其他参加国的产品给予关税、边境费和非关税的优惠待遇。减让表作为本协定的附件一是本协定不可分割的组成部分。

第六条　非关税措施

各参加国应采取与其发展需要和目标相一致的适当措施逐步放宽可能影响减让表中的产品进口的非关税措施。参加国之间关于技术性贸易壁垒及卫生和植物卫生措施的问题，在可行的情况下，应根据世界贸易组织关于这些问题的规定来处理。参加国亦应在透明度的基础之上，相互提供减让产品的非关税措施表。

第七条　给最不发达参加国的特殊减让

尽管有本协定第五条的规定，任何参加国均可给予最不发达参加国以特殊优惠，此种特殊优惠应适用于所有最不发达参加国，但不适用于其他参加国。这些特殊优惠应包括在给予优惠的参加国的减让表中。

第八条　原产地规则

作为本协定附件的减让表中的产品，如果符合附件二关于原产地规则的规定，即可享受优惠待遇。附件二是本协定不可分割的组成部分。

第九条　保持优惠减让的价值

除另有规定，为保持减让表中优惠减让的价值，除本协定生效前已有的费用和措施，各参加国不得通过实施新的税费或措施限制商业往来，抵消或降低这些优惠减让的价值，除非所征税费符合下列条件：

（一）对类似的国内产品征收的国内税；

（二）反倾销税或反补贴税；或

（三）与提供的服务成本相当的费用。

第十条　重新确定优惠幅度

如因修改税则，一参加国降低或抵消了给予其他参加国的优惠减让价值，该国应在合理时间内采取双方接受的补偿措施重新确立等值的优惠幅度，或按本协定第四章的规定迅速与其他参加国协商，谈判达成双方满意的减让表修改。本条中所指的合理时间是指从发布税则修改通知之日起的6个月内。超过这一期限的参加国应为此提供正当理由。

第十一条　本协定的范围

本协定应涵盖所有以原材料、半加工和加工形式出现的制成品和初级产品。就边境和非边境措施，参加国应探索更多的合作领域以支持贸易自由化。这些措施还可包括标准的协调、相互承认产品的检测和认证、宏观经济咨询、贸易便利化措施和服务贸易。

第三章　贸易扩大

第十二条　贸易扩大与多元化

为保证贸易的稳定和不断扩大并且更加多元化，各参加国同意遵循以下各项规定的目标和条款，并按照各自国家的政策和程序，争取迅速实施：

（一）各参加国须尽最大可能相互给予原产于任何一参加国的进口产品以不低于本协定生效前实施的优惠待遇。

（二）在一参加国领土内，原产于另一参加国的产品在税收、税率和其他国内税费方面享有的优惠待遇应不低于该参加国对其国内同类产品的待遇。

（三）各参加国应共同努力，不对其他参加国当前或潜在出口利益的产品设置或增加关税、边境税费及非关税措施。为确定属于本项范围内的产品，各参加国应随时提交产品清单，由常委会决定此类产品的清单。

（四）各参加国应在必要时采取适当措施以加强合作，特别是在海关管理方面，以便利本协定的实施，并简化和统一互惠贸易的程序和手续。为此目的，常委会应实施必要的管理行为。

（五）各参加国应在可行的情况下，遵守相关 WTO 协定，包括《关于实施 1994 年关税与贸易总协定第 6 条的协定》以及《补贴与反补贴措施协定》，以确保适用本协定条款时不违反 WTO 有关规定。

（六）各参加国应采用最新版的世界海关组织《商品名称及编码协调制度》作为共同的税则，在可行的情况下，以协调制度 6 位税目为基础进行进一步谈判。

（七）各参加国应通过进一步谈判，采取步骤扩大对彼此有出口利益的产品的优惠范围和减让价值。为此，常委会应随时采取行动计划以加速谈判进程，包括增加谈判技术和考虑确立谈判具体目标的可能性。

第十三条　便利条件、利益、特许、豁免或特权的扩大

在贸易方面，一参加国给予原产于或准备售与任何其他参加国或任何其他国家的产品的便利条件、利益、特许、豁免或特权，应立即无条件地扩大到原产于或准备售与其他参加国的同类产品。

第十四条　不适用优惠待遇

第十三条的规定不适用于各参加国所给予的下述优惠：

（一）通过双边贸易协定给予其他参加国和第三国的优惠；

（二）在本协定生效之前，专门给予其他发展中国家的优惠；

（三）给予本协定第七条项下的最不发达国家的优惠；

（四）给予由各参加国归类为经济发展处于相对落后阶段的其他参加国的优惠，且这种优惠并不要求后者予以完全互惠。常委会应随时确定哪些参加国应被视为这类经济发展处于相对落后阶段的国家；

（五）一参加国给予与其共同建立经济一体化集团的任何其他参加国和（或）亚太经社会其他发展中国家的优惠；

（六）一参加国在第十六条的权限内，给予与其签订产业合作协议或在其他生产部门建立合资企业的任何其他参加国和（或）其他发展中国家的优惠。

虽有上述例外，但各参加国应采取必要步骤，使其与第三国所签订协定的条款与本协定的条款最大可能地协调。

第十五条　对最不发达参加国的特殊考虑

各参加国应给予最不发达参加国提出的技术援助及合作安排的请求以特殊考虑，以帮助他们扩大与其他参加国间的贸易并享受此协定的潜在利益。

第十六条　特别关税及非关税优惠范围的扩大

各参加国同意考虑扩大特别关税和非关税优惠产品的范围,包括部分参加国或所有参加国之间和(或)与亚太经社会其他发展中成员国达成的产业合作协议及其他生产部门合资企业的产品。这种优惠专门对参加上述协议或合资企业的国家实施。关于此类协议和合资企业的规定应包括在议定书中,且应在常委会宣布与本协定相协调后对有关参加国生效。

第四章　紧急措施和磋商

第十七条　减 让 的 中 止

一、如因实施本协定,列入一参加国国别减让表的原产于另一参加国或其他参加国的某项产品的进口增加,并对进口参加国生产同类产品或直接竞争产品的国内产业造成严重损害或构成严重损害威胁,则该进口参加国可以临时地、无歧视地中止其国别减让表中该项产品的减让,同时通知常委会,并开始与有关参加国磋商,以达成协议,改善此状况,并随时告知常委会磋商的进展情况。

二、如有关参加国在 90 天以内未达成协议,则常委会应通过下列措施寻求双方可接受的解决办法:(一)确认中止减让;或(二)修改减让;或(三)以等值的减让替代。若常委会自该日起 90 天内未能达成一项满意的解决办法,则受减让中止影响的参加国有权对采取中止减让行动的参加国的贸易暂时中止基本等值的减让,但须通知常委会并为双方接受的解决办法进一步谈判。常委会应在接到通知之日起 90 天内,以至少三分之二多数票通过其最后决定。

三、合法申请保障措施的前提条件和情形,应尽可能地符合 WTO《保障措施协定》。

第十八条　为保障国际收支实施的限制

一、尽管有本协定第九条的规定,但在不妨碍执行现有的国际义务的情况下,任何参加国可在努力保持其国别减让表的减让价值的情况下,为维护其国际收支平衡,实施其认为必要的进口限制措施。但一参加国对包括在其减让表中的产品实施这类限制时,应是暂时地、无歧视地实施,并须立即通知常委会,以便按照本协定第十九条和第二十条规定的程序,谈判制订一项双方满意的解决方法。虽有这些磋商程序,但因国际收支平衡原因对其减让表中的产品实行限制的参加国应在其国际收支情况好转时逐步放松这类限制,并当国际收支情况证明无须继续保持这类限制时,取消这类限制。

二、合法申请为国际收支平衡而实行的限制措施,其前提条件和情况必须尽可能地符合 WTO《关于 1994 年关税与贸易总协定国际收支条款的谅解》。

第十九条　贸易劣势的补偿

因实施本协定,对一参加国同其他参加国之间的贸易造成了显著而持续的劣势,则在受影响的参加国的请求下,其余参加国应对其交涉或要求予以同情的考虑,同时,常委会应提供足够的机会进行磋商,以便采取必要步骤,通过实施适当措施来补偿这种劣势,包括补充减让以进一步扩大多边贸易。

第二十条　不遵守协定规定

若一参加国认为另一参加国为遵守本协定的任何规定，而且有损于这个参加国同该参加国的贸易关系，则前者可以向后者提出正式交涉，后者应对此给予合理的考虑。若在提出交涉之日后120天内，有关参加国未能进行令人满意的调整，则可将此事提交常委会。常委会可对任何参加国提出其认为合适的建议。如果有关参加国不执行常委会的建议，则常委会可授权任何参加国对不遵守协定的参加国中止履行常委会认为适当的本协定的义务。

第二十一条　争端解决

各参加国对本协定的规定及在其框架内通过的任何文件的解释与实施所产生的争议，应由有关各方达成协议友好解决。如参加国之间无法解决争端，该争端将被提交常委会解决。常委会将对事件进行审核，在争端提交之日起120天内提出建议。为此，常委会应通过引用适当的法规解决争端。

第五章　常务委员会和本协定的管理

第二十二条　常务委员会

由本协定参加国代表组成的常务委员会（简称“常委会”）每年应至少召集一次会议，负责就本协定的实施情况进行审议、磋商、应要求提出建议和做出决定，并且在通常情况下，采取任何必要措施以确保本协定的宗旨和条款得到充分执行。

第二十三条　部长级理事会

为监督、协调和审议本协定的执行，参加国组建一个部长级的理事会，该理事会由各参加国相关经济部门的一名部长组成。部长级理事会应至少每两年召集一次会议，或在任何必要的时候召集会议。常委会应向部长级理事会提供支持以确保理事会履行其职责。

第二十四条　决　　策

协商一致的决策方法为常委会优先选择的方法，该方法应该在任何可能采用的时候使用。但是，如有需要，在至少三分之二的参加国参与投票的前提下，常委会可以采用三分之二多数票作为履行其职能所需的程序规则。常委会应就本协定的解释和实施与第三国和国际组织沟通，并可寻求各国和国际组织的技术咨询和合作。

第六章　审议和修改

第二十五条　协定的审议

一、每次常委会会议均须考虑第二条和第三条的宗旨和原则，对本协定实施的进展情况进行审议。

二、常委会应至少每年对互惠贸易进行一次实质性的审议，以便对各参加国减让表作必要的修改和完善，确保本协定实施带来的好处令所有参加国都感到满意，与各国对第二章规定的贸易自由化计划作出的贡献相协调。

三、常委会应每 3 年进行一次全面审议，为推进亚太经社会发展中成员国间贸易扩大的目标寻求办法。

第二十六条　协定的修改

除非本协定中另有关于修改的规定，本协定所有条款均可以按修正案的方式进行修改。对第二章、第三章及第二十六条的修改须经所有参加国的同意方能生效。对所有其他的修改，常委会应尽最大可能通过协商一致的方法就提出的修改能否生效做出决定；但是，如果没有达成协商一致的决议，这些修改须经三分之二参加国的同意方可生效。

第二十七条　减让的实施期限

除第四章所列特殊情况外，各参加国减让表中所列减让的实施期限最短为生效之日起 3 年。如果在该期限结束时修改或撤销减让，有关参加国应进行磋商，以重新使减让所涉及的贸易金额总水平至少与修改或撤销前的水平持平。

第二十八条　减让的替换

如按照第四章规定撤销或修改减让，有关参加国应设法以其他至少等值的减让来替换该减让。

第二十九条　促进减让和参与

常委会应为扩充各国减让表和增加参加国数量不断积极筹划谈判，并在第二十五条中规定的年度贸易审议或常委会认为合适的任何时候发起这种谈判。

第七章　加入和退出

第三十条　加入本协定

一、本协定一俟生效，即对亚太经社会任何发展中成员国的加入开放。

二、常委会在收到通过亚太经社会执行秘书转达的此类国家加入本协定意愿的通知后，应采取必要步骤，协助该申请国以符合其当前和未来发展和贸易需要的条件，遵循互利的原则，加入本协定。

三、申请国应提供减让出价以换取参加国现有的减让，而且，除非有其他规定，申请国不得以要价单或其他形式向参加国要求额外的减让。

四、经公平谈判，申请国可经协商一致加入本协定。如未能达成协商一致，若至少三分之二的参加国同意该国加入，该国也可以加入本协定。若任何一参加国反对其加入，则表示反对的参加国和新加入国之间不适用本协定的所有规定。

五、自符合条件的加入国向亚太经社会执行秘书寄存其加入批准书、减让单及相关行政通知之日起，本协定对该国生效。

六、为本条款的目的，相关行政通知指对该加入国在本协定项下的义务产生实际影响的政府通知，如海关通知。

第三十一条　加入的公告、核准和生效

亚太经社会执行秘书应将如下事项通知各参加国和亚太经社会其他发展中成员国：(一)本协定的加入书和批准书；(二)新参加国加入本协定的生效日。

第三十二条　本协定的退出

任何参加国均可以退出本协定。经亚太经社会执行秘书书面通知各参加国之日起6个月起，参加国退出即行生效。退出本协定的参加国的权利和义务自退出正式生效之日起即行停止。此后，各参加国和退出国应共同决定是否全部或部分地撤销后者从前者或前者从后者得到的优惠。

第八章　其他条款和最后条款

第三十三条　国别减让表的修改

依据第二十九条的规定，对附件一的修改应该包括：

一、削减各参加国减让表中产品的关税、边境税费和非关税措施；

二、削减尚未列入各参加国减让表中产品的关税、边境税费和非关税措施；

三、削减加入国的减让表中产品的关税、边境税费和非关税壁垒。

第三十四条　国别减让表的生效

在常委会收到有关参加国意愿的明确通知后，任何对附件一的修改应在常委会依据三分之二多数票宣布其提出的修改符合本协定的目标之日起30天后方能生效。各参加国承诺执行符合本规定要求的任何国内行政措施。各加入国的减让表在其加入书交给亚太经社会执行秘书寄存之日起30天后即生效。

第三十五条　除　　外

本协定的任何条款都不得妨碍任何参加国为保卫其国家安全、维护公共道德、保护人类、动植物的生命和健康以及保护具有艺术、历史和考古价值的文物而采取的必要的行动和措施。

第三十六条　本协定的不适用

若任何两个参加国尚未进行直接谈判，且其中任一参加国在其签字、交存批准书或加入书时不同意适用本协定，则本协定在这两个参加国之间互不适用。

第三十七条　保　　留

除本协定第三十六条规定的例外，本协定既不应在签字时有所保留，也不应在批准和加入时有所保留。

第三十八条　保　　存

本协定以及本协定的任何修改的正本由亚太经社会执行秘书寄存。保管人应将协定的真实副本散发给各参加国。

第三十九条　本协定的登记

本协定应依据联合国宪章第 102 条规定进行登记。

第四十条　本协定的命名

本协定至今被称为亚洲和太平洋经济和社会委员会发展中成员国间贸易谈判第一协定，又称曼谷协定，此后应被称为亚洲—太平洋贸易协定。

本协定正本一份，用英文写成。

兹由经各自政府正式授权的下列署名全权代表签署本公约，以昭信守。

孟加拉人民共和国政府代表

中华人民共和国政府代表

印度共和国政府代表

老挝人民民主共和国政府代表

大韩民国政府代表

斯里兰卡民主社会主义共和国政府代表

8.18　关于启用《亚太贸易协定》新原产地证书和明确有关签证要求的通知

关于启用《亚太贸易协定》新原产地证书和明确有关签证要求的通知

各直属检验检疫局：

《亚太贸易协定》已于 2006 年 9 月 1 日正式实施，10 月 1 日起使用新的《亚太贸易协定》原产地规则。自 2007 年 1 月 1 日起，各地检验检疫局全面启用新的原产地证书格式。

现将《亚太贸易协定》新原产地证书样本（附件 1）、《亚太贸易协定》原产地证书填制要求（附件 2）和《亚太贸易协定》原产地规则中非完全原产品判定标准（附件 3）印送你局，请组织原产地证书签证人员学习和掌握，广泛向企业宣传，使我国出口产品顺利享受《亚太贸易协定》成员国的关税优惠待遇。请及时将实施中遇到的问题向总局通关司反映。

附件：1.《亚太贸易协定》原产地证书样本（略）

2.《亚太贸易协定》原产地证书填制说明（略）

3.《亚太贸易协定》原产地规则中非完全原产品判定标准

二〇〇六年十二月二十五日

附件3：

《亚太贸易协定》原产地规则中非完全原产品判定标准

一、对非完全原产品的判定

根据《亚太贸易协定》原产地规则第一条规定，对非完全原产品的判定使用规则第三条、第四条。第三条第一款仅适用于含单一成员国成分的非完全原产品的判定，如非完全原产品中包含了两个或两个以上成员国成分，则应按照第四条“原产地累积标准”进行判定。

对在我国国境内最终生产或制得的非完全原产品而言，无论其是否部分使用了中国原材料，都已包含有中国成分。如该产品中的原材料均来自非成员国，可使用第三条第一款进行判定。如其含有中国以外其他任一成员国的原材料，则不能使用第三条第一款。例如，某一在我国境内加工的产品，其所用原材料分别来自日本、印度，在对该产品进行原产地判定时，不能使用第三条第一款，必须使用第四条累积原产地标准进行判定。如该产品原材料全部系从韩国进口，也应适用第四条进行原产地判定。

二、关于第四条原产地累积标准中“成员国成分”的界定

与其他自贸区累积原产地标准条款不同，《亚太贸易协定》原产地规则的累积原产地标准比规则中使用的增值百分比标准提高了15个百分点，而且规则未对成员国累积成分的范围进行明确界定。经与韩国协商，对该条中的成员国累积成分的范围作如下界定：成分包含生产、加工货物过程中使用的成员国原材料价值、劳动力费用、利润，但不包括水、电、燃料等在货物生产、加工过程中使用的、既不构成该货物物质成分也不成为该货物组成部件的中性成分。中性成分的范围可参照中国—智利自由贸易区原产地规则第二十六条的规定执行。在使用亚太原产地规则第四条时，证书第八栏填制不能出现C100%的情形。

8.19 海关总署、商务部和国家质检总局关于发布《〈亚太贸易协定〉原产地证书签发与核查操作程序》的联合公告

中华人民共和国海关总署
中华人民共和国商务部
中华人民共和国国家质量监督检验检疫总局
公　　告

2007年　第77号

2007年10月，中国、孟加拉、印度、韩国、老挝、斯里兰卡等《亚太贸易协定》成员国通过了《〈亚太贸易协定〉原产地证书签发与核查操作程序》，现予以公告，并自2008年1月1日起实施。

特此公告。

附件：《亚太贸易协定》原产地证书签发与核查操作程序

二〇〇七年十二月二十八日

附件：

《亚太贸易协定》原产地证书签发与核查操作程序

于2005年11月2日签署的《亚太贸易协定》各成员国(以下简称"成员国")：

为执行《亚太贸易协定》项下的原产地规则,制定本原产地证书签发与核查及其他相关行政事务操作程序。

就以下内容达成一致：

第一条　签证机构

一、原产地证书应由出口成员国政府指定的一家或多家机构(以下简称"签证机构")签发。

二、各成员国应将其签发机构的名称和地址,及证明原产地证书有效的签证印章印模通知其他各成员国。上述资料的任何变化应尽快通知其他成员国。

第二条　申请原产地证书

一、符合享受优惠待遇条件的产品,其出口商及/或生产商应书面(以手工或电子方式)向有关签证机构申请出口前的产品原产地核查或登记。对核查或登记结果应定期或者适时进行复查,并将此作为核定该待出口产品原产地的相关证明文件。上述出口前核查可不适用于根据其性质即可容易确定原产地的产品。

二、出口商或其授权的代理人在办理享受优惠待遇产品出口手续时,应书面(以手工或电子方式)向签证机构申请原产地证书,并提交正确填制的原产地证书以及用于证明待出口产品符合原产地证书签发要求的相关随附证明文件。

三、在审核原产地证书申请时,签证机构应有权要求申请人提供任何证明文件,以便确定货物符合《亚太贸易协定》项下原产地规则和本程序的规定。

四、签证机构应详细审查每一份原产地证书的申请,以确保：

(一)申请及原产地证书正确填制,并且经出口商或授权人签名,或者以电子方式提交；

(二)货物的原产地符合《亚太贸易协定》项下原产地规则；

(三)原产地证书中的其他陈述或者条目与所提交的证明文件相符；

(四)所列明的税则号列、货物名称、数量及重量、唛头及件号、包装件数和种类与待出口货物相符。

第三条　原产地证书

一、原产地证书应依据《亚太贸易协定》附件二中所列样本格式用国际标准A4纸印制,所用文字为英语。

二、原产地证书应包括一份正本和由签证机构留存的一份副本。原产地证书的颜色应由各成员国自行确定并通知其他成员国和秘书处。

三、每份原产地证书应注明由各地签证机构单独编排的唯一编号。

四、原产地证书正本应由出口商递交给进口商，以便呈交给进口地海关当局。

第四条　原产地证书的签发

一、只要根据《亚太贸易协定》项下原产地规则，待出口产品可视为该出口成员国原产，出口成员国的签证机构即应在出口时或者装运后三个工作日内，以手工或者电子形式签发原产地证书。原产地证书自签发之日起 1 年内有效。

二、原产地证书不得涂改和叠印。所有未填空白之处应予划去，以防事后填写。

三、根据《亚太贸易协定》附件二原产地规则第二条、第三条及第四条的规定，出口成员国的签证机构应在原产地证书第 8 栏内注明相关的原产地标准以及所适用的区域成分百分比。

四、如果原产地证书被盗、遗失或毁坏，出口商可以向原签证机构书面申请经证实的原证书正本的真实复制本。该复制本应根据签证机构存档的相关文件制发，并在原产地证书第 3 栏中注明“经证实的真实复制本”以及原正本的签发日期。经证实的原产地证书真实复制本应在其正本的有效期内签发。

第五条　原产地证书的提交

一、有关产品申报进口时，应向海关当局提交原产地证书正本，以享受优惠待遇；

二、原产地证书应在其有效期内向进口国海关当局提交；

三、如果因不可抗力或者出口商无法控制的其他合理原因致使不能按期提交原产地证书，有关进口国海关当局仍应接受逾期提交的原产地证书。

四、在任何情况下，如果产品在原产地证书有效期限内已经进口，有关进口国海关当局可以接受该原产地证书。

五、如果对产品原产地无疑问，但发现原产地证书内容与为办理产品进口手续而提交给进口成员国海关当局的单证略有不符，不应据此认定原产地证书无效。

第六条　原产地核查

一、进口成员国海关当局可以随机请求出口成员国签证机构进行追溯性核查，也可以在有理由怀疑有关文件的真实性或者有关货物原产地的准确性时，提出追溯性核查请求。

二、核查请求应随附相关原产地证书，说明请求核查的原因，并列明该原产地证书可能存在不实之处的其他详细情况。

三、在等待核查结果期间，进口成员国海关当局可以暂缓给予优惠待遇。如果货物不属于禁止或者限制进口的货物，且无瞒骗嫌疑，海关可以在履行必要的行政手续后将货物放行。

四、收到核查请求的签证机构应尽快作出回应，并在收到请求后 3 个月内作出答复。核查期间，应实施上述第三款。如果进口成员国海关当局在发出核查请求后的 4 个月内没有收到答复，该海关当局可以拒绝给予优惠关税待遇。核查过程，包括实质性程序和确定相关货物是否原产等，应当在 6 个月内完成并向签证机构通报。如果答复结果未包含确定有关文件的真实性或货物的原产地的充足信息，相关机构应当在 3 个月内通过双边协商来解决问题。如果协商无法解决，进口成员国海关当局可以拒绝给予优惠关税待遇。

第七条　记录保存要求

一、原产地证书的申请书及其所有相关文件应由签证机构自签发之日起至少保留2年。

二、应进口成员国的请求，签证机构应提供与原产地证书准确性有关的资料。

三、有关成员国之间交流的任何资料应予以保密，只能用于原产地证书的核查。

第八条　特殊情况

如果出口到某成员国指定口岸的全部或者部分货物的目的地发生变化，在货物到达该成员国之前或之后，应按下列规则办理：

一、如果产品已经向指定进口成员国的海关当局报验，进口商应向该海关提出书面申请，由海关当局将全部或者部分产品改变目的地的情况在原产地证书上签注认可，然后将证书正本交还进口商。

二、如果在运往原产地证书所指定的进口成员国途中目的地改变，出口商应提出书面申请，并随附已签发的原产地证书，要求对全部或部分产品重新发证。

第九条　直接运输的相关单证

为实施《亚太贸易协定》附件二规则五（二）的规定，对经过非成员国境内运输的货物，应向进口成员国海关当局提交下列单证：

一、在出口成员国签发的联运提单；

二、出口成员国签证机构签发的原产地证书；

三、货物的原始商业发票；

四、符合《亚太贸易协定》附件二规则五（二）所规定条件的证明文件。

第十条　成员国之间的合作

一、当怀疑存在与原产地证书相关的瞒骗行为时，有关成员国政府机构应相互合作，对涉嫌人员采取行动，并依各自国内法律规定实施法律制裁。

二、如果在原产地确定、商品归类、货物或其他方面发生争议，进出口成员国的有关政府机构应本着解决争议的愿望进行协商，并将协商结果通报其他成员国。

三、各成员国应指定一个或多个联络点，以确保有效并高效地实施《亚太贸易协定》原产地规则。

第十一条　展　览　品

一、由一成员国运至另一成员国展览并在展览期间或展览后销售的产品，如其符合《亚太贸易协定》原产地规则的要求，应享受《亚太贸易协定》项下优惠关税待遇，但应满足进口成员国有关政府机构的下列要求：

（一）出口商已将产品从出口成员国境内运送到展览会举办国并已在该国展出；

（二）出口商已将货物出售或者转让给进口成员国的收货人；

（三）产品已经以送展时的状态在展览期间或者展览后立即出售给进口成员国。

二、为实施以上规定，必须向进口成员国有关政府机构提交原产地证书。

三、上述第一款规定适用于展览期间产品处于海关监管之下的展览会、交易会或类似展览或展示。

8.20 关于签发中国—东盟自由贸易区优惠原产地证明书的通知

关于签发中国—东盟自由贸易区优惠原产地证明书的通知

各直属检验检疫局，香港、澳门中检公司：

根据海关总署和国家质量监督检验检疫总局联合发布的有关执行《中华人民共和国与东南亚国家联盟全面经济合作框架协议》（简称《中国—东盟框架协议》）项下“早期收获”方案的公告要求，为使我国出口到东盟有关国家的“早期收获”方案项下的产品享受东盟给予的关税优惠待遇，自2004年1月1日起，各地出入境检验检疫机构开始签发中国—东盟自由贸易区优惠原产地证明书。现将中国—东盟自由贸易区优惠原产地证明书签证管理的有关要求通知如下：

一、中国—东盟自由贸易区优惠原产地证明书的签发，限于已公布的《中国—东盟框架协议》“早期收获”方案项下所给予关税优惠的商品，即H.S.第1章至第8章产品。这些商品必须符合中国—东盟自由贸易区原产地规则（见附件2）和签证核查程序（见附件3）。

二、凡申请办理中国—东盟自由贸易区优惠原产地证明书的单位，必须预先在当地检验检疫机构办理注册登记手续。申请签证时，必须提交《中国—东盟自由贸易区优惠原产地证明书申请书》，填制正确清楚的中国—东盟自由贸易区优惠原产地证明书和出口商品的商业发票副本、联运提单以及必要的其他证件。

三、凡经香港或澳门转运至东盟各国的上述优惠贸易协定项下的出口货物，在获得检验检疫机构签发的中国—东盟自由贸易区优惠原产地证明书后，申请人需持上述证书及有关单证，向香港中国检验有限公司或澳门中国检验有限公司申请办理“未再加工证明”。

四、根据海关总署2003年第78号公告的要求，凡经香港或澳门转运至内地的上述优惠贸易协定项下的进口货物向海关申报时，须提供香港中国检验有限公司或澳门中国检验有限公司签发的“未再加工证明”。

五、中国—东盟自由贸易区优惠原产地证明书采用规定的统一格式FORM E（见附件1），其主要填制要求见证书正本反面所列的填制说明。

六、中国—东盟自由贸易区优惠原产地证明书的签证人员，必须为已向东盟各国海关注册备案的检验检疫机构签证人员。

七、后发证书应由检验检疫机构在第12栏填写“ISSUED RETROACTIVELY”。

八、如果已签发的证书正本遗失或损毁，申请单位可在产品出运后1年的期限内，持原证书第3副本向原签证机构申请重发，经检验检疫机构审查，同意重发时，应由检验检疫机构在第12栏加注：“CERTIFIED TRUECOPY”。签证时间应为原证书的签证时间。

九、证书第7栏中所指的进口国H.S.编码即为我国现采用的国际上协调统一的H.S.编码，要求填写四位数H.S.品目号。

十、签证印章加盖在证书第12栏，证书正本和3个副本均需加盖印章。

十一、其他填制要求，按照《中国—东盟自由贸易区原产地规则签证核查程序》执行。核查程序未列明之处，参照普惠制产地证签证管理办法及实施细则执行。

十二、自2004年1月1日起，《中泰蔬菜水果协议》并入“早期收获”方案中继续执行。海关总署和国家质检总局联合发布的2003年第55号公告中公布的《中泰蔬菜水果协议》项下的货物临时原产地规则废止执行。

各地检验检疫局要及时组织签证人员学习《中国—东盟自由贸易区原产地规则》和《中国—东盟自由贸易区原产地规则签证核查程序》，保证签证质量，使我国出口至东盟成员国的特定产品享受关税优惠待遇。

总局已将各地检验检疫局授权签发《中国—东盟自由贸易区优惠原产地证明书》的签证机构名称、地址、签证印模和签证人员手签笔迹向东盟各成员国主管部门备案。各局应保持签证人员的稳定性，如有人员变更，应及时向国家质检总局通关司原产地处备案。

附件：1. FORM E证书（略）

2. 中国—东盟自由贸易区原产地规则（中译本）

3. 中国—东盟自由贸易区原产地规则签证核查程序（中译本）

二OO三年十二月三十日

附件2：

中国—东盟自由贸易区原产地规则

根据《中华人民共和国与东南亚国家联盟全面经济合作框架协议》（以下简称《协议》）可享受优惠关税减让的产品，其原产地应遵循下列规则确定：

规则一：定义 在本附约中：

（一）“一成员方”是指《协议》的各单独成员方，即中华人民共和国、文莱达鲁萨兰国、柬埔寨王国、印度尼西亚共和国、老挝人民民主共和国、马来西亚、缅甸联邦、菲律宾共和国、新加坡共和国、泰王国和越南社会主义共和国。

（二）“材料”应包括组分、零件、部件、半组装件及/或已实际上构成另一货物部分或已用于另一货物生产过程的货物。

（三）“原产货物”是指根据规则二的规定确定为符合原产条件的产品。

（四）“生产”是指获得货物的方法，包括一货物的种植、开采、收获、饲养、繁殖、提取、收集、采集、捕获、捕捞、诱捕、狩猎、制造、生产、加工或装配。

（五）“产品特定原产地标准”是指规定材料已经过税号改变或特定制造或加工工序，或满足某一从价百分比标准，或者混合使用任何这些标准的规则。

规则二：原产地标准 在本《协议》中，如果一成员方进口的产品符合以下任何一项原产地要求，该产品应视为原产货物并享受优惠关税减让：

（一）规则三明确规定的完全获得或生产的产品；或

（二）符合规则四、五或六规定的非完全获得或生产的产品。

规则三：完全获得产品 下列产品应视为规则二（一）所指的“完全在一成员方获得或生产”：

（一）在该成员方收获、采摘或收集的植物及植物产品；

（二）在该成员方出生及饲养的活动物；

（三）在该成员方从上述第（二）项活动物中获得的产品；

（四）在该成员方狩猎、诱捕、捕捞、水生养殖、收集或捕获所得的产品；

（五）从该成员方领土、领水、海床或海床底土开采或提取的除上述第（一）至（四）项以外的矿物质或其他天然生成的物质；

（六）在该成员方领水以外的水域、海床或海床底土获得的产品，但该成员方须按照国际法规定有权开发上述水域、海床及海床底土；

（七）在该成员方注册或悬挂该成员方国旗的船只在公海捕捞获得的鱼类及其他海产品；

（八）在该成员方注册或悬挂该成员方国旗的加工船上仅加工及/或制造上述第（七）项的产品所得的产品；

（九）在该成员方收集的既不能用于原用途，也不能恢复或修理，仅适于用作弃置或原材料部分品的回收，或者仅适于作再生用途的物品；

（十）仅用上述第（一）至（九）项所列产品在一成员方加工获得的产品。

规则四：非完全获得或生产

（一）符合下列条件应视为规则二（二）所指的原产产品：

1. 原产于任一成员方的成分应不少于40%；或

2. 原产于一成员方境外（即非中国—东盟自由贸易区）的材料、零件或产物的总价值不超过所获得或生产产品离岸价格的60%，且最后生产工序在成员方境内完成。

（二）在本附约中，规则四（一）2 所规定的原产标准称为“中国—东盟自由贸易区成分”。40%中国一东盟自由贸易区成分的计算公式如下：

$$\frac{\text{非中国—东盟自由贸易区的材料价值}+\text{不明原产地的材料价值}}{\text{离岸价格}}\times 100\% < 60\%$$

因此，中国—东盟自由贸易区成分：

$$100\% - \text{非中国—东盟自由贸易区材料} = \text{至少 } 40\%$$

（三）非原产材料价值应为：

1. 材料进口时的到岸价格；或

2. 最早确定的在进行制造或加工的成员方境内为不明原产地材料支付的价格；

（四）在本条规则中，“原产材料”应视为根据各条有关规则确定原产国的一种材料，其原产国与使用该材料进行生产的国家为同一国家。

规则五：累计原产地规则 除另有规定的以外，符合规则二原产地要求的产品在一成员方境内用作享受《协议》优惠待遇的制成品的材料，如最终产品的中国一东盟自由贸易区累计成分（即所有成员方成分的完全累计）不低于40%，则该产品应视为原产于制造或加工该制成品的成员方境内。

规则六：产品特定原产地标准 在一成员方经过充分加工的产品应视为该成员方的原产货物。符合附件2所列产品特定原产地规则的产品，应视为在一成员方经过了充分的加工。

规则七：微小加工及处理 凡进行下列目的的加工或处理，无论是单独完成还是相互结合完成，均视为微小加工及处理，在确定货物是否在一国完全获得时，应不予考虑：

（一）为运输或贮存货物使货物保持良好状态；

（二）为货物便于装运；

（三）为货物销售而进行包装或展示。

规则八：直接运输　下列情况应视为从出口成员方向进口成员方的直接运输：

（一）产品运输经过任何其他中国—东盟自由贸易区成员国境内；

（二）产品运输未经过任何非中国—东盟自由贸易区成员国境内；

（三）产品运输途中经过一个或多个非中国—东盟自由贸易区成员国境内，不论是否在这些国家转换运输工具或作临时储存，如果：

1. 可证明过境运输是由于地理原因或仅出于运输需要的考虑；

2. 产品未在这些国家进入贸易或消费领域；以及

3. 除装卸或其他为使产品保持良好状态的处理外，产品在这些国家未经任何其他操作。

规则九：包装

（一）一成员方如对产品及其包装分别计征关税，也可对从其他成员方进口的产品及其包装分别确定原产地。

（二）在上述第（一）项不适用的情况下，包装应与产品视为一个整体。运输或贮藏所需的包装在确定产品原产地时应与产品一并考虑，而不应将其视为从中国—东盟自由贸易区外进口。

规则十：附件、备件及工具　与货物一同报验的附件、备件、工具及指导性或其他介绍说明性材料，如进口成员国将其与货物一并归类和征收关税，在确定该货物的原产地时，应忽略不计。

规则十一：中性成分　除另有规定的以外，在确定货物的原产地时，应不考虑在产品生产制造过程中使用的动力及燃料、厂房及设备、机器及工具的原产地，以及未留在货物或未构成货物一部分的材料的原产地。

规则十二：原产地证书　申请享受优惠关税减让的产品，申报时应提交由出口成员方指定并已按附件 1 所列签证操作程序的规定通知《协议》其他成员方的政府机构签发的原产地证书。

规则十三：审议及修改　应一成员国要求并经中国商务部及东盟经济部长会议同意，这些规则必要时可以开放供审议及修改。

附件 3：

中国—东盟自由贸易区原产地规则签证核查程序

为实施东盟自由贸易区优惠原产地规则，各成员国必须遵守下述原产地证书（格式 E）的签证、核查和其他有关行政合作的规定要求：

签证机构

规则 1

原产地证书应由出口成员国的政府机构签发。

规则 2

(a) 各成员国应通知其他所有各成员国本国签证机构的名称和地址、签证人员手签样本以及官方签证印章样本。

(b) 上述内容应通知其他各成员国并向东盟秘书处提供副本。

有关名称、地址和官方印章的任何改变必须及时按上述方式告知。

规则 3

为核实是否符合优惠待遇条件;指定的政府签证机构有权在认为适当的时候要求提供任何有关文件证明或进行任何核查。如这些权力未在一国现行的法律和条例中列明,则应在规则 4 和规则 5 中提及的申请书中列明上述条款。

申请

规则 4

受惠产品的制造商和/或出口商应以书面申请形式要求相关签证机构对产品的原产地资格进行出口前核查。核查结果,不论是定期核查还是随机抽查,都应被视为出口受惠产品原产地资格的证明。如一种产品根据其本质特征很容易判断其原产地资格,则不必对其进行出口前核查。

规则 5

在办理出口受惠产品签证手续时,出口商或其授权代表应提交书面申请签发原产地证书并随附有关证明产品原产地资格的证明文件。

出口前核查

规则 6

指定的政府签证机构应尽其所能,对申请签发原产地证书的每一份申请进行恰当的核查以保证:

(a) 申请书和原产地证书正确填制并经授权签字人签署。

(b) 签证产品符合原产地标准。

(c) 原产地证书其他声明与提供的单据证明相一致。

(d) 证书中列明的产品的描述、数量和重量,包装的墨头、数量和件数与实际出口产品相一致。

签发原产地证书

规则 7

(a) 原产地证书应为国际标准 A4 规格纸且与附件 B 中列明的样本相一致。原产地证书应使用英文缮制。

(b) 原产地证书应包含一份正本和两份免碳副本并采用下述要求的颜色;

正本——[灰棕色(颜色编码:727c)]

第一副本——[浅绿色(颜色编码:622c)]

第二副本——[浅绿色(颜色编码:622c)]

(c) 每份原产地证书应具有不同地区或不同签证机构分别编制的证书号。

(d) 证书的正本和第二副本应由出口商提供给进口商以供其在进口国海关通关使用。第一副本应由出口成员国签发机构存档。第三副本应由出口商留存。产品通关后,第 4 栏作完标记的第二副本应在合理的时间内退还出口国签证机构。

规则 8

根据原产地规则 4 和规则 5 的要求，产品最终出口国签证机构应在原产地证书第 8 栏中注明相关规则和东盟成分的百分比。

规则 9

原产地证书不允涂改和字迹重叠。任何修改应打掉错误的部分再添加新的内容。这些修改必须通过签证机构的同意和批准。

证书空白部分应划掉以防止添加新的内容。

规则 10

(a) 只要产品根据中国—东盟原产地规则的要求具有成员国原产地资格，出口国政府签证机构在产品出口时或在产品出口后应立刻签发原产地证书。

(b) 在特殊情况下；因无意的失误或其他合理的原因造成未在产品出口时或出口后立刻签发原产地证书，签证机构可在产品出运后 1 年的期限内补发原产地证书。证书上应注明“ISSUED RETROACTIVELY”。

规则 11

在原产地证书被盗窃、丢失或损毁时，出口商可以书面形式向签证机构申请签发原产地证书正本和第二副本的重本证书。证书的第 12 栏应签署“CERTIFIED TRUE COPY”。重本证书应具有与原证书相同的签发日期。重本证书应在原证书签发之日起一年内及出口商向签证机构提供原证书第三副本的情况下签发。

提交证书

规则 12

在办理进口产品通关时，进口商应向进口国海关当局提交原产地证书正本和第二副本。

规则 13

提交原产地证书时，应遵守下述时间期限的要求：

(a) 原产地证书必须在出口国有关签证机构签发之日起 4 个月内向进口国海关当局提交。

(b) 根据原产地标准[规则 7(c)]的要求，当受惠产品经过非东盟成员国一国或多国的国境时；上述(a)款时间期限应延长至 6 个月。

(c) 当向进口国有关政府主管当局提交原产地证书超过时间期限的，这些超过时间期限的原产地证书也可被接受，只要是由于不可抗力的原因或其他进口商不可控制的合理原因，以及

(d) 进口国有关政府主管当局可以接受证书到期之日前产品已进口的过期原产地证书。

规则 14

原产与出口成员国货值不超过 FOB200 美金的货物，可以不申请原产地证书而改用出口商声明的方式证明该批货物原产于出口成员国。邮寄不超过 FOB200 美金的货物也采用相同的方式。

规则 15

当进口国海关当局办理受惠产品进口手续时发现提交的原产地证书内容与其他提交的单据的内容有细微出入时，只要证书确实与产品相符，进口国海关当局不能因此认为该原产地证书无效。

规则 16

(a) 进口成员国在对证书的真实性或有关证明产品真实产地的全部或部分内容产生合理怀疑时,可以随机要求进行签证后调查工作。

(b) 查询函应附相关原产地证书并在函中列明原因和证明该原产地证书特定内容不符的其他文件,除非该查询是例行查询。

(c) 进口成员国海关当局在等待查询结果时可暂停给予产品优惠待遇。但是,经过必要的行政措施可向进口商放行货物,只要该批货物不是禁止进境或限制进境的产品且未发现任何欺诈行为。

(d) 签证机构受到查询通知后应立即开展调查工作,并在接到查询后三个月内回复查询。

规则 17

(a) 原产地证书的申请和其他相关申请文件应由签证机构签证后最少存档 2 年。

(b) 如进口国要求,应提供原产地证书是否有效的相关信息。

(c) 成员国之间信息交流应保密且只能用于确认原产地证书。

特殊情况

规则 18

出口到特定成员国的全部或部分受惠产品的最终目的地发生改变时,在产品到达前或到达后,应遵守下述规则:

(a) 如果受惠产品在特定成员国海关已办理通关手续,经进口商书面申请,原产地证书应由该海关背书其改变的目的地并将正本退还进口商。第二副本应退还签发机构。

(b) 如果当产品在运输至原产地证书中列明的成员国的途中目的地发生改变的,出口商应以书面申请的形式,同时附上已签发的原产地证书,申请重新签证。

规则 19

根据原产地标准[规则 8(c)]的要求,当受惠产品运输途经一个或多个非东盟成员国的国境时,应向进口国政府主管当局提供下述文件:

(a) 出口成员国签发的联运提单;

(b) 出口成员国政府签发的原产地证书;

(c) 受惠产品商业发票副本;和

(d) 依据中国—东盟原产地规则 8(c)(i)(ii)(iii)的规定所要求的其他证明文件。

规则 20

(a) 由某成员国运输至其他成员国的展品在展会期间或展会结束后销售,如该展品符合原产地判定规则就应享受优惠待遇,只要能够进口成员国政府主管当局证明:

(i) 出口商确实从出口成员国发运了货物,并在进口成员国参展。

(ii) 出口商确实在进口成员国内销售了货物或把货物转移给进口国收货人。

(iii) 货物确实在展会期间或展会一结束就在进口成员国内进行了销售,且货物保持与其参展前相同的状态。

(b) 为执行上述条款,必须向进口国政府主管当局提供原产地证书。展会的名称和地址必须在证书上列明。作为识别参展产品和产品参展条件的一种证明,可能需要提供展会举办国签发的证书以及原产地标准 19(d)要求的其他相关证明文件。

(c) 上述条款(a)适用于任何贸易、农产品或手工艺品的展会、交易会或类似商业或商店中的展出和展示，前提是销售的产品是进口商品且在展会期间在海关的监管之下。

打击欺诈行为

规则 21

(a) 当发现有关原产地证书的欺诈行为时，相关的成员国政府主管机构应共同采取措施打击涉案人员。

(b) 每个成员国应对涉及原产地证书的欺诈行为进行法律制裁。

争端解决

当对原产地判定、税则分类或其他事物产生争端时，进口成员国和出口成员国相关政府主管机构应相互协商解决争端，争端解决结果应通报其他成员国以供参考。

8.21 关于对印度尼西亚实施《中国—东盟自由贸易协定原产地规则签证操作程序修订案》的通知

关于对印度尼西亚实施《中国—东盟自由贸易协定原产地规则签证操作程序修订案》的通知

各直属检验检疫局：

《中国—东盟自由贸易协定原产地规则签证操作程序修订案》(以下简称修订案)已于 2011 年 1 月 1 日起开始实施。自 2011 年 1 月 1 日起，全国检验检疫机构对已完成国内程序的东盟成员国按照修订案签发新版 Form E 原产地证书。

近日接商务部转来的印度尼西亚实施修订案的确认函，印度尼西亚已完成修订案的国内审批手续。至此，东盟十个成员国都已实施修订案。我司已组织修改原产地业务电子管理系统。自即日起，全国检验检疫机构对出口至印度尼西亚货物按照修订案签发 Form E 原产地证书，签证具体要求见《关于实施中国—东盟自由贸易协定原产地规则签证操作程序修订案有关事项的通知》(国质检通函〔2010〕991 号)。

二〇一一年十一月十一日

8.22 关于对缅甸实施《中国—东盟自由贸易协定原产地规则签证操作程序修订案》的通知

关于对缅甸实施《中国—东盟自由贸易协定原产地规则签证操作程序修订案》的通知

各直属检验检疫局：

《中国—东盟自由贸易协定原产地规则签证操作程序修订案》(以下简称修订案)已于 2011 年 1 月 1 日起开始实施。自 2011 年 1 月 1 日起，各地检验检疫机构对已完成国内程序的东盟成员国按照修订案签发新版 Form E 原产地证书。近日接商务部通知，缅甸已完成国内程序，开始实施修订案。我司已组织完成对原产地业务电子管理系统相关功能的修改，自即日起，各地检验检疫机构对出口至缅甸货物按照修订案签发新版 Form E 原产地证书，签证具体要求见《关于实施中国—东盟自由贸易协定原产地规则签证操作程序修订案有关事项的通知》（国质检通函〔2010〕991 号）。

二〇一一年八月十六日

8.23 关于签发中国—巴基斯坦自由贸易区原产地证书的通知

关于签发中国—巴基斯坦自由贸易区原产地证书的通知

各直属检验检疫局：

《中华人民共和国政府与巴基斯坦伊斯兰共和国政府关于自由贸易协定早期收获计划的协议》（以下简称《协议》）项下的《中国—巴基斯坦自由贸易区原产地规则》已于 2005 年 12 月正式签署，该《协议》将于 2006 年 1 月 1 日开始实施，为使我国出口到巴基斯坦的"早期收获"协议项下的产品享受巴基斯坦给予的关税优惠待遇，自 2006 年 1 月 1 日起，各地出入境检验检疫机构开始签发中国—巴基斯坦自由贸易区优惠原产地证明书。现将中国—巴基斯坦自由贸易区优惠原产地证明书签证管理的有关要求通知如下：

一、中国—巴基斯坦自由贸易区优惠原产地证明书的签发，限于已公布的《中国—巴基斯坦自由贸易协定》"早期收获"协议项下所给予关税优惠的商品，这些商品必须符合中国—巴基斯坦自由贸易区原产地规则（见附件 1）和签证操作程序（见附件 2）。

二、凡申请办理中国—巴基斯坦自由贸易区优惠原产地证明书的单位，必须预先在当地检验检疫机构办理注册登记手续。申请签证时，必须提交《中国—巴基斯坦自由贸易区优惠原产地证明书申请书》，填制正确清楚的中国—巴基斯坦自由贸易区优惠原产地证明书和出口商品的商业发票副本、联运提单以及必要的其他单据。

三、中国—巴基斯坦自由贸易区优惠原产地证明书采用规定的统一格式，其主要填制要求见证书正本背面所列的填制说明（见附件 3）。

四、在特殊情况下，如由于非主观故意的差错、疏忽或其他合理原因没有在货物出口前、出口时或出口后立即签发原产地证书，原产地证书可以在货物装运之日起一年内补发，但要注明"补发"（ISSUED RETROACTIVELY）字样。

五、如果已签发的原产地证书正本被盗、遗失或损毁，申请单位可在产品出运后 1 年的期限内，持原证书第 2 副本向原签证机构申请重发，经检验检疫机构审查，同意重发时，应由检验检疫机构在第 13 栏加注："CERTIFIED TRUE COPY"。签证时间应为原证书的签证时间。

六、证书第 7 栏中所指的进口国 H. S. 编码即为我国现采用的国际上协调统一的 H. S. 编码，要求填写六位数 H. S. 品目号。

七、签证印章加盖在证书第 13 栏，证书正本和两份副本均需加盖印章。

八、其他填制要求，按照《中国—巴基斯坦自由贸易区原产地规则签证操作程序》执行。操作程序未列明之处，参照普惠制原产地证签证管理办法及实施细则执行。

各地检验检疫局要及时组织签证人员学习《中国—巴基斯坦自由贸易区原产地规则》和

《中国—巴基斯坦自由贸易区原产地规则签证操作程序》，保证签证质量，使我国出口至巴基斯坦的特定产品享受关税优惠待遇。

中国—巴基斯坦自由贸易区优惠原产地证明书的签证人员，必须为已向巴基斯坦海关注册备案的检验检疫机构签证人员。总局已将各地检验检疫局授权签发《中国—巴基斯坦自由贸易区优惠原产地证明书》的签证机构名称、地址、签证印模和签证人员手签笔迹向巴基斯坦海关备案。各局应保持签证人员的稳定性，如有人员变更，应及时向总局通关司原产地处备案。

2004 年 1 月 1 日开始执行的《中国—巴基斯坦优惠贸易安排》将并入中国—巴基斯坦自由贸易协定"早期收获"协议继续执行。

附件：1. 中国—巴基斯坦自由贸易区原产地规则（中译本）

2. 中国—巴基斯坦自由贸易区原产地规则签证操作程序（中译本）

3. 中国—巴基斯坦自由贸易区原产地证书样本及其填制说明（略）

二〇〇五年十二月二十六日

附件 1：

中国—巴基斯坦自由贸易区原产地规则

根据《中华人民共和国政府与巴基斯坦伊斯兰共和国政府关于自由贸易协定早期收获计划的协议》（以下简称《协议》）可享受优惠关税减让的产品，其原产地应遵循下列规则确定：

规则一：定义

本规则中：

（一）"一成员方"是指中华人民共和国（以下简称"中国"）或巴基斯坦伊斯兰共和国（以下简称"巴基斯坦"）。

（二）"到岸价格（CIF）"是指实付或应付给出口人的货物在进口港从运输工具卸下后的价格。它包括货物的成本和将货物运至指定目的港所需的保险费和运费。

（三）"海关估价协议"指 WTO 协议中《关于实施 1994 年关税与贸易总协定第七条的协定》。

（四）"离岸价格（FOB）"是指实付或应付给出口人的货物在指定出口港装上运输工具后的价格。它包括货物的成本和将货物运至运输工具所需的所有成本。

（五）"材料"包括成分、零件、部件、组件及/或已实际上构成另一个货物部分或已用于另一货物生产过程的货物。

（六）"原产货物"是指根据规则二的规定确定为原产的货物。

（七）"产品特定原产地标准"是指规定材料已经过税号归类改变，特定制造或加工工序，或满足某一从价百分比标准，或者混合使用任何这些标准的规则。

（八）"间接材料"是指用于某一货物的生产、测试和检验，但没有实际性地组成到这一货物中的物品，或者是用于与某一货物的生产有关的厂房维护或设备操作的物品，包括：

1. 燃料与能源；

2．工具、模具及铸模；

3．用于设备及厂房维护的零件和材料；

4．用于生产或设备操作和厂房的润滑剂、润滑油、混合材料及其他材料；

5．手套、眼镜、鞋、衣服、安全装置及用品；

6．用于货物的测试或检验的设备、装置和用品；

7．催化剂和溶剂；及其他任何可被证明用于货物的生产但未构成货物组成部分的货物。

（九）“非原产材料”：是指用于货物生产中的非任何一成员方原产的材料，以及不明原产地的材料。

（十）“生产”是指获得货物的方法，包括制造、生产、装配、加工、饲养、种植、繁殖、开采、提取、收获、捕捞、诱捕、采集、收集、狩猎和捕获。

规则二：原产地标准

本《协议》中，从一成员方进口的符合以下任一原产地规定要求的货物，应视为原产并可以享受优惠关税减让：

（一）规则三规定的完全获得或生产的产品：或者

（二）符合规则四、五或六规定的非完全获得或生产的产品。

规则三：完全获得或生产的产品

下列产品应视为符合规则二（一）所指的完全在一成员方获得或生产：

（一）在一成员方收获、采摘或收集的植物及植物产品；

（二）在一成员方出生和饲养的活动物；

（三）在一成员方从上述第（二）项活动物中获得的产品；

（四）在一成员方狩猎、诱捕、捕捞、水生养殖、收集或捕获所得的产品；

（五）从一成员方领土、领水、海床或海床底土开采或提取的除上述第（一）至（四）项以外的矿物或其他天然生成物；

（六）从一成员方领水以外的水域、海床或海床底土获得的产品，但该成员方按照国际法的规定须有权开发上述水域、海床及海床底土；

（七）在一成员方注册或悬挂该成员方国旗的船只在公海捕捞获得的鱼类及其他海产品；

（八）在一成员方注册或悬挂该成员方国旗的加工船上仅经加工及/或制造上述第（七）项的产品所得的产品；

（九）在一成员方从既不能用于原用途，也不能被恢复或修理的物品上回收的零件或原材料；

（十）在一成员方收集的既不能用于原用途，也不能被恢复或修理，仅适于用作弃置或部分原材料的回收，或者仅适于作再生用途的物品；

（十一）在一成员方境内生产加工过程中产生的废碎料；和

（十二）仅用上述第（一）至（十一）项所列产品在一成员方加工获得的产品。

规则四：非完全获得或生产的产品

（一）规则二（二）中，如一成员方的原产成分在产品中不少于40％，则该产品应视为该方原产。

（二）计算本地增值成分应适用如下方法：

$$\frac{\text{非原产材料的价格}}{\text{FOB 价格}} \times 100\% < 60\%$$

（三）非原产材料价值应为：

1. 材料进口时的 CIF 价格；或

2. 在进行制造或加工的成员方境内最早确定的为不明原产地的原材料支付的价格。

规则五：累计原产地规则

除另有规定外，符合规则二原产地要求的产品在一成员方境内被用于生产享受《协议》优惠待遇的制成品的原材料，如果该最终产品的中国—巴基斯坦累计成分不低于 40%，则该产品应被视为原产于制造或加工该制成品的成员方境内。

规则六：产品特定原产地标准

在一成员方经过充分加工的货物应视为该成员方的原产货物。符合本规则附件所列的产品特定原产地标准的货物，应被视为在一成员方经过了充分的加工。

规则七：微小加工及处理

下列的加工或处理均视为微小加工及处理，在按照规则二确定货物原产地时，应不予考虑：

（一）为运输或贮存货物使货物保持良好状态的处理（例如干燥、冷冻、盐水保存、通风、摊开、冷却、置于盐、二氧化硫或其他水溶液中、去除已损坏部分等类似处理）；

（二）除尘、筛选、分类、分级、搭配（标示组成成套物品），洗涤、涂抹和切割；

（三）改换包装及为发货而进行的拆分、装配；

（四）简单的切割、切片和再包装，或者装瓶、入袋、装箱、固定在硬纸板或木板上，以及其他所有的简单包装操作；

（五）在货物或包装上粘贴标志、标签或其他类似的区别标记；

（六）对产品的简单混合，不论是否为同种类产品，而且经过该混合而得到的一个或多个组成部分并未因满足本章规定的条件而获得原产地资格；

（七）简单组装产品的各部件以组成一个完整品；

（八）拆装；

（九）屠宰动物；

（十）仅用水或其他物质稀释，而不改变货物的性质；和

（十一）上述（一）到（十）项中的两项或多项操作的组合。

规则八：直接运输

下列情况应被视为从出口成员方直接运输到进口成员方：

（一）货物运输未经过任何中国和巴基斯坦以外的其他国家或地区境内；

（二）货物运输途中经过了一个或多个中国—巴基斯坦自由贸易区成员国之外的其他国家，不论是否在这些国家转换运输工具或作临时储存，如果：

1. 可证明过境运输是由于地理原因或仅出于对运输需要的考虑；

2. 货物未在这些国家进入贸易或消费领域；和

3. 除装卸或其他为使货物保持良好状态的处理外，货物在这些国家未经任何其他操作。

规则九:包装

(一) 一成员方如对货物及其包装分别计征关税,就应对从另一成员方进口的货物及其包装分别确定原产地。

(二) 在上述第(一)项不适用的情况下,包装应与货物视为一个整体,运输或贮藏所需的包装在确定货物原产地时应与货物一并考虑,而不应将其视为从中国—巴基斯坦自由贸易区外进口。

规则十:附件、备件及工具

如进口成员方将与货物一同呈验的附件、备件、工具、指导性或其他介绍说明性材料同货物一并归类和征收关税,在确定该货物的原产地时,这些附件、备件及工具等应忽略不计。

规则十一:间接材料

除另有规定外,在确定货物的原产地时,应不考虑规则一(八)中定义的间接材料的原产地,对在制造过程中未留在货物里或未构成货物一部分的材料的原产地也不予考虑。

规则十二:原产地证书

申请享受优惠关税减让的产品,申报时应提交由出口成员方指定并已按附件 2 所列签证操作程序的规定通知《协议》另一成员方的政府机构签发的原产地证书。

规则十三:审议及修改

应一成员方要求并经谈判委员会(部长委员会)同意,这些规则必要时可以开放供审议及修改。

附件 2:

中国—巴基斯坦自由贸易区原产地规则签证操作程序

为实施中国—巴基斯坦自由贸易区原产地规则,特制订本原产地证书的签发、核查操作程序及其他相关行政管理的具体规定如下:

签发机构

规则一

原产地证书应由出口成员方的政府机构签发。

规则二

(一) 双方应将其签发原产地证书的政府机构名称及地址通知对方,并提供该政府机构使用的签名及签证印章样本。

(二) 双方应互相提供上述资料及样本。名称、地址或印章如有任何变化,应立即以双方同意的方式通知对方。

规则三

为核查享受优惠待遇的情况,签发原产地证书的政府机构有权要求提供任何相关的证明文件或进行适当的核查。如果通过现行的本国法律法规无法获得该权力,应在下述规则四及五所指的申请表格中作为条款列出。

申请

规则四

符合享受优惠待遇条件的货物，其出口人及/或厂商应以书面形式向政府机构提出货物出口前原产地预调查的申请。对调查结果应定期或适时地进行复查，并将此结果作为核定该待出口货物原产地的相关证明文件。上述预调查程序不适用于通过自然属性容易被确定原产地的货物。

规则五

出口人或其代理人在办理享受优惠待遇货物出口手续时，应提交原产地证书的书面申请，并随附相关证明文件，证明待出口货物符合原产地证书签发要求。

出口前检查

规则六

签发原产地证书的政府机构应尽其所能对每一份原产地证书的申请进行适当检查以确保：

（一）申请书及原产地证书正确填写并经授权签署人签名；

（二）货物的原产地符合中国—巴基斯坦自由贸易区的原产地规则；

（三）原产地证书中的其他说明与所提交的相关证明文件的内容相符；

（四）所列明的货物描述、数量及重量、唛头及件号、件数及包装与待出口货物相符。

原产地证书的签发

规则七

（一）原产地证书必须依据附件 3 所列格式用国际标准 A4 纸印制，所用文字为英语。

（二）原产地证书应由一份正本及两份复写副本组成。

（三）每份原产地证书应注明其签证机构的单独编号。

（四）出口人应向进口人提供证书正本，以便呈交给进口口岸的海关当局。第一副本应由出口成员方签证机构留存。第二副本由出口人留存。

正本——米黄色(颜色代码:727c)

第一副本——白色(颜色代码:)

第二副本——白色(颜色代码:)

规则八

为实施《中国—巴基斯坦自由贸易区原产地规则》规则四、五和六的规定，出口成员方签发的原产地证书的第 8 栏内应注明相关的规则及所适用的中国—巴基斯坦自由贸易区成分的百分比。

规则九

原产地证书不得涂改及叠印。任何更正必须先将错误项目划去，然后再做必要的增改。所作更正应经原签证人认可，并由相关政府机构核准。所有未填空白之处应予划去，以防事后添加。

规则十

（一）原产地证书应由出口成员方的相关政府机构根据《中国—巴基斯坦自由贸易区原产地规则》在产品出口前、出口时或出口后 15 天内签发。

（二）在特殊情况下，如由于非主观故意的差错、疏忽或其他合理原因没有在货物出口前、出口时或出口后立即签发原产地证书,原产地证书可以在货物装运之日起一年内补发,但要注明“补发”(ISSUED RETROACTIVELY)字样。

规则十一

如原产地证书被盗、遗失或损毁,出口人可以向原政府签证机构书面申请签发原证正本及第二副本的经证实的真实复制本,复制本可依据签证机构存档的有关出口文件签发,并在第13栏中注明“经证实的真实复制本”(CERTIFIED TRUE COPY)。该复制本应注明原证正本的签发日期。原产地证书的经证实的真实复制本应在出口人向原签证机构提供了原证第二副本的情况下,并在其正本签发之日起一年之内方可补发。

提交

规则十二

进口人应在向进口成员方的海关申报货物进口时,主动向海关申明要求享受优惠待遇,并在有关货物进境报关时向海关提交原产地证书的正本。

规则十三

原产地证书应按下列期限提交:

(一) 原产地证书应在出口成员方政府机构签证之日起6个月之内向进口成员方的海关提交;

(二) 如货物按照《中国—巴基斯坦自由贸易区原产地规则》中的规则八(二)的规定经过一个或多个非成员方境内,上述(一)所规定的原产地证书提交期限延长至8个月;

(三) 如因不可抗力或其他出口发货人无法控制的合理原因致使不能遵守提交期限,进口成员方的海关当局仍应接受已经超出期限提交的原产地证书;以及

(四) 在任何情况下,如果货物在原产地证书的有效期内已经进口,进口成员方的海关当局可接受该原产地证书。

规则十四

如果原产于出口成员方的每批货物的离岸价格不超过200美元,则无须交验原产地证书,而是使用出口人对货物原产于该出口成员方的简要声明即可。离岸价格不超过200美元的邮递品也应照此办理。

规则十五

如果发现原产地证书内容与为办理货物进口手续而提交给进口成员方海关的单证内容略有不符,只要原产地证书内容与所呈验的货物相符,原产地证书仍应有效。

规则十六

(一) 进口成员方可以要求进行后续随机抽查,也可在有理由怀疑有关单据的真实性或货物真实原产地的准确性时,要求进行后续核查。

(二) 核查请求应随附相关原产地证书,并阐明原因及其他详细情况,列出该原产地证书中可能存在问题的内容,但后续随机抽查的请求不受此限。

(三) 在等待核查结果期间,进口成员方海关可以暂缓执行优惠待遇的规定。如果该货物不属于被禁止或限制进口之列,又没有发现有瞒骗嫌疑,海关可以在履行必要的管理手续后将货物放行给进口人。

(四) 收到后续核查请求的政府签证机构应及时作出回应,并在收到请求后6个月之内作出答复。

规则十七

（一）原产地证书的申请书及其所有相关文件应由签证机构自签发之日起至少保留 2 年。

（二）应进口成员方的请求，应提供与原产地证书正确性有关的资料。

（三）有关成员方之间交流的任何资料应予以保密，只能用于对原产地证书的确认。

特殊情况

规则十八

如出口到一成员方的全部或部分货物的目的地发生变化，在货物到达该成员方之前或之后，应按下列规则办理：

（一）如果货物已经向进口成员方海关申报，进口人应向该海关提出书面申请，由海关对全部或部分产品改变目的地的情况在原产地证书上签注认可，然后将正本交还进口人，第二副本返还给签证机构。

（二）如果货物在运往原产地证书所指定的进口成员方途中目的地发生变化，出口人应提出书面申请，并随附已签发的原产地证书，要求对全部或部分货物重新签证。

规则十九

为实施《中国—巴基斯坦自由贸易区原产地规则》的规则八（二）的规定，对经过一个或多个非中国—巴基斯坦自由贸易区成员方境内运输的货物，应向进口成员方政府机构提交下列单证：

（一）在出口成员方签发的联运提单；

（二）出口成员方相关政府机构签发的原产地证书；

（三）货物的原始商业发票副本；以及

（四）依照《中国—巴基斯坦自由贸易区原产地规则》的规则八（二）项下的第 1、2 及 3 项所规定的证明文件。

规则二十

（一）由出口成员方运至另一成员方展览，并在展览期间或展览后销售给一成员方的展品，如该展品符合《中国—巴基斯坦自由贸易区原产地规则》的规定，应享受中国—巴基斯坦自由贸易区优惠关税待遇，但应满足进口成员方相关政府机构的下列要求：

1. 出口人已将展品从出口成员方境内运送到展览会举办国并已在该国展出；

2. 出口人已将货物卖给或转让给进口成员方的收货人；以及

3. 该展品已经以送展时的状态在展览期间或展览后立即运到进口成员方。

（二）为实施以上规定，必须向进口成员方的有关政府机构提交原产地证书。还必须注明展览会名称及地址，提供展览举办地成员方有关政府机构签发的证明书以及规则十九（四）所列的证明文件。

（三）上述（一）中规定的适用于任何以出售外国产品为目的的商贸、农业或手工业展览会、交易会或在商店或商业场所举办的类似展览或展示。展览期展品应处于海关的监管之下。

反瞒骗行为

规则二十一

（一）当怀疑存在与原产地证书相关的瞒骗行为时，有关成员方政府机构应相互合作，对涉嫌人员在各自境内采取行动。

（二）每个成员方均应对与原产地证书有关的瞒骗行为实施法律制裁。

争端磋商

规则二十二

如果发生关于原产地判定、产品归类或其他方面的争议，进出口成员方的相关政府机构应本着解决争议的愿望相互进行协商。

8.24 关于实施《中国—巴基斯坦自由贸易协定》签发中国—巴基斯坦自贸区原产地证书的通知

关于实施《中国—巴基斯坦自由贸易协定》签发中国—巴基斯坦自贸区原产地证书的通知

各直属检验检疫局：

《中华人民共和国政府与巴基斯坦伊斯兰共和国政府自由贸易协定》已正式签署，协定将于7月1日起实施，双方将自7月1日起启动《中国—巴基斯坦自由贸易协定》降税进程，降税范围在《中华人民共和国政府与巴基斯坦伊斯兰共和国政府关于自由贸易协定早期收获协议》的基础上进一步扩大。为使我国出口到巴基斯坦的协议项下的产品享受巴基斯坦给予的关税优惠待遇，自2007年7月1日起，各地出入境检验检疫机构按扩大的关税减让范围签发中国—巴基斯坦自由贸易区优惠原产地证书，原产地规则及签证操作程序仍按现行规定执行。

各地检验检疫机构要组织签证人员学习《中国—巴基斯坦自由贸易区原产地规则》及签证操作程序，通过各种新闻媒体向出口企业宣传，提高中国—巴基斯坦自贸区优惠原产地证书利用率，使我国出口至巴基斯坦的产品充分享受关税优惠待遇。

2006年1月1日开始实施的《中华人民共和国政府与巴基斯坦伊斯兰共和国政府关于自由贸易协定早期收获协议》并入协议继续执行。

二〇〇七年六月二十八日

8.25 关于加强原产地证书管理的通知

关于加强原产地证书管理的通知

各直属检验检疫局：

近年来，伪造原产地证书和私制空白原产地证书案件时有发生，引起了国外海关对我检验检疫签证机构的大量退证查询，已经造成了不良的国际影响。根据《中华人民共和国进出口货物原产地条例》，为履行职责，维护国家利益和中国政府签证机构的信誉，需加大原产地证书的签证管理工作力度，现将有关一般原产地证书管理的要求通知如下：

一、国家质检总局对一般原产地证书及其单证的格式、规格、种类、用纸、印刷等实行统一管理。交由中国出入境检验检疫协会原产地工作委员会承担办理检验检疫系统一般原产地证书及其证单的统一征订等服务性工作。

二、自 2006 年 4 月 1 日起各签证机构应统一使用国家质检总局指定的刷厂印制的一般原产地证书。(有关具体征订事宜由原产地工作委员会另行通知)。

三、原产地证书将统一加印 AQSIQ 暗记及证单印刷流水号,实行数字区段管理。现有未加印证单印刷号的原产地证书可使用至 2006 年 6 月 30 日。

四、原产地证书由各检验检疫签证机构(以下简称签证机构)负责领取和管理。各签证机构应向总局指定的印刷厂领取原产地证书,未经总局许可不得擅自印制原产地证书或向非指定印刷厂购买原产地证书。

五、原产地证书的领取和保管应由专人负责。签证机构应设立专用库房存放原产地证书,并应具备防盗、防潮、防虫等安全措施。

六、签证机构应当建立原产地证书的登记、保管、领用、核销等制度,填写原产地证明签证局出入库登记表(见附件 1);证书出、入库和领用、使用、核销等有关记录,应至少保存三年备查;日常工作中产生的作废证书应及时核销,不得擅自毁弃。

七、签证机构应定期检查证书的保管、使用情况。如发现丢失、毁坏等问题,应作出妥善处理并及时报告,必要时应报告总局。对造成损失的有关责任人员,根据情节轻重,由责任人所属签证机构作相应处理。

八、在处理国外海关退证查询函过程中,发现伪造、变造、买卖证书等违法案件的,签证机构应及时将有关情况上报总局。案件涉及不同签证机构的,各签证机构间应加强配合协作,必要时应上报总局协调。

九、申请人应加强对领用空白证单自行缮制证书的管理工作,填写原产地证明书企业领用登记表(附件 2)。领用的空白证书,要严格实行专人管理,不得转让他人使用或倒卖,并应对证书的使用情况进行登记,作废证书正本不得自行销毁,应及时交还签证机构。

申请人再次申请领用空白证书时,签证机构应对空白证书使用情况进行核销。核销无误后,方可再次发放空白证书。

十、原产地证书的申请人如使用非总局指定印刷厂印制的原产地证书的,签证机构不得受理并应及时将情况报告总局。

十一、原产地工作委员会在收到签证局所报的订购数量后,应及时安排印刷,并负责对印证、发运环节进行监督。

十二、印刷厂应严格按各签证机构所报数量如数发运到各签证机构,对发运的空白原产地证单的箱号、印刷流水号应做记录,保证空白原产地证单安全到达各签证机构。同时应将发运证书的起始编号通知有关签证机构,并向各签证机构提供“原产地证书签收单”(见附件 3)一式两份,各签证机构应将一份签收单反馈给印刷厂。

十三、总局指定的印刷厂必须按照规定的数量印制原产地证书并进行出、入库登记,出入库记录应定期报总局备案,不得擅自印制,印版应严格保管,不得擅自外借或外流。

本通知自下发之日起执行。

附件:1. 原产地证明签证局出入库登记表(略)

2. 原产地证明书企业领用登记表(略)

3. 原产地证书签收单(略)

二〇〇五年十月二十八日

8.26 关于签发中国—智利自由贸易区原产地证书 FORM F 的通知

关于签发中国—智利自由贸易区原产地证书 FORM F 的通知

各直属检验检疫局,香港、澳门中检公司:

《中华人民共和国政府与智利共和国政府自由贸易协定》(以下简称《协定》)已于 2005 年 11 月 18 日正式签署,将于 2006 年 10 月 1 日开始实施。为使我国出口到智利的《协定》项下的产品享受智利给予的关税优惠待遇,自 2006 年 10 月 1 日起,各地出入境检验检疫机构开始签发中国—智利自由贸易区优惠原产地证明书 FORM F。现将中国—智利自由贸易区优惠原产地证明书有关签证要求通知如下:

一、中国—智利自由贸易区优惠原产地证明书的签发,限于已公布的《协定》项下智利给予关税优惠的产品(见附件 1),这些产品必须符合中国—智利自由贸易区原产地规则(见附件 2)及签证操作程序(见附件 3),列入产品特定原产地标准清单(见附件 4)的,必须符合相应的特定原产地标准。

二、凡办理中国—智利自由贸易区优惠原产地证明书的申请人,必须预先在当地检验检疫机构办理注册登记手续。申请签证时,必须提交《中国—智利自由贸易区优惠原产地证明书申请书》、按规定填制的中国—智利自由贸易区优惠原产地证明书、出口商品的商业发票副本及必要的其他单据。经香港、澳门转口至智利的货物,在获得检验检疫机构签发的中国—智利自由贸易区优惠原产地证明书后,申请人可持上述证书及有关单证,向香港、澳门中国检验有限公司申请办理“未再加工证明”。

三、中国—智利自由贸易区优惠原产地证明书采用规定的统一格式,其填制要求见证书正本背面所列的填制说明(见附件 5)。

四、证书第 10 栏中所指的进口国 H. S. 编码填写我国现采用的国际协调统一的六位 H. S. 编码。

五、证书第 13 栏中的发票价值填写 FOB 价值。

六、证书第 15 栏加盖 FORM A 签证印章,证书正本和两份副本均需加盖签证印章。

七、鉴于只向智利海关备案直属检验检疫局的名称及地址,证书第 15 栏中签证机构的电话、传真和地址等填写直属检验检疫局的相关信息。

八、按照签证操作程序第 43 条的规定,2006 年 8 月 1 日至 9 月 30 日从中国启运在途中的、或在智利海关仓库或保税区内暂存的货物,可享受关税优惠,各地检验检疫机构可自 10 月 1 日起 4 个月内对上述货物补发原产地证书。

九、其他填制要求按照《中国—智利自由贸易区签证操作程序》执行。相关程序未列明之处,参照普惠制原产地证书签证管理办法及实施细则执行。

十、各直属检验检疫局于每月 10 日前将上月中国—智利自由贸易区原产地证书签证情况统计表(见附件 6)报总局通关司原产地处。

各地检验检疫局要及时组织签证人员学习《中国—智利自由贸易区原产地规则》和《中国—智利自由贸易区签证操作程序》,广泛向企业宣传自贸区优惠贸易政策,使我国出口至智利的《协定》项下产品享受关税优惠待遇。

总局已将各直属检验检疫局的签证机构名称、地址和签证印模向智利海关备案。各局地址如有变更，应及时向总局通关司备案。

二○○六年九月二十日

附件（略）

8.27　关于进一步明确中国—智利自贸区原产地证书 FORM F 有关签证要求的紧急通知

关于进一步明确中国—智利自贸区原产地证书 FORM F 有关签证要求的紧急通知

各直属检验检疫局：

根据智利海关在 2007 年 2 月 17 日召开的中国—智利自由贸易区委员会第一次会议中反馈的信息，我国各地检验检疫局自 2006 年 10 月 1 日开始签发中国—智利自由贸易区原产地证书以来，部分证书由于未严格按照中国—智利自贸区原产地规则、签证操作程序及证书背面填制说明的要求填制（如证书第六栏未填写原产国生产商的信息等），致使智利海关拒绝对这些证书项下的货物给予关税优惠。根据中智双方在中国—智利自由贸易区委员会第一次会议中达成的一致意见，现就中国—智利自贸区原产地证书 FORM F 签证要求进一步明确如下：

一、各局必须严格要求证书申请人按照中国—智利自贸区原产地规则、签证操作程序及证书背面的中国—智利自由贸易区原产地证书填制说明（见附件）填制证书，保证所签发的原产地证书符合协议规定，以维护我出口企业的利益。

二、证书第一栏出口商必须填写中国内地注册的企业。

三、证书第二栏应按填制要求所列的填写内容填制（详见证书背面的填制说明）。

四、证书第三栏收货人必须填写智利企业，也可同时注明收货人和进口商，例如“Citibank NA Chile on behalf of Chile Company SA”。

五、证书第六栏“备注”，如果不涉及非缔约方发票，该栏可不填；如果涉及非缔约方发票，该栏须填写中国内地生产商的名称、地址。

六、证书第七栏不得超过 20 项，超过 20 项的部分须另外签发证书。

七、证书第十三栏应填写申请人提交给签证机构的发票的有关信息，如发票金额可填 FOB 或 CIF 等。

经与智方友好协商，智利海关将于 2007 年 1 月底以前通知智利进口商，由进口商将不符合填制要求的证书退还给出口商，然后由出口商持退回的原证书向原签证机构申请换发证书。

为保障我出口至智利受惠产品真正享受到关税优惠，维护我经贸利益，请各局从即日起至 2007 年 4 月 30 日对退回的证书免费签发证书。各局实施中遇到问题请及时向总局通关司反映。

特此通知。

附件：中国—智利自由贸易区原产地证书填制说明（略）

二○○七年一月十九日

8.28 关于签发中国—秘鲁自由贸易区优惠原产地证明书有关事项的通知

关于签发中国—秘鲁自由贸易区优惠原产地证明书有关事项的通知

各直属检验检疫局：

《中华人民共和国政府与秘鲁共和国政府自由贸易协定》(以下简称《协定》)将于2010年3月1日起开始实施。为使我国出口到秘鲁的产品能够享受《协定》项下关税优惠待遇，自2010年3月1日起，各地出入境检验检疫机构开始签发中国—秘鲁自由贸易区优惠原产地证明书。现将中国—秘鲁自由贸易区优惠原产地证明书有关签证要求通知如下：

一、《协定》项下产品的原产地标准以税则归类改变标准(CTC)为主，区域价值成分(RVC)和加工工序等标准为辅，产品特定原产地规则表(见附件1)中包含全版本海关税则H.S.编码第1～97章所有产品相应的原产地标准。凡申请中国—秘鲁自由贸易区优惠原产地证明书的出口产品，必须符合中国—秘鲁自由贸易区原产地规则及签证操作程序(见附件2)和表中所列原产地标准。

二、凡办理中国—秘鲁自由贸易区优惠原产地证明书的申请人，需预先在当地检验检疫机构办理有关手续。申请签证时，必须提交《中国—秘鲁自由贸易区优惠原产地证明书申请书》、按规定填制的中国—秘鲁自由贸易区优惠原产地证明书、出口商品的商业发票副本及必要的其他单据。

三、中国—秘鲁自由贸易区优惠原产地证明书采用统一规定的格式，其填制要求见证书正本背面所列的填制说明(见附件3)。中国—秘鲁自由贸易区优惠原产地证明书应当于货物出口前或出口时签发。

四、证书第6栏所列产品项目不得超过20项。

五、证书第8栏中所指H.S.编码填写我国现采用的国际协调制度统一的六位H.S.编码。

六、证书第14栏加盖Form A签证印章，证书正本和两份副本均需加盖签证印章。

七、如原产地证书被盗、遗失或损毁，在出口商或制造商确信此前签发的原产地证书正本未被使用的情况下，可签发经核准的原产地证书副本，并在重发证书上注明“CERTIFIED TRUE COPY of the original Certificate of Origin number ____ dated ____”。

八、在以下两种特殊情况下，中国—秘鲁自由贸易区优惠原产地证明书仍可在货物出口后予以补发：(1)由于非主观故意的错误、疏忽或缔约各方法律认定合理的任何其他情形，没有在出口时签发原产地证书的，只要出口商提供所有必需的商业单证和由出口方海关签注的出口报关单；或者(2)签证机构确信已签发原产地证书，但由于技术原因，原产地证书在进口时未被接受的。补发证书的有效期应当与原证书的有效期一致。

九、其他填制要求按照《协定》项下原产地规则签证操作程序相关规定执行。

各地检验检疫局要及时组织签证人员学习《中国—秘鲁自由贸易区原产地规则及签证操作程序》，广泛向企业宣传自贸区优惠贸易政策，使我国出口至秘鲁的产品享受《协定》项下关税优惠待遇。

总局已将各直属检验检疫局的签证机构名称、地址和签证印模向秘鲁海关备案。各局地址如有变更，应及时向总局通关司备案。

附件：1. 中国—秘鲁自由贸易区产品特定原产地规则表（电子版）（略）

2. 中国—秘鲁自由贸易协定第三章原产地规则及与原产地相关的操作程序（中译本节选）

3. 中国—秘鲁自由贸易区原产地证书样本及其填制说明（抄送单位无附件）（略）

二〇一〇年二月二十三日

附件2：

中国—秘鲁自由贸易协定第三章原产地规则及与原产地相关的操作程序（中译本节选）

第一节　原产地规则

第二十二条　定　　义

就本章而言：

水产养殖是指从卵、鱼苗、鱼虫和鱼卵等胚胎开始，对包括鱼、软体动物、甲壳动物、其他水生无脊椎动物及水生植物在内的水生生物的养殖。通过有序畜养、喂养或防止食肉动物掠食等方式，对饲养或生长过程加以干预，以提高产量；

授权机构是指一缔约方国内立法授权签发原产地证书的任何实体；

离岸价格（FOB）是指包括无论以何种运输方式将货物运至最终输出口岸或地点的运输费用在内的货物船上交货价格；

到岸价格（CIF）是指包括运抵进口国输入口岸或地点的保险费及运费在内的进口货物价格；

主管机构是指：

（一）就中国而言，本协定项下原产地规则的应用和管理应当由海关总署组织实施；以及

（二）就秘鲁而言，外贸旅游部或者其继任部门。

可互换货物或材料是指为商业目的可互换的、其性质实质相同的货物或材料；

公认会计原则是指在一缔约方境内有关记录收入、支出、成本、资产及负债、信息披露以及编制财务报表方面的公认的一致意见或实质性权威支持。公认会计原则既包括普遍适用的概括性指导原则，也包括详细的标准、惯例及程序；

相同货物是指《海关估价协定》规定的“相同货物”；

材料是指在生产另一货物的过程中所使用的货物，包括任何组分、成分、原材料、零件或部件；

生产是指货物的种植、饲养、提取、采摘、采集、开采、收获、捕捞、诱捕、狩猎、制造、加工或装配；

生产商是指从事货物的种植、饲养、提取、采摘、采集、开采、收获、捕捞、诱捕、狩猎、制造、加工或装配的人。

第二十三条　原产货物

除非本章另有规定，并且在货物满足其所适用的本章所有其他规定的情况下，符合下列条件的货物应当视为原产于一缔约方：

（一）该货物是根据第二十四条（完全获得货物）及附件四（产品特定原产地规则）的相关规定，在一缔约方或缔约双方境内完全获得或生产的；

（二）该货物是在一缔约方或缔约双方境内，完全由其原产地符合本节规定的材料生产的；或者

（三）该货物是在一缔约方或缔约双方境内，使用符合附件四（产品特定原产地规则）所规定的税则归类改变、区域价值成分、工序要求或其他要求的非原产材料生产的。

第二十四条　完全获得货物

就第二十三条（原产货物）第（一）项而言，下列货物应当视为在一缔约方境内完全获得或生产：

（一）在中国或秘鲁出生并饲养的活动物；

（二）从中国或秘鲁饲养的活动物中获得的货物；

（三）在中国或秘鲁通过狩猎、诱捕、捕捞或水产养殖获得的货物；

（四）悬挂中国或秘鲁国旗的船只，在一缔约方境外的海域获得的鱼类、甲壳类动物及其他海洋生物；

（五）在悬挂中国或秘鲁国旗的加工船上，完全用上述第（四）项所述货物加工所得的产品；

（六）在中国或秘鲁收获、采摘或收集的植物及植物产品；

（七）从中国或秘鲁的土地、水域、海床或海床底土提取的矿物质及其他天然生成物质；

（八）从中国或秘鲁境外的水域、海床或海床底土得到或提取的除鱼类、甲壳类动物及其他海洋生物以外的货物，只要该缔约方有权对上述水域、海床或海床底土进行开采；

（九）从以下方面得到的废碎料：

1. 在中国或秘鲁的制造过程中得到；或者

2. 在中国或秘鲁收集的旧货；

只要该废碎料仅适用于原材料回收；以及

（十）在中国或秘鲁完全从上述第（一）项至第（九）项所列货物生产的货物。

第二十五条　税则归类改变

税则归类改变要求在一缔约方或双方境内经过加工后，货物生产过程中使用的非原产材料发生了附件四（产品特定原产地规则）所规定的税则归类改变。

第二十六条　区域价值成分（RVC）

一、货物的区域价值成分应当依据下列方法计算：

$$RVC = \frac{FOB - VNM}{FOB} \times 100$$

其中：

RVC 为区域价值成分，以百分比表示；

FOB 为货物的离岸价格；

VNM 为非原产材料的价值。

二、非原产材料的价值应为：

（一）材料进口时的到岸价格（CIF）；或者

（二）在进行制造或加工的一方境内最早确定的非原产材料的实付或应付价格。如果非原产材料是由货物的生产商在该方境内获得的，则该材料的价格不应包括将其从供应商仓库运抵生产商所在地的运费、保险费、包装费及任何其他费用。

三、上述价格应当依据《WTO 海关估价协定》确定。

第二十七条　微小加工或处理

对货物的基本特征影响轻微的加工或处理，无论是单独的还是相互结合的，尽管该货物或材料满足本章的相关规定，仍应视为微小加工或处理而不赋予原产资格。其中包括：

（一）为确保货物在运输或贮存期间的保藏处于良好状态而进行的操作；

（二）托运货物的拆解或组装；

（三）以零售为目的的包装、拆包或重新打包的操作；或者

（四）动物屠宰。

第二十八条　累　　积

一、一缔约方的原产货物或材料在另一缔约方境内构成另一货物的组成部分时，该货物或材料应当视为原产于后一方境内。

二、如果货物是由一缔约方境内的一家或多家生产商生产，在该缔约方境内生产该货物所用材料的过程，应当视为该货物生产过程的一部分，只要该货物满足第二十三条（原产货物）和其所适用的本章所有其他规定，该货物应当视为原产货物。

第二十九条　微 小 含 量

一、按附件四（产品特定原产地规则）的规定未满足税则归类改变要求的货物，如果在该货物生产过程中使用的未满足税则归类改变要求的非原产材料，其按照第二十六条（区域价值成分）确定的价值不超过该货物价格的 10%，则该货物仍应视为原产货物。此外，该货物应当满足其所适用的本章所有其他规定。

二、上述第一款所述货物同时符合区域价值成分要求时，其非原产材料的价值应当计入货物的区域价值成分当中。此外，该货物应当满足其所适用的本章所有其他规定。

第三十条　可互换货物或材料

一、在确定货物是否为原产货物时，任何可互换货物或材料应当通过下列方法加以区分：

（一）货物或材料的物理分离；或者

（二）出口方公认会计原则承认的库存管理方法。

二、按第一款选择的特定可互换货物或材料的库存管理方法，应当由选用该方法的人在其整个财政年度内，连续使用该方法对上述货物或材料进行管理。

第三十一条 成套货物

《协调制度》归类总规则三所定义的成套货物，如果其所有部件是原产的，则该成套货物应当视为原产。当该成套货物是由原产及非原产货物组成时，如果按照第二十六（区域价值成分）确定的非原产货物的价值不超过该成套货物总值的15%，则该成套货品仍应视为原产。

第三十二条 附件、备件及工具

一、对于附件四（产品特定原产地规则）规定的原产地所需税则归类改变要求，在货物进口时，与货物一同报验的附件、备件、工具、说明书及信息材料如与该货物一并归类，且不单独开具发票，则在确定该货物原产地时，这些附件、备件、工具、说明书及信息材料等应当不予考虑。

二、对于必须满足区域价值成分要求的货物，如果附件、备件、工具、说明书及信息材料与该货物一并归类，且不单独开具发票，则在计算该货物的区域价值成分时，这些附件、备件、工具、说明书及信息材料的价值应当作为原产材料或非原产材料予以考虑。

三、本条仅适用于上述附件、备件、工具、说明书及信息材料的数量和价值习惯上为该货物所需的情况。

第三十三条 零售用包装材料及容器

一、如果包装材料及容器与货物一并归类，在确定该货物原产地时，该货物零售用包装材料及容器的原产地应当不予考虑，只要：

（一）该货物是根据第二十三条（原产货物）第（一）项的规定完全获得或生产的；

（二）该货物完全由第二十三条（原产货物）第（二）项所规定的原产材料生产；或者

（三）货物满足附件四（产品特定原产地规则）所列的税则归类改变要求。

二、如果货物必须满足区域价值成分要求，在确定货物原产地时，零售用包装材料及容器的价值应当予以考虑。

第三十四条 运输用包装材料及容器

在货物运输期间用于保护该货物的包装材料及容器，在确定该货物原产地时应当不予考虑。

第三十五条 中性成分

一、在确定货物是否原产时，本条第（二）款所指的中性成分的原产地应当不予考虑。

二、中性成分是指货物生产中使用的，既不构成该货物物质成分，也未成为该货物组成成分的物品，其中包括：

（一）燃料、能源、催化剂及溶剂；

（二）用于测试或检验货物的设备、装置及用品；

（三）手套、眼镜、鞋靴、衣服、安全设备及用品；

（四）工具、模具及型模；

（五）用于维护设备和建筑的备件及材料；

（六）在生产中使用或用于运行设备和维护厂房建筑的润滑剂、油（滑）脂、合成材料及其他材料；

（七）在货物生产过程中使用，未构成该货物组成成分，但能够合理表明为该货物生产过程一部分的任何其他货物。

第三十六条　直 接 运 输

一、为保持原产货物的原产资格，货物应当在缔约双方之间直接运输。

二、尽管有第一款的规定，下列情况仍应视为从出口方向进口方直接运输：

（一）货物运输未经非缔约方境内的；

（二）货物运输途中经过一个或多个非缔约方境内，不论是否在这些非缔约方转换运输工具或临时储存不超过三个月，只要：

1. 货物在其境内未进入其贸易或商业领域；并且

2. 除装卸、重新包装或使货物保持良好状态所需的其他处理外，货物在非缔约方境内未经任何处理。

三、为遵守上述第一款及第二款的规定，应当向进口方主管机构提交非缔约方海关文件或者满足进口方主管机构要求的任何其他文件，以兹证明。

第三十七条　展　　览

一、运送非缔约方展览并于展览后售往中国或秘鲁的原产货物，在进口时应当准予本协定规定的优惠关税待遇，但必须满足进口方海关要求的下列条件：

（一）出口商已将该货物从中国或秘鲁运送实际举办展览会的非缔约方；

（二）出口商已将该货物售予或用其他方式给予在中国或秘鲁的人；

（三）货物已于展览期间或展览结束后，以送展时的状态立即发运；

（四）货物送展后，除用于展览会展示外，未移作他用；以及

（五）货物在展览期间处于海关监管之下。

二、在适用本条第一款时，应当根据本章的规定签发、并且向进口方海关提交原产地证书，同时必须在该证书上注明展览的名称及地点。必要时，可以要求提供与展览相关的其他证明文件。

三、本条第一款适用于任何贸易、工业、农业或手工艺展览、交易会或类似公共展出或展示，但在商店或商业场所组织的以私售外国货物为目的的活动不在适用范围之内。

第二节　与原产地相关的操作程序

第三十八条　原产地证书

一、为了使原产货物获得优惠关税待遇，进口商应当根据进口方海关法律规定，在进口

时持有或者提交按附件五（原产地证书和原产地声明）中第一节（原产地证书）所列格式书面签发的原始和有效的原产地证书。

二、货物的出口商或最终生产商应当向出口方的授权机构书面申请签发原产地证书。原产地证书应当于出口前或出口时签发。

三、原产地证书必须按规定以英文填具，可涵括同一批次进口的一项或多项货物。

四、货物的出口商或最终生产商申领原产地证书时，应当提供商业发票、包含各自国内法律规定的最低限度信息资料的原产地申请表、主管机构或授权机构所需的用以证明货物原产资格的所有文件，并且应当满足本章的其他要求。

五、第一款所述的原产地证书应当自签发之日起一年内有效。

六、原产地证书被盗、遗失或损毁时，出口商可根据其持有的出口文件，向授权机构书面申请签发原产地证书副本。据此签发的原产地证书副本应当在备注栏注明"原产地证书正本（编号______日期______）经核准的真实副本"字样，其有效期按正本签发日期计算。

尽管有第二款的规定，在特殊情况下，原产地证书仍可在货物出口后予以补发，如果：

（一）由于非主观故意的错误、疏忽或缔约各方法律认定合理的任何其他情形，没有在出口时签发原产地证书的，只要出口商提供所有必需的商业单证和由出口方海关签注的出口报关单；或者

（二）授权机构确信已签发原产地证书，但由于技术原因，原产地证书在进口时未被接受的。补发证书的有效期应当与原证书的有效期一致。

第三十九条　原产地证书的免除

一、任何货物的完税价格不超过600美元或进口方币值等额，或者该缔约方所规定的更高货值的，出口商或生产商可以填具附件五（原产地证书和原产地声明）中第二节（原产地声明）所列格式的原产地声明，用以代替原产地证书而被接受。

二、一份原产地声明应当涵括一份进口报关单上报验的货物，并且应当自签发之日起一年内有效。

三、尽管有第一款的规定，如果有理由认为进口货物属于为规避本节规定而实施或安排的一系列进口的一部分，进口方仍可拒绝给予优惠关税待遇。

第四十条　授权机构

一、原产地证书只能由出口方的授权机构签发。

二、缔约双方应当将各自授权机构名称及相关的联系细节通知另一缔约方主管机构，并且应当在各自授权机构签发原产地证书之前，将该机构相关表格和文件上使用的安全特征的细节提供给另一缔约方主管机构。上述信息的任何变化应当立即通知另一缔约方主管机构。

三、授权机构有责任确保原产地证书上的信息与原产地证书所含货物相符，并且确保依据本章规定确定的该货物的原产资格无误。

第四十一条　与进口有关的义务

一、除非本章另有规定，缔约各方应当要求其境内的进口商在申明优惠关税待遇时：

（一）根据有效的原产地证书，在报关时提交书面声明，指明所进货物为原产货物；

（二）在作出第（一）项所述声明时持有原产地证书；

（三）视情持有证明货物符合第三十六条（直接运输）要求的文件；以及

（四）应海关当局要求，提交有效的原产地证书以及第（三）项所述文件。

二、当进口商有理由相信声明所依据的原产地证书上含有不正确的信息时，在核查程序启动前，该进口商应当作出更正声明，并且支付所欠税款。

三、如果进口商不遵守本条的有关规定以及本章的任何其他规定，可以拒绝给予从出口方输入的货物优惠关税待遇。

第四十二条　关税或保证金的退还

一、如果符合原产资格的货物在输入一缔约方境内时，无法按本协定规定提交有效的原产地证书，只要进口商在进口时提交书面声明，指明所报验的货物符合原产资格，则进口商可以在货物进口后，在缴税后一年内，或者在交纳保证金后的3个月或进口方法律规定的不超过一年的更长期限内，视情申请退还多征的关税或已交纳的保证金。进口商必须提交：

（一）符合第三十八（原产地证书）条规定的有效原产地证书；以及

（二）进口方海关要求的与货物进口相关的其他文件。

二、进口商在进口时未向进口方海关报明所进货物为本协定项下的原产货物的，即使其在事后向海关提交有效的原产地证书，已缴税款或保证金不予退还。

第四十三条　证明文件

用于证明原产地证书所列货物为原产货物、并且符合本章其他要求的文件应当包括但不限于：

（一）出口商或供应商加工获得有关货物的直接证据，例如，其账目或内部簿记；

（二）所用原料原产资格的证明文件，但这些文件必须依照国内的法律规定使用；

（三）原料生产和加工的证明文件，但这些文件必须依照国内的法律规定使用；

（四）能够证明所用原料原产资格的原产地证书。

第四十四条　原产地证书及证明文件的保存

一、申请签发原产地证书的出口商应当自原产地证书签发之日起，保存第四十三条（证明文件）所述文件至少3年。

二、出口方签发原产地证书的授权机构应当自原产地证书签发之日起，保存原产地证书副本至少3年。

第四十五条　核查程序

一、为了确定从另一方进口的货物是否具备原产货物资格，进口方主管机构可以通过下列方式进行核查：

（一）书面要求进口商提供补充信息；

（二）通过出口方主管机构，书面要求出口商或生产商提供补充信息；

（三）要求出口方主管机构协助对货物原产地进行核查；

（四）或者，如果第（一）项、第（二）项或第（三）项的要求未能消除进口方的关注，进口方主管机构可派员访问出口方境内的出口商或生产商所在地，对出口方主管机构的核查程序进行实地考察。

二、就第一款第（二）项及第（三）项而言，进口方主管机构请求获得或者出口方主管机构回复的所有信息，均应使用英语进行传送。

三、就第一款第（一）项及第（二）项而言，如果进口商、出口商或生产商在收到进口方书面请求后 90 天内未能提供补充信息，进口方可以拒绝给予优惠关税待遇。

四、就第一款第（三）项而言，进口方主管机构应当向出口方主管机构提供：

（一）请求协助核查的理由；

（二）货物原产地证书或其复印件；以及

（三）请求协助核查所必需的任何信息及文件。

出口方主管机构应当向进口方主管机构提供核查所涉货物原产地的英文书面声明，其中应当包含下列信息：

（一）货物生产工序的描述；

（二）指明供应商的原产及非原产材料的商品描述及税则归类；以及

（三）货物获得原产货物资格的详细说明。

如果出口方主管机构在提出请求后 150 天内未能提供书面声明，或者所提供的书面声明没有包含充分信息，进口方应当依据当时掌握的信息确定货物的原产地。

五、就第一款第（四）项而言，进口方应当在实地核查访问 30 天前，将核查访问的请求书面通知出口方主管机构。

如果出口方主管机构在收到通知 30 天内对该项请求未作出书面同意，进口方可以拒绝给予相关货物优惠关税待遇。

六、进口方应当在核查程序启动后 300 天内，将认定货物原产地的结果及其法律依据和事实书面通知出口方。

七、货物进口申报时依原产地证书证明其原产资格，但进口方海关有理由怀疑货物的原产地的，可以在交纳保证金或税款后放行货物，等待原产地核查结果。经原产地核查确认该货物符合原产资格后，上述已交纳的保证金或关税应当予以退还。

八、一缔约方的主管机构认定某项货物不符合优惠关税待遇的条件时，可以暂停给予进口商随后进口的任何相同货物优惠关税待遇，直到其证明这些货物符合本章的规定为止。

第四十六条　电子发证及核查系统的开发

本协定生效 6 个月后，缔约双方应当按照双方主管机构共同商定的方式，启动电子发证及核查系统的开发工作，以便该系统在本协定生效后 3 年内予以实施，以确保本节规定的有效和高效实施。

8.29　关于签发中国—新西兰自由贸易区优惠原产地证明书有关事项的通知

关于签发中国—新西兰自由贸易区优惠原产地证明书有关事项的通知

各直属检验检疫局：

《中华人民共和国政府和新西兰政府自由贸易协定》(以下简称《协定》)将于2008年10月1日起开始实施。为使我国出口到新西兰的产品能够享受《协定》项下关税优惠待遇，自2008年10月1日起，各地出入境检验检疫机构开始签发中国—新西兰自由贸易区优惠原产地证明书。现将中国—新西兰自由贸易区优惠原产地证明书有关签证要求通知如下：

一、《协定》项下产品的原产地标准以税则归类改变标准(CTC)为主，区域价值成分(RVC)和加工工序等标准为辅，特定产品原产地标准表(见附件1)中包含全版本海关税则H.S.编码第1～97章所有产品相应的原产地标准。凡申请中国—新西兰自由贸易区优惠原产地证明书的出口产品，必须符合中国—新西兰自由贸易区原产地规则及签证操作程序(见附件2)和表中所列原产地标准。

二、凡办理中国—新西兰自由贸易区优惠原产地证明书的申请人，必须预先在当地检验检疫机构办理注册登记手续。申请签证时，必须提交《中国—新西兰自由贸易区优惠原产地证明书申请书》、按规定填制的中国—新西兰自由贸易区优惠原产地证明书、出口商品的商业发票副本及必要的其他单据。

三、中国—新西兰自由贸易区优惠原产地证明书采用统一规定的格式，其填制要求见证书正本背面所列的填制说明(见附件3)。

四、证书第7栏所列产品项目不得超过20项。

五、证书第10栏中所指H.S.编码填写我国现采用的国际协调统一的六位H.S.编码。

六、证书第15栏加盖FORM A签证印章，证书正本和两份副本均需加盖签证印章。

七、如原产地证书被盗、遗失或损毁，在出口商或制造商确信此前签发的原产地证书正本未被使用的情况下，可签发经核准的原产地证书副本，并在重发证书上注明“CERTIFIED TRUE COPY of the original Certificate of Origin number ______ dated ______”。

八、其他填制要求按照《协定》项下原产地规则签证操作程序相关规定执行。

各地检验检疫局要及时组织签证人员学习《中国—新西兰自由贸易区原产地规则及签证操作程序》，广泛向企业宣传自贸区优惠贸易政策，使我国出口至新西兰的产品享受《协定》项下关税优惠待遇。有关原产地规则具体操作辅导材料，请登录总局内网下载。

总局已将各直属检验检疫局的签证机构名称、地址和签证印模向新西兰海关备案。各局地址如有变更，应及时向总局通关司备案。

附件：1. 中国—新西兰自由贸易区特定产品原产地标准表(电子版)(略)

2. 中国—新西兰自由贸易区原产地规则及签证操作程序(中译本节选)(略)

3. 中国—新西兰自由贸易区原产地证书样本及其填制说明(抄送单位无附件)(略)

二〇〇八年九月十九日

8.30 关于实施中国—新加坡自由贸易协定项下产品特定原产地规则的通知

关于实施中国—新加坡自由贸易协定项下产品特定原产地规则的通知

各直属检验检疫局：

《中华人民共和国政府和新加坡共和国政府自由贸易协定》(以下简称《协定》)自 2009 年 1 月1 日起开始实施，各地出入境检验检疫机构开始签发中国—新加坡自由贸易区优惠原产地证明书。由于在《协定》实施时，中新双方尚未完成其项下产品特定原产地规则的磋商，当时暂参照中国—东盟自贸协定相关规定执行。

因《协定》项下产品特定原产地规则的磋商已完成并经两国领导人签署，将于 2009 年 6 月1 日起实施。现将《协定》项下产品特定原产地规则印发各局。自 2009 年 6 月 1 日起，请各局按照该规则对相关产品签发中国—新加坡自贸区原产地证书。

附件：中国—新加坡自由贸易协定项下产品特定原产地规则(以电子方式发送)(略)

二〇〇九年五月二十七日

8.31 关于签发海峡两岸经济合作框架协议原产地证书有关事宜的通知

关于签发海峡两岸经济合作框架协议原产地证书有关事宜的通知

各直属检验检疫局：

《海峡两岸经济合作框架协议》(ECFA)项下货物贸易早期收获计划将于 2011 年 1 月 1 日起实施，各局自 1 月 1 日起开始签发 ECFA 原产地证书。经磋商，现就有关事宜通知如下：

一、ECFA 原产地证书需填写台方 8 位 H.S. 编码。台方目前已完成 2011 年 H.S. 编码的转换工作，与 2010 年版本对比，在序号 133、序号 181 及序号 249 的三个编码上有变动，现将早收降税清单中台方 2011 年编码与陆方 2011 年 H.S. 编码的对照表发你局。

二、由于 ECFA 早收计划的实施时间较紧，原产地业务电子管理系统的调试工作无法及时完成。自 2011 年 1 月 1 日起，各企业可以通过企业端打印 ECFA 原产地证书，各局签证人员手工签证，直至系统调试完毕。

三、各局应加强对 ECFA 原产地证书的签证审核，在证书上不能出现敏感字眼。

四、请各局重视对 ECFA 优惠原产地政策的宣传报道，做好 ECFA 原产地证书签证管理工作，做好证书签证统计工作，并于 2011 年 1 月 17 日前将 2011 年 1 月上半月的宣传报道和签证情况报总局通关司。

二〇一〇年十二月二十九日

8.32　关于对中国—哥斯达黎加自由贸易协定项下在途货物签发原产地证书有关事项的通知

关于对中国—哥斯达黎加自由贸易协定项下在途货物签发原产地证书有关事项的通知

各直属检验检疫局：

《中华人民共和国政府和哥斯达黎加共和国政府自由贸易协定》(以下简称《协定》)已于2011 年 8 月 1 日起开始实施。经与哥方沟通确认，在途货物如符合以下要求的，进口人向进口方海关申报进口时，可享受关税优惠待遇：

一、进口人在《协定》实施之日(2011 年 8 月 1 日)后申报进口的；

二、进口人提交出口方签证机构在《协定》实施之日(2011 年 8 月 1 日)后签发的中哥自贸协定优惠原产地证书。

请各地检验检疫机构根据中哥双方达成的一致意见，对符合要求的在途货物签发中哥自贸协定优惠原产地证书，并在证书第 14 栏注明“ISSUED RETROSPECTIVELY”字样。

二〇一一年九月六日